太阳能利用系列丛书

太阳能光伏发电应用技术

（第3版）

杨金焕　主编

袁　晓　季良俊　副主编

徐永邦　赵　为　于化丛　王士涛　徐　燕　参编

電子工業出版社

Publishing House of Electronics Industry

北京 • BEIJING

内 容 简 介

本书的宗旨是在全面介绍光伏发电基本知识的基础上，着重于光伏发电系统的应用技术。第 2 版出版 4 年多来，无论是光伏技术还是光伏产业和应用都有了长足发展，现在光伏发电成本在一些地区已经可以和常规发电竞争。为了反映当前光伏发电应用技术的进展，本书在第 2 版的基础上，吐故纳新，比较全面地讲述了光伏发电系统的设计、制造、安装、维护等全过程，介绍了光伏发电系统应用新领域的发展情况，增添了太阳跟踪系统的内容，阐述了新型控制器和逆变器的功能及原理，增加了钙钛矿太阳电池等方面的内容，各章后面带有参考文献和练习题。

本书可作为有关研究机构和高等院校师生的教学参考用书，也可供太阳能光伏企业的管理和工程技术人员以及科技爱好者参考。

图书在版编目（CIP）数据

太阳能光伏发电应用技术 / 杨金焕主编. —3 版. —北京：电子工业出版社，2017.10
（太阳能利用系列丛书）
ISBN 978-7-121-32779-7

Ⅰ. ①太…　Ⅱ. ①杨…　Ⅲ. ①太阳能发电　Ⅳ. ①TM615

中国版本图书馆 CIP 数据核字（2017）第 235272 号

策划编辑：曲　昕
责任编辑：康　霞
印　　刷：三河市良远印务有限公司
装　　订：三河市良远印务有限公司
出版发行：电子工业出版社
　　　　　北京市海淀区万寿路 173 信箱　邮编 100036
开　　本：787×1 092　1/16　印张：19　字数：486.4 千字
版　　次：2009 年 1 月第 1 版
　　　　　2017 年 10 月第 3 版
印　　次：2022 年 1 月第 17 次印刷
定　　价：59.00 元

凡所购买电子工业出版社图书有缺损问题，请向购买书店调换。若书店售缺，请与本社发行部联系，联系及邮购电话：（010）88254888，88258888。

质量投诉请发邮件至 zlts@phei.com.cn，盗版侵权举报请发邮件至 dbqq@phei.com.cn。
本书咨询联系方式：（010）88254468，quxin@phei.com.cn。

前　言

面对全球环境污染日益严重和化石燃料逐渐枯竭的危机局面，减少温室气体的排放，大力发展可再生能源，在能源消费领域走可持续发展道路，已经成为全球的共识。2015年12月，《联合国气候变化框架公约》近200个缔约方，在巴黎气候变化大会上一致同意通过的《巴黎协定》，已经在2016年11月4日生效，这体现了世界各国共同的决心。

作为可再生能源重要组成部分的太阳能光伏发电，近年来得到了迅速的发展。太阳电池的效率不断刷新纪录，新型太阳电池陆续涌现，配套部件的质量和性能持续提升，光伏组件产量屡创新高，价格大幅度下降，光伏应用领域在不断扩大，全球光伏发电系统累计安装量2015年已经达到228GW，同年光伏发电已经占全球发电总量的1.2%。在不少地区光伏发电的价格已经接近常规发电，可以预期，今后光伏发电在能源消费结构中所占的份额还将不断提高，据有关专家预测，到本世纪末将占主导地位。

近年来，我国的光伏产业规模迅速扩大，产业链主要环节市场占有率稳居全球首位，已经成为世界上重要的光伏大国，但无论是在制造还是应用技术等方面，与先进国家相比还有不少差距。科技发展日新月异，本书第2版问世4年来，无论是光伏产业还是光伏技术都有了较快的发展，原书有些内容已经陈旧过时，为了与时俱进，现进行修改补充，出版第3版。

本书仍是在全面介绍光伏发电基本知识的基础上，着重于光伏发电系统的应用技术，力求反映最新技术成果，如针对近年来光伏发电应用的新动向，增添了太阳跟踪系统的内容，阐述了新型控制器和逆变器的功能及原理，薄膜电池中增加了钙钛矿太阳电池等内容，比较全面地讲述了光伏发电系统的设计、制造、安装、维护等全过程，对常用的光伏发电系统设计软件并对其特点及适应范围进行了说明，还介绍了一些光伏发电系统应用新的领域发展情况。

本书由杨金焕修改了第2章、第10章和第11章，并负责全书统稿；袁晓修改了第1章、第3章和第6章，并协助全书统稿；季良俊进行审核定稿，并负责将全书翻译成英文；徐永邦修改了第8章和第9章；赵为修改了第7章；于化丛修改了第4章；王士涛修改了第5章；徐燕修改了全部练习题及图稿。

在本书编写过程中，得到了William A. Beckman、王斯成、王淑娟、董晓青、柳翠、顾华敏、陈祥、吴春秋、刘强、陈国良、张治等人的帮助，还有不少人对本书做出了多种形式的贡献，无法一一列举，谨在此一并表示感谢！

由于我们的学术水平和写作能力有限，错误和疏漏在所难免，敬请读者批评指正。

编　者

目　　录

第 1 章　绪　　论

1.1　开发利用太阳能的重要意义

1.1.1　化石燃料面临逐渐枯竭的危机局面

随着世界人口的持续增长和经济的不断发展，对于能源供应的需求量日益增加，而在目前的能源消费结构中，主要依赖煤炭、石油和天然气等化石燃料。

美国能源信息署（Energy Information Administration，EIA）于 2016 年 5 月发表的 *International Energy Outlook 2016* 对 2040 年前的国际能源市场进行了预测，全球一次能源消费量在 2012 年为 549（$\times10^{15}$Btu），2020 年将增加到 629（$\times10^{15}$Btu），2040 年将达到 815（$\times10^{15}$Btu），增幅达 48%，平均年增长率 1.4%。到 2040 年，全球化石能源在能源消费结构中所占份额将高于 3/4。根据报告附表 A1 参考情况统计和预测，世界部分国家和地区一次能源消费量如表 1-1 所示。

表 1-1　2011—2040 年部分国家和地区一次能源消费量（$\times10^{15}$Btu）

国家/地区	历史数据		预测数据					2012—2040 年平均增长率（%）
	2011	2012	2020	2025	2030	2035	2040	
美国	96.8	94.4	100.8	102.0	102.9	103.8	105.7	0.4
加拿大	14.5	14.5	15.1	15.6	16.3	17.1	18.1	0.8
墨西哥/智利	9.3	9.2	9.8	10.5	11.6	12.8	14.3	1.6
日本	21.2	20.8	21.9	22.3	22.3	22.2	21.5	0.1
韩国	11.3	11.4	13.9	14.7	15.4	16.1	16.9	1.4
澳大利亚/新西兰	6.9	6.8	7.6	8.1	8.5	9.2	10.1	1.4
俄罗斯	30.9	32.1	33.2	34.7	35.1	35.5	34.5	0.3
中国	109.4	115.0	147.3	159.4	170.4	180.7	190.1	1.8
印度	25.0	26.2	32.8	38.4	44.9	52.8	62.3	3.2
中东	29.9	31.7	40.8	45.4	50.7	56.6	61.8	2.4
非洲	20.1	21.5	26.1	30.0	33.8	38.4	44.0	2.6
巴西	14.8	15.2	16.3	18.1	20.0	22.0	24.3	1.7
总计	540.5	549.3	628.9	673.9	717.7	765.6	815.0	1.4

注：Btu 为英热单位，1 英热单位=2.93071×10^4kW·h

资料来源：EIA：*International Energy Outlook 2016*

（IEO 2016）报告指出，在化石燃料的消费中，石油占据主要份额，天然气份额增长最快，约在 2030 年将超越煤炭，煤炭消耗趋于稳定。可再生能源是世界上增长最快的能源，年增长率达2.6%。到2040年，煤炭、天然气和可再生能源的供应差不多达到平衡，在世界发电用燃料中大约各占28%～29%的份额。

2015年12月，全球探明的石油储藏量为16560亿桶，7个国家占了80%。2012年产量为9000万桶/天，预计2020年产量为1亿桶/天，到2040年将达到1.21亿桶/天。即使按1亿桶/天计算，估计石油只能开采45.4年。世界石油消费量还在以1%以上的速度增长，1990—2040年世界按地区石油消费量如表1-2所示。

表1-2 1990—2040年世界按地区石油消费量（百万桶/天）

地区		石油消费量						平均年增长百分比（%）	
		1990	2000	2012	2020	2030	2040	1990—2012	2012—2040
OECD地区	美洲	20.6	24.3	23.2	24.4	24.3	24.6	0.5	0.2
	欧洲	14.0	15.6	14.1	13.7	13.7	14.0	0.0	0.0
	亚洲	7.6	8.8	8.2	7.7	7.5	7.5	0.4	−0.3
	小计	42.2	48.7	45.5	45.8	45.5	46.1	0.3	0.0
非OECD地区	欧洲和欧亚大陆	9.3	4.4	5.3	5.8	6.2	6.1	−2.5	0.5
	亚洲	6.6	12.5	21.5	26.7	32.2	38.9	5.5	2.1
	中东	3.3	4.5	7.7	10.0	11.3	13.2	3.9	2.0
	非洲	2.1	2.5	3.6	4.5	5.5	6.9	2.6	2.4
	美洲	3.8	5.0	6.7	7.5	8.5	9.6	2.7	1.3
	小计	25.0	29	44.8	54.5	63.6	74.8	2.7	1.9
世界总计		67.2	77.6	90.3	100.3	109.1	120.9	1.4	1.0

过去20年，新发现的天然气储藏量增加了40%，2016年达到了6950万亿立方英尺，2012年世界天然气消费量为120万亿立方英尺，预计2040年将达到203万亿立方英尺。天然气的储藏量仅够用30多年。

能源领域中污染最严重的煤炭储藏量情况稍微乐观一些，截至2012年初，世界煤炭可采储量为9779亿短吨（1短吨=0.9072t），2012年产量是88.98亿短吨，如维持产量不变可开采110年。

2030年以前，煤炭是仅次于石油的第2大能源，2030—2040年，煤炭将是继石油和天然气之后的第3大能源。世界煤炭消费量在能源领域中增长是最慢的，2012—2040年平均大约每年增加0.6%。2012年的消费量为153（$\times10^{15}$Btu），到2020年预计为169（$\times10^{15}$Btu），2040年将为180（$\times10^{15}$Btu）。世界煤炭消费的3个大国分别是中国、美国和印度，合计占世界消费总量的70%以上。2012年中国大约占50%，2040年将降低至46%。

中国在2012—2040年煤炭消费平均年增长率为6.0%，预计在2025年中国的煤炭消费量将为88（$\times10^{15}$Btu），2040年将降低到83（$\times10^{15}$Btu）。2012年中国已探明煤炭可采储量为1262亿短吨。而当年产量是42.56亿短吨，只够开采30年。

印度的煤炭消费量将在2030年左右超过美国，在世界煤炭消费中的份额在2012年是8%，到2040年将增加到14%。图1-1为中国、美国和印度煤炭消费的变化情况预测。

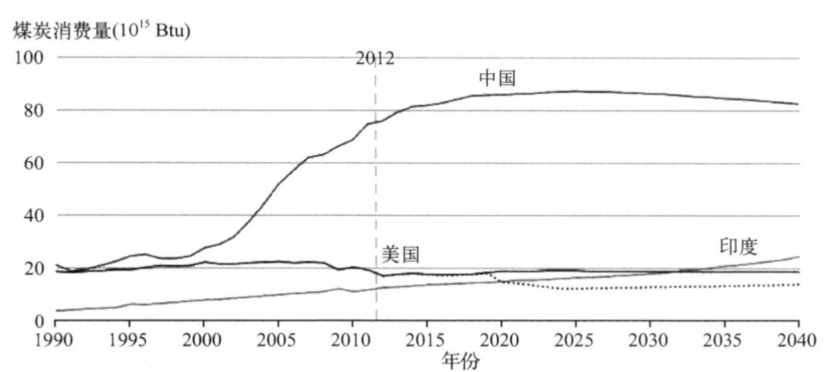

图 1-1 中国、美国和印度煤炭消费的变化情况

2016年6月发布的《BP世界能源统计年鉴2016》指出，近10年全球一次能源消费量平均年增长率是1.9%。2015年全球一次能源消费增长1.0%，是自1998年以来最低的。除欧洲和亚洲地区外，其他地区能源消费增速均低于其10年平均值。97%的全球能源消费增长来自新兴经济体。中国一次能源消费增长1.5%，但仍连续15年保持世界一次能源消费第一。

能源结构逐步从以煤炭为主转向以更低碳能源为主，但石油仍然是全球最重要的燃料，占全球一次能源消费的32.9%。煤炭为第二大燃料，在全球一次能源消费中占比降至29.2%，刷新2005年以来的最低纪录。天然气的消费也低于过去10年的平均值，占一次能源消费的23.8%。2015年世界部分国家一次能源消费结构如表1-3所示。

表 1-3 2015年世界部分国家一次能源消费结构（百万吨油当量）

国家	原油	天然气	原煤	核能	水电	再生能源	合计
美国	851.6	713.6	396.3	189.9	57.4	71.7	2280.6
加拿大	100.3	92.2	19.8	23.6	86.7	7.3	329.9
巴西	137.3	36.8	17.4	3.3	81.7	16.3	292.8
俄罗斯	143.0	352.3	88.	44.2	38.6	0.1	666.8
法国	76.1	36.1	8.7	99.0	12.2	7.9	239.0
德国	110.2	67.2	78.3	20.7	4.4	40.0	320.6
英国	71.6	61.4	23.4	15.9	1.4	17.4	191.2
南非	31.1	4.5	86.0	2.4	0.2	1.0	124.2
中国	559.7	177.6	1920.4	38.6	254.9	62.7	3014.0
印度	195.5	45.5	407.2	8.6	28.1	15.5	700.5
日本	189.6	102.1	119.4	1.0	21.9	14.5	448.5

2015年，全球探明石油储量减少了24亿桶（−0.1%）至1.6976万亿桶。而全球石油消费量达到每天9440万桶，接近过去10年平均增速的一倍。中国再次成为全球石油消费增长量最大的国家（+77万桶/日）。中国石油依赖进口的情况也越来越严重，根据IEA的统计数据，2015年中国石油日消费量已增至1032万桶的创纪录水平；中石油经济技术研究院报告的数据是：2015年国内石油表观消费量估计为5.43亿吨。未来6年内中国石油日消费量将增长250

万桶，净进口增长9.6%至737万桶/天，创历史最高水平。对外依存度首次突破60%，目前是世界第一大石油进口和消费国。而且从长远来看，这种趋势还将继续下去，预计石油进口依存度将从2014年的59%升至2035年的76%，高于美国在2005年的峰值。

能源消费不断增长的情况正面临挑战，地球上化石燃料的蕴藏量是有限的，根据《BP世界能源统计年鉴2016》，全球石油探明储量可满足50.7年的全球生产需要，天然气可满足52.8年，煤炭可满足114年，为目前化石燃料中最高储产比。据世界卫生组织估计，到2060年全球人口将达100亿～110亿，如果到时所有人的能源消费量都达到今天发达国家的人均水平，则地球上主要的35种矿物中，将有1/3在40年内消耗殆尽，包括所有的石油、天然气、煤炭（假设为2万亿吨）和铀，所以世界化石燃料的供应正面临严重短缺的危机局面。

为了应对化石燃料逐渐短缺的严重局面，必须逐步改变能源消费结构，大力开发以太阳能为代表的可再生能源，在能源供应领域走可持续发展的道路，才能保证经济的繁荣发展和人类社会的不断进步。

1.1.2 保护生态环境逐渐受到人们的重视

由于人类的活动，主要依赖化石燃料的燃烧，造成环境污染，导致全球气候变暖、冰山融化、海平面上升、沙漠化日益扩大等现象的出现，自然灾害频繁发生。人们逐渐认识到：减少温室气体的排放，治理大气环境，防止污染已经到了刻不容缓的地步。

联合国政府间气候变化专门委员会（IPCC）发表的《气候变化2007综合报告》指出：自1750年以来，由于人类活动，全球大气中CO_2、甲烷（CH_4）和氧化亚氮（N_2O）浓度已明显增加，目前已经远远超出了根据冰芯记录测定的工业化前几千年中的浓度值。2005年大气中CO_2和CH_4的浓度已远远超过了过去65万年的自然范围。CO_2浓度的增加主要是由于化石燃料的使用，自工业化时代以来，由于人类活动已引起全球温室气体排放增加，其中1970—2004年增加了70%。自20世纪中叶以来，大部分已观测到的全球平均温度的升高很可能是由于观测到的人为温室气体浓度增加所导致。过去50年，各大陆（南极除外）出现了显著的人为变暖。CO_2是最重要的人为温室气体，1970—2004年CO_2年排放量增加了约80%，从210亿吨增加到380亿吨，在2004年已占到人为温室气体排放总量的77%。温室气体以当前的或高于当前的速率排放将会在21世纪期间造成温度进一步升高，并会诱发全球气候系统中的许多变化，这些变化很可能大于20世纪期间所观测到的气候变化，可能导致一些不可逆转的影响。有中等可信度研究表明，如果全球平均温度增幅超过1.5～2.5℃（与1980—1999年相比），所评估的20%～30%的物种可能面临灭绝风险。如果全球平均温度升高超过约3.5℃，模式预估结果显示，全球将出现大量物种灭绝（占所评估物种的40%～70%）。表1-4给出了基于模式的针对21世纪末（2090—2099年）全球地表温度升高和平均海平面上升的预估值。

表1-4 21世纪末全球平均地表温度升高和海平面上升预估值

个　例[②]	温度变化（与1980—1999年相比，2090—2099年时段的温度，单位为℃）[①,④]		海平面上升（与1980—1999年相比，2090—2099年时段的高度，单位为m）
	最佳估值	可能范围	基于模式的变化范围，不包括未来冰流的快速动力变化
稳定在2000年的浓度水平[③]	0.6	0.3～0.9	无
B1情景	1.8	1.1～2.9	0.18～0.38

续表

个 例[2]	温度变化（与1980—1999年相比，2090—2099年时段的温度，单位为℃）[1,4]		海平面上升（与1980—1999年相比，2090—2099年时段的高度，单位为m）
	最佳估值	可能范围	基于模式的变化范围，不包括未来冰流的快速动力变化
A1T情景	2.4	1.4～3.8	0.20～0.45
B2情景	2.4	1.4～3.8	0.20～0.43
A1B情景	2.8	1.7～4.4	0.21～0.48
A2情景	3.4	2.0～5.4	0.23～0.51
A1F1情景	4.0	2.4～6.4	0.26～0.59

注：①评估温度的最佳估值和可能的不确定性区间，源自复杂程度不一的各类模式及观测限制。

②2000年的固定成分从大气—海洋环流模式（AOGCM）反演而来。

③上述所有情景是6个SRES标志情景。在SRES B1、AIT、B2、A1B、A2和A1FI解释性标志情景下，对应2100年人为温室气体和气溶胶产生的强迫辐射（参见《第三次评估报告》第823页）的近似CO_2当量浓度大约分别是600ppm、700ppm、800ppm、850ppm、1250ppm和1550ppm。

④温度变化用于1980—1999年平均差表示。为了表示相对于1850—1899年的变化，再加上0.5℃

联合国政府间气候变化专门委员会（IPCC）的结论是：要在2050年将全球平均温度升高控制在2.0～2.4℃，需要在2000年基础上降低全球CO_2排放量的50%～85%。高排放水平将导致更加显著的气候变化（如表1-5所示）。目前的研究发现，气候变化比过去预期的更快，甚至在2050年全球CO_2的排放量降低50%也不足以避免温度上升的危险。

表1-5 CO_2排放量与气候变化的关系

温度上升/℃	全部温室气体（ppm等效CO_2）	CO_2（ppm CO_2）	2050年CO_2排放量相当于2000年的百分数（%）
2.0～2.4	445～490	350～400	-85～-50
2.4～2.8	490～535	400～440	-60～-30
2.8～3.2	535～590	440～485	-30～+5
3.2～4.0	590～710	485～570	+10～+60
4.0～4.9	710～885	570～660	+25～+85
4.9～6.1	885～1130	660～790	+90～+140

资料来源：IPCC 2007

2015年，来自能源消费的CO_2排放仅增长了0.1%，除2009年经济衰退时期外，这是1992年以来的最低增速。美国（-2.6%）和俄罗斯（-4.2%）排放量降低的绝对值最大，但印度（+5.3%）排放增幅最大。中国自1998年以来首次出现排放量下降。

2016年11月生效的《巴黎气候变化协定》本质上是一项能源协定。能源消费至少占温室气体排放的2/3，能源行业的革命性转变对于实现《巴黎协定》的目标至关重要。2015年，能源相关的CO_2排放增长基本停滞。这主要是由于全球经济的能源强度降低了1.8%，能效提高及全球各地清洁能源利用的增加。能源行业每年的投资额大约为1.8万亿美元，其中越来越多的投资被吸引到清洁能源。与此同时，上游油气行业的投资却在锐减。2015年化石燃料的补贴额从前一年的将近 5000 亿美元，下降到 3250 亿美元，这反映了化石燃料价格的走低，以及针对化石燃料补贴的改革在好几个国家已经取得了进展。

International Energy Outlook 2016 统计并预测了部分国家和地区 1990—2040 年的 CO_2 排放量，如表 1-6 所示。2012—2040 年的 CO_2 排放量平均年增长率将为 1.0%。

表 1-6 部分国家和地区 1990—2040 年的 CO_2 排放量统计及预测（10 亿吨）

地区/国家	1990	2012	2020	2030	2040	平均年变化率（%）1990—2012	平均年变化率（%）2012—2040	总计变化（10 亿吨）2012—2040	总计变化率（%）2012—2040
美国	5	5.3	5.5	5.5	5.5	0.1	0.2	0.4	6.9
加拿大	0.5	0.6	0.6	0.6	0.6	0.9	0.5	0.1	14.9
墨西哥/智利	0.3	0.5	0.5	0.6	0.7	1.9	1.1	0.2	35.7
日本	1	1.2	1.2	1.2	1.1	0.8	-0.4	-0.1	-10.9
韩国	0.2	0.6	0.7	0.8	0.8	4.5	1	0.2	32.9
澳大利亚/新西兰	0.3	0.4	0.5	0.5	0.6	1.8	0.8	0.1	26.7
俄罗斯	2.4	1.8	1.8	1.9	1.9	-1.3	0.1	0.1	3.8
中国	2.3	8.4	9.9	10.6	11.1	6.1	1	2.7	31.9
印度	0.6	1.8	2.1	2.7	3.7	5.3	2.7	2	109.9
中东	0.7	1.9	2.4	2.9	3.4	4.8	2.2	1.6	82
非洲	0.7	1.2	1.4	1.8	2.2	2.7	2.3	1.1	89.2
巴西	0.2	0.5	0.5	0.7	0.8	3.5	1.5	0.3	52.4
世界总计	21.4	32.3	35.6	39.1	43.2	1.9	1	10.9	33.9

该报告还对燃烧不同种类燃料产生的 CO_2 排放量进行了统计和预测，结果如图 1-2 所示。液体燃料在 1990 年产生的 CO_2 排放占比最高，为全球 CO_2 排放量的 43%。2012 年下降至 36%，预测至 2040 年将维持同样比例。煤炭在 1990 年 CO_2 排放量占全球 CO_2 排放量的 39%，2012 年为 43%，2040 年将下降至 38%，比液体燃料略高。但煤炭作为碳含量最高的化石燃料，从 2006 年起 CO_2 排放量占比始终为最高。天然气在总的 CO_2 排放量中占比相对较小，从 1990 年的 19%，2012 年的 20%，增加至 2040 年的 26%。

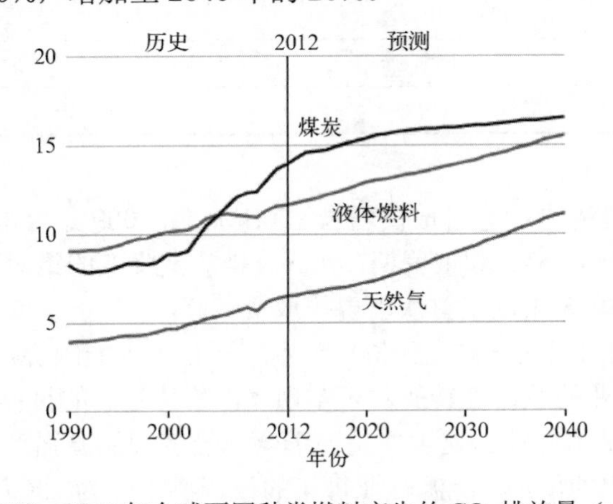

图 1-2 1990—2040 年全球不同种类燃料产生的 CO_2 排放量（×10 亿吨）

国际能源署（IEA）在 2016 年 5 月发表的 *CO_2 Emissions from Fuel Combustion Highlights (2016 Edition)* 列出了部分国家 1971—2014 年燃料燃烧的 CO_2 排放量，也对中国近年来不同类型的燃料所产生的 CO_2 排放量进行了统计，如表 1-7 所示。同时也列出了近年来中国各类燃料的 CO_2 排放量（如表 1-8 所示），还指出 2014 年世界 CO_2 排放前 10 个国家分别是中国、美国、印度、俄罗斯、日本、德国、韩国、伊朗、加拿大和沙特阿拉伯，如图 1-3 所示。

表 1-7 部分国家 1971—2014 年燃料燃烧 CO_2 排放量（$\times 10^6$t）

年度 / 地区	1971	1975	1980	1985	1990	1995	2000	2005	2010	2013	2014	1990—2014 年变化率（%）
美国	4 288.1	4 355.0	4 594.9	4 513.7	4 802.5	5 073.2	5 642.6	5 702.3	5 347.0	5 103.2	5 176.2	7.8%
加拿大	340.1	377.0	422.2	393.8	419.5	448.9	516.2	535.1	525.8	549.7	554.8	32.2%
日本	750.7	849.5	870.2	865.9	1 040.6	1 107.7	1 141.2	1 177.7	1 111.8	1 229.6	1 188.6	14.2%
法国	423.2	422.9	455.1	351.7	345.5	343.5	364.5	370.4	340.1	317.1	285.7	−17.3%
俄罗斯					2 163.2	1 548.0	1 474.2	1 481.7	1 528.9	1 534.6	1 467.6	−32.2%
德国	978.2	973.4	1 048.4	1 004.6	940.3	856.7	812.4	786.8	758.9	763.9	723.3	−23.1%
英国	621.0	575.9	570.5	543.4	547.7	513.7	521.2	531.2	476.8	449.7	407.8	−25.5%
南非	157.1	203.0	208.4	222.9	243.8	259.8	280.5	372.3	406.7	423.3	437.4	79.4%
中国	789.4	1 040.2	1 378.4	1 648.0	2 109.2	2 923.6	3 126.5	5 399.4	7 749.0	9 025.9	9 134.9	333.1%
印度	181.0	217.1	262.0	375.8	530.4	707.7	890.4	1 079.6	1 594.3	1 852.5	2 019.7	280.8%
巴西	87.5	129.6	167.7	156.2	184.3	227.7	292.3	310.5	370.5	451.3	476.0	158.4%
合计	13 942.2	15 484.1	17 706.3	18 246.5	20 502.5	21 362.0	23 144.5	27 037.7	30 450.4	32 129.4	32 381.0	57.9%

表 1-8 近年来中国各类燃料的 CO_2 排放量（$\times 10^6$t）

年度 / 燃料	1971	1975	1980	1985	1990	1995	2000	2005	2010	2013	2014	1990—2014 年变化率（%）
煤炭	659.5	818.4	1101.5	1397.1	1802.1	2483.6	2536.8	4544.6	6514.8	7528.8	7569.3	320.0
石油	122.5	204.3	248.6	234.3	286.5	412	546.9	776.8	1016.0	1016.9	1195.7	317.3
天然气	7.4	17.5	28.3	16.6	20.6	28.0	42.9	78.0	195.6	304.6	336.3	628.8
总计	789.4	1040.2	1378.4	1648	2109.2	2923.6	3126.6	5399.4	7726.4	8850.3	9101.3	333.1

2014 年全球 CO_2 排放量为 32.4Gt，而前 10 个国家总和为 21.8Gt，占 CO_2 排放总量的 2/3。按行业分类统计：发电和供热排放的 CO_2 最多，占排放总量的 42%，交通运输占 23%，工业占 19%，住宅占 6%，其他为 10%。可见，采取措施减少发电排放的 CO_2 十分重要。

由表 1-7 可见，1990—2014 年全球 CO_2 排放量年平均增长率为 57.9%，而同期中国年平均增长达到了 333.1%。这一方面是由于经济高速增长，导致排放量增加，另一方面与能源消费结构有关，中国的能源利用率不高，能源消费以燃煤为主，煤炭中所含的硫等有害成分很高，所以受到普遍关注。据世界银行估计，到 2020 年中国由于空气污染造成的环境和健康损失将达到 GDP 总量的 13% 。

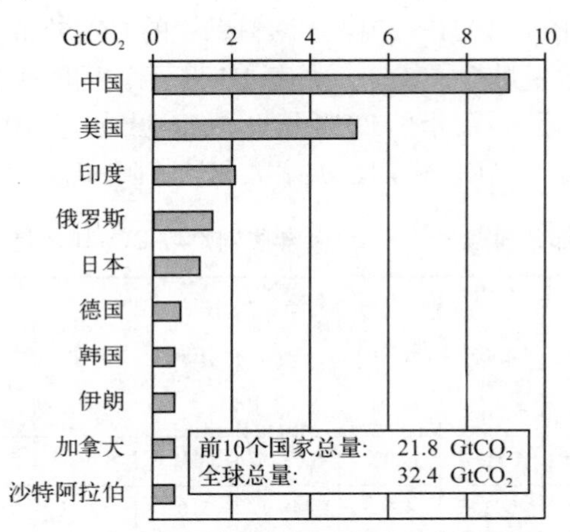

图 1-3　2014 年世界 CO_2 排放量前 10 个国家情况

减少 CO_2 排放量，保护人类生态环境，已经成为当务之急。太阳能是清洁无公害的新能源，光伏发电不排放任何废弃物，大力推广光伏发电将对减少大气污染、防止全球气候变化做出有效贡献。

1.1.3　常规电网的局限性

根据国际能源署（IEA）发表的 *World Energy Outlook 2016* 披露，尽管许多国家都加强了能源工作力度，但依然有大量人群无法享用现代能源。到 2014 年，全世界还有接近 12 亿人无法获取电力，主要集中在撒哈拉以南非洲的农村地区。有大约 27 亿人依然依靠固体物质进行炊事，这意味着他们会继续暴露于烟雾缭绕的室内环境，而这会造成每年 350 万人过早死亡。无电人口大部分生活在经济不发达的边远地区，由于居住分散，交通不便，很难通过延伸常规电网的方法来解决用电问题。IEA 预计，到 2040 年全球仍然还有大约 5 亿多人口用不上电，如表 1-9 所示。

表 1-9　世界无电地区人口分布（百万人）

地区 \ 年度		2014	2030	2040
沙哈拉以南非洲		634	619	489
亚洲发展中国家	小计	512	166	47
	印度	244	56	0
拉丁美洲		22	0	0
中东		18	0	0
世界合计		1186	784	536

（REN21）发布的《2016 年全球可再生能源现状报告》中指出，到 2013 年还有 17%的全球面积没有电网覆盖，全球无电人口 12.01 亿，其中农村占 80%。非洲有 6.35 亿，北美洲 100 万，亚洲发展中国家 5.26 亿（中国 100 万），拉丁美洲 2200 万，中东 1700 万。2013 年无电人口在 1500 万以上的国家有 20 个（如表 1-10 所示）。由于非洲人口增加很快，自 2000 年以

来，非洲大陆无电人口增加 1.14 亿，IEA 估计到 2040 年尽管有 9.5 亿人用上了电，但仍然有 5.3 亿人没有享受到电力供应。2040 年非洲大陆电网覆盖率要达到 70%，需要每年投资 75 亿美元。

表 1-10 2013 年全球无电人口在 1500 万以上的国家

国 家	人数（千万）	国 家	人数（千万）	国 家	人数（千万）
印度	23.7	坦桑尼亚	3.7	朝鲜	1.8
尼日利亚	9.5	缅甸	3.6	莫桑比克	1.6
埃塞俄比亚	7.1	肯尼亚	3.5	尼日尔	1.5
刚果共和国	6.1	乌干达	3.2	马拉维	1.5
孟加拉	6.0	苏丹	2.5	安哥拉	1.5
巴基斯坦	5.0	菲律宾	2.1	科特迪瓦	1.5
印度尼西亚	4.9	马达加斯加	2.0		

没有电力供应严重制约了当地经济的发展，而这些无电地区往往太阳能资源十分丰富，利用太阳能发电是个理想的选择。

2004 年的《波恩世界可再生能源大会宣言》提出了要利用太阳能为 10 亿无电人口提供电能的目标。对于偏远地区的供电，光伏发电作为有效的补充能源将会大有用武之地。

1.2 太阳能发电的特点

1.2.1 太阳能发电的优点

太阳能发电的主要优点如下：

（1）太阳能取之不尽，用之不竭。地球表面接收的太阳辐射能大约为 85 000TW（$1TW=1\times10^{12}W$），而目前全球能源消耗大约是 15TW。图 1-4 是按比例表示太阳能与化石能源比较的示意图。

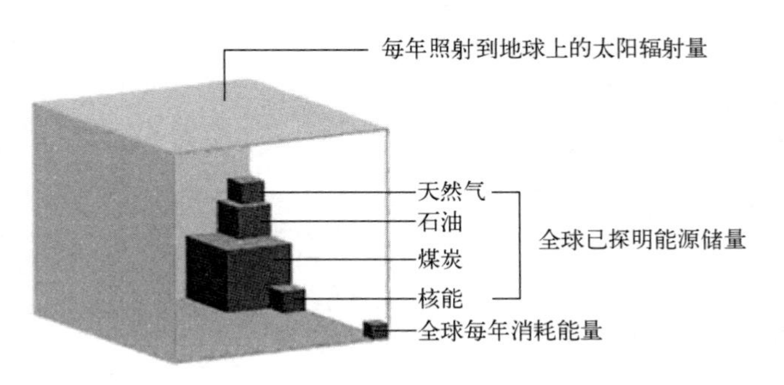

资料来源：ECO Solar Equipment Ltd.

图 1-4 太阳能与化石能源的比较示意图

在可再生能源中，太阳能远比其他能源多得多，如表 1-11 所示，并且太阳能发电安全可靠，不会遭受能源危机或燃料市场不稳定的冲击。

表 1-11　可利用的可再生能源最大功率

能　源	最大功率（TW）
地面太阳能	85000
沙漠太阳能	7650
海洋热能	100
风能	72
地热能	44
河流水电能	7
生物质能	7
开阔海洋波浪能	7
潮汐能	4
海岸波浪能	3

资料来源：*R. Winston et al. "Nonimaging Optics" 2005*

（2）太阳能随处可得，可就近供电，不必长距离输送，避免了长距离输电线路的损失。

（3）太阳能不用燃料，运行成本很低。

（4）太阳能发电没有运动部件，不易损坏，维护简单，特别适合在无人值守情况下使用。

（5）太阳能发电不产生任何废弃物，没有污染、噪声等公害，对环境无不良影响，是理想的清洁能源。

（6）太阳能发电系统建设周期短，方便灵活，而且可以根据负荷的增减，任意添加或减少太阳电池方阵容量，避免浪费。

1.2.2　太阳能发电的缺点

太阳能发电的主要缺点如下：

（1）地面应用时有间歇性和随机性，发电量与气候条件有关，在晚上或阴雨天不能或很少发电。如要随时为负载供电，需要配备储能设备。

（2）能量密度较低。标准条件下，地面上接收到的太阳辐射强度为 $1000W/m^2$。大规模使用时，需要占用较大面积。

（3）目前价格仍较高，初始投资大。

1.2.3　太阳能发电的类型

太阳能发电有以下两大类型。

1）太阳能热发电（CSP）

太阳能热发电是通过大量反射镜以聚焦的方式将太阳能直射光聚集起来，加热工质，产生高温高压的蒸汽，驱动汽轮机发电。太阳能热发电按照太阳能采集方式可划分为以下 3 种。

（1）太阳能槽式热发电。

槽式系统是利用抛物柱面槽式反射镜将阳光聚焦到管状的接收器上（如图 1-5 所示），并将管内的传热工质加热产生蒸汽，推动常规汽轮机发电。

（2）太阳能塔式热发电。

塔式系统是利用众多的定日镜，将太阳热辐射反射到置于高塔顶部的高温集热器（太阳锅炉）上（如图 1-6 所示），加热工质产生过热蒸汽，或直接加热集热器中的水产生过热蒸汽，驱动汽轮机发电机组发电。

（3）太阳能碟式热发电。

碟式系统利用曲面聚光反射镜，将入射阳光聚集在焦点处（如图 1-7 所示），在焦点处直接放置斯特林发动机发电。

图 1-5　太阳能槽式热发电

图 1-6　太阳能塔式热发电

图 1-7　太阳能碟式热发电

太阳能热发电已经有一些实际应用，其技术还在不断完善和发展中，目前尚未达到大规模商业化应用的水平。

2）太阳能光伏发电（PV）

目前太阳能光伏发电已经得到广泛应用，本书主要介绍光伏发电的相关内容。

1.3　近年来世界光伏产业的发展状况

1.3.1　太阳电池生产

1954 年美国贝尔实验室 Daryl Chapin、Gerald Pearson 和 Calvin Fuller 制成第一个效率为 6%的太阳电池，1958 年装备于美国先锋 1 号人造卫星上，功率为 0.1W，面积约 100cm^2，运行了 8 年。在 20 世纪 70 年代以前，光伏发电主要应用在外层空间，至今人类发射的 6000 多个航天器中绝大多数是用光伏发电作为动力的，光伏电源为航天事业做出了重要贡献；70 年代以后，由于技术的进步，太阳电池的材料、结构、制造工艺等方面不断改进，降低了生产成本，开始在地面应用，光伏发电逐渐推广应用到很多领域。但由于价格偏高，在相当长的时期内，陷入了“要使市场扩大，太阳电池应当降价；太阳电池要进一步降价，就要大规模生产，要依赖于市场的扩大，而市场的扩大又总不能满足进一步降价的要求”的怪圈中。直到 1997 年，这个怪圈开始被打破，此前太阳电池产量年增长率平均为 12%左右，由于一些国家宣布实施“百万太阳能屋顶计划”的推动，1997 年增长率达到了 42%。全球 1977—1989 年太阳电池年产量如表 1-12 所示，1990—2006 年太阳电池年产量如图 1-8 所示。

表 1-12　全球 1977—1989 年太阳电池年产量

年　度	1977	1982	1983	1984	1985	1986	1987	1988	1989
产量（MW）	0.5	9.3	21.6	25.0	24.4	27.5	29.1	35.0	42.2

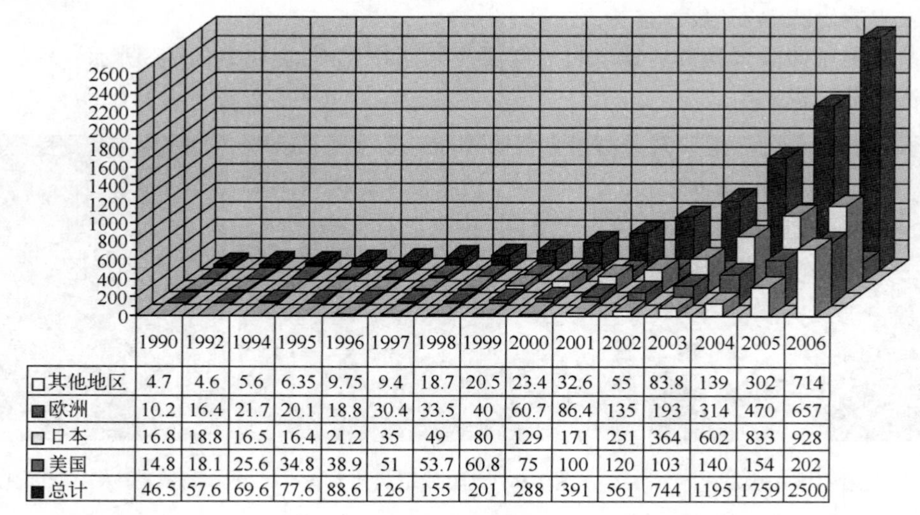

图 1-8　全球 1990—2006 年太阳电池产量（MW）

在很长时间内，太阳电池产量基本上一直是美国居第一位，1999 年开始被日本超过，在此后的 8 年中日本长期保持领先地位。到 2007 年，中国迅速崛起，产量超过了日本成为世界第一，如今已经是遥遥领先。2006—2010 年全球太阳电池产量如表 1-13 所示。在 1997—2007 年中，太阳电池产量平均年增长率为 41.3%，2007—2010 年更是超过了 100%。

表 1-13　2006—2010 年全球太阳电池产量（MW）

地区＼年度	2006	2007	2008	2009	2010
中国	400	1088	2600	4000	10800
中国台湾地区		450	900	1000	3400
欧洲	657	1062.8	2000	2800	3127
日本	928	920	1300	1800	2182
美国	202	266.1	432	600	1116
世界其他	314	213	668	500	3274
总计	2501	4000	7900	10700	23899

注：2006 年中国台湾地区的产量统计在“世界其他”中

欧洲一直以来在光伏市场占据较大份额，近几年受政策等因素影响停滞不前，与此同时亚洲光伏市场自 2012 年起迅速崛起并有赶超之势。据国际能源署（IEA–PVPS）估计，2015 年全球太阳电池产量约为 63GW，中国仍然是最大的太阳电池生产国家，产量为 41GW，占全球总产量的 65%，比上一年 33GW 的产量增加了 24%。2011—2015 年全球太阳电池产量如表 1-14 所示。2015 年，前三大太阳电池生产厂分别生产了超过 3GW 的太阳电池，其中韩华新能源（中国、马来西亚、韩国三个基地）生产了 3935MW，天合光能为 3884MW，晶澳太阳能为 3600MW。

表 1-14　2011—2015 年全球太阳电池产量（GW）

年　度	2011	2012	2013	2014	2015
产　量	37.2	35.97	40.3	52	63

2015 年全球光伏组件产量约为 63GW。超过 90%的光伏组件来自 IEA-PVPS 成员国，由于市场需求的增长，组件产能利用率从 2014 年的 68%增加到 2015 年的 80%。中国仍然是最大的光伏组件生产国家，产量为 45.8GW，占全球总产量的 69%。天合光能是全球最大的光伏组件生产厂家，生产了 5873MW 组件。其中薄膜组件的产量是 3.6GW，占全部光伏组件产量的 6%。在 IEA–PVPS 成员国中，其他国家的光伏组件产量为：马来西亚 3.7GW，韩国 3.4GW，日本 3.1GW，德国 2GW（是欧洲最大的光伏组件生产国），美国 1.3GW。各国和地区太阳电池、光伏组件产量百分比如图 1-9 所示。

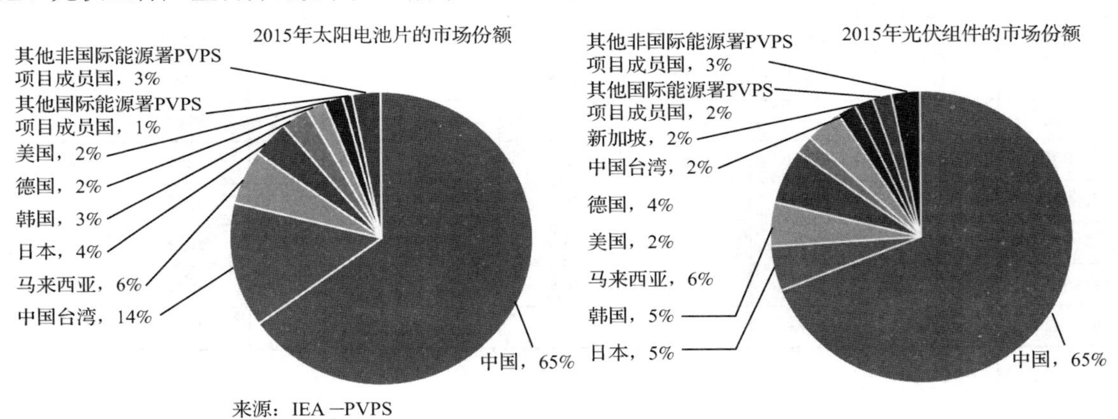

图 1-9　2015 年各国和地区太阳电池、光伏组件产量百分比

1.3.2　光伏应用市场

自 20 世纪 70 年代光伏发电开始在地面应用以来，在相当长时期内，主要是在无电地区离网应用，为解决偏远地区农、牧民的基本生活用电发挥了积极作用。同时为航标灯、微波通信中继站、铁路信号、太阳能水泵等提供了安全可靠的电源，离网光伏系统应用的规模和领域不断扩大，为解决工农业特殊用电需要做出了重要贡献。

1990 年德国率先提出了“一千个太阳能屋顶计划”，在居民住宅屋顶上安装容量为 1～5kW 的光伏并网系统，由于采取了一些优惠政策，项目结束时共安装了屋顶光伏系统 2056 套。以此为契机，德国在 1995 年安装光伏系统容量为 5MW，1996 年增加了一倍，达到 10MW，1999 年更扩大为 15.6MW。1999 年 1 月德国开始实施“十万屋顶计划”。2000 年安装光伏发电系统容量超过了 40MW，2006 年累计安装了 850MW，2007 年安装量增加到 1103MW，2010 年德国光伏发电系统累计安装量已经达到 17.37GW，其中离网光伏系统只有 50MW，德国的光伏市场已从探索阶段发展成为繁荣的专业市场，起初阶段其安装量遥遥领先于其他国家。

近年来，全球光伏发电装机容量大幅增长。全世界在 1994 年累计光伏安装量只有 502MW，

1999 年为 1150MW，2008 年为 16GW，2012 年接近 100GW，2015 年达到 220GW。根据国际可再生能源署（IRENA）发表的 *RENEWABLE CAPACITY STATISTICS 2017* 统计，到 2016 年底，全球光伏累计安装容量达到 290GW，其中中国大约 77GW，占全球安装量的 1/4 以上，其次是日本、德国、美国及意大利，这 5 个国家的光伏安装量占全球安装量的 73%。到 2016 年底光伏累计安装量最多的 10 个国家如表 1-15 所示。西班牙有几年安装容量仅次于德国居世界第 2 位，在 2010 年光伏安装量就已经达到 3921MW，但是后来发展很慢，到 2016 年只有 4871MW，被挤出了前 10 名之外。

表 1-15　2009—2016 年一些国家光伏累计安装容量（MW）

年度 / 国家	2009	2010	2011	2012	2013	2014	2015	2016
中国	300	800	3300	6800	17450	28050	43180	77420
日本	2627	3618	4914	6632	13643	23300	33300	41600
德国	110564	17552	25037	32641	36335	38234	39786	40986
美国	1614	2909	5172	8137	11759	14878	21684	32945
意大利	1264	3592	13131	16785	18185	18594	18892	19245
英国	27	96	995	1756	2873	5424	9187	11250
印度	12	37	563	1277	2269	3144	5271	9658
法国	277	1044	2796	3965	4652	5654	6755	6767
澳大利亚	105	399	1394	2434	3255	4004	5031	5626
韩国	524	650	730	959	1467	2481	3615	5500
世界总计	22578	38903	69746	99347	135426	172289	220132	290791

资料来源：IRENA

随着太阳电池价格的不断降低，光伏发电在一些地区已经逐渐接近或达到平价上网水平，可以预期光伏安装容量还将快速增长，业界预计，2017 年全球太阳能发电新增安装容量将达到 65~73 GW，至 2020 年底全球累计安装容量可达到 600GW。以安装容量而言，光伏是随水电和风能之后全球第 3 位重要的可再生能源。

光伏在地面应用开始于离网系统，20 多年来一直占统治地位，从一些国家实施太阳能屋顶计划后，并网光伏系统开始逐渐推广，2000 年并网光伏系统的用量超过了离网光伏系统。近年来由于很多国家大量兴建光伏电站，使得并网光伏系统所占份额迅速扩大，此后差距逐渐拉大，如今累计安装并网光伏系统的容量已经占总容量的 95%以上，可见光伏发电正在发挥越来越大的替代能源的作用。2015 年全球各地区离网和并网光伏系统新增安装量和累计安装量如表 1-16 所示。

美国太阳能工业协会（SEIA）发表的 2016 年度报告称，美国已经安装了约 100 万套光伏发电系统（其中 94.2 万套是户用发电系统，5.65 万套是商业发电系统），1500 座光伏电站，光伏所发电力可足够 650 万家庭使用。每年可减少 CO_2 排放量 1400 万吨，相当于 9 座燃煤电厂的排放量。提供了 20.9 万个工作岗位，全国每 83 个工作岗位就有 1 个是由光伏行业提供的。10 年中安装成本降低了 70%。

表 1-16 全球各地区离网和并网光伏系统新增安装量和累计安装量

国家	2015 年度装机容量（MW）				截至 2015 年累计装机容量（MW）			
	并网		离网	总量	并网		离网	总量
	分布式	集中式			分布式	集中式		
澳大利亚	709	288	25	1022	4580	356	173	5109
加拿大	195	480	0	675	736	1783	61	2579
中国	1390	13740	20	15150	6060	37120	350	43530
法国	294	593	0	887	4257	2302	30	6589
德国	855	605	0	1461	29214	10446	50	39710
意大利	264	34	2	300	7500	11392	14	18906
日本	6400	4409	2	10811	24624	9399	127	34150
韩国	87	924	0	1011	434	3058	0	3492
西班牙	40	0	14	54	3105	2202	124	5431
土耳其	0	208	0	208	12	254	0	266
美国	3145	4138	0	7283	11718	13882	0	25600
其他估计				225				2360
总计				50655				227736

1.4 中国光伏产业的发展

中国于 1958 年开始进行太阳能光伏发电的研究开发，1971 年首次将太阳电池成功地应用在“东方红二号”人造卫星上。此后由于技术的发展，1973 年开始将太阳电池应用于地面，首先在天津港用于航标灯电源。1977 年全国太阳电池产量只有 1.1kW，价格为 200 元/瓦左右。由于受到价格和产量的限制，市场发展缓慢，在地面应用仅用于小功率电源系统，功率一般在几瓦到几十瓦之间。

20 世纪 70 年代，中国建立了一批光伏企业，但是生产规模小，技术水平落后。80 年代中期，先后引进了 5 条单晶硅和 1 条非晶硅太阳电池生产线设备，提高了产品质量，年生产能力猛增到 4.5MW，销售价格从 1980 年的 80 元/瓦降到 50 元/瓦左右，然而实际产量也只有几百千瓦。

2000 年开始，由于受到国际大环境的影响和政府项目的实施，特别是 2002 年国家启动了“送电到乡”工程，在西部七省区共安排了 47 亿元资金，在内蒙古、青海、新疆、四川、西藏和陕西等 12 个省（市、区）的 1065 个乡镇，建成了 721 座光伏或风光互补电站和 268 座小水电站，解决了大约 30 万户、130 万人口的基本生活用电问题。其中安装光伏和风力互补电站 15.5MW，工程共投资 16 亿元。2002 年全国太阳电池的产量为 6MW，2003 年达到 12MW，伴随着“送电到乡”工程的实施，带动了国内光伏产业的发展，也造就了国内一大批光伏企业，促进了中国光伏产业的人才培养和能力建设，对发展中国的光伏产业起到了巨大的促进和推动作用。

近年来，由于政府采取了积极扶植的政策，同时也由于欧洲光伏市场，特别是德国和西班牙市场的拉动，中国已逐步成为全球重要的光伏生产和应用市场。中国的光伏生产能力迅速增长，在 2003 年以后，中国的太阳电池年增长量成倍增加，增长率远超过世界其他各国。2001 年产量只有 3MW，2007 年达到 1088 MW，成为太阳电池第一生产大国，此后太阳电池生产呈井喷式发展，到 2015 年产量达到 41GW。中国的太阳电池产品多数出口，2015 年出口额超过 120 亿美元。2013—2015 年，中国连续三年新增装机容量全球排名第一。2014 年新增光伏装机容量为 10.6GW，累计装机量达到 28GW；2015 年，新增装机容量达到 15.13GW，累计装机容量 43.18GW，较 2014 年增长 42.74%。1976—2015 年中国光伏发电系统年安装量如表 1-17 所示。

表 1-17　1976—2015 年中国光伏发电系统年安装量（MW）

年　度	1976	1980	1985	1990	1995	2000	2005	2007	2010	2013	2015
年安装量	0.0005	0.008	0.07	0.5	1.55	3.3	5	20	513	10950	15130
累计安装量	0.0005	0.0165	0.2	1.78	6.63	19	70	100	800	38400	43180

1.5　部分国家和国际组织发展光伏发电的规划和展望

1.5.1　日本

日本新能源发展组织（NEDO）和 METI、PVTEC、JPEA 等联合起草，在 2004 年 6 月发表了“面向 2030 光伏路线图的综述”（PV2030 计划），其总体目标是“到 2030 年，使光伏发电成为关键技术之一”，具体指标是：到 2010 年日本国内累计安装太阳电池组件容量将为 4.82GW。到 2030 年累计安装太阳电池组件容量要达到 100GW，届时日本所有住宅消费的电力中将有 50%由太阳能光伏发电提供，约占全部电力供应的 10%。预计到 2020 年太阳电池组件的成本将降到 75 日元/W，2030 年可小于 50 日元/W。到 2020 年太阳电池组件的使用寿命将达 30 年。到 2030 年单位功率消耗的硅材料可降到 1g/W。配套部件的价格也有望不断下降，到 2020 年逆变器的单价将为 15000 日元/kW，蓄电池则可降到 10 日元/W • h。太阳能光伏发电价格到 2020 年要降到 14 日元/kW • h，2030 年要降到 7 日元/kW • h。

为了适应全球减少温室气体排放，应对气候变化及光伏产业快速发展形势的需要，2009 年 NEDO 又进行了修改，扩展为“PV2030+”，总体目标改为：“到 2050 年使光伏发电成为关键技术之一，在促进减少 CO_2 排放量方面发挥重要作用，不仅对日本，而且面向全球社会”，将 PV2030 原来设置的时间表提前在 3～5 年内实现技术指标，同时完成时间从 2030 年延伸到 2050 年，“实现电网平价”的概念保持不变，PV2030 发电成本的要求也保持不变。争取原来 2030 年达到的指标在 2025 年就能够实现。此外，PV2030+要实现发电成本低于 7 日元/kW •h，到 2050 年光伏发电要满足国内 5%～10%的一次能源需求，并提供大约 1/3 的海外光伏市场所需要的组件。其关键技术指标如表 1-18 所示。

表 1-18　日本 PV2030+光伏发展计划关键技术指标

目　标	2010 年或稍后	2020（2017）年	2030（2025）年	2050 年
发电成本	相当于住户零售电价 23 日元/kW • h	相当于商业零售电价 14 日元/kW • h	相当于一般发电价格 7 日元/kW • h	相当于一般发电价格 7 日元/kW • h 或更低

续表

商业组件转换效率（实验室效率）	16%（20%）	20%（25%）	25%（30%）	超高性能组件在40%以上
用于日本国内市场产量（GW/年）	0.5～1	2～3	6～12	25～35
用于出口市场产量（GW/年）	大约1	大约3	30～35	大约300
主要应用	单独家庭住房 公共设施	单独/多个家庭住房、公共设施、商业建筑	单独/多个家庭住房、公共设施、商业使用、充电电动车等	消费使用、工业、运输、农业等，独立电源

1.5.2 欧盟

欧盟联合研究中心（JRC）在2016年10月发表的*PV Status Report 2016*报告中，总结归纳了不同来源对于全球中期（2040年前）光伏市场情景的预测结果（如表1-19所示）。这些情景参考来源包括：绿色和平组织的研究报告；彭博新能源财经（BNEF）的2016新能源展望*New Energy Outlook 2016*；IEA2014版光伏技术路线图*Technology Roadmap Solar photovoltaic energy*；IEA世界能源展望*World Energy Outlook* 2015版和2016版及一些以前的光伏状态报告。

表1-19 不同情景估计的2040年前世界光伏累计安装量（GW）

年 度	2015年	2020年	2025年	2030年	2040年
实际安装量	235				
绿色和平组织（参考情景）		332	413	494	635
绿色和平组织（进展情景）		732	1 603	2 839	4 988
BNEF新能源前景2016	251	578	1 046	1 831	3 917
IEA光伏技术路线图(hi-Ren情景)		450	790	1 721	4 130
IEA2015现在政策情景		361	420	569	773
IEA2015新政策情景		397	560	728	1 066
IEA2015 450 ppm情景		420	605	938	1 519
IEA2016现在政策情景		424	592	708	991
IEA2016新政策情景		481	715	949	1 405
IEA2016 450 ppm情景		517	833	1 278	2 108

注：由于只有2013年、2030年和2050年数据，2020年、2025年和2040年数据由外推得到

2011年2月，绿色和平组织和欧洲光伏工业协会联合发表的*Solar Generation 6—2011*研究报告对于光伏的未来发展提出了3种情景：范式转变情景（Paradigm Shift Scenario），以前称为高级情景；加速情景（Accelerated Scenario），以前称为中等情景；参考情景：按照IEA *2009 World Energy Outlook*（WEO 2009）中提出的名称，是指政府不改变现有政策和措施这种全球能源市场的基本情况。前两种情景下光伏市场的平均增长率情况如表1-20所示。

表 1-20　两种情景下光伏市场的平均增长率

年　度	2011—2020	2021—2030	2031—2040	2041—2050
范式转变情景	42%	前 5 年 11%，以后 9%	前 5 年 7%，以后 5%	4%
加速情景	26%	前 5 年 14%，以后 10%	前 5 年 7%，以后 6%	4%

对于光伏产业的未来发展，3 种情景做出了不同的预测，2050 年前世界累计光伏安装量如表 1-21 所示，光伏发电在世界电力消费中所占比例如表 1-22 所示。

表 1-21　3 种情景对世界光伏安装量的历史情况及预测

年　度		2007	2008	2009	2010	2015	2020	2030	2040	2050
参考情景										
光伏安装量	MW	3	15707	22999	30261	52114	76852	155849	268893	377263
光伏发电量	TW · h	0	17	24	32	55	94	205	377	562
加速情景										
光伏安装量	MW	3	15707	22999	34986	125802	345232	1081147	2013434	2988095
光伏发电量	TW · h	0	17	24	37	132	423	1421	2822	4450
范式转变情景										
光伏安装量	MW	3	15707	22999	36629	179442	737173	1844937	3255905	4669100
光伏发电量	TW · h	0	8	24	39	189	904	2266	4337	6747

编者注：2008 年中范式转变情景光伏发电量似有误

表 1-22　3 种情景预测光伏发电在世界电力消费中所占比例

年　度		2010	2020	2030	2040	2050
参考情景						
太阳能发电占世界电力的比例 Reference（IEA Demand Projection）	%	0.2	0.4	0.7	1.1	1.4
太阳能发电占世界电力的比例 Energy [R]evolution（Energy Efficiency）	%	0.2	0.4	0.8	1.3	1.8
加速情景						
太阳能发电占世界电力的比例 Reference（IEA Demand Projection）	%	0.2	1.9	4.9	8.2	11.3
太阳能发电占世界电力的比例 Energy [R]evolution（Energy Efficiency）	%	0.2	2.0	5.7	10.1	14.0
范式转变情景						
太阳能发电占世界电力的比例 Reference（IEA Demand Projection）	%	0.2	4.0	7.8	12.6	17.1
太阳能发电占世界电力的比例 Energy [R]evolution（Energy Efficiency）	%	0.2	4.2	9.1	15.5	21.2

1.5.3　国际光伏技术路线图（ITRPV）指导委员会

由一些光伏企业和组织成立的国际光伏技术路线图（ITRPV）指导委员会在 2017 年 3 月发表了 *International Technology Roadmap for Photovoltaic, 8th Edition*，对 2016—2027 年光伏产业链从材料、硅片、电池、组件到系统各个环节关键的技术指标，进行了详细阐述及预测，并对国际市场上组件价格的成本曲线做了分析，指出由于硅材料价格的不断下降和制造工艺的改进，组件在国际市场上的价格从 2011 年 1 月的 1.59$/W，到 2016 年 1 月大幅度下降到 0.58$/W，降低了 64%。到 2017 年 1 月又下降了 36%，为 0.37$/W。

光伏发电成本与太阳辐射条件和系统的效率等因素有关，对于在美国和欧洲的大型光伏电站，不同单位功率发电量条件下，到 2027 年的发电成本及系统价格变化情况如表 1-23 所示。

表 1-23　系统价格及不同单位功率发电量条件下光伏发电成本($/kW·h)变化

年　度	2016	2017	2019	2021	2024	2027
1000kW • h/kW	0.077	0.073	0.065	0.063	0.059	0.054
1500kW • h/kW	0.051	0.049	0.043	0.042	0.039	0.036
2000kW • h/kW	0.039	0.037	0.033	0.032	0.030	0.027
系统价格（$/kW）	970	911.8	814.8	785.7	746.9	679

注：财务状况是 80%债务，5%利率。贷款期限 20 年，系统寿命 25 年

1.5.4　美国

2011 年，美国光伏安装容量为 1.2GW，太阳能发电在美国电力供应中所占份额还不到 0.1%，为了加快发展可再生能源，美国能源部（DOE）推出了太阳能计划，其目标是到 2020 年，在没有补贴的情况下，太阳能发电成本能够与传统发电技术相竞争，这意味着在住宅、商业和公用电网级别 3 种类型的光伏发电价格大约要降低 75%。对于公用电网级别，目标是太阳能发电的成本要降到 6¢/kW • h。经过业界的努力，在 2014 年和 2015 年，新安装的太阳能发电设备大约是美国新增发电装机容量的 1/3；到 2016 年 12 月，已有大约 90%的企业完成了 2020 年要求达到的成本 6¢/kW • h 的目标。光伏安装量已经超过 30GW，光伏电力在美国电力供应中所占份额已经超过 1%，公用电网级别的发电成本已经降低到 7¢/kW • h。于是美国太阳能计划在 2016 年 12 月 14 日进一步提出要求，到 2030 年太阳能发电的成本还要降低一半，目标是达到 3¢/kW • h（如表 1-24 所示）。预计到 2050 年美国的电力供应将有 50%由太阳能发电提供。

公用电网级别实例分析：容量 100MW 的光伏电站，采用单轴跟踪，单位功率发电量为 1860kW • h/kW，按 7%的资本成本和 2.5%的通膨率，5 年加速折旧法，以 2016 年币值计算，当时的发电成本是 7¢/kW • h。通过采用较低的组件价格$0.65～$0.30/W，发电成本可降低 1.2¢/kW • h；采用较低的平衡系统（BOS）软件和硬件，价格为$0.85～$0.55/W，发电成本可降低 1¢/kW • h；延长使用寿命到 30～50 年，降低衰减率到每年 0.75%～0.2%，发电成本可降低 1.1¢/kW • h；将每年运行和维护成本降低到$14～$4/kW，则发电成本可降低 0.7¢/kW • h。这样到 2030 年就可达到发电成本为 3¢/kW • h 的目标。

表 1-24 美国太阳能计划目标（×¢/kW·h）

年 度	2010	2016	2020	2030
住宅	42	18	9	5
商业	34	13	7	4
公共电网	27	7	6	3

1.5.5 中国

2016年12月，国家能源局发布了《太阳能发展“十三五”规划》，规划指出：“十三五”将是太阳能产业发展的关键时期，基本任务是产业升级、降低成本、扩大应用，实现不依赖国家补贴的市场化自我持续发展，成为实现2020年和2030年非化石能源分别占一次能源消费比重15%和20%目标的重要力量。规划中提出的开发利用目标：到2020年年底，太阳能发电装机容量达到1.1亿千瓦以上，其中，光伏发电装机容量达到1.05亿千瓦以上。到2020年，太阳能年利用量达到1.4亿吨标准煤以上。成本目标：光伏发电成本持续降低。到2020年，光伏发电电价水平在2015年基础上下降50%以上，在用电上实现平价上网目标；太阳能热发电成本低于0.8元/kW·h。技术进步目标：先进晶体硅太阳电池产业化转换效率达到23%以上，薄膜电池产业化转换效率显著提高，若干新型光伏电池初步产业化。光伏发电系统效率显著提升，实现智能运维，形成全产业链集成能力。“十三五”期间太阳能利用主要指标如表1-25所示。

表 1-25 中国“十三五”期间太阳能利用主要指标

指标类别	主要指标	2015年	2020年
装机容量指标（万千瓦）	光伏发电	4318	10500
	光热发电	1.39	500
	合计	4319	11000
发电量指标（亿千瓦时）	总发电量	396	1500
热利用指标（亿平方米）	集热面积	4.42	8

2016年12月中国电子信息产业发展研究院、中国光伏行业协会发表了《中国光伏产业发展路线图》，内容涵盖了2016—2025年光伏产业链上下游各环节，包括多晶硅、硅棒/硅锭/硅片、电池、组件、平衡部件、系统等各环节共62项关键指标，这些指标可代表该领域的发展水平。

随着全球气候协议《巴黎协定》的落实及光伏发电成本的不断下降，光伏发电应用地域和领域将会继续扩大，全球光伏市场将会逐年增加。以彭博、Energytrend、Gartner等机构预测的最低值作为保守估值、最高值作为乐观情形进行未来市场规模预测，2016全球光伏年度新增装机容量有望达到70GW以上，2011—2025年全球光伏年度新增装机容量情况预测如图1-10所示，2016—2020年全球光伏市场将以9%的复合增长率继续扩大市场规模。

图 1-10　2011—2025 年全球光伏年度新增装机容量情况及预测

图 1-11 给出了 2011—2015 年中国光伏年度新增装机规模及 2016—2025 年新增规模预测。

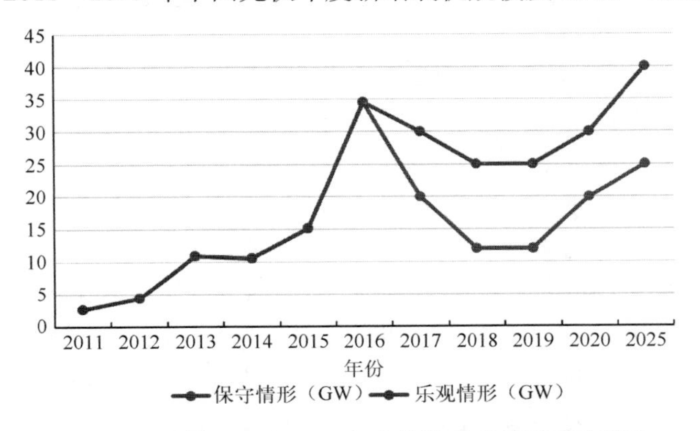

图 1-11　中国 2011—2025 年光伏装机容量情况及预测

根据国家发改委能源研究所等机构联合发布的《中国可再生能源发展路线图 2050 年》预测，到 2020 年、2030 年和 2050 年，中国光伏发电装机容量将分别达到 100GW、400GW 和 1000GW。在业界看来，届时太阳能将从目前的补充能源过渡为替代能源，并逐步成为能源体系的主力能源之一。

1.5.6　国际能源署（IEA）

国际能源署和经济合作与发展组织（OECD/IEA）发表的 *Energy Technology Perspectives 2014　Scenarios &Strategies to 2050*（ETP2014），是继 2010 版后的新版，对世界能源的形势进行了深入分析，提出到 2050 年能源的未来有 3 种情景。

* 6℃情景（6DS）：很大程度上反映了当前的状况，世界现在面临的潜在破坏性结果没有改变；2050 年比 2011 年能源消费将增加 2/3，温室气体排放量继续升高，如不采取措施，预计全球平均气温长期内将至少上升 6℃。

* 4℃情景（4DS）：考虑到国家限制温室气体排放量和努力提高能源利用效率，采取一些重大政策措施，在长期内将全球平均气温上升控制在 4℃内，但是到 2050 年还需要重大额外削减排放量，否则仍然有可能带来巨大的气候影响。

* 2℃情景（2DS）：通过全球各国共同努力，应对气候变化，采取有效措施减少温室气体

排放量，争取在 2050 年 CO_2 排放量比 2011 年减少一半以上。建立可持续发展的能源系统。这样至少有 50%的机会，使全球平均气温增加控制在 2℃以内。

应用于电力部门，后来又提出了 2DS hi-Ren 情景，就是在 2DS 情景的基础上，加速发展可再生能源中的太阳能和风能，减少或推迟发展核能和二氧化碳捕获和储存（Carbon Capture and Storage，CCS）技术的部署。

光伏和光热发电未来发展预测如表 1-26 所示。

表 1-26　光伏和光热发电未来发展预测

	6DS		4DS		2DS		2DS hi-Ren	
	2030	2050	2030	2050	2030	2050	2030	2050
光伏发电量（TW・h）	588	937	805	2523	1141	38234	2609	6250
光伏发电比例（%）	1.6	1.9	2.3	5.6	3.5	9.5	8	16
光伏（GW）	451	663	602	1813	841	2785	1927	4626
光热发电量（TW・h）	92	359	147	796	554	2835	986	4186
光热发电比例（%）	0.3	0.7	0.4	1.8	1.7	7.1	3	11
光热发电装机容量（GW）	26	98	40	185	155	646	252	954

2013 年，全球平均每天安装光伏系统 100MW，光伏系统年安装量达到了 36GW。应用市场的快速增长使得组件和系统的成本迅速下降，提高了光伏在市场上的竞争力。

在 2DS 情景下，到 2050 年，太阳能（包括光伏和光热）发电在全球电力供应中将随风能、水电和核能之后占第 4 位，超过了天然气和生物能源发电，其中，光伏占发电总量的 10%，太阳能热发电占 7%。预测到 2050 年新建光伏系统发电成本如表 1-27 所示。

表 1-27　2DS 情景 2050 年新建光伏系统发电成本（＄/MW・h）

年　度		2015	2020	2025	2030	2035	2040	2045	2050
屋顶光伏系统	最小	135	108	94	83	72	62	58	53
	最大	539	427	359	312	265	225	208	191
	平均	202	165	146	128	110	98	93	93
公用电网级光伏电站	最小	119	97	83	73	63	55	51	47
	最大	318	254	214	187	159	136	126	116
	平均	181	137	113	97	91	79	71	71

在 2DS hi-Ren 情景下，太阳能发电到 2040 年将成为第一大电力来源，到 2050 年将提供全球发电量的 27%，光伏（16%）和光热发电（11%）分别排在第三位和第四位，仅次于风力发电和水力发电。

国际能源署（IEA）综合各国和地区的光伏发展计划和路线图，发表了 *Technology Roadmap Solar Photovoltaic Energy*，后来又发表了 2014 年版，指出：自 2010 年以来，光伏装机容量超过了过去 40 年，2013 年以每天 100MW 的速率增加，2014 年初全球总容量已经超过 150GW。分布的格局也产生了很大变化，起初欧洲（如德国、意大利）是光伏市场的主力，2013 年后，中国成了领跑者，随后是日本和美国。6 年中光伏发电系统价格降为原来的 1/3，而组件价格仅为原来的 1/5。新建立的系统发电成本为 90～300＄/MW・h（如表 1-28 所示）。根据路线图，预计到 2050 年，光伏电力将占全球电力供应的 16%，比 2010 年时路线图提出的目标增加了 11%，光伏发电将占清洁电力的 17%，占全部再生能源电力的 20%。中国仍然保持最大的光伏市场，到 2050 年将占全球容量的 37%。为了实现路线图的愿景，到 2050 年安装容量将要达到 4600GW，每年可减少 CO_2 排放量 4Gt。

表 1-28 hi-Ren 情景下到 2050 年新建光伏系统发电成本预测（×＄/MW·h）

年 度		2013	2020	2025	2030	2035	2040	2045	2050
公共电网级别	最小	119	96	71	56	48	45	42	40
	平均	177	133	96	81	72	68	59	56
	最大	318	250	180	119	119	109	104	97
屋顶光伏系统	最小	135	108	80	63	55	51	48	45
	平均	201	157	121	102	96	91	82	78
	最大	539	422	301	231	197	180	171	159

路线图认为，光伏电力随着市场的发展，平均成本到 2020 年将降低 25%，到 2030 年将降低 45%，到 2050 年将降低 65%。假设资本成本为 8%，光伏发电成本的范围在 40～160 ＄/MW·h。为了达到这个愿景，光伏安装量要快速增长，2013 年为 36GW，以后平均每年要增加 124GW，在 2025—2050 年要达到 200GW 的峰值。需要平均年投资 2250 亿美元，超过 2013 年的 2 倍。

预计将来电网级和屋顶光伏系统大约各占全球市场的一半，屋顶光伏系统目前虽然比较贵，但是它可以就近供电，节省了输电成本和线路损耗。

除了目前光伏发电的成本正在下降以外，需要对光伏发电加强政策支持机制。长期以来，光伏发电的价格并不反映气候变化和其他环境因素的影响，路线图认为，全球 CO_2 的价格在 2020 年将达到 46$/t，2030 年将为 115＄/t，2040 年将达到 152＄/t。

随着常规能源的逐渐减少，国际石油价格不断飙升。同时人们对于环境污染、气候变暖现象也开始日益重视，必须逐步改变能源消费结构，大力开发以太阳能为代表的可再生能源，走可持续发展的道路，已经成为普遍的共识。太阳能光伏发电在相当长时期内，将保持快速发展的趋势，经过一定时间，将会逐渐在能源结构中占有相当的份额。可以预期。到本世纪末，太阳能发电将成为主要的能源，一个光辉灿烂的太阳能新时代必将到来。

参 考 文 献

[1] Arnulf Jäger-Waldau. PV Status report 2011[R]. EUR 25749—2012. http://www.emis.vito.be/sites/default/files/articles/1125/2012/PVReport—2012.pdf.

[2] Fatih Birol. CO_2 emissions from fuel combustion highlights (2016 Edition)[R]. IEA STATISTICS. https://www.iea.org/publications/freepublications/publication/CO_2 emissions from fuel combustion_highlights_2016.pdf.

[3] John Conti, et al. International energy outlook 2016[R]. DOE/EIA-0484(2016). May 2016. www.eia.gov/forecasts/ieo.

[4] Fatih Birol, et al. World energy outlook 2011[R]. ISBN: 978 92 64 12413 4. IEA 2011.9. http://www.worldenergyoutlook.org.

[5] Joanna Ciesielska, et al. Global market outlook for photovoltaics until 2015[R]. http://www.epia.org/

publications/ epiapublications/global-market-outlook-for-photovoltaics-until-2015.html.

[6] EPIA, Greenpeace. Solar generation VI solar photovoltaic electricity empowering the world [R]. 2011. http://www.pv-era.net/doc_upload/documents/258_121_Solargeneration6.pdf.

[7] EPIA . Market report 2011[R]. 2012.1 www.epia.org/index.php?eID=tx_nawsecuredl&u=0&file=fileadmin/EPIA_docs/publications/epia/EPIA-market-report-2011.pdf&t=1334918353&hash=c44577fe26d466683160fb6957c78c66.

[8] A T Kearney, et al. Set for 2020 solar photovoltaic electricity:a Mainstream power source in europe by 2020[R]. epia http://www.pvexperts.co.il/images/stories/pvexperts/articles/EPIA_Set%20for%202020_2009_Executive% 20Summary.pdf.

[9] Paolo Frankl, et al. Technology roadmaps solar photovoltaic energy[R]. IEA 2010 http://www.iea.org/papers/2010/pv_roadmap.pdf.

[10] Pachauri R K Reisinger A. 气候变化 2007：综合报告[R]. IPCC 瑞士，日内瓦，2007.

[11] 联合国气候变化框架公约. Fccc/informal/84 ge[C]. 05-62219 (C) 190705 220705, 1992.

[12] EPIA. “Solar Photovoltaics Competing in the Energy Sector – On the road to competitiveness” [R]. 2011.9. www.helapco.gr/ims/file/reports/tn_jsp.pdf.

[13] Stephan Singer, et al.WWF the energy report -100 percent renewable energy by 2050[R]. ISBN 978-2-940443-26-0.2011. http://assets.panda.org/downloads/101223_energy_report_final_print_2.pdf.

[14] Gaëtan Masson, et al. Global market outlook for photovoltaics until 2016[R]. EPIA. May 2012. http://files.epia.org/files/Global-Market-Outlook-2016.pdf.

[15] Stefan Nowak. Trends 2016 in photovoltaic applications[R]. report iea –pvps T1-30:2016. ISBN978-3-906042-45-9 ISBN 978-3-906042-45-9.

[16] Cédric Philibert. Technology roadmap solar photovoltaic energy 2014 Edition[R]. International Energy Agency (IEA), © OECD/IEA, 2014. http://www.iea.org/publications/freepublications/publication/technology-roadmap-solar-photovoltaic-energy---2014-edition.html.

[17] David Elzinga, et al. Energy technology perspectives 2014[R]. Harnessing Electricity Potential. @OECD/IEA，2014. http://www.iea.org/etp 2014.

[18] Giorgio Cellere, et al. International technology roadmap for photovoltaic 2016 results[R]. 8th edition，March 2017. ITRPV http://www.itrpv.net/Reports/Downloads/.

[19] Arnulf Jäger-Waldau .PV status report 2016[R]. JRC science for policy report, EUR 28159 EN ISBN 978-92-79-63055-2, October 2016.

练　习　题

1-1　简要说明开发利用太阳能的重要意义及常规电网的局限性。

1-2　太阳能发电有哪些类型？简述其工作原理。

1-3　太阳能光伏发电的优缺点有哪些？

1-4　简述当前光伏发电生产及市场应用现状。

1-5　在太阳能利用中存在哪些经济及技术问题？

1-6　试述光伏发电的应用前景。

第2章　太 阳 辐 射

2.1　太阳概况

从人类赖以生息繁衍的地球向外看，天空中最引人注目的就是光辉灿烂的太阳，它是一颗自己能发光发热的气体星球。太阳的内部可以分为：核心区、辐射区和对流区三层，核心区域半径约为太阳半径的 1/4，质量约占整个太阳质量的一半以上。太阳核心区的温度高达 8×10^6～40×10^6K，压力相当于 3000 亿个大气压，使得每秒钟有质量为 6 亿吨的氢经过热核聚变反应转化为 5.96 亿吨的氦，并释放出相当于 400 万吨氢的能量，这些能量再通过辐射区和对流区中物质的传递向外辐射，这种反应足以维持 50 亿年。太阳的外部由光球、色球和日冕三层所构成。人们看到的太阳表面叫光球，光球层厚约 500km，太阳的可见光几乎全是由光球发出的。光球表面有颗粒状结构——“米粒组织”。光球上亮的区域叫光斑，暗的黑斑叫太阳黑子。从光球表面到 2000km 高度为色球层，在色球层有谱斑、暗条和日珥，还时常发生剧烈的耀斑活动。色球层之外为日冕层，它温度极高，延伸到数倍太阳半径处，用空间望远镜可观察到 X 射线耀斑。日冕上有冕洞，而冕洞是太阳风的风源。太阳的构造如图 2-1 所示。

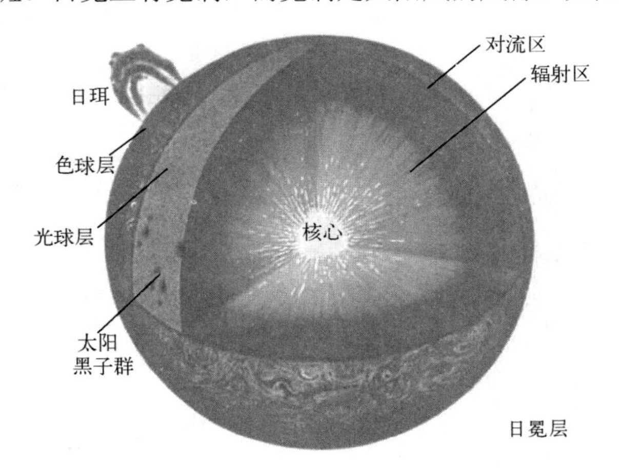

图 2-1　太阳的构造

太阳的直径约为 1.39×10^9m，比地球的直径大 109.3 倍。太阳的体积约 1.4122×10^7km^3，比地球大 130 万倍。太阳的平均密度为 1.41g/cm^3，比水大一些，仅为地球密度的 1/4。但是太阳内外的密度是不一样的，它的外壳大部分为气体，密度很小，越往里面密度越大，核心的密度可达到 160g/cm^3，这比钢的密度还大将近 20 倍。太阳的总质量为 1.9892×10^{27}t，相当于地球质量的 33.34 万倍。太阳的表面温度约 5800K。

太阳光由不同能量的光子组成，也就是具有不同频率和波长的电磁波，通常将电磁波按波段范围区分，冠以不同的名称，如表 2-1 所示。其中可见光又由于波长的长短呈现不同的色彩，如表 2-2 所示。

表 2-1　电磁波的波长范围

名　　称	波 长 范 围	名　　称	波 长 范 围
紫外线	100Å～0.4μm	超远红外	15～1000μm
可见光	0.4～0.76μm	毫米波	1～10mm
近红外	0.76～3.0μm	厘米波	1～10cm
中红外	3.0～6.0μm	分米波	10cm～1m
远红外	6.0～15μm		

表 2-2　可见光的波长范围

色 彩 名 称	波 长 范 围	色 彩 名 称	波 长 范 围
紫	0.40～0.43μm	黄	0.56～0.59μm
蓝	0.43～0.47μm	橙	0.59～0.62μm
青	0.47～0.50μm	红	062～0.76μm
绿	0.50～0.56μm		

太阳光谱中能量密度的最大值是 0.475μm，由此向短波方向，各波长具有的能量急剧降低；向长波方向各波长具有的能量则缓慢减弱（如图 2-2 所示）。在大气层上界，太阳辐射总能量中约有 7%的能量在紫外线以下的波长范围内；47%的能量在可见光的范围内；46%的能量在红外线波长范围内。

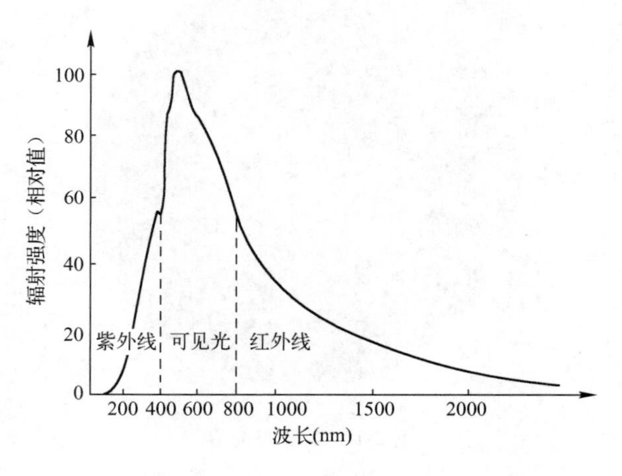

图 2-2　太阳光谱分布

太阳每秒钟释放出的能量是 3.865×10^{26}J，相当于燃烧 1.32×10^{16}t 标准煤所发出的能量。太阳与地球的平均距离约 1.5×10^{11}m，太阳辐射的能量大约只有 1/22 亿到达地球大气层上界，大约为 3.86×10^{23}kW。其中大约 19%被大气层吸收；大约 30%被大气层和尘粒及地面反射回宇宙空间；穿过大气到达地球表面的太阳辐射功率约占 51%，如图 2-3 所示。由于地球表面大部分被海洋覆盖，所以到达陆地表面的太阳辐射功率仅占到达地球范围内太阳辐射能的 10%。

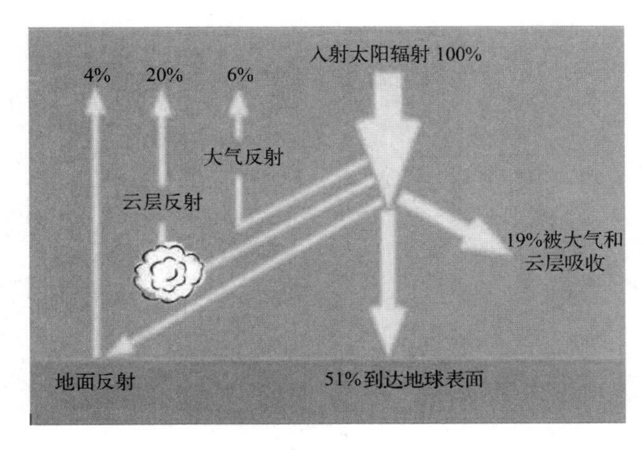

图 2-3 太阳能量在大气层中的吸收

2.2 日地运动

2.2.1 地球概况

地球的赤道半径略长、两极半径略短，极轴相当于扁球体的旋转轴。根据国际大地测量与地球物理联合会 1980 年公布的地球形状和大小，主要数据如下：

* 赤道半径 6378.137km
* 两极半径 6356.752km
* 平均半径 6371.012km
* 扁率 1/298.257
* 赤道周长 40075.7km
* 子午线周长 40008.08km
* 表面积 $5.101\times10^{8}km^{2}$
* 体积 $10832\times10^{8}km^{3}$

其实，地球的真实形状与上述扁球体稍有出入。其南半球略粗、短，南极向内下凹约 30m；北半球略细、长，北极约向上凸出 10m，所以夸张地说，地球的真实形状略呈梨形。地球的质量大约为 5.98×10^{24}kg。

2.2.2 真太阳时

地球绕地轴自西向东旋转，自转一周即一昼夜 24h（实际上 1 恒星日为 23 时 56 分 04.0905 秒）。地球同时绕太阳循着称为黄道的椭圆形轨道（长轴 1.52×10^{8}km，短轴 1.47×10^{8}km，平均日地距离 1.496×10^{8}km）运行，称为公转，周期为 1 年（实际上 1 恒星年为 365 天 6 时 6 分 9 秒）。日地运动示意图如图 2-4 所示。

地球的自转轴与公转运行的轨道面（黄道面）的法线倾斜成 23.45° 夹角，而且在地球公转时自转轴的方向始终指向天球的北极，这就使得太阳光线直射赤道的位置有时偏南，有时偏北，形成地球上季节的变化。

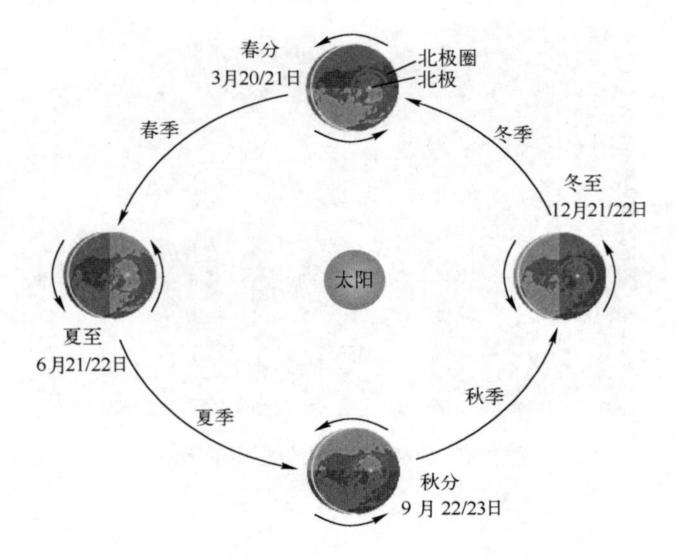

图 2-4　日地运动示意图

1884 年国际会议制定划分时区的方法，规定每隔经度 15° 为一个时区，全球共分为 24 个时区，把通过英国伦敦格林尼治天文台原址那条经线作为 0° 中央经线，从西经 7.5° 至东经 7.5° 为中时区，向东和向西各划分成 12 个时区。

主要以地球自转周期为基准的一种时间计量系统称为平太阳时，平太阳时假设地球绕太阳转动的轨迹是标准的圆形，一年中每天的转动都是均匀的，每天自转一周都是 24h，则每小时自转 360° /24=15° ，每经过 1° 时刻差为 60/15=4min，此为地区时差计算的基础。一个地方的平太阳时以平太阳对于该地子午圈的时角来度量。平太阳时在该处下中天（子夜 0 点）的瞬间作为平太阳时零时。实际上我们日常使用的北京时间就是东经 120° 的平太阳时。

然而，地球绕日是沿着椭圆形轨道运动的，太阳位于该椭圆的一个焦点上，因此在一年中，日地距离不断改变。根据开普勒第二定律，行星在轨道上运动的方式是它和太阳所联结的直线在相同时间内所划过的面积相等，可见，地球在轨道上做的是不等速运动，因此地球相对于太阳的自转并不是均匀的，每天并不都是 24h，有时少，有时多。考虑到该因素得到的是真太阳时。

太阳连续两次经过上中天（正午 12 点）的时间间隔，称为真太阳日。1 真太阳日又分为 24 真太阳时……这个时间系统称为真太阳时。真太阳时是以真太阳视圆面中心的时角来计量的，它的起算点是真太阳上中天，而我们日常生活中，习惯的起算点是下中天，正好相差 12h。因此，为了和人们的日常生活习惯一致，把真太阳时定义为：真太阳时圆面中心的时角加 12h。

由于一年之内真太阳日的长度在不断改变，因而一天中 24 真太阳时的长度也在不断变化，这在实际应用时十分不便，因此真太阳时不宜选做计时单位。

真太阳时与平太阳时的关系是：

$$真太阳时=平太阳时+时差值$$

时差值在每天都不一样，在 2 月 10 日达到负的最大值，为-14 分 15 秒；11 月 2 日达到正的最大值，为+16 分 25 秒；其他日期在这两者之间；在 6 月 11 日差值最小，为 0 分 1 秒。可见时差值不大，所以在一般情况下，实际应用时常常可以不考虑真太阳时与平太阳时的差别。

每个地方的太阳时跟当地的经度有关（但与纬度无关），不同经度的地方，太阳升起落下有先有后。例如，北京的早上 7 点，英国伦敦是晚上 23 点，新疆当地的“平太阳时”则是早上 4、5 点。这是地方太阳时，但是为了方便，在中国都是以北京时间计算，所以要确定真太阳时，需要将当地的北京时间推算成当地平太阳时，再将平太阳时换算成当地真太阳时。其方法是：

$$中国当地平太阳时=北京时间+4 分钟×（当地经度-120°）$$

中国按当地之经度推算平太阳时，以东经 120° 为基准，每减少 1° 则减 4min，每增加 1° 则加 4min。如某地位于东经 90°，则 90°-120°=-30°，-30×4min=-120min，则当地平太阳时是用北京时间减去 120min；又如某地位于东经 130°，130°-120°=10°，10×4min=40min，则当地平太阳时用北京时间加上 40min，其余类推。

得到当地平太阳时后，再加上时差值，即可得出当地真太阳时。

2.2.3　日出和日落规律

在北半球除北极外，一年中只有春分日和秋分日是日出正东，日落正西。夏半年（春分—夏至—秋分）中，日出东偏北，日落西偏北方向，并且越近夏至日，日出和日落越偏北，夏至这天日出和日落最偏北。在冬半年（秋分—冬至—春分）中，日出东偏南，日落西偏南方向。并且越近冬至日，日出和日落越偏南，同样在冬至这天日出和日落最偏南，如图 2-5 所示。

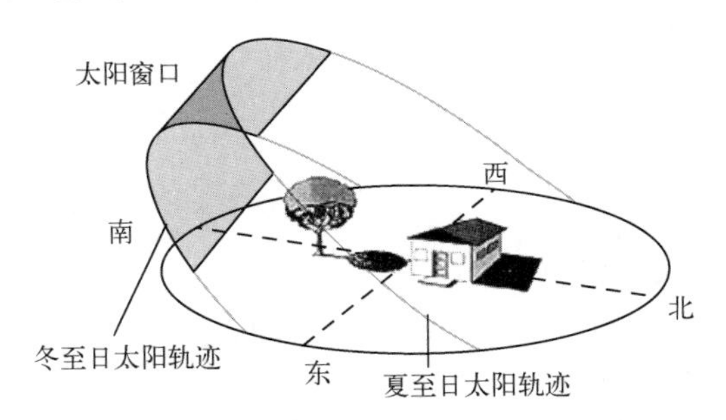

图 2-5　太阳运行轨迹示意图

北半球在夏至日（6 月 21 日或 22 日），太阳直射北纬 23.45° 的天顶，因此称北纬 23.45° 纬度圈为北回归线。北半球冬至日（12 月 21 日或 22 日）即为南半球夏至日，太阳直射南纬 23.45° 的天顶，因此称南纬 23.45° 为南回归线。

在春分日（北半球是 3 月 20 日或 21 日）与秋分日（北半球是 9 月 22 日或 23 日），太阳恰好直射地球的赤道平面。

2.3　天球坐标

观察者站在地球表面，仰望天空，平视四周所看到的假想球面，按照相对运动原理，太阳似乎在这个球面上自东向西周而复始地运动。要确定太阳在天球上的位置，最方便的方法是采用天球坐标，常用的天球坐标有赤道坐标系和地平坐标系两种。

2.3.1　赤道坐标系

赤道坐标系是以天赤道 QQ'为基本圈，以天子午圈的交点 Q 为原点的天球坐标系，PP'分别为北天极和南天极。由图 2-6 可见，通过 PP'的大圆都垂直于天赤道。显然，通过 P 和球面上的太阳（M）的半圆也垂直于天赤道，两者相交于 M'点。

在赤道坐标系中，太阳的位置 M 由时角ω和赤纬角δ 两个坐标决定。

1．时角ω

相对于圆弧 QM'，从天子午圈上的 Q 点起算（从太阳的正午起算），顺时针方向为正，逆时针方向为负，即上午为负，下午为正。通常以ω表示，它的数值等于离正午的时间（小时）乘以 15°。

2．赤纬角δ

与赤道面平行的平面与地球的交线称为地球的纬度。通常将太阳直射点纬度，即太阳中心和地心的连线与赤道平面的夹角称为赤纬角，常以δ表示，地球上太阳赤纬角的变化如图 2-7 所示。对于太阳而言，春分和秋分日的δ=0，向北天极由 0 变化到夏至日的+23.45°；向南天极由 0 变化到冬至日的−23.45°。赤纬角是时间的连续函数，其变化率在春分和秋分日最大，大约一天变化 0.5°。赤纬角仅仅与一年中的哪一天有关，而与地点无关，也就是说地球上任何位置，其赤纬角都是相同的。

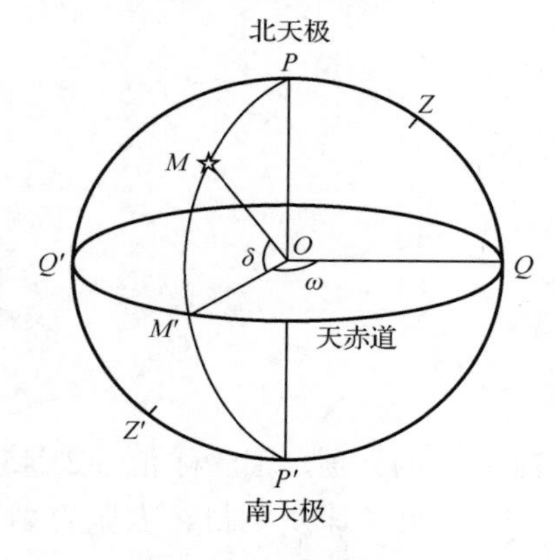

图 2-6　赤道坐标系

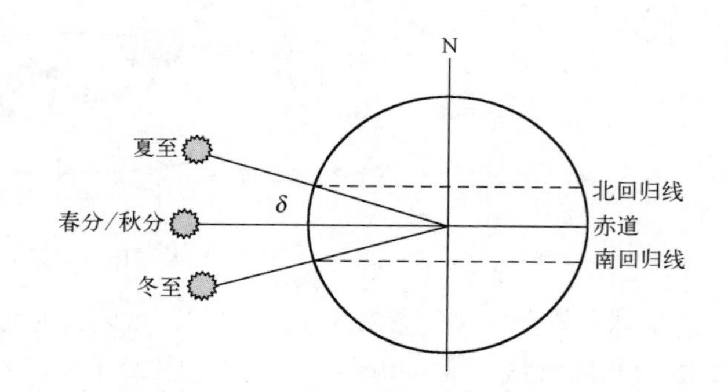

图 2-7　地球上太阳赤纬角的变化

太阳赤纬角可用 Cooper 方程近似计算：

$$\delta = 23.45\sin\left(360\times\frac{284+n}{365}\right) \tag{2-1}$$

式中，n 为一年中的日期序号，如元旦为 n=1，春分日为 n=81，平年 12 月 31 日为 n=365，闰年则为 366。

这是个近似计算公式，具体计算时不能得到春分日、秋分日的δ值都等于 0 的结果。更加精确的计算（误差<0.035°）可用 Iqbal（1983）导出的近似计算公式：

$$\delta=(180/\pi)(0.006918-0.399912\cos B+0.070257\sin B-0.006758\cos 2B+0.000907\sin 2B$$

$$-0.002697\ \cos 3B+0.00148\ \sin\ 3B) \tag{2-2}$$

式中，$B=(n-1)360/365$，n 为一年中的日期序号。

【例 2-1】 计算 9 月 22 日的赤纬角。

解：9 月 22 日，n=265，代入式（2-1）得

$$\delta = 23.45\sin\left(360\times\frac{284+265}{365}\right)=-0.6^\circ$$

一年中不同日期的赤纬角如表 2-3 所示。

表 2-3　太阳赤纬角 δ（°）

日期	1 月	2 月	3 月	4 月	5 月	6 月	7 月	8 月	9 月	10 月	11 月	12 月
1	−23.1	−17.3	−7.9	4.2	14.8	21.9	23.2	18.2	8.6	−2.9	−14.2	−21.7
5	−22.7	−16.2	−6.4	5.8	16.0	22.5	22.9	17.2	7.1	−4.4	−15.4	−22.3
9	−22.2	−14.9	−4.8	7.3	17.1	22.9	22.5	16.1	5.6	−5.9	−16.6	−22.7
13	−21.6	−13.6	−3.3	8.7	18.2	23.2	21.9	14.9	4.1	−7.5	−17.7	−23.1
17	−20.9	−12.3	−1.7	10.2	18.1	23.4	21.3	13.7	2.6	−8.9	−18.8	−23.3
21	−20.1	−10.9	−0.1	11.6	20.0	23.4	20.6	12.4	1.0	−10.4	−19.7	−23.4
25	−19.2	−9.4	1.5	12.9	20.8	23.4	19.8	11.1	−0.5	−11.8	−20.6	−23.4
29	−−13.2		3.0	14.2	21.5	23.3	19.0	9.7	−2.1	−13.2	−21.3	−23.3

2.3.2　地平坐标系

人在地球上观看空中的太阳相对于地平面的位置时，太阳相对地球的位置是相对于地平面而言的，通常由高度角和方位角两个坐标决定，如图 2-8 所示。

在某个时刻，由于地球上各处的位置不同，因而各处的高度角和方位角也不相同。

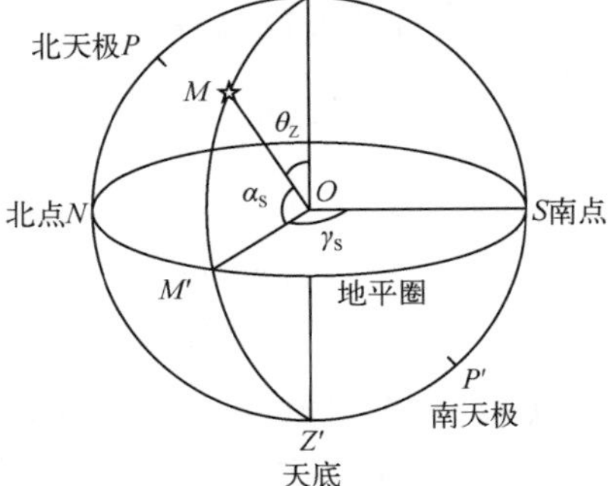

图 2-8　地平坐标系

1．天顶角 θ_Z

天顶角是指太阳光线 MO 与地平面法线 OZ 之间的夹角。

2．高度角 α_s

高度角是指太阳光线 MO 与其地平面上投影线 OM' 之间的夹角。它表示太阳高出水平面的角度。高度角与天顶角的关系是：

$$\theta_Z+\alpha_s=90^\circ \tag{2-3}$$

3．太阳方位角 γ_s

太阳方位角是指太阳光线在地平面上投影 OM' 和地平面上正南方向线 OS 之间的夹角 γ_S。它表示太阳光线的水平投影偏离正南方向的角度。取正南方向为起始点（0°），向西（顺时针方向）为正，向东为负。

2.3.3 太阳角的计算

1．太阳高度角的计算

高度角、天顶角和纬度、赤纬角及时角的关系为

$$\sin\alpha_s = \cos\theta_Z = \sin\varphi\sin\delta + \cos\varphi\cos\delta\cos\omega \tag{2-4a}$$

在太阳正午时，ω=0，式（2-4a）可简化为

$$\sin\alpha_s = \sin[90° \pm (\varphi - \delta)] \tag{2-4b}$$

当正午太阳在天顶以南，即$\varphi>\delta$时

$$\alpha_s=90° -\varphi+\delta \tag{2-4c}$$

当正午太阳在天顶以北，即$\varphi<\delta$时

$$\alpha_s=90° +\varphi-\delta \tag{2-4d}$$

【例2-2】 计算上海地区9月22日中午12时和下午3时的太阳高度角及天顶角。

解：上海地区的纬度是31.12°，由例（2-1）得δ=−0.6°。

正午12时的时角：ω=0；下午3时的时角：ω=3×15=45°。

中午12时的太阳高度角：由于$\varphi>\delta$，根据式（2-4c）

$$\alpha_s=90° -\varphi+\delta=90° -31.12° +(-0.6°)=58.28°$$

此时的天顶角是：θ_Z=90° −α_s=90° −58.28° =31.72°

下午3时的时角为：ω=3×15° =45°，根据式（2-4a），太阳高度角为

$$\sin\alpha_s=\sin31.12\ \sin(-0.6)+\cos31.12\cos(-0.6)\cos45=0.5998$$

因此可得到

$$\alpha_s=36.86°$$

此时的天顶角是：θ_Z=90° −α_s=90° −36.86° =53.14°

2．方位角γ_s的计算

方位角与赤纬角、高度角、纬度及时角的关系为

$$\sin\gamma_s = \frac{\cos\delta\sin\omega}{\cos\alpha_s} \tag{2-5}$$

$$\cos\gamma_s = \frac{\sin\alpha_s\sin\varphi - \sin\delta}{\cos\alpha_s\cos\varphi} \tag{2-6}$$

【例2-3】 计算上海地区9月22日14时的太阳方位角γ_s。

解：由例2-1可知：

上海地区9月22日的δ=−0.6°，φ=31.12°，ω=2×15° =30°

先由式（2-4a）求高度角：

$$\sin\alpha_s=\sin31.12\times\sin(-0.6)+\cos31.12\times\cos(-0.6)\times\cos30=0.7359$$

因此有

$$\alpha_s=47.38°$$

代入式（2-5）得到

$$\sin\gamma_s = \frac{\cos\delta\sin\omega}{\cos\alpha_s} = \frac{\cos(-0.6)\times\sin30}{\cos47.38} = 0.738$$

因此得

$$\gamma_s=47.6°$$

3．日出、日落的时角ω_s

日出、日落时太阳高度角α_s为 0，由式（2-4a）可得

$$\cos\omega_s = -\tan\varphi\tan\delta \tag{2-7}$$

由于 $\cos\omega_s=\cos(-\omega_s)$，故

$$\omega_{sr}=-\omega_s;\quad \omega_{ss}=\omega_s$$

式中，ω_{sr}为日出时角；ω_{ss}为日落时角。以度表示，负值为日出时角，正值为日落时角。可见对于某个地点，太阳的日出和日落时角相对于太阳正午是对称的。

4．日照时间 N

日照时间是当地由日出到日落之间的时间间隔。由于地球每小时自转 15°，所以日照时间 N 可以用日出、日落时角的绝对值之和除以 15°得

$$N=\frac{\omega_{ss}+|\omega_{sr}|}{15}=\frac{2}{15}\arccos(-\tan\varphi\tan\delta) \tag{2-8}$$

【例 2-4】 计算上海地区在冬至的日出、日落时角及全天日照时间。

解：上海的φ=31.12°，冬至日的太阳赤纬δ=−23.45°，代入式（2-7）得

$$\cos\omega_s=-\tan\varphi\tan\delta=-\tan31.12\times\tan(-23.45)=0.2619$$

因此上海地区在冬至的日出时角为ω_{sr}=−74.82°，日落时角为ω_{ss}=74.82°

全天日照时间：
$$N=2\times\frac{74.82^\circ}{15^\circ/\text{h}}=9.98\text{h}$$

5．日出、日落时的方位角

日出、日落时太阳高度角为α_{so}=0°，所以 $\cos\alpha_s$=1，$\sin\alpha_s$=0，代入式（2-6）：

$$\cos\gamma_{s,o}=-\sin\delta/\cos\varphi \tag{2-9}$$

得到的日出、日落时的方位角都有两组解，因此必须选择一组正确的解。我国所处位置大致可划分为北热带（0°～23.45°）和北温带（23.45°～66.55°）两个气候带。当太阳赤纬角δ>0°（夏半年）时，太阳升起和降落都在北面的象限（数学上的第一、二象限）；δ<0°（冬半年）时，太阳升起和降落都在南面的象限（数学上的第三、四象限）。

【例 2-5】 求上海地区 9 月 22 日的日出、日落方位角。

解：由例 2-2 知：上海地区的φ=31.12°，9 月 22 日太阳赤纬角：δ=−0.6°

代入
$$\cos\gamma_{s,o}=-\sin\delta/\cos\varphi=-\sin(-0.6^\circ)/\cos31.12^\circ=0.01223$$

可得
$$\gamma_{s,o}=89.30^\circ \quad 或 \quad \gamma_{s,o}=-89.30^\circ$$

因此，日出和日落方位角分别是$\gamma_{s,or}$=−89.30°和$\gamma_{s,os}$=89.30°。

6．太阳入射角

太阳照射到地表倾斜面上时，定义太阳入射线与倾斜面法线之间的夹角为太阳入射角θ_T。太阳入射角与其他角度之间的关系图如图 2-9 所示，由此可得太阳入射角与其他角度之间的几何关系为

$$\begin{aligned}\cos\theta_T &= \sin\delta\sin\varphi\cos\beta - \sin\delta\cos\varphi\sin\beta\cos\gamma \\ &+ \cos\delta\cos\varphi\cos\beta\cos\omega + \cos\delta\sin\varphi\sin\beta\cos\gamma\cos\omega \\ &+ \cos\delta\sin\beta\sin\gamma\sin\omega\end{aligned} \tag{2-10}$$

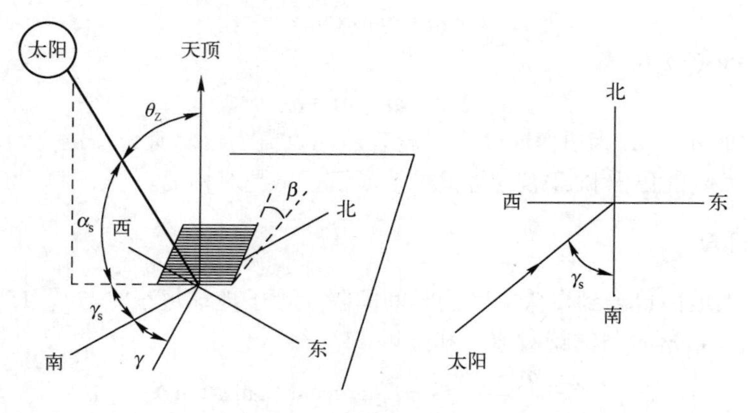

图 2-9　太阳入射角与其他角度之间的关系图

并且有

$$\cos\theta_T = \cos\theta_Z\cos\beta + \sin\theta_Z\sin\beta\cos(\gamma_s - \gamma) \tag{2-11}$$

式中，θ_T 为太阳入射角；δ 为太阳赤纬角；φ为当地纬度；β 为斜面倾角；γ 为倾斜面方位角；ω为时角；θ_Z 为太阳天顶角；γ_s 为太阳方位角。

对于北半球朝向赤道（γ=0°）的倾斜面，可得

$$\begin{aligned}\cos\theta_T &= \sin\delta\sin\varphi\cos\beta - \sin\delta\cos\varphi\sin\beta \\ &+ \cos\delta\cos\varphi\cos\beta\cos\omega + \cos\delta\sin\varphi\sin\beta\cos\omega \\ &= \cos(\varphi-\beta)\cos\delta\cos\omega + \sin(\varphi-\beta)\sin\delta\end{aligned} \tag{2-12a}$$

对于南半球朝向赤道（γ=180°）的倾斜面，可得

$$\cos\theta_T = \cos(\varphi+\beta)\cos\delta\cos\omega + \sin(\varphi+\beta)\sin\delta \tag{2-12b}$$

如果是在水平面上，即β=0°，此时的太阳入射角即为天顶角，其大小为

$$\cos\theta_T = \cos\theta_Z = \cos\varphi\cos\delta\cos\omega + \sin\varphi\sin\delta \tag{2-12c}$$

如果是在垂直面上，即β=90°，则有

$$\cos\theta_T = -\sin\delta\cos\varphi\cos\gamma + \cos\delta\sin\varphi\cos\gamma\cos\omega + \cos\delta\sin\gamma\sin\omega \tag{2-12d}$$

【例 2-6】 计算北京地区在 2 月 13 日上午 10:30，倾角为 45°，方位角为 15°的倾斜面上的太阳入射角。

解：2 月 13 日的 n=44，δ=−14°，上午 10:30 的时角：ω= −22.5°，β=45°，γ=15°，北京地区的纬度：φ=39.48°。

代入式（2-10）得

$$\begin{aligned}\cos\theta_T &= \sin(-14)\sin 39.48\cos 45 - \sin(-14)\cos 39.48\sin 45\cos 15 \\ &+ \cos(-14)\cos 39.48\cos 45\cos(-22.5) \\ &+ \cos(-14)\sin 39.48\sin 45\cos 15\cos(-22.5) \\ &+ \cos(-14)\sin 45\sin 15\sin(-22.5)\end{aligned}$$

由此可得

$$\cos\theta_T = (-0.2419)\times 0.6358\times 0.707 - (-0.2419)\times 0.7718\times 0.707\times 0.9659 + 0.9703\times 0.7718\times 0.707\times 0.9239 + 0.9703\times 0.6358\times 0.707\times 0.9659\times 0.9239 + 0.9703\times 0.707\times 0.2588\times(-0.3827) = -0.1087 + 0.1275 + 0.4892 + 0.3892 - 0.068 = 0.8292$$

所以此时的太阳入射角为 $\theta_T = 34°$。

2.4　跟踪平面的角度

有些太阳能收集器以一定的方式跟踪太阳，目的是使太阳光照射到收集器平面的入射角最小，因而达到平面接收到的太阳辐照量极大化。对于这种运动平面需要知道太阳的入射角和平面的方位角。

跟踪系统可以根据其运动方式来分类：一类是环绕单轴转动，轴可以是任何朝向，实际上通常只是水平东、西向，水平南、北向，垂直或平行于地球轴这几种方向；另一类是双轴转动。

（1）对于按天调整沿水平东、西向轴转动的平面，使每天中午太阳直接辐射垂直入射到接收平面上时：

$$\cos\theta_T = \sin^2\delta + \cos^2\delta\cos\omega \tag{2-13a}$$

这个平面的倾角对于每天是固定的。

$$\beta = |\varphi - \delta| \tag{2-13b}$$

平面的方位角在一天中将是 0° 或 180° ，具体取决于纬度和赤纬角：

如果 $(\varphi-\delta)>0$，则 $\gamma=0°$

如果 $(\varphi-\delta)\leqslant 0$，则 $\gamma=180°$　　（2-13c）

（2）对于绕水平东、西轴转动的平面并可连续调整要使太阳入射角极小化时：

$$\cos\theta_T = (1-\cos^2\delta\sin^2\omega)^{1/2} \tag{2-14a}$$

平面倾角由下式确定：

$$\tan\beta = \tan\theta_Z |\cos\gamma_s| \tag{2-14b}$$

如果太阳的方位角经过±90° ，这类平面方位角的朝向将在 0° ～180° 之间变化，对于两半球：

如果 $|\gamma_s| < 90$，则 $\gamma = 0°$

如果 $|\gamma_s| \geqslant 90$，则 $\gamma = 180°$　　（2-14c）

（3）对于绕水平南、北轴转动的平面并可连续调整，要使太阳入射角极小化时

$$\cos\theta_T = (\cos^2\theta_Z + \cos^2\delta\sin^2\omega)^{1/2} \tag{2-15a}$$

其倾角由下式确定：

$$\tan\beta = \tan\theta_Z |\cos(\gamma - \gamma_s)| \tag{2-15b}$$

平面的方位角 γ 是 90° 还是−90° 取决于太阳的方位角是大于 0 还是小于 0：

如果 $\gamma_s>0$，则 $\gamma=90°$

如果 $\gamma_s\leqslant 0$，则 $\gamma=-90°$　　（2-15c）

（4）对于以固定倾角绕垂直轴转动的平面，在其平面方位角与太阳方位角相等时，太阳

入射角最小。

由式（2-11），太阳入射角θ_T可由下式得出：

$$\cos\theta_T = \cos\theta_Z\cos\beta + \sin\theta_Z\sin\beta \tag{2-16}$$

由于倾角是固定的，因此β=常数；平面的方位角$\gamma=\gamma_s$。

（5）对于绕平行于地球轴线以南、北轴转动的平面并连续调整，要使太阳入射角极小化时：

$$\cos\theta_T = \cos\delta \tag{2-17a}$$

倾角是连续变化的，并且等于：

$$\tan\beta = \frac{\tan\varphi}{\cos\gamma} \tag{2-17b}$$

平面的方位角为

$$\gamma = \arctan\frac{\sin\theta_Z\sin\gamma_s}{\cos\theta'\sin\varphi} + 180C_1C_2 \tag{2-17c}$$

式中，

$$\cos\theta' = \cos\theta_Z\cos\varphi + \sin\theta_Z\sin\varphi \tag{2-17d}$$

$$C_1 = \begin{cases} 0 & \text{如果}\left(\arctan\dfrac{\sin\theta_Z\sin\gamma_s}{\cos\theta'\sin\varphi}\right)\gamma_s \geqslant 0 \\ +1 & \text{其他} \end{cases} \tag{2-17e}$$

$$C_2 = \begin{cases} +1 & \text{如果}\gamma_s \geqslant 0 \\ -1 & \text{如果}\gamma_s < 0 \end{cases} \tag{2-17f}$$

（6）对于以双轴连续跟踪的平面，要使其入射角极小化时：

$$\cos\theta_T = 1 \tag{2-18a}$$

$$\beta = \theta_Z \tag{2-18b}$$

$$\gamma = \gamma_s \tag{2-18c}$$

【例 2-7】 对于绕水平东、西轴方向连续转动以达到θ_T极小化，在平面处于：

（1）φ=40°，δ=21°，ω=30°（下午 2:00）

（2）φ=40°，δ=21°，ω=100°

试分别计算太阳直接辐射的入射角和太阳天顶角。

解：

（1）对于以这种方式运动的平面，首先计算其入射角，根据式（2-14a）得

$$\theta_T = \arccos(1-\cos^2 21\times\sin^2 30)^{1/2} = 27.8°$$

其次，由式（2-4a）计算太阳天顶角θ_Z

$$\theta_Z = \arccos(\cos 40\times\cos 21\times\cos 30 + \sin 40\times\sin 21) = 31.8°$$

（2）与步骤（1）相同：

$$\theta_T = \arccos(1-\cos^2 21\times\sin^2 100)^{1/2} = 66.8°$$

$$\theta_Z = \arccos(\cos 40\times\cos 21\times\cos 100 + \sin 40\times\sin 21) = 83.9°$$

2.5　太阳辐射量

单位时间内，太阳以辐射形式发射的能量称为太阳辐射功率或辐射通量，单位是瓦（W）。

太阳投射到单位面积上的辐射功率（辐射通量）称为辐射度或辐照度，单位是瓦/平方米（W/m^2）。在一段时间内（如每小时、日、月、年等）太阳投射到单位面积上的辐射能量称为辐照量，单位是千瓦·时/平方米·日（月、年）（$kW·h/m^2·d$（m、y））。

由于历史的原因，有时还用到不同的单位制，需要进行单位换算：

1kW·h=3.6MJ

1cal=4.1868J=1.16278mW·h

$1MJ/m^2=23.889cal/cm^2=27.8mW·h/cm^2$

$1kW·h/m^2=85.98cal/cm^2=3.6MJ/m^2=100mW·h/cm^2$

$1cal/cm^2=0.0116kW·h/m^2$

$1MJ/m^2=0.2778kW·h/m^2$

2.5.1　大气层外的太阳辐射

1．太阳常数

在地球大气层之外，平均日-地距离处，垂直于太阳光方向的单位面积上所获得的太阳辐射能基本上是一个常数，这个辐照度称为太阳常数，或称大气质量 0（AM0）的辐射。

1981 年 10 月，在墨西哥召开的世界气象组织仪器和观测方法委员会第 8 届会议通过的太阳常数的大小为

$$I_{sc}=1367\pm7W/m^2$$

根据维基百科最近报道，通过卫星测量地球大气层上空的太阳辐照度，并用逆平方定律进行调整后得到太阳常数的结果为

$$I_{sc}=1.3608\pm0.0005kW/m^2$$

实际上一年中日-地距离是变化的，因此 I_{sc} 的值也稍有变化。

2．到达大气层上界的太阳辐射

大气层上界水平面上的太阳辐射日总量 H_0 可以用下式计算：

$$H_0=\frac{24\times3600}{\pi}\gamma\cdot I_{sc}\left(\frac{\pi\omega_s}{180}\sin\varphi\sin\delta+\cos\varphi\cos\delta\sin\omega_s\right) \tag{2-19}$$

式中，I_{sc} 为太阳常数；ω_s 为日出、日落时角；δ 为太阳赤纬角；γ 为日-地距离变化引起大气层上界的太阳辐射通量的修正值，由下式求出：

$$\gamma=\left(1+0.034\cos\frac{2\pi n}{365}\right)$$

式中，n 为一年中的日期序号；所求出的 H_0 的单位是 MJ/m^2。

同样也可以由此得到大气层上界水平面上的小时太阳辐射量：

$$I_0 = \frac{12 \times 3600}{\pi} I_{sc} \left(1 + 0.033\cos\frac{360n}{365}\right) \times \left[\frac{\pi(\omega_2 - \omega_1)}{180}\sin\varphi\sin\delta + \cos\varphi\cos\delta(\sin\omega_2 - \sin\omega_1)\right] \tag{2-20}$$

式中，ω_1 和 ω_2 为起始和终了的时角。

在考虑大气层上界各月的太阳平均辐射值时，如以每月 16 日为代表日，发现有一定偏差，特别是在 6 月和 12 月偏差比较明显。因此 Klein 在 1977 提出用每个月中最接近于平均赤纬角的某天作为“月平均日”，如表 2-4 所示，表中还列出了该日在一年中的日期序号 n，以及这一天的赤纬角 δ。

表 2-4　各月平均日及其赤纬角

月　份	日　期	n	δ（°）
1 月	17	17	−20.92
2 月	16	47	−12.95
3 月	16	75	−2.42
4 月	15	105	9.41
5 月	15	135	18.79
6 月	11	162	23.09
7 月	17	198	21.18
8 月	16	228	13.45
9 月	15	258	2.22
10 月	15	288	−9.60
11 月	14	318	−18.91
12 月	10	344	−23.05

在式（2-19）中，n 和 δ 用各月平均日的数值（如表 2-4 所示）代入，即可得出各月平均大气层上界的总太阳辐射量 $\bar{H}_0$。由此可得到不同纬度大气层上界各个月份的平均太阳日辐照量，如表 2-5 所示。

表 2-5　不同纬度大气层上界各个月份的平均太阳日辐照量[MJ/m^2 · d]

纬度（℃）	1 月	2 月	3 月	4 月	5 月	6 月	7 月	8 月	9 月	10 月	11 月	12 月
90	0.0	0.0	1.2	19.3	37.2	44.8	41.2	26.5	5.4	0.0	0.0	0.0
85	0.0	0.0	2.2	19.2	37.0	44.7	41.0	26.4	6.4	0.0	0.0	0.0
80	0.0	0.0	4.7	19.6	36.6	44.2	40.5	26.1	9.0	0.6	0.0	0.0
75	0.0	0.7	7.8	21.0	35.9	43.3	39.8	26.3	11.9	2.2	0.0	0.0
70	0.1	2.7	10.9	23.1	35.3	42.1	38.7	27.5	14.8	4.9	0.3	0.0
65	1.2	5.4	13.9	25.4	35.7	41.0	38.3	29.2	17.7	7.8	2.0	0.4
60	3.5	8.3	16.9	27.6	36.6	41.0	38.8	30.9	20.5	10.8	4.5	2.3
55	6.2	11.3	19.8	29.6	37.6	41.3	39.4	32.6	23.1	13.8	7.3	4.8

续表

纬度（℃）	1月	2月	3月	4月	5月	6月	7月	8月	9月	10月	11月	12月
50	9.1	14.4	22.5	31.5	38.5	41.5	40.0	34.1	25.5	16.7	10.3	7.7
45	12.2	17.4	25.1	33.2	39.2	41.7	40.4	35.3	27.8	19.6	13.3	10.7
40	15.3	20.3	27.4	34.6	39.7	41.7	40.6	36.4	29.8	22.4	16.4	13.7
35	18.3	23.1	29.6	35.8	40.0	41.5	40.6	37.3	31.7	25.0	19.3	16.8
30	21.3	25.7	31.5	36.8	40.0	41.1	40.4	37.8	33.2	27.4	22.2	19.9
25	24.2	28.2	33.2	37.5	39.8	40.4	40.0	38.2	34.6	296	25.0	22.9
20	27.0	30.5	34.7	37.9	39.3	39.5	39.3	38.2	35.6	31.6	27.7	25.8
15	29.6	32.6	35.9	38.0	38.5	38.4	38.3	38.0	36.4	33.4	30.1	28.5
10	32.0	34.4	36.8	37.9	37.5	37.0	37.1	37.5	37.0	35.0	32.4	31.1
5	34.2	36.0	37.5	37.4	36.3	35.3	35.6	36.7	37.2	36.3	34.5	33.5
0	36.2	37.4	37.8	36.7	34.8	33.5	34.0	35.7	37.2	37.3	36.3	35.7
-5	38.0	38.5	37.9	35.8	33.0	31.4	32.1	34.4	36.9	38.0	37.9	37.6
-10	39.5	39.3	37.7	34.5	31.1	29.2	29.9	32.9	36.3	38.5	39.3	39.4
-15	40.8	39.8	37.2	33.0	28.9	26.8	27.6	31.1	35.4	38.7	40.4	40.9
-20	41.8	40.0	36.4	31.3	26.6	24.2	25.2	29.1	34.3	38.6	41.2	42.1
-25	42.5	40.0	35.4	29.3	24.1	21.5	22.6	27.0	32.9	38.2	41.7	43.1
-30	43.0	39.7	34.0	27.2	21.4	18.7	19.9	24.6	31.2	37.6	42.0	43.8
-35	43.2	39.1	32.5	24.8	18.6	15.8	17.0	22.1	29.3	36.6	42.0	44.2
-40	43.1	38.2	30.6	22.3	15.8	12.9	14.2	19.4	27.2	35.5	41.7	44.5
-45	42.8	37.1	28.6	19.6	12.9	10.0	11.3	16.6	24.9	34.0	41.2	44.5
-50	42.3	35.7	26.3	16.8	10.0	7.2	8.4	13.8	22.4	32.4	40.5	44.3
-55	41.7	34.1	23.9	13.9	7.2	4.5	5.7	10.9	19.8	30.5	39.6	44.0
-60	41.0	32.4	21.2	10.9	10.0	4.5	2.2	8.0	17.0	28.4	38.7	43.7
-65	40.5	30.6	18.5	7.8	2.1	0.3	1.0	5.2	14.1	26.2	37.8	43.7
-70	40.8	28.8	15.6	5.0	0.4	0.0	0.0	2.6	11.1	24.0	37.4	44.9
-75	41.9	27.6	12.6	2.4	0.0	0.0	0.0	0.8	8.0	21.9	38.1	46.2
-80	42.7	27.4	9.7	0.6	0.0	0.0	0.0	0.0	5.0	20.6	38.8	47.1
-85	43.2	27.7	7.2	0.0	0.0	0.0	0.0	0.0	2.4	20.3	39.3	47.6
-90	43.3	27.8	6.2	0.0	0.0	0.0	0.0	0.0	1.4	20.4	39.4	47.8

【例 2-8】 试计算长春 4 月 15 日大气层上界水平面上的太阳辐射日总量 H_0。

解： 由表 2-4 可知：4 月 15 日的 n=105，δ=9.41°，长春的纬度是北纬 43.45°，φ=43.45°。

由式（2-7）可求出日、出日落时角：

$$\cos\omega_s=-\tan 43.45\times\tan 9.41=-0.9473\times 0.1657=-0.1570$$

因此有

$$\omega_s=99°$$

代入式（2-19）和式（2-20）得

$$H_0 = \frac{24\times 3600\times 1367}{\pi}\left(1+0.033\cos\frac{360\times 105}{365}\right)\left(\frac{\pi 99}{180}\sin 43\sin 9.4+\cos 43\cos 9.4\sin 99\right)$$
$$=33.78\text{MJ/m}^2$$

【例 2-9】 试计算长春 4 月 15 日上午 10 时到 11 时之间，大气层上界水平面上的太阳辐射量 I_0。

解：由上例已知：4 月 15 日的 n =105，δ= 9.41°，长春的纬度φ=43.45°。上午 10:00 时：ω_1= −30°；上午 11:00 时：ω_2= −15°，代入式（2-20）：

$$I_0 = \frac{12\times 3600\times 1367}{\pi}\left(1+0.033\cos\frac{360\times 105}{365}\right)$$
$$\times\left(\frac{\pi[-15-(-30)]}{180}\sin 43.45\times\sin 9.41\right)+\cos 43.45\times\cos 9.41[\sin(-15)-\sin(-30)]$$
$$=3.79\text{MJ/m}^2$$

3．大气质量（AM）

太阳与天顶轴重合时，太阳光线穿过一个地球大气层的厚度，此时路程最短。太阳光线的实际路程与此最短路程之比称为大气质量。并假定在 1 个标准大气压和 0℃时，海平面上太阳光线垂直入射时的路径为 AM=1。因此大气层上界的大气质量 AM=0。太阳在其他位置时，大气质量都大于 1。如此值为 1.5 时，通常写成 AM1.5。大气质量的示意图如图 2-10 所示。

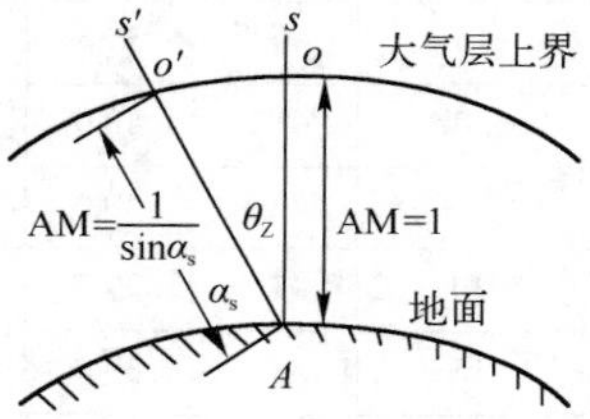

地面上的大气质量计算公式为

$$\text{AM} = \frac{1}{\cos\theta_Z}\frac{P}{P_0} \tag{2-21}$$

图 2-10 大气质量的示意图

式中，θ_Z 为太阳天顶角；P 为当地大气压；P_0 为海平面大气压。

式（2-21）是从三角函数关系推导出来的，忽略了折射和地面曲率等影响，当α_s<30° 时，有较大误差，在光伏系统工程计算中，可采用下式计算：

$$\text{AM}(\alpha_s)=[1229+(614\sin\alpha_s)^2]^{1/2}-614\sin\alpha_s \tag{2-22}$$

太阳辐射穿过地球大气，由于大气层对太阳光谱的吸收和散射，使太阳光谱范围和能量分布发生变化。当太阳高度角为 90° 时，到达地面上的太阳光谱中紫外线约占 4%，可见光占 46%，红外线占 50%；当太阳高度角低至 30° 时，相应的比例是 3%、44%、53%；当太阳高度角更低时，紫外线能量几乎等于零，可见光部分的能量减少到 30%，红外线的能量占主要地位，这是由于空气分子对短波部分强烈散射而引起的。

大气质量越大，说明光线经过大气的路径越长，受到的衰减越多，到达地面的能量就越少。

2.5.2 到达地表的太阳辐照度

1．大气透明度

大气透明度是表征大气对于太阳光线透过程度的一个参数。在晴朗无云的天气，大气透明度高，到达地面的太阳辐射能就多；当天空中云雾或风沙灰尘多时，大气透明度低，到达地面的太阳辐射能就少。根据布克–兰贝特定律，波长为λ的太阳辐照度 $I_{\lambda,0}$，经过厚度为 dm 的大气层后，辐照度衰减为

$$\mathrm{d}I_{\lambda,\mathrm{n}} = -C_{\lambda} I_{\lambda,0} \mathrm{d}m$$

将上式积分得

$$I_{\lambda,\mathrm{n}} = I_{\lambda,0} \mathrm{e}^{-c_{\lambda} m} \tag{2-23}$$

式中，$I_{\lambda,\mathrm{n}}$ 为到达地表的法向太阳辐照度；$I_{\lambda,0}$ 为大气层上界的太阳辐照度；C_{λ}为大气的消光系数；m 为大气质量。

式（2-23）也可写成：

$$I_{\lambda,\mathrm{n}} = I_{\lambda,0} P_{\lambda}^{m} \tag{2-24}$$

式中，$P_{\lambda} = \mathrm{e}^{-c_{\lambda}}$ 称为单色光谱透明度。

将式（2-24）从波长 0 到∞的整个波段积分，就可得到全色太阳辐照度：

$$I_{\mathrm{n}} = \int_{0}^{\infty} I_{\lambda,0} P_{\lambda}^{m} \mathrm{d}\lambda \tag{2-25}$$

设整个太阳辐射光谱范围内的单色透明度的平均值为 P_m，式（2-25）积分后为

$$I_{\mathrm{n}} = \gamma \cdot I_{\mathrm{sc}} P_{m}^{m} \tag{2-26a}$$

或

$$P_{m} = \sqrt[m]{\frac{I_{n}}{\gamma \cdot I_{\mathrm{sc}}}} \tag{2-26b}$$

式中，γ为日–地距离修正值；P_m 为复合透明系数，它表征了大气对太阳辐射能的衰减程度。

2．到达地表的法向太阳直射辐照度

为了比较不同大气质量情况下的大气透明度，必须将大气透明度订正到某个给定的大气质量。例如，将大气质量为 m 的大气透明度 P_m 值订正到大气质量为 2 的大气透明度 P_2，即

$$I_{\mathrm{n}} = \gamma \cdot I_{\mathrm{sc}} P_{2}^{m} \tag{2-27}$$

式中，γ为日–地变化修正值；I_{sc} 为太阳常数；P_{2}^{m} 为订正到 m=2 时的 P_m 值。

3．水平面上太阳直射辐照量

由图 2-11 可看出太阳直射辐照度与太阳高度角的关系。

由于太阳直射辐照入射到 AC 和 AB 平面上的能量是相等的，因此有

$$I_{\mathrm{b}} = I_{\mathrm{n}} \sin\alpha_{\mathrm{s}} = I_{\mathrm{n}} \cos\theta_{\mathrm{Z}} \tag{2-28}$$

式中，I_{b} 为水平面上直射辐照度；α_{s} 为太阳高度角；θ_{Z} 为太阳天顶角。

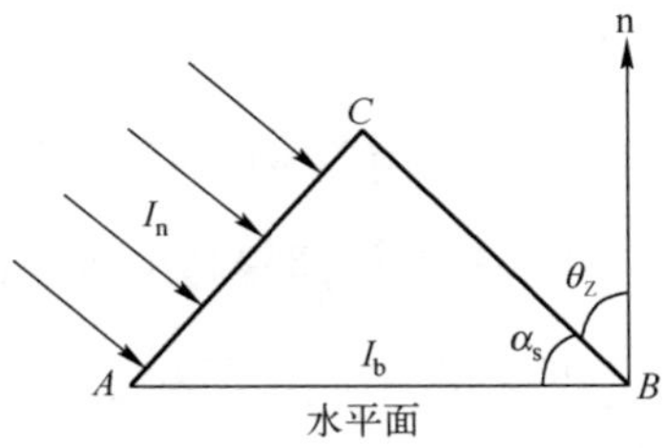

图 2-11　太阳直射辐照度与太阳高度角的关系图

将式（2-27）代入式（2-28）可得

$$I_{\mathrm{b}} = \gamma \cdot I_{\mathrm{sc}} P_{m}^{m} \sin\alpha_{\mathrm{s}}$$

将上式从日出到日落的时间内积分，得到

$$H_{\mathrm{b}} = \int_{0}^{t} \gamma \cdot I_{\mathrm{sc}} P_{m}^{m} \sin\alpha_{\mathrm{s}} \mathrm{d}t = \gamma \cdot I_{\mathrm{sc}} \int_{0}^{t} P_{m}^{m} \sin\alpha_{\mathrm{s}} \mathrm{d}t \tag{2-29}$$

式中，H_{b} 为水平面直射辐照日总量。将式中的 dt 改用时角ω表示，则有

$$H_{\mathrm{b}}=\frac{T}{2\pi}\gamma\cdot I_{\mathrm{sc}}\int_{-\omega}^{+\omega}P_{m}^{m}(\sin\varphi\sin\delta+\cos\varphi\cos\delta\cos\omega)\mathrm{d}\omega \tag{2-30}$$

式中，T 为昼夜长（一天为 1440min）；ω为日出、日落时角。

4．水平面上的散射辐照度

晴天时，到达地表水平面上的散射辐照度主要取决于太阳高度角和大气透明度。可以用下式表示：

$$I_{\mathrm{d}}=C_{1}(\sin\alpha_{\mathrm{s}})^{C_{2}} \tag{2-31}$$

式中，I_{d} 为散射辐照度；α_{S} 为太阳高度角；C_1、C_2 为经验系数。

5．水平面上的太阳总辐照度

太阳总辐照度是到达地表水平面上的太阳直射辐照度和散射辐照度的总和，即

$$I=I_{\mathrm{b}}+I_{\mathrm{d}} \tag{2-32}$$

式中，I 为水平面上太阳总辐照度；I_{b} 为水平面上直射辐照度；I_{d} 为水平面上散射辐照度。

6．清晰度指数

有时还可以用清晰度指数 K_{T} 作为衡量太阳辐照度通过大气层时的衰减情况，定义为地表水平面上的太阳总辐照度与大气层外太阳辐照度之比，在不同的时间周期，数值并不相同。水平面上月平均太阳辐照量 $\bar{H}$ 与大气层外月平均太阳辐照量 $\overline{H_0}$ 之比为月平均清晰度指数 $\bar{K}_{\mathrm{T}}$，表达式为

$$\bar{K}_{\mathrm{T}}=\frac{\bar{H}}{\overline{H_{0}}} \tag{2-33a}$$

同样，水平面上日平均太阳辐照量 H 与大气层外日平均太阳辐照量 H_0 之比为日平均清晰度指数 K_{T}，表达式为

$$K_{\mathrm{T}}=\frac{H}{H_{0}} \tag{2-33b}$$

在某个小时，其水平面上的太阳辐照量 I 与大气层外太阳辐照量 I_0 之比，即可认为是小时清晰度指数 k_{T}，表达式为

$$k_{\mathrm{T}}=\frac{I}{I_{0}} \tag{2-33c}$$

清晰度指数 K_{T} 越大，表示大气越透明，衰减得越少，到达地面的太阳辐射强度越大。

7．散射辐照量与总辐照量之比

地表水平面上所接收到的太阳总辐照量是由太阳直射辐照量和散射辐照量两部分组成的，即使两地的太阳总辐照量相同，其直射辐照量与散射辐照量所占比例通常也并不一样。

影响直射辐照量与散射辐照量所占比例的因素很复杂，如果没有实际测量数据，可以根据近似计算公式来确定。以下介绍不同时间段的近似计算方法。

（1）小时散射辐照量与总辐照量的比值

1982 年 Erbs 等人提出了计算小时散射辐照量与总辐照量比值的近似公式：

$$\frac{I_d}{I}=1.0-0.09k_T\text{，}\quad \text{若 } k_T\leqslant 0.22$$

$$\frac{I_d}{I}=0.9511-0.1604k_T+4.388k_T^2-16.638k_T^3+12.336k_T^4\text{，}\quad \text{若 } 0.22<k_T\leqslant 0.80 \tag{2-34}$$

$$\frac{I_d}{I}=0.165\text{，}\quad \text{若 } k_T>0.80$$

式中，k_T 为小时清晰度指数。

（2）日散射辐照量与总辐照量的比值

Erbs 等人在小时散射辐照量与总辐照量比值的基础上，提出了日散射辐照量与总辐照量的比值，按日落时角大于或小于 81.4° 两种情况，关系式分别如下：

对于 $\omega_s\leqslant 81.4°$ ：

$$\frac{H_d}{H}=\begin{cases}1.0-0.2727K_T+2.4495K_T^2-11.9514K_T^3+9.3879K_T^4\text{，若}K_T<0.715\\ 0.143\text{，若}K_T\geqslant 0.715\end{cases}$$

对于 $\omega_s>81.4°$ ：

$$\frac{H_d}{H}=\begin{cases}1.0+0.2832K_T-2.5557K_T^2+0.8448K_T^3\text{，若}K_T<0.722\\ 0.175\text{，若}K_T\geqslant 0.722\end{cases} \tag{2-35}$$

（3）月散射辐照量与总辐照量的比值

在太阳能应用系统设计中，常常需要知道当地的月平均太阳总辐照量和散射辐照量（或直射辐照量），但有时可能只有月平均太阳总辐照量的数据，这就要设法找出各月直射辐照量和散射辐照量各占多少比例，也就是要使“直-散分离”。通常可以采用 Erbs 等人（1982）提出的经验公式：

对于 $\omega_s\leqslant 81.4°$，并且有 $0.3\leqslant\overline{K_T}\leqslant 0.8$ 时：

$$\frac{\overline{H}_d}{\overline{H}}=1.391-3.56\overline{K}_T+4.189\overline{K}_T^2-2.137\overline{K}_T^3 \tag{2-36a}$$

对于 $\omega_s>81.4°$ ，并且有 $0.3\leqslant\overline{K_T}\leqslant 0.8$ 时：

$$\frac{\overline{H}_d}{\overline{H}}=1.311-3.022\overline{K}_T+3.427\overline{K}_T^2-1.821\overline{K}_T$$

对于全天空（包括了天空中云层的影响）的月平均散射辐照量，美国航空航天局（NASA）在 2016 年 6 月 2 日发布的 *Surface meteorology and Solar Energy (SSE) Release 6.0 Methodology Version* 3.2.0 建议采用如下近似方法确定：

在南纬 45° ～北纬 45° 范围内：

$$\frac{\overline{H}_d}{\overline{H}}=0.96268-1.45200\overline{K}_T+0.27365\overline{K}_T^2+0.04279\overline{K}_T^3+0.000246\omega_s+0.001189\alpha_s$$

在南纬 90° ～45° 和北纬 45° ～90° 范围内：

如果 $0°\leqslant\omega_s\leqslant 81.4°$ ：

$$\frac{\overline{H}_d}{\overline{H}}=1.441-3.6839K_T+6.4927K_T^2-4.147K_T^3+0.0008\omega_s-0.008175\alpha_s$$

如果 $81.4°<\omega_s\leqslant 100°$ ：

$$\frac{\bar{H}_d}{\bar{H}} = 1.6821 - 2.5866K_T + 2.373K_T^2 - 0.5294K_T^3 - 0.00277\omega_s - 0.004233\alpha_s$$

如果 100° $<\omega_s \leqslant$125° ：

$$\frac{\bar{H}_d}{\bar{H}} = 0.3498 + 3.8035\bar{K}_T - 11.765\bar{K}_T^2 + 9.1748\bar{K}_T^3 + 0.001575\omega_s - 0.002837\alpha_s$$

如果 125° $<\omega_s \leqslant$150° ：

$$\frac{\bar{H}_d}{\bar{H}} = 1.6586 - 4.412\bar{K}_T + 5.8\bar{K}_T^2 - 3.1223\bar{K}_T^3 + 0.000144\omega_s - 0.000829\alpha_s$$

如果 150° $<\omega_s \leqslant$180° ：

$$\frac{\bar{H}_d}{\bar{H}} = 0.6563 - 2.893\bar{K}_T + 4.594\bar{K}_T^2 - 3.23\bar{K}_T^3 + 0.004\omega_s - 0.0023\alpha_s \tag{2-36b}$$

式中，ω_s 为月平均日的日落时角；α_s 为月平均日正午时的太阳高度角；$\bar{K}_T$ 为月平均清晰度指数（见式（2-33a））。

2.5.3 地表倾斜面上的小时太阳辐照量

1．倾斜面上的小时太阳直射辐照量 $I_{T,b}$

一般气象台测量的是水平面上的太阳辐照量，而在实际应用中，无论是光伏还是太阳能热利用，采光面通常是倾斜放置的，因此需要算出倾斜面上的太阳辐照量。倾斜面上的太阳辐照量由太阳直射辐照量、散射辐照量和地面反射辐照量三部分组成。

由图 2-12 可知，地表倾斜面上的小时太阳总辐照量与直射辐照量有如下关系：

$$I_{T,b}/I_n = \cos\theta_T$$

因此有

$$I_{T,b} = I_n \cos\theta_T \tag{2-37}$$

式中，θ_T 是倾斜面上太阳光线的入射角，因此将式（2-10）代入式（2-37）可得到倾斜面上的直射辐照量为

$$\begin{aligned} I_{Tb} = I_n(&\sin\delta\sin\varphi\cos\beta - \sin\delta\cos\varphi\sin\beta\cos\gamma \\ &+ \cos\delta\cos\varphi\cos\beta\cos\omega + \cos\delta\sin\varphi\sin\beta\cos\gamma\cos\omega \\ &+ \cos\delta\sin\beta\sin\gamma\sin\omega) \end{aligned} \tag{2-38}$$

式中，β为倾斜面与水平面之间的夹角；φ为当地纬度；δ为太阳赤纬角；ω为时角；γ为倾斜面的方位角。

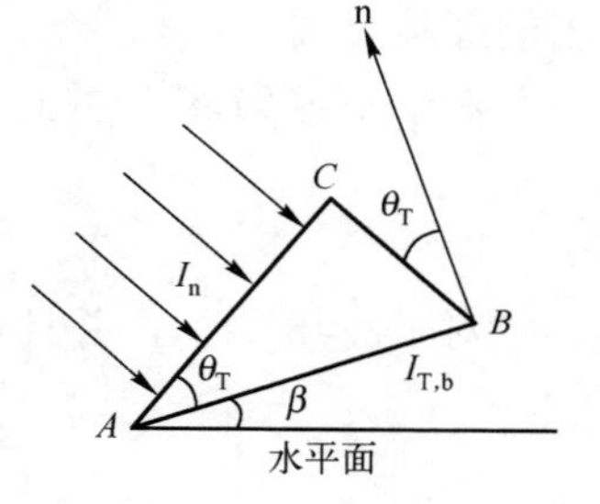

图 2-12 倾斜面上的太阳直射辐照情况

2．倾斜面和水平面上小时直射辐照量的比值 R_b

由式（2-37）和式（2-28）可得倾斜面上和水平面上小时直射辐照量的比值为

$$R_b = \frac{I_{T,b}}{I_b} = \frac{I_n\cos\theta_T}{I_n\cos\theta_Z} = \frac{\cos\theta_T}{\cos\theta_Z} \tag{2-39}$$

对于朝向赤道的倾斜面，γ=0，将式（2-12a）和式（2-12b）及式（2-4a）代入式（2-39）可得

对于北半球：

$$R_b = \frac{\cos(\varphi-\beta)\cos\delta\cos\omega + \sin(\varphi-\beta)\sin\delta}{\sin\varphi\sin\delta + \cos\varphi\cos\delta\cos\omega} \quad (2\text{-}40a)$$

对于南半球：

$$R_b = \frac{\cos(\varphi+\beta)\cos\delta\cos\omega + \sin(\varphi+\beta)\sin\delta}{\sin\varphi\sin\delta + \cos\varphi\cos\delta\cos\omega} \quad (2\text{-}40b)$$

如果在正午 12 时，$\omega=0$，代入式（2-40a）和式（2-40b）可分别得到：

对于北半球：

$$R_{bn} = \frac{\cos|\varphi-\delta-\beta|}{\cos|\varphi-\delta|} \quad (2\text{-}41a)$$

对于南半球：

$$R_{bn} = \frac{\cos|-\varphi+\delta-\beta|}{\cos|-\varphi+\delta|} \quad (2\text{-}41b)$$

【例 2-10】 计算北京地区在 2 月 13 日上午 10:30，朝向正南方，倾角为 30° 的倾斜面与水平面上小时直射辐照量的比值。

解：由例 2-6 可知，2 月 13 日的 n=44，δ=−14°。上午 10:30 的时角：ω=−22.5°，β=30°。北京地区的纬度：φ=39.48°，代入式（2-40a）可得

$$R_b = \frac{\cos(39.48-30)\cos(-14)\cos(-22.5)+\sin(39.48-30)\sin(-14)}{\sin 39.48\sin(-14)+\cos 39.48\cos(-14)\cos(-22.5)} = 1.57$$

3．倾斜面上的小时散射辐照量

倾斜面上的小时散射辐照量可由下式得到：

$$I_{T,d} = \frac{1+\cos\beta}{2} I_d \quad (2\text{-}42)$$

式中，$I_{T,d}$ 为倾斜面上小时散射辐照量；I_d 为水平面上小时散射辐照量；β 为倾斜面与水平面之间的夹角（倾角）。

4．地面反射辐照量

假定地面反射是各向同性的，利用角系数的互换定律，可得到

$$I_{T,\theta} = \rho\frac{1-\cos\beta}{2}(I_d + I_b) = I\rho\frac{(1-\cos\beta)}{2} \quad (2\text{-}43)$$

式中，ρ 是地面反射率，与地表的覆盖状况有关，不同地表状况的反射率如表 2-6 所示。

表 2-6　地物表面的反射率

地物表面的状态	反射率ρ	地物表面的状态	反射率ρ	地物表面的状态	反射率ρ
沙漠	0.24～0.28	干草地	0.15～0.25	新雪	0.81
干燥地	0.10～0.20	湿草地	0.14～0.26	残雪	0.46～0.7
湿裸地	0.08～0.09	森林	0.04～0.10	水表面	0.69

一般情况下，可取 ρ=0.2。

5．倾斜面上小时太阳总辐照量——天空各向同性模型

Liu 和 Jordan 在 1963 年最早提出，天空太阳散射辐射是各向同性的。在倾斜面上的太阳小时总辐照量由三部分组成：太阳直射辐照量、散射辐照量和地面反射辐照量。

$$I_{\mathrm{T}} = I_{\mathrm{b}} R_{\mathrm{b}} + I_{\mathrm{d}} \left(\frac{1+\cos\beta}{2} \right) + I\rho \left(\frac{1-\cos\beta}{2} \right) \tag{2-44a}$$

也可以改写成

$$R = \frac{I_{\mathrm{b}}}{I} R_{\mathrm{b}} + \frac{I_{\mathrm{d}}}{I} \left(\frac{1+\cos\beta}{2} \right) + \rho \left(\frac{1-\cos\beta}{2} \right) \tag{2-44b}$$

式中，R 是倾斜面上太阳小时总辐照量 I_{T} 与水平面上小时总辐照量 I 的比值。

6．倾斜面上小时太阳总辐照量——天空各向异性模型

（1）HDKR 模型

太阳辐射的天空各向同性模型虽然容易理解，计算也比较方便，但是并不精确。环绕太阳的散射辐射并不是各个方向都相同的。在北半球，由于太阳基本上是在南面天空运转，所以南面天空的平均散射辐射显然要比北面大。研究指出，6 月南面天空的散射辐照量平均占 63%。后来 Hay、Davies、Klucher、Reindl 等分别提出了改进的天空散射各向异性模型。最后综合成为 HDKR 模型，在倾斜面上太阳小时总辐照量可用下式计算：

$$I_{\mathrm{T}} = (I_{\mathrm{b}} + I_{\mathrm{d}} A_{\mathrm{i}}) R_{\mathrm{b}} + I_{\mathrm{d}} (1 - A_{\mathrm{i}}) \left(\frac{1+\cos\beta}{2} \right) \left[1 + f \sin^3 \left(\frac{\beta}{2} \right) \right] + I\rho \left(\frac{1-\cos\beta}{2} \right) \tag{2-45}$$

式中，$A_{\mathrm{i}} = \dfrac{I_{\mathrm{bn}}}{I_{0\mathrm{n}}} = \dfrac{I_{\mathrm{b}}}{I_0}$；$f = \sqrt{\dfrac{I_{\mathrm{b}}}{I}}$；$I_{\mathrm{b}}$ 为水平面上太阳小时直射辐照量；I_{d} 为水平面上太阳小时散射辐照量；I_0 为大气层外太阳小时总辐照量；R_{b} 为倾斜面与水平面上小时直射辐照量的比值；β 为倾斜面与水平面之间的夹角（倾角）；ρ 为地面反射率；I 为水平面上小时太阳总辐照量。

（2）Perez 模型

Perez 等详细分析了地表倾斜面上散射辐射分量的情况，提出倾斜面上的太阳小时散射辐照量可用下式计算：

$$I_{\mathrm{d,T}} = I_{\mathrm{d}} \left[(1 - F_1) \left(\frac{1+\cos\beta}{2} \right) + F_1 \frac{a}{b} + F_2 \sin\beta \right] \tag{2-46}$$

式中，F_1 和 F_2 分别表示环绕太阳和天顶各向异性程度的系数，其值是描述天空条件的天顶角 θ_{Z}、清晰度 ξ 和亮度 Δ 三个参数的函数，分别由下式确定：

$$F_1 = \max \left\{ 0, \left(f_{11} + f_{12} \Delta + \frac{\pi \theta_{\mathrm{Z}}}{180} f_{13} \right) \right\}$$

$$F_2 = \left(f_{21} + f_{22} \Delta + \frac{\pi \theta_{\mathrm{Z}}}{180} f_{23} \right)$$

式中，亮度 Δ 的大小为 $\Delta = mI_{\mathrm{d}} / I_{\mathrm{on}}$；$m$ 为大气质量；I_{on} 是大气层外入射太阳光垂直面上的辐照量。

清晰度 ξ 是小时散射辐照量 I_{d} 和入射太阳光垂直面上的直射辐照量 I_{n} 的函数，其关系为

$$\xi = \frac{\dfrac{I_{\mathrm{d}} + I_{\mathrm{n}}}{I_{\mathrm{d}}} + 5.535 \times 10^{-6} \theta_{\mathrm{Z}}^{3}}{1 + 5.535 \times 10^{-6} \theta_{\mathrm{Z}}^{3}}$$

亮度系数f_{11}、f_{12}，…，f_{23}可由表 2-7 查出。

表 2-7 Perez 模型的亮度系数

ξ 值范围	f_{11}	f_{12}	f_{13}	f_{21}	f_{22}	f_{23}
0～1.065	−0.196	1.084	−0.006	−0.114	0.180	−0.019
1.065～1.230	0.236	0.519	−0.180	−0.011	0.020	−0.038
1.230～1.500	0.454	0.321	−0.255	0.072	−0.098	−0.046
1.500～1.950	0.866	−0.381	−0.375	0.203	−0.403	−0.049
1.950～2.800	1.026	−0.711	−0.426	0.273	−0.602	−0.061
2.800～4.500	0.978	−0.986	−0.350	0.280	−0.915	−0.024
4.500～6.200	0.748	−0.913	−0.236	0.173	−1.045	0.065
6.200～	0.318	−0.757	0.103	0.062	−1.698	0.236

式（2-46）中的 a 和 b 是考虑到环绕太阳入射角在倾斜和水平面上角度的影响，环绕太阳的辐射当作太阳是点光源发出的，$a = \max[0, \cos\theta_{\mathrm{Z}}]$，$b = \max[\cos 85^{\circ}, \cos\theta_{\mathrm{Z}}]$。

这样，倾斜面上的太阳小时总辐照量由直射辐照量、各向异性散射辐照量、环绕太阳散射辐照量、水平散射辐照量和地面反射辐照量五项构成，关系式如下：

$$I_{\mathrm{T}} = I_{\mathrm{b}} R_{\mathrm{b}} + I_{\mathrm{d}}(1 - F_{1})\left(\frac{1 + \cos\beta}{2}\right) + I_{\mathrm{d}} F_{1} \frac{a}{b} + I_{\mathrm{d}} F_{2} \sin\beta + I\rho\left(\frac{1 - \cos\beta}{2}\right) \quad (2\text{-}47)$$

2.5.4 地表倾斜面上的月平均太阳辐照量

在太阳能应用系统设计中，需要进行能量平衡计算。由于太阳辐射的随机性，如果按天进行能量平衡计算，既没有意义，也太烦琐，更不可能按小时进行计算。而以年为周期进行计算又太粗糙，最合理的应该是按月进行能量平衡计算。而气象台提供的一般都是水平面上的太阳辐照量，所以如何从水平面上的太阳辐照量通过计算得到倾斜面上的月平均太阳辐照量，是太阳能应用系统设计的基础。

1. 天空各向同性模型

长期以来，普遍采用首先由 Liu 和 Jordan 在 1963 年提出，后来由 Klein 在 1977 年改进的计算方法，认为太阳散射和地面反射是各向同性的，倾斜面上的月平均太阳辐照量的计算公式为

$$\bar{H}_{\mathrm{T}} = \bar{H}\left(1 - \frac{\overline{H_{\mathrm{d}}}}{\overline{H}}\right)\bar{R}_{\mathrm{b}} + \bar{H}_{\mathrm{d}}\left(\frac{1 + \cos\beta}{2}\right) + \bar{H}\left(\frac{1 - \cos\beta}{2}\right)\rho \quad (2\text{-}48\mathrm{a})$$

或

$$\bar{R} = \frac{\overline{H_{\mathrm{T}}}}{\overline{H}} = \left(1 - \frac{\overline{H_{\mathrm{d}}}}{\overline{H}}\right)\overline{R_{\mathrm{b}}} + \frac{\overline{H_{\mathrm{d}}}}{\overline{H}}\left(\frac{1 + \cos\beta}{2}\right) + \rho\left(\frac{1 - \cos\beta}{2}\right) \quad (2\text{-}48\mathrm{b})$$

式中，$\bar{H}_{\mathrm{T}}$ 为倾斜面上月平均太阳总辐照量；$\bar{H}_{\mathrm{b}}$ 为水平面上月平均太阳直射辐照量；$\bar{H}_{\mathrm{d}}$ 为水

平面上月平均太阳散射辐照量；$\overline{R}_b$ 为倾斜面与水平面上的太阳直射辐照量的比值。

对于北半球朝向赤道（γ=0°）的倾斜面上，可简化为

$$\overline{R_b}=\frac{\cos(\varphi-\beta)\cos\delta\sin\omega_s'+(\pi/180)\omega_s'\sin(\varphi-\beta)\sin\delta}{\cos\varphi\cos\delta\sin\omega_s+(\pi/180\omega_s)\sin\varphi\sin\delta} \tag{2-49a}$$

式中，ω_s' 是各月平均代表日的日落时角，由下式确定：

$$\omega_s'=\min\begin{bmatrix}\arccos(-\tan\varphi\tan\delta)\\ \arccos(-\tan(\varphi-\beta)\tan\delta)\end{bmatrix}$$

对于南半球朝向赤道（γ_s=180°）的倾斜面，同样可简化为

$$\overline{R_b}=\frac{\cos(\varphi+\beta)\cos\delta\sin\omega_s'+(\pi/180)\omega_s'\sin(\varphi+\beta)\sin\delta}{\cos\varphi\cos\delta\sin\omega_s+(\pi/180\omega_s)\sin\varphi\sin\delta} \tag{2-49b}$$

其中，

$$\omega_s'=\min\begin{bmatrix}\arccos(-\tan\varphi\tan\delta)\\ \arccos(-\tan(\varphi+\beta)\tan\delta)\end{bmatrix}$$

2. 天空各向异性模型

同样，太阳辐射的天空各向同性模型虽然计算比较方便，但是并不精确，特别是太阳辐照量的月平均值与实际情况相差更大。

（1）Klein 和 Theilacker 的方法。

Klein 和 Theilacker 在 1981 年提出了根据天空各向异性模型的计算方法，开始是针对北半球朝向赤道（方位角γ=0°）倾斜面的特殊情况。

倾斜面上太阳月平均总辐照量与水平面上月平均总辐照量的比值 $\overline{R}$ 可由下式求得

$$\overline{R}=\frac{\sum_1^N\int_{t_{sr}}^{t_{ss}}G_T\mathrm{d}t}{\sum_1^N\int_{t_{sr}}^{t_{ss}}G\mathrm{d}t} \tag{2-50}$$

式中，G_T 为倾斜面上太阳辐照度；G 为水平面上太阳辐照度；t_{ss} 为倾斜面上日落时间；t_{sr} 为倾斜面上日出时间。

应用式（2-44a），可以得到

$$N\overline{I}_T=N\left[(\overline{I}-\overline{I}_d)R_b+\overline{I}_d\left(\frac{1+\cos\beta}{2}\right)+\overline{I}\rho\left(\frac{1-\cos\beta}{2}\right)\right]$$

式中，$\overline{I}$ 和 $\overline{I}_d$ 分别是水平面上总辐照量和散射辐照量的长期平均值，可由小时总辐照量 I 和小时散射辐照量 I_d 在 N 天内对每个小时求和再除以 N 求得。代入式（2-50）可得

$$\overline{R}=\frac{\int_{t_{sr}}^{t_{ss}}\left[(\overline{I}-\overline{I}_d)R_b+\overline{I}_d\left(\frac{1+\cos\beta}{2}\right)+\overline{I}\rho\left(\frac{1-\cos\beta}{2}\right)\right]\mathrm{d}t}{\overline{H}} \tag{2-51}$$

Collares-Pereira 和 Rabl 在 1979 年提出，水平面上小时太阳总辐照量与日太阳总辐照量的比值可以近似用式（2-52）表示：

$$\frac{I}{H}=\frac{\pi}{24}(a+b\cos\omega)\frac{\cos\omega-\cos\omega_s}{\sin\omega_s-\frac{\pi\omega_s}{180}\cos\omega_s} \tag{2-52}$$

式中，$a = 0.4090 + 0.5016\sin(\omega_s - 60)$；$b = 0.6609 - 0.4767\sin(\omega_s - 60)$；$\omega_s$ 为日落时角；ω为时角。

又按照 Liu 和 Jordan（1960）提出的水平面上小时太阳散射辐照量与日太阳散射辐照量的比值为

$$\frac{I_d}{H_d} = \frac{\pi}{24}\frac{\cos\omega - \cos\omega_s}{\sin\omega_s - \frac{\pi\omega_s}{180}\cos\omega_s} \tag{2-53}$$

将式（2-52）和式（2-53）代入式（2-51），整理后可得到在北半球朝向赤道（方位角γ=0°）倾斜面上的月平均太阳总辐照量与水平面上月平均总辐照量的比值为

$$\begin{aligned}\bar{R} = &\frac{\cos(\varphi - \beta)}{d\cos\varphi}\left\{\left(a - \frac{\bar{H}_d}{\bar{H}}\right)\left(\sin\omega_s' - \frac{\pi}{180}\omega_s'\cos\omega_s''\right)\right. \\ &\left. + \frac{b}{2}\left[\frac{\pi}{180}\omega_s' + \sin\omega_s'(\cos\omega_s' - 2\cos\omega_s'')\right]\right\} \\ &+ \frac{\bar{H}_d}{2\bar{H}}(1 + \cos\beta) + \frac{\rho}{2}(1 - \cos\beta)\end{aligned} \tag{2-54}$$

式中，

$$\omega_s' = \min\begin{bmatrix}\arccos(-\tan\varphi\tan\delta) \\ \arccos(-\tan(\varphi - \beta)\tan\delta)\end{bmatrix}$$

$$\omega_s'' = \arccos[-\tan(\varphi - \beta)\tan\delta]$$

$$d = \sin\omega_s - \frac{\pi}{180}\omega_s\cos\omega_s$$

最后，Klein 和 Theilacker 将以上结论推广到任意方位角的一般情况，考虑到对于朝向赤道（方位角γ=0°）倾斜面上，其日出和日落时间相对于太阳正午仍然是对称的，然而在任意方位角的倾斜面上，日出和日落时间相对于太阳正午并不是对称的等因素，$\bar{R}$ 仍可表达为

$$\bar{R} = D + \frac{\bar{H}_d}{2\bar{H}}(1 + \cos\beta) + \frac{\rho}{2}(1 - \cos\beta) \tag{2-55}$$

式中，$\bar{H}_d$ 为水平面上月平均太阳散射辐照量；$\bar{H}$ 为水平面上月平均太阳总辐照量；β为方阵倾角；ρ为地面反射率。

$$D = \begin{cases}\max\{0, G(\omega_{ss}, \omega_{sr})\} & (\omega_{ss} \geqslant \omega_{sr}) \\ \max\{0, [G(\omega_{ss}, -\omega_s) + G(\omega_s, \omega_{sr})]\} & (\omega_{sr} > \omega_{ss})\end{cases} \tag{2-56}$$

式（2-56）中的函数 G 由下列方法求出：

$$\begin{aligned}G(\omega_1, \omega_2) = \frac{1}{2d}\Big[&\left(\frac{bA}{2} - a'B\right)(\omega_1 - \omega_2)\frac{\pi}{180} \\ &+ (a'A - bB)(\sin\omega_1 - \sin\omega_2) - a'C(\cos\omega_1 - \cos\omega_2) \\ &+ \frac{bA}{2}(\sin\omega_1\cos\omega_1 - \sin\omega_2\cos\omega_2) + \frac{bC}{2}(\sin^2\omega_1 - \sin^2\omega_2)\Big]\end{aligned}$$

其中，

$$A = \cos\beta + \tan\varphi\cos\gamma\sin\beta$$

$$B = \cos\omega_s\cos\beta + \tan\delta\sin\beta\cos\gamma$$

$$C=\frac{\sin\beta\sin\gamma}{\cos\varphi}$$

$$a=0.409+0.5016\sin(\omega_s-60°)$$

$$b=0.6609-0.4767\sin(\omega_s-60°)$$

$$d=\sin\omega_s-\frac{\pi}{180}\omega_s\cos\omega_s$$

$$a'=a-\frac{\bar{H}_d}{\bar{H}}$$

式中，γ 为倾斜面方位角，朝向正南为 0°，朝向正北为 180°，偏东为负，偏西为正；δ 为太阳赤纬角；ω_s 为水平面上日落时角；$\cos\omega_s=-\tan\varphi\tan\delta$；$\omega_{sr}$ 为倾斜面上日出时角，有

$$|\omega_{sr}|=\min\left[\omega_s,\arccos\frac{AB+C\sqrt{A^2-B^2+C^2}}{A^2+C^2}\right]$$

$$\omega_{sr}=\begin{cases}-|\omega_{sr}| & \text{如果}(A>0\text{及}B>0)\text{或}(A\geqslant B)\\ +|\omega_{sr}| & \text{其他}\end{cases}$$

ω_{ss} 为倾斜面上日落时角，有

$$|\omega_{ss}|=\min\left[\omega_s,\arccos\frac{AB-C\sqrt{A^2-B^2+C^2}}{A^2+C^2}\right]$$

$$\omega_{ss}=\begin{cases}+|\omega_{ss}| & \text{如果}(A>0\text{及}B>0)\text{或}(A\geqslant B)\\ -|\omega_{ss}| & \text{其他}\end{cases}$$

这样就可以计算出任意方位、不同倾斜面上的月平均太阳总辐照量，但在实际应用时，计算非常复杂，通常需要编制专门的计算软件，才能方便地算出不同方位、各种倾斜面上的月平均太阳总辐照量。

（2）RETScreen 方法。

RETScreen 采用的方法与 Klein 和 Theilacker 的方法基本相同，只是为了能够延伸应用到跟踪系统中，考虑到在跟踪系统中，方阵的倾角在一天中会不断变化的情况，在有些地方做了简化，总共分三个步骤：

① 假定当月各天都有与“月平均日”相同的太阳总辐照量，各“月平均日”具体日期如表 2-4 所示。

采用 Collares-Pereira 和 Rabl（1979）的方法（式 2-52），由水平面上白天日出后 30min 到日落前 30min 之间的小时辐照量，计算出水平面上的太阳总辐射照量 I。

再由 Liu 和 Jordan（1960）的方法（式 2-53），由水平面上的小时散射辐照量计算出水平面上的散射辐照量 I_d。

② 计算倾斜面（或跟踪面）上所有的逐小时太阳总辐照量。

倾斜面上的太阳总辐照量=太阳直射辐照量+散射辐照量+地面反射辐照量

$$I_{Th}=(I_h-I_{dh})\frac{\cos\theta_{Th}}{\cos\theta_{zh}}+I_{dh}\frac{1+\cos\beta_h}{2}+I_h\rho_s\frac{1-\cos\beta_h}{2}\tag{2-57}$$

式中的下标 h 是考虑跟踪时在各小时中一些参数会有变化的情况，β_h 是每小时方阵相对于水平面的夹角，在固定安装的方阵或垂直轴跟踪系统中 β_h 是常数；对于双轴跟踪系统，$\beta_h=\theta_Z$。

ρ_s 是地面反射系数。当月平均温度在 0℃以上时，取 0.2；低于−5℃时，取 0.7，温度在这两者之间时，按线性变化取值。

天顶角的余弦由式（2-4a）得：

$$\cos\theta_{Zh} = \sin\varphi\sin\delta + \cos\varphi\cos\delta\cos\omega$$

入射角的余弦由式（2-11）得：

$$\cos\theta_{Th} = \cos\theta_{Zh}\cos\beta_h + (1-\cos\theta_{Zh})(1-\cos\beta_h)\cos(\gamma_{sh}-\gamma_h)$$

式中，γ_{sh} 是每小时太阳方位角，正对赤道时方位角为零，西面为正，东面为负。

γ_h 是每小时倾斜面的方位角，朝向赤道时方位角为零，西面为正，东面为负。对于固定的倾斜面，γ_h 是常数；对于垂直轴和双轴跟踪系统：$\gamma_h = \gamma_{sh}$。

③ 将倾斜面上在“月平均日”所有的逐小时太阳辐照量相加，就是该“月平均日”的太阳总辐照量，再考虑当月的天数，就可得到倾斜面上当月平均太阳总辐照量 $\bar{H}_T$。

当然，这要比现场逐天按小时测量所得到的数据精确度低，RETScreen 的研究结果表明，这种方法虽然不太精确，与逐天按小时测量所得到的数据误差在 3.9%～8.9%范围内，但可以满足一般使用条件的要求。要计算任意方位和倾斜面上月平均太阳总辐照量则比较复杂。

参考文献

[1] Duffie J A, Backman W A. Solar engineering of thermal processes Fourth Edition[M]. New York: John Wiley &Sons. Inc., Hoboken, New Jersey.2013.

[2] Liu Y H, Jordan R C. The interrelationship and characteristic distribution of direct, diffuse and total solar radiation[J]. Solar Energy ,1960(4):1~19.

[3] 方荣生，项立成，等. 太阳能应用技术[M]. 北京：中国农业机械出版社，1985.

[4] Paul W. Stackhouse, et al. Surface meteorology and Solar Energy (SSE) Release 6.0 Methodology Version 3.2.0 http://power.larc.nasa.gov/documents/SSE_Methodology.pdf.

[5] Perez R, et al. An anisotropic hourly diffuse radiation model for sloping surfaces: description, performance validation, site dependency evaluation[J]. Solar Energy, 1986,36 (6): 481~497.

[6] Hay J E. Calculating solar radiation for inclined surfaces: practical approaches[J]. Solar Energy, 1993, 3 (4, 5): 373~380.

[7] Klucher T M. Evaluation of models to predict insolation on tilted surfaces[J]. Solar Energy, 1979, 23 (2): 111~114.

[8] Klien S A, Thcilacker J C. An algorithm for calculating monthly-average radiation on inclined surfaces[J]. Journal of Solar Energy Engineering, 1981, 103:29~33.

[9] Klein S A. Calculation of monthly average insolation on tilted surfaces[J]. Solar Energy, 1977,19 (4): 325~329.

[10] Jain P C. Modeling of the diffuse radiation in environment conscious architecture: the problem and its management[J]. Solar & Wind Technology,1989,6 (4): 493-500.

[11] Andersen P. Comments on “Calculation of monthly average insolation on tilted surfaces” by S.A.Klein[J]. Solar Energy, 1980, 25 (3): 287.

[12] A.A.M 赛义夫. 太阳能工程[M]. 徐任学，刘鉴民译. 北京：科学出版社，1984.

[13] Hay J E. Calculation of monthly mean solar radiation for horizontal and inclined surface. Solar Energy[J], 1979, 23 (4): 301~307.

[14] Bushnell R H. A solution for sunrise and sunset hour angles on a tilted surface without a singularity at zero[J]. Solar Energy, 1982, 28 (4): 359.

[15] Erbs D G , Klein S A, Duffie J A. Estimation of the diffuse radiation fraction for hourly, daily and monthly average global radiation[J]. Solar Energy, 1982, 28(4): 293-304.

[16] 杨金焕，毛家俊，陈中华. 不同方位倾斜面上太阳辐射量及最佳倾角的计算. 上海交通大学学报[J], 2002,36(7):1032~1035.

[17] Canada clean energy decision support centre. Retscreen®Engineering & Cases Textbook[C]. ISBN: 0-662-35672-1. http://www.retscreen.net.

练　习　题

2-1　简述真太阳时和平太阳时的区别。

2-2　上午 9 时 30 分和下午 16 时的时角分别是多少？

2-3　太阳的方位角和斜面上的方位角有何区别？

2-4　上海地区的纬度是北纬 31.14°，求 10 月 1 日 10 时太阳的高度角、方位角和天顶角。

2-5　北京地区的纬度是北纬 39.56°，请计算冬至日的太阳日出、日落时角及方位角，以及全天日照时间。

2-6　兰州地区的纬度是 36.03°，试计算在 2 月 13 日下午 3 时，倾角为 45°，方位角为 15°倾斜面上的太阳入射角。

2-7　简述辐射通量、辐照度、辐照量的含义。

2-8　简述什么是太阳常数，现普遍采用的太阳常数值是多少？

2-9　大气质量及 AM1.5 的含义是什么？

2-10　当太阳天顶角为 0°时，大气质量为 1；当天顶角为 48.2°时，大气质量是多少？天顶角为多少时大气质量为 2？

2-11　倾斜面上的太阳辐照量包括哪三个部分？

2-12　计算上海地区 4 月 1 日上午 10 时，朝向正南，倾角为 30°的倾斜面与水平面上小时直射辐照量的比值。

第3章　晶体硅太阳电池的基本原理

太阳电池是将太阳辐射能直接转换成电能的一种器件。理想的太阳电池材料要求：（1）较高的光电转换效率；（2）在地球上储量高；（3）无毒；（4）性能稳定，耐候性好，具有较长的使用寿命；（5）较好的力学性能，便于加工制备，特别是能适合大面积生产等。

3.1　太阳电池的分类

3.1.1　按照基体材料分类

1．晶体硅太阳电池

晶体硅材料是间接带隙半导体材料，它的带隙宽度（1.12eV）与1.4eV有较大的差值，严格来说，硅不是最理想的太阳电池材料。但是，硅是地壳表层除了氧以外丰度排在第二位的元素，本身无毒，主要是以沙子和石英状态存在，易于开采提炼，特别是借助于半导体器件工业的发展，晶体硅生长、加工技术日益成熟，因此晶体硅成了太阳电池的主要材料。

晶体硅太阳电池是以晶体硅为基体材料的太阳电池。晶体硅是目前太阳电池应用最多的材料，包括单晶硅电池、多晶硅电池及准单晶硅电池等。

（1）单晶硅太阳电池。

单晶硅太阳电池是采用单晶硅片制造的太阳电池，这类太阳电池发展最早，技术也最成熟。与其他种类的电池相比，单晶硅太阳电池的性能稳定，转换效率高，目前规模化生产的商品电池效率已达19.5%～23%。由于技术的进步，价格也不断下降，曾经长时期占领最大的市场份额，但由于生产成本较高，年产量在1998年后已逐步被多晶硅电池超过。不过在以后的若干年内，单晶硅太阳电池仍会继续发展，通过大规模生产和向超薄、高效发展，有望进一步降低成本，并保持较高的市场份额。

（2）多晶硅太阳电池。

在制作多晶硅太阳电池时，作为原料的高纯硅不是拉成单晶，而是熔化后浇铸成正方形的硅锭，然后使用切割机切成薄片，再加工成电池。由于硅片由多个不同大小、不同取向的晶粒构成，因而多晶硅电池的转换效率要比单晶硅电池低，规模化生产的多晶硅电池的转换效率已达到18.5%～20.5%。由于其制造成本比较低，所以近年来发展很快，已成为产量和市场占有率最高的太阳电池。

（3）准单晶硅太阳电池。

准单晶技术又称类单晶，结合直拉单晶硅和铸造多晶硅的技术优点，借助底部籽晶和铸造技术，是近几年发展起来的硅晶体生长技术。具有正方形、单晶、氧浓度低、光衰减小、结构缺陷密度低等特点。相较于多晶，准单晶硅片晶界少，位错密度低，太阳电池转换效率比普通多晶高0.7%～1%。准单晶技术并不能生长全单晶硅锭，只有中间接近90%面积为单晶。该区域的单晶品质不如普通单晶，由于冷却热应力的作用，单晶中存在大量位错缺陷，比普通单晶效率低 0.5%。多晶区域占 10%，品质不如普通多晶，电池效率低。虽然准单晶具有一定的优势，但仍存在很多技术难点，还需要更多的技术突破以实现长远发展。

2．硅基薄膜太阳电池

硅基薄膜太阳电池基于刚性或柔性材料为衬底，采用化学气相沉积的方法，通过掺 P 或者 B 得到 N 型 a-Si 或 P 型 a-Si。硅基薄膜太阳电池具有沉积温度低（≈200℃）、便于大面积连续生产、可制成柔性电池等优点。与晶体硅太阳电池相比，应用范围更广泛，但是硅基薄膜太阳电池的低转换效率仍是其最大的弱点。如何提高硅基薄膜太阳电池的转换效率、稳定性和性价比是近年来研究的热点。

（1）非晶硅太阳电池。

非晶硅的禁带宽带为 1.7eV，在太阳光谱的可见光范围内，非晶硅的吸收系数比晶体硅高近一个数量级。非晶硅太阳电池光谱响应的峰值与太阳光谱的峰值很接近。非晶硅材料的本征吸收系数很大，1μm 厚度就能充分吸收太阳光，厚度不足晶体硅的 1/100，因此非晶硅电池在弱光下发电能力远高于晶体硅电池。在 1980 年非晶硅太阳电池实现商品化后，日本三洋电器公司率先利用其制成计算器电源，此后应用范围逐渐从多种电子消费产品，如手表、计算器、玩具等扩展到户用电源、光伏电站等。非晶硅太阳电池成本低，便于大规模生产，易于实现与建筑一体化，有着巨大的市场潜力。

但是非晶硅太阳电池效率比较低，规模化生产的商品非晶硅电池的转换效率多在 6%～10%。由于材料引发的光致衰减效应，特别是单结的非晶硅太阳电池，稳定性不高。经近 10 年来的研发，非晶硅单结电池和叠层电池的最高转换效率都已显著提高，稳定性问题也有所改善，但尚未彻底解决问题，所以作为电力电源，还未能大量推广。

（2）微晶硅（μc-Si）太阳电池。

为了获得具有高效率、高稳定性的硅基薄膜太阳电池，近年来又出现了微晶薄膜硅电池，微晶硅可以在接近室温的条件下制备，特别是使用大量氢气稀释的硅烷，可以生成晶粒尺寸 10nm 的微晶硅薄膜，薄膜厚度一般在 2～3μm。到 20 世纪 90 年代中期，微晶硅电池的最高效率已经超过非晶硅，达到 10%以上，而且光致衰退效应比较小，然而至今还未达到大规模工业化生产的水平。现在已投入实际应用的是以非晶硅（E_g=1.7eV）为顶层、微晶硅（E_g=1.1eV）为底层的（a-Si/μc-Si）叠层太阳电池，其转换效率已经超过 14%，显示出良好的应用前景。然而，由于微晶硅薄膜中含有大量的非晶硅，缺陷密度较高，所以不能像单晶硅那样直接形成 P-N 结，而必须做成 P-I-N 结。因此，如何制备获得缺陷密度很低的本征层，以及在温度比较低的工艺条件下制备非晶硅含量很少的微晶硅薄膜，是今后进一步提高微晶硅太阳电池转换效率的关键。

3．化合物太阳电池

化合物太阳电池是指以化合物半导体材料制成的太阳电池，目前应用的主要有以下几种。

（1）单晶化合物太阳电池。

单晶化合物太阳电池主要有砷化镓（GaAs）太阳电池。砷化镓的能隙为 1.4eV，是很理想的电池材料。这是单结电池中效率最高的电池，多结聚光砷化镓电池的转换效率已经超过 40%，由于效率高，所以早期在空间得到了应用。但是砷化镓电池价格昂贵，且砷是有毒元素，所以极少在地面上应用。

（2）多晶化合物太阳电池。

多晶化合物太阳电池的类型很多，目前已经实际应用的主要有碲化镉（CdTe）太阳电池、铜铟镓硒（CIGS）太阳电池等。

此外，还有有机半导体太阳电池、染料敏化太阳电池、钙钛矿太阳电池等，详情将在第 4 章介绍。

3.1.2　按照电池结构分类

1．同质结太阳电池

由同一种半导体材料形成的 P-N 结称为同质结，用同质结构成的太阳电池称为同质结太阳电池。

2．异质结太阳电池

由两种禁带宽度不同的半导体材料形成的结称为异质结，用异质结构成的太阳电池称为异质结太阳电池。

3．肖特基结太阳电池

利用金属-半导体界面上的肖特基势垒而构成的太阳电池称为肖特基结太阳电池，简称 MS 电池。目前已发展为金属-氧化物-半导体（MOS）、金属-绝缘体-半导体（MIS）太阳电池等。

4．复合结太阳电池

由两个或多个 P-N 结形成的太阳电池称为复合结太阳电池，又可分为垂直多结太阳电池和水平多结太阳电池，如由一个（MIS）太阳电池和一个 P-N 结硅电池叠合而形成高效 MISNP 复合结硅太阳电池，其效率已达 22%。复合结太阳电池往往做成级联型，把宽禁带材料放在顶区，吸收阳光中的高能光子；用窄禁带材料吸收低能光子，使整个电池的光谱响应拓宽。研制的砷化铝镓-砷化镓-硅太阳电池的效率已高达 31%。

3.1.3　按用途分类

1．空间太阳电池

空间太阳电池是指在人造卫星、宇宙飞船等航天器上应用的太阳电池。由于使用环境特殊，要求太阳电池具有效率高，质量轻，耐高低温冲击，抗高能粒子辐射能力强等性能，而且制作精细，价格也较高。

2．地面太阳电池

地面太阳电池是指用于地面光伏发电系统的太阳电池。这是目前应用最广泛的太阳电池，要求耐风霜雨雪的侵袭，有较高的功率价格比，具有大规模生产的工艺可行性和充裕的原材料来源。

3.2 太阳电池的工作原理

通常应用的太阳电池是一种能将光能直接转换成电能的半导体器件。它的基本构造由半导体的 P-N 结组成。本章主要以最常见的硅 P-N 结太阳电池为例，详细讨论光能转换成电能的情况，薄膜太阳电池的原理及工艺在第 4 章介绍。

3.2.1 半导体

众所周知，具有大量能够自由移动的带电粒子，容易传导电流的物体，称为导体。一般金属都是导体。例如，铜的电导率在 $10^6/\Omega \cdot cm$ 左右，如果在 1cm×1cm×1cm 的铜立方体的两个对应面上加 1V 电压，则这两个面之间将流过 10^6A 的电流。

另一个极端是极不容易传导电流的物体，称为绝缘体，如陶瓷、云母、油脂、橡胶等。例如，石英（SiO_2）的电导率在 $10^{-16}/\Omega \cdot cm$ 左右。

导电性能介于导体和绝缘体两者之间的是半导体，其电导率在 10^{-4}～$10^4/\Omega \cdot cm$ 之间，而且半导体还可以通过加入少量杂质使其电导率在上述范围内变化。足够纯净的半导体，其电导率会随温度的上升而急剧增加，这些是最容易识别的半导体特性。

半导体可以是元素，如硅（Si）、锗（Ge）、硒（Se）等，也可以是化合物，如硫化镉（CdS）、砷化镓（GaAs）等，还可以是合金，如 $Ga_xAl_{1\sim x}As$，其中 x 为 0～1 之间的任意数。许多有机化合物也是半导体。

半导体的许多电学特性可以用一种简单的模型来解释，硅的原子序数是 14，所以原子核外面有 14 个电子，其中内层的 10 个电子被原子核紧密地束缚住，而外层的 4 个电子受到原子核的束缚比较小，如果得到足够的能量，就能使其脱离原子核的束缚而成为自由电子，并同时在原来位置留出一个空穴。电子带负电；空穴带正电。硅原子核外层的这 4 个电子又称为价电子。硅原子示意图如图 3-1 所示。

在硅晶体中每个原子周围有 4 个相邻原子，并和每一个相邻原子共有两个价电子，形成稳定的 8 电子壳层，硅晶体的共价键结构如图 3-2 所示。从硅的原子中分离出一个电子需要 1.12eV 的能量，该能量称为硅的禁带宽度。被分离出来的电子是自由的传导电子，它能自由移动并传送电流。一个电子从原子中逸出后留下了一个空位称为空穴。从相邻原子来的电子可以填补这个空穴，于是造成空穴从一个位置移到了一个新的位置，从而形成了电流。电子的流动所产生的电流与带正电的空穴向相反方向运动时产生的电流是等效的。

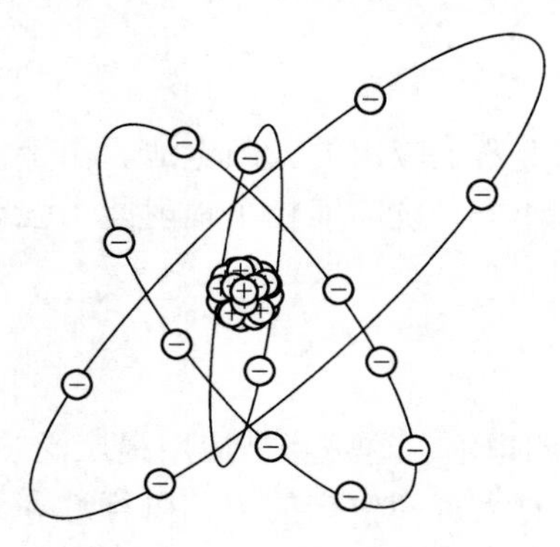

图 3-1 硅原子示意图

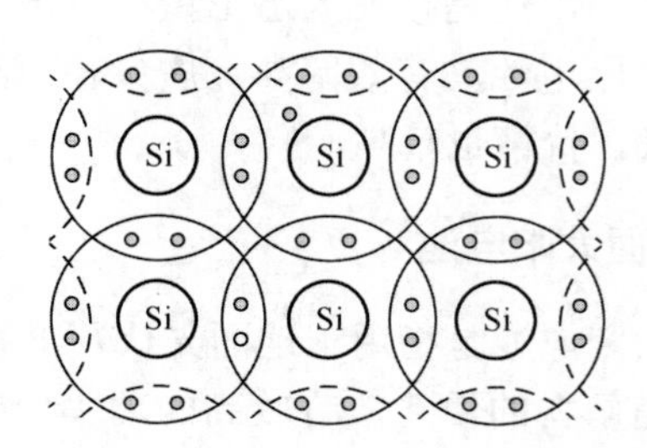

图 3-2 硅晶体的共价键结构

3.2.2 能带结构

半导体的相关特性可以用能带结构来解释，硅是四价元素，每个原子的最外壳层上有 4 个电子。在硅晶体中，每个原子有 4 个相邻原子，并和每一个相邻原子共有两个价电子，形成稳定的 8 电子壳层。

自由空间的电子所能得到的能量值基本上是连续的，但晶体中的情况就截然不同，孤立原子中的电子占据非常固定的一组分立的能级，当孤立原子相互靠近，在规则整齐排列的晶体中，由于各原子的核外电子相互作用，本来在孤立原子状态是分离的能级就要扩展，相互叠加，变成如图 3-3 所示的带状。电子许可占据的能带叫做允许带，允许带与允许带间不允许电子存在的范围叫禁带。

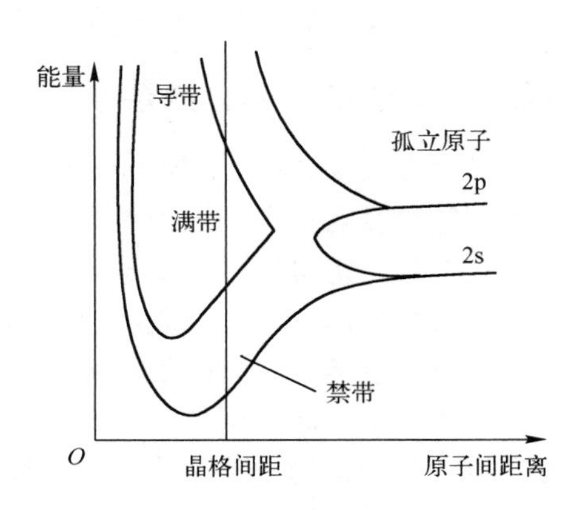

图 3-3　原子间距和电子能级的关系

低温时，晶体内的电子占有最低的可能状态。但是晶体的平衡状态并不是电子全部处在最低允许能级的一种状态。根据泡利（Pauli）不相容原理，每个允许能级最多只能被两个自旋方向相反的电子所占据。这意味着，在低温下，晶体的某一个能级以下的所有可能的能态都将被两个电子占据，该能级称为费米能级（E_{f}）。随着温度的升高，一些电子得到超过费米能级的能量，考虑到泡利不相容原理的限制，任何给定能量 E 的一个允许电子能态的占有概率可以根据统计规律计算，其结果是费米-狄拉克分布函数 $f(E)$，即

$$f(E)=\frac{1}{1+\mathrm{e}^{(E-E_{\mathrm{f}})/KT}} \tag{3-1}$$

式中，E_{f} 称为费米能级，其物理意义表示能量为 E_{f} 的能级上的一个状态被电子占据的概率等于 1/2。因此，比费米能级高的状态，未被电子占据的概率大，即空出的状态多（占据概率近似为 0）；相反，比费米能级低的状态，被电子占据的概率大，即可近似认为基本上被电子所占据（占据概率近似为 1）。

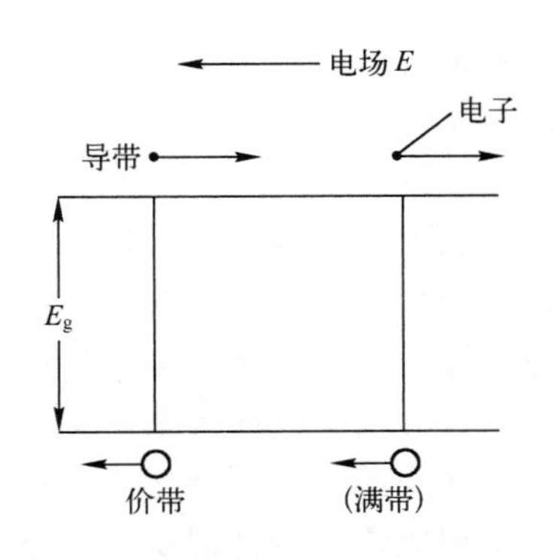

图 3-4　半导体能带结构和载流子的移动

导电现象随电子填充允许带方式的不同而不同。被电子完全占据的允许带称为导带，满带的电子即使加电场也不能移动，这种物质为绝缘体。在允许带情况下，电子受很小的电场作用就能移动到离允许带少许上方的另一个能级，成为自由电子，而使电导率变得很大，这种物质称为导体；所谓半导体，是有绝缘体类同的能带结构，但禁带宽度较小的物质。在这种情况下，满带的电子获得室温的热能，就有可能越过禁带跳到导带成为自由电子，它们将有助于物质的导电。参与这种导电现象的满带能级在大多数情况下位于满带的最高能级，因此可将能带结构简化为图 3-4 所示。另外，因为这个满带的电子处于各原子的最外层，是参与原子间结合的价电子，所以又把这种满带称为价带。图 3-4 中省略了导带的上部和价带的下部。

一旦从外部获得能量，共价键被破坏后，电子将从价带跃迁到导带，同时在价带中留出电子的一个空位。这种空位可由价带中相邻键上的电子来占据，而这个电子移动所留下的新的空位又可以由其他电子来填补，也可看成空位在依次移动，等效于在价带中带正电荷的粒子朝着与电子运动相反的方向移动，称为空穴。在半导体中，空穴和导带中的自由电子一样成为导电的带电粒子（载流子）。电子和空穴在外电场作用下，朝相反的方向运动。由于所带电荷符号相反，故电流方向相同，对电导率起叠加作用。

3.2.3 本征半导体、掺杂半导体

当禁带宽度 E_g 比较小时，随着温度上升，从价带跃迁到导带的电子数增多，同时在价带产生同样数目的空穴，这个过程叫电子-空穴对的产生。室温条件下能产生这样的电子-空穴对，并具有一定电导率的半导体叫本征半导体，它是极纯而又没有缺陷的半导体。通常情况下，由于半导体内含有杂质或存在晶格缺陷，使得作为自由载流子的（电子或空穴）一方增多，形成掺杂半导体，存在多余电子的称 N 型半导体，存在多余空穴的称 P 型半导体。

杂质原子可通过两种方式掺入晶体结构，一种方式是当杂质原子拥挤在基质晶体原子间的空隙中时，称为间隙杂质；另一种方式是用杂质原子替换基质晶体的原子，保持晶体结构有规律的原子排列，称这些原子为替位杂质。

元素周期表中 III 族和 V 族原子在硅中充当替位杂质，如 1 个 V 族杂质替换了 1 个硅原子的晶格，4 个价电子与周围的硅原子组成共价键，但第 5 个价电子却处于不同的情况。它不在共价键内，因此不在价带内。同时又被束缚于 V 族原子，不能穿过晶格自由运动，因此它也不在导带内。可以预期，与束缚在共价键内的自由电子相比，释放这个多余电子只需较小的能量，比硅的带隙能量 1.1eV 小得多。自由电子位于导带中，因此被束缚于 V 族原子的多余电子位于低于导带底的地方，如图 3-5 所示。

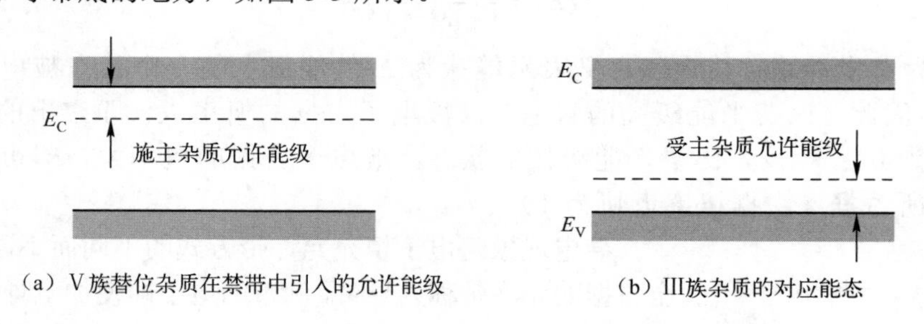

图 3-5　III、V 族杂质对应能态

这就在“禁止的”带隙中安置了一个允许能级。例如，把 V 族元素（Sb，As，P）作为杂质掺入单元素半导体硅单晶中时，这些杂质替代硅原子的位置进入晶格点。它的 5 个价电子除与相邻的硅原子形成共价键外，还多余 1 个价电子。与共价键相比，这个剩余价电子极松弛地结合于杂质原子。因此，只要杂质原子得到很小的能量，在室温下就可以释放出电子，形成自由电子，而杂质原子本身变成 1 价正离子，但因受晶格点阵的束缚，它不能运动。在这种情况下，掺 V 族元素的硅就形成电子过剩的 N 型半导体。这类可以向半导体提供自由电子的杂质称为施主杂质，其能带结构如图 3-6 所示。

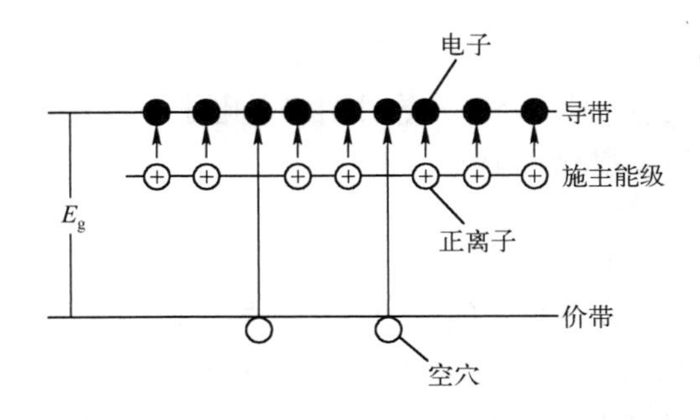

图 3-6　N 型半导体的能带结构

除了从这些施主能级产生的电子外，还存在从价带激发到导带的电子。由于这个过程是电子-空穴成对产生的，因此，也存在相同数目的空穴。在 N 型半导体中，把数量多的电子称为多数载流子，将数量少的空穴称为少数载流子。

III 族杂质分析与上述类似，如将 B、Al、Ga、In 作为杂质掺入时，由于形成完整的共价键上缺少 1 个电子，所以就从相邻的硅原子中夺取 1 个价电子来形成完整的共价键。被夺走电子的原子留下一个空位，成为空穴，结果杂质原子成为 1 价负离子的同时，提供了束缚不紧的空穴。这种结合只要用很小的能量就可能破坏，而形成自由空穴，使半导体成为空穴过剩的 P 型半导体。接受电子的杂质原子称为受主杂质，其能带结构如图 3-7 所示。在这种情况下，多数载流子为空穴，少数载流子为电子。另外，也有由于构成元素蒸汽压差过大等原因，造成即使掺入杂质也得不到 N、P 两种导电类型的情况。

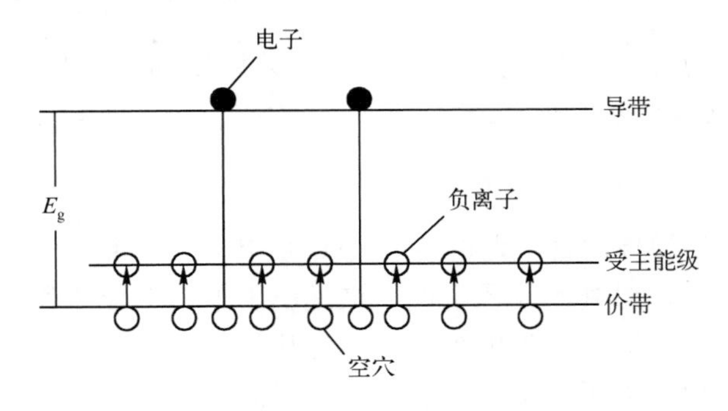

图 3-7　P 型半导体的能带结构

3.2.4　N 型和 P 型半导体

1. N 型半导体

如果在纯净的硅晶体中掺入少量的 5 价杂质磷（或砷、锑等），由于磷的原子数目比硅原子少得多，因此整个结构基本不变，只是某些位置上的硅原子被磷原子所取代。由于磷原子具有 5 个价电子，所以 1 个磷原子与相邻的 4 个硅原子结成共价键后，还多余 1 个价电子，这个价电子没有被束缚在共价键中，只受到磷原子核的吸引，所以它受到的束缚力要小得多，很容易挣脱磷原子核的吸引而变成自由电子，从而使得硅晶体中的电子载流子数目大大增加。因为 5 价的杂质原子可提供一个自由电子，掺入的 5 价杂质原子又称为施主，所以一个掺入 5 价杂质的 4 价半导体，就成了电子导电类型的半导体，也称为 N 型半导体，其示意图如图 3-8

所示。在这种N型半导体材料中，除了由于掺入杂质而产生大量的自由电子以外，还有由于热激发而产生少量的电子-空穴对。空穴的数目相对于电子的数目是极少的，所以把空穴称为少数载流子，而将电子称为多数载流子。

2. P型半导体

同样，如果在纯净的硅晶体中掺入能够俘获电子的3价杂质，如硼（或铝、镓、铟等），这些3价杂质原子的最外层只有3个价电子，当它与相邻的硅原子形成共价键时，还缺少1个价电子，因而在一个共价键上要出现一个空穴，这个空穴可以接受外来电子的填补。而附近硅原子的共价电子在热激发下，很容易转移到这个位置上来，于是在那个硅原子的共价键上就出现了一个空穴，硼原子接受一个价电子后也形成带负电的硼离子。这样，每一个硼原子都能接受一个价电子，同时在附近产生一个空穴，从而使得硅晶体中的空穴载流子数目大大增加。由于3价杂质原子可以接受电子而被称为受主杂质，因此掺入3价杂质的4价半导体，也称为P型半导体。当然，在P型半导体中，除了掺入杂质产生的大量空穴以外，热激发也会产生少量的电子-空穴对，但是相对来说，电子的数目要小得多。与N型半导体相反，对于P型半导体，空穴是多数载流子，而电子为少数载流子。P型半导体示意图如图3-9所示。

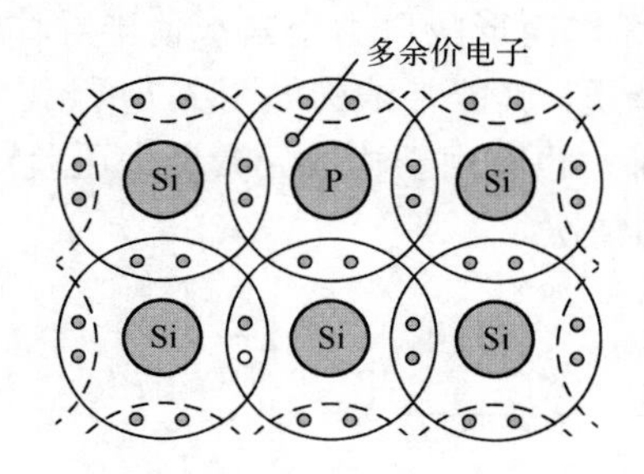

图3-8 N型半导体示意图

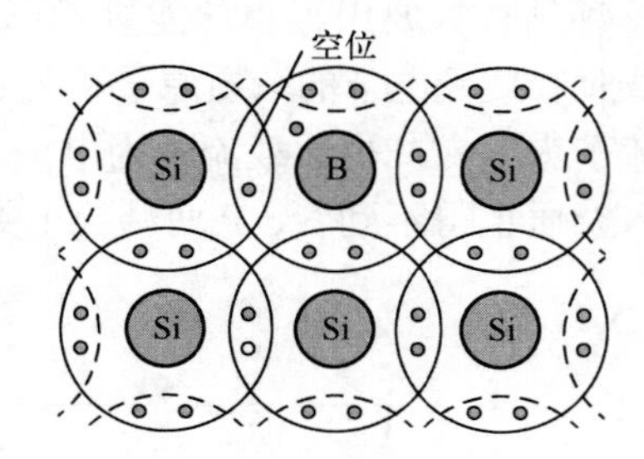

图3-9 P型半导体示意图

但是，对于纯净的半导体而言，无论是N型还是P型，从整体来看，都是电中性的，内部的电子和空穴数目相等，对外不显示电性。这是由于单晶半导体和掺入的杂质都是电中性的缘故。在掺杂的过程中，既不损失电荷，也没有从外界得到电荷，只是掺入杂质原子的价电子数目比基体材料的原子多了一个或少了一个，因而使半导体出现大量可运动的电子或空穴，并没有破坏整个半导体内正负电荷的平衡状态。

3.2.5 P-N结

1. 多数载流子的扩散运动

如果将P型和N型半导体两者紧密结合，连成一体，导电类型相反的两块半导体之间的过渡区域，称为P-N结。在P-N结两边，P区内，空穴很多，电子很少；而在N区内，则电子很多，空穴很少。因此，在P型和N型半导体交界面的两边，电子和空穴的浓度不相等，因此会产生多数载流子的扩散运动。

在靠近交界面附近的P区中，空穴要由浓度大的P区向浓度小的N区扩散，并与那里的电子复合，从而使该处出现一批带正电荷的掺入杂质的离子；同时，在P区内，由于跑掉了一批空穴而呈现带负电荷的掺入杂质的离子。

在靠近交界面附近的 N 区中，电子要由浓度大的 N 区向浓度小的 P 区扩散，并与那里的空穴复合，从而使该处出现一批带负电荷的掺入杂质的离子；同时，在 N 区内，由于跑掉了一批电子而呈现带正电荷的掺入杂质的离子。

于是，扩散的结果是在交界面的两边形成靠近 N 区的一边带正电荷，而靠近 P 区的另一边带负电荷的一层很薄的区域，称为空间电荷区（也称耗尽区），这就是 P-N 结，如图 3-10 所示。在 P-N 结内，由于两边分别积聚了正电荷和负电荷，会产生一个由 N 区指向 P 区的反向电场，称为内建电场（或势垒电场）。

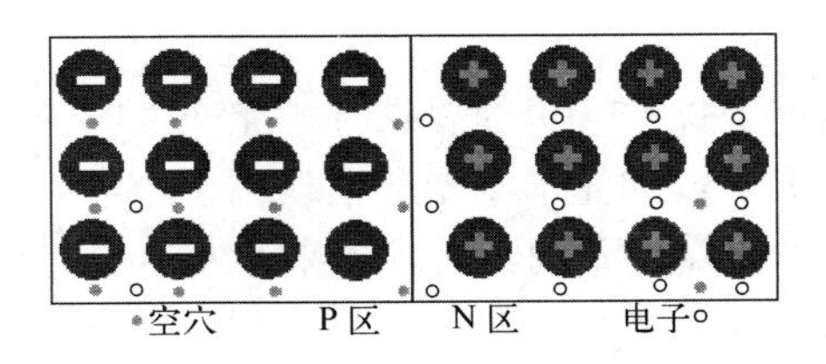

图 3-10　P-N 结

2．少数载流子的漂移运动

由于内建电场的存在，就有一个对电荷的作用力，电场会推动正电荷顺着电场的方向运动，而阻止其逆着电场的方向运动；同时，电场会吸引负电荷逆着电场的方向运动，而阻止其顺着电场方向的运动。因此，当 P 区中的空穴企图继续向 N 区扩散而通过空间电荷区时，由于运动方向与内建电场相反，因而受到内建电场的阻力，甚至被拉回 P 区中；同样 N 区中的电子企图继续向 P 区扩散而通过空间电荷区时，也会受到内建电场的阻力，甚至被拉回 N 区中。总之，内建电场的存在阻碍了多数载流子的扩散运动。但是对于 P 区中的电子和 N 区中的空穴，却可以在内建电场的推动下向 P-N 结的另一边运动，这种少数载流子在内建电场作用下的运动称为漂移运动，其运动方向与扩散运动方向相反。由于 P-N 结的作用所引起的少数载流子漂移运动最后与多数载流子的扩散运动趋向平衡，此时扩散与漂移的载流子数目相等而运动方向相反，总电流为零，扩散不再进行，空间电荷区的厚度不再增加，达到平衡状态。如果条件和环境不变，则这个平衡状态不会被破坏，空间电荷区的厚度也就一定，这个厚度与掺杂的浓度有关。

由于空间电荷区内存在电场，电场中各点的电势不同，电场的方向指向电势降落的方向，因而在空间电荷区内，正离子一边电势高，负离子一边电势低，所以空间电荷区内两边存在一个电势差，叫做势垒，也称接触电势差，其大小可表示为

$$V_{\mathrm{d}}=\frac{kT}{q}\ln\frac{n_{\mathrm{n}}}{n_{\mathrm{p}}}=\frac{kT}{q}\ln\frac{p_{\mathrm{p}}}{p_{\mathrm{n}}} \tag{3-2}$$

式中，q 为电子电量（-1.6×10^{-19} 库伦）；T 为绝对温度；k 为玻尔兹曼常数；n_{n}，n_{p} 为 N 型和 P 型半导体材料中的电子浓度；p_{n}，p_{p} 为 N 型和 P 型半导体材料中的空穴浓度。

3.2.6　光生伏特效应

当半导体的表面受到太阳光照射时，如果其中有些光子的能量大于或等于半导体的禁带宽度，就能使电子挣脱原子核的束缚，在半导体中产生大量的电子-空穴对，这种现象称为内

光电效应（原子把电子打出金属的现象是外光电效应）。半导体材料就是依靠内光电效应把光能转化为电能的，因此实现内光电效应的条件是所吸收的光子能量要大于半导体材料的禁带宽度，即

$$h\nu \geqslant E_g \tag{3-3}$$

式中，$h\nu$ 为光子能量；h 是普朗克常数；ν 是光波频率；E_g 是半导体材料的禁带宽度。

由于 $C=\nu\lambda$，其中 C 为光速，λ 是光波波长，式（3-3）可改写为

$$\lambda \leqslant \frac{hC}{E_g} \tag{3-4}$$

这表示光子的波长只有在满足了式（3-4）的要求时才能产生电子-空穴对。通常将该波长称为截止波长，以 λ_g 表示，波长大于 λ_g 的光子不能产生载流子。

不同的半导体材料由于禁带宽度不同，要求用来激发电子-空穴对的光子能量也不一样。在同一块半导体材料中，超过禁带宽度的光子被吸收以后转化为电能，而能量小于禁带宽度的光子被半导体吸收以后则转化为热能，不能产生电子-空穴对，只能使半导体的温度升高。可见，对于太阳电池而言，禁带宽度有着举足轻重的影响，禁带宽度越大，可供利用的太阳能就越少，它使每种太阳电池对所吸收光的波长都有一定的限制。

照到太阳电池上的太阳光线，一部分被太阳电池表面反射掉，另一部分被太阳电池吸收，还有少量透过太阳电池。在被太阳电池吸收的光子中，那些能量大于半导体禁带宽度的光子，可以使半导体中原子的价电子受到激发，在 P 区、空间电荷区和 N 区都会产生光生电子-空穴对，也称光生载流子。这样形成的电子-空穴对由于热运动向各个方向迁移。光生电子-空穴对在空间电荷区中产生后，立即被内建电场分离，光生电子被推进 N 区，光生空穴被推进 P 区。在空间电荷区边界处总的载流子浓度近似为 0。在 N 区，光生电子-空穴产生后，光生空穴便向 P-N 结边界扩散，一旦到达 P-N 结边界，便立即受到内建电场的作用，在电场力作用下做漂移运动，越过空间电荷区进入 P 区，而光生电子（多数载流子）则被留在 N 区。P 区中的光生电子也会向 P-N 结边界扩散，并在到达 P-N 结边界后，同样由于受到内建电场的作用而在电场力作用下做漂移运动，进入 N 区，而光生空穴（多数载流子）则被留在 P 区。因此在 P-N 结两侧产生了正、负电荷的积累，形成与内建电场方向相反的光生电场。这个电场除了一部分抵消内建电场以外，还使 P 型层带正电，N 型层带负电，因此产生了光生电动势，这就是“光生伏特效应”（简称光伏效应）。

3.2.7　太阳电池光电转换原理

太阳电池是将光能转化为电能的半导体光伏元件，当有光照射时，在太阳电池上、下极之间就会有一定的电势差，用导线连接负载，就会产生直流电（如图 3-11 所示），因此太阳电池可以作为电源使用。

光电转换的物理过程如下。

（1）光子被吸收，使得在 P-N 结的 P 侧和 N 侧两边产生电子-空穴对，如图 3-12（a）所示。

（2）在离开 P-N 结一个扩散长度以内产生的电子和空穴，通过扩散到达空间电荷区，如图 3-12（b）所示。

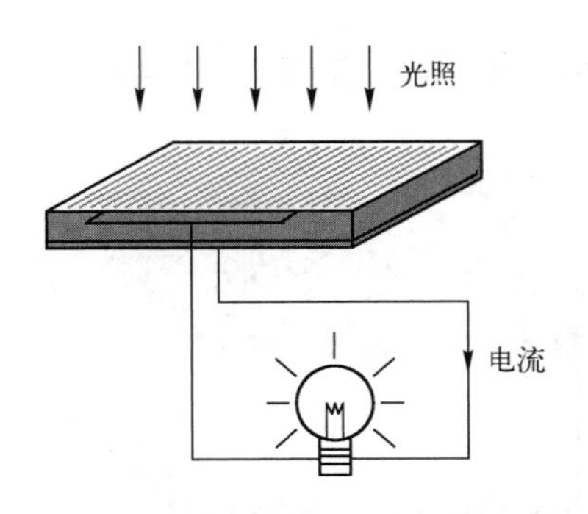

图 3-11　太阳电池工作原理图

（3）电子一空穴对被电场分离，因此，P 侧的电子从高电位滑落至 N 侧，而空穴沿着相反方向移动，如图 3-12（c）所示。

（4）若 P-N 结是开路的，则在结两边积累的电子和空穴产生开路电压，如图 3-12（d）所示。若有负载连接到电池上，在电路中将有电流传导，如图 3-12（a）所示。当在电池两端发生短路时，就会形成最大电流，此电流称为短路电流。

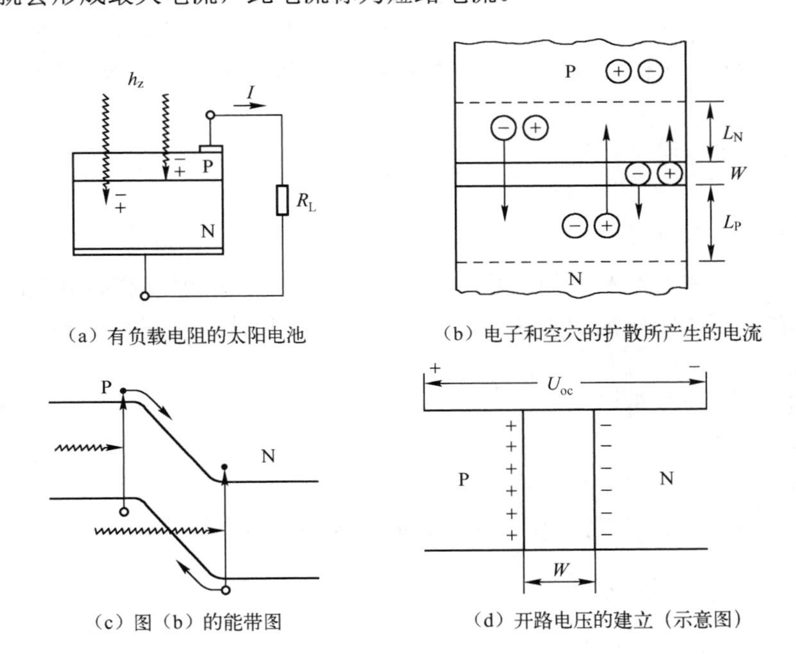

（a）有负载电阻的太阳电池

（b）电子和空穴的扩散所产生的电流

（c）图（b）的能带图

（d）开路电压的建立（示意图）

图 3-12　光电转换的物理过程转换

3.2.8　晶体硅太阳电池的结构

典型的晶硅太阳电池的结构如图 3-13 所示，其基体材料是 P 型硅晶体，厚度在 0.18mm 左右。通过扩散形成 0.25μm 左右的 N 型半导体，构成 P-N 结。在太阳电池的受光面，即 N 型半导体的表面，有呈金字塔形的绒面结构和减反射层，上面是密布的细金属栅线和横跨这些细栅线的几条粗栅线，构成供电流输出的金属正电极。在太阳电池的背面，即 P 型衬底上是一层掺杂浓度更高的 P^+背场，通常是铝背场或硼背场。背场的下面是用于电流引出的金属背电极，从而构成了典型的单结（N-P-P^+）晶硅太阳电池。

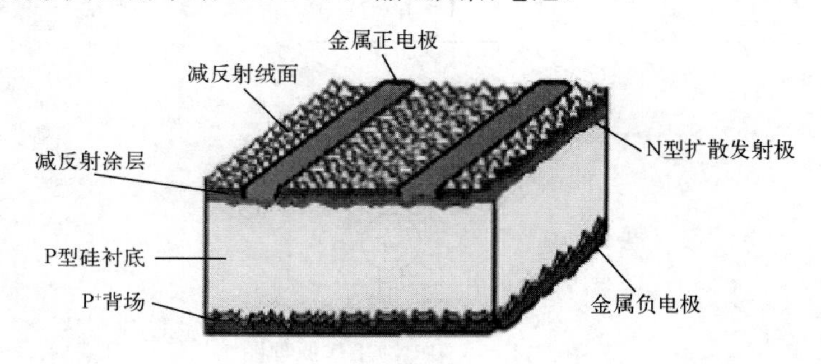

图 3-13　晶硅太阳电池的结构图

每一片晶硅太阳电池的工作电压大约为 0.50～0.65V，此数值的大小与电池的尺寸无关。而太阳电池的输出电流则与自身面积的大小、日照的强弱及温度的高低等因素有关，在其他条件相同时，面积较大的电池能产生较大的电流，因此功率也较大。

太阳电池一般制成 P^+/N 型或 N^+/P 型结构，其中第一个符号，即 P^+或 N^+表示太阳电池正面光照半导体材料的导电类型；第二个符号，即 N 或 P 表示太阳电池衬底半导体材料的导电类型。在太阳光照射时，太阳电池输出电压的极性以 P 型侧电极为正，N 型侧电极为负。

3.3　太阳电池的电学特性

3.3.1　标准测试条件

由于太阳电池受到光照时产生的电能与光源辐照度、电池的温度和照射光的光谱分布等因素有关，所以在测试太阳电池的功率时，必须规定标准测试条件。目前国际上统一规定地面太阳电池的标准测试条件如下。

- 光源辐照度：1000W/m^2。
- 测试温度：25℃。
- AM1.5 地面太阳光谱辐照度分布。

AM0 和 AM1.5 的太阳光谱辐照度具体分布如图 3-14 所示。

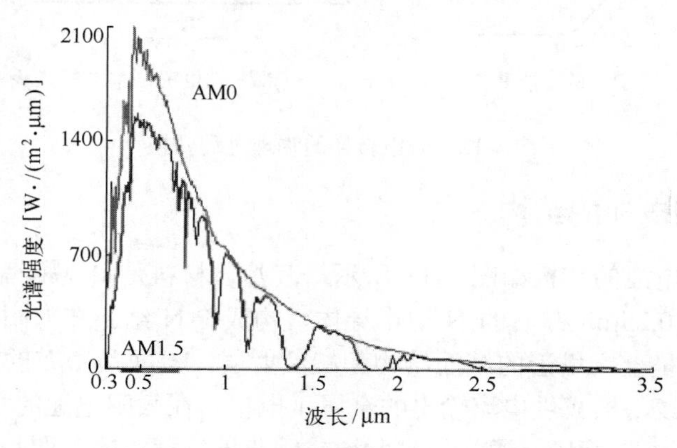

图 3-14　AM0 和 AM1.5 的太阳光谱辐照度具体分布

3.3.2 太阳电池等效电路

如果在受到光照的太阳电池正、负极两端接上一个负载电阻 R，太阳电池就处在工作状态，其等效电路如图 3-15 所示。它相当于一个电流为 I_{ph} 的恒流源与一只正向二极管并联，流过二极管的正向电流在太阳电池中称为暗电流 I_D。从负载 R 两端可以测得产生暗电流的正向电压 V，流过负载的电流为 I，这是理想太阳电池的等效电路。实际使用的太阳电池由于本身还存在电阻，其等效电路如图 3-16 所示。R_{sh} 称为旁路电阻，主要由以下几种因素形成：表面玷污而产生的沿着电池边缘的表面漏电流；沿着位错和晶粒间界的不规则扩散或者在电极金属化处理之后，沿着微观裂缝、晶粒间界和晶体缺陷等形成的细小桥路而产生的漏电流。R_s 称为串联电阻，由扩散顶区的表面电阻、电池的体电阻和正、背电极与太阳电池之间的欧姆电阻及金属导体的电阻所构成。

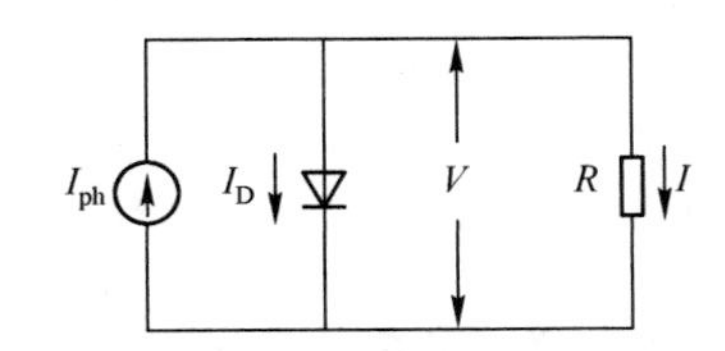

图 3-15　理想的太阳电池等效电路图

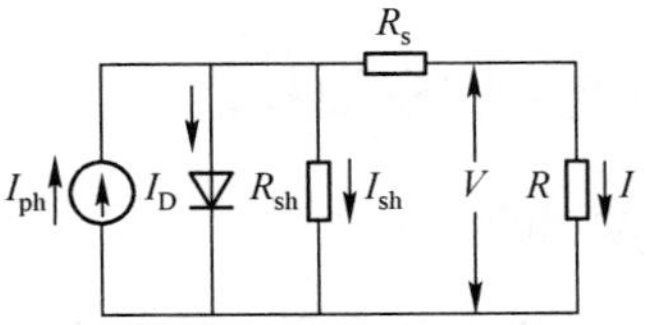

图 3-16　实际的太阳电池等效电路

如图 3-16 所示，负载两端的电压为 V，因而加在 R_{sh} 两端的电压为（V+IR_s），因此有

$$I_{sh}=(V+IR_s)/R_{sh}$$

流过负载的电流为

$$I=I_{ph}-I_D-I_{sh}$$

变换上式之后，可得

$$I(1+R_s/R_{sh})=I_{ph}-(V/R_{sh})-I_D \tag{3-5}$$

其中，暗电流 I_D 为注入电流、复合电流及隧道电流之和。在一般情况下，可以忽略隧道电流，这样暗电流 I_D 是注入电流及复合电流之和。

加在电池 P-N 结上的外电压为 $V_j=V+IR_s$

为了用等效电路来预计太阳电池的输出和效率，可将注入电流和复合电流简化为单指数形式：

$$I=I_{ph}-I_0[e^{qV_j/(A_0kT)}-1]$$

式中，I_0 为新的指数前因子；A_0 为结的结构因子，它反映了 P-N 结的结构完整性对性能的影响。在理想情况下（$R_{sh}\to\infty$，$R_s\to 0$），则由式（3-5）可得：

$$I_D=I_0[e^{qV_j/(A_0kT)}-1] \tag{3-6}$$

式（3-6）是光照情况下太阳电池的电流-电压关系。由式（3-6）可知，在负载 R 短路时，即 V_j=0（忽略串联电阻），短路电流 I_{sc} 的大小恰好与光电流相等，即 $I_{sc}=I_{ph}$；在负载 $R\to\infty$时，输出电流趋近于 0，开路电压 V_{oc} 的大小由下式决定：

$$V_{oc}=(A_0kT/q)\ln(I_{ph}/I_0+1) \tag{3-7}$$

在没有光照时，电池 P-N 结上的电流-电压关系如图 3-17 中的曲线 a 所示，也就是太阳电池的暗电流-电压关系曲线。

光照时产生的光生电流 I_{ph}，使曲线沿着电流轴的负方向位移 I_{ph}，得到图 3-17 中的曲线 b。为了方便，变换坐标方向，可以得到图 3-17 中的曲线 c。曲线 c 就是在光照情况下太阳电池的电流-电压关系曲线，也称伏安特性曲线，它的关系式见式（3-6）。

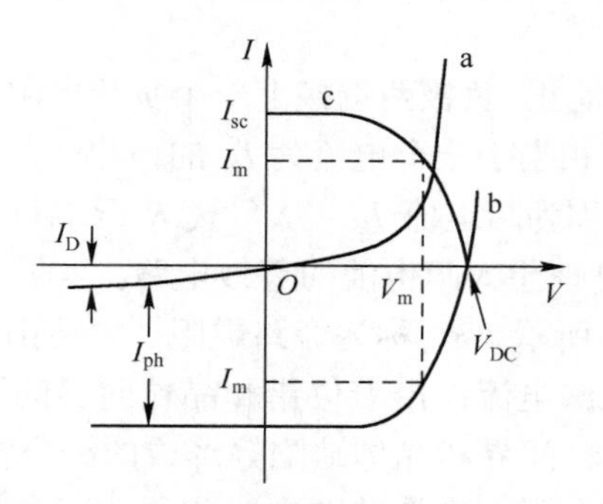

a—暗特性曲线；b—光照下特性曲线；c—变换坐标得到太阳电池特性曲线

图 3-17　太阳电池的伏安特性

3.3.3　太阳电池的主要技术参数

1．伏安特性曲线

当负载 R 从 0 变到无穷大时，负载 R 两端的电压 V 和流过的电流 I 之间的关系曲线即为太阳电池的负载特性曲线，通常称为太阳电池的伏-安特性曲线，以前也按习惯称为 I-V 特性曲线。

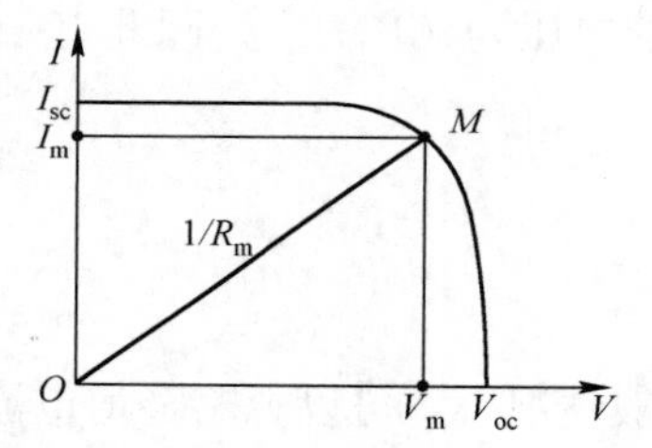

图 3-18　太阳电池的伏-安特性曲线

实际上，通常并不是通过计算，而是通过实验测试的方法来得到的。在太阳电池的正、负极两端，连接一个可变电阻 R，在一定的太阳辐照度和温度下，改变电阻值，使其由 0（短路）变到无穷大（开路），同时测量通过电阻的电流和电阻两端的电压。在直角坐标图上，以纵坐标代表电流，横坐标代表电压，测得各点的连线，即为该电池在此辐照度和温度下的伏-安特性曲线，如图 3-18 所示。

2．最大功率点

在一定的太阳辐照度和工作温度的条件下，伏安特性曲线上的任何一点都是工作点，工作点和原点的连线称为负载线，负载线斜率的倒数即为负载电阻 R_L，与工作点对应的横坐标为工作电压 V，纵坐标为工作电流 I。电压 V 和电流 I 的乘积即为输出功率。调节负载电阻 R_L 到某一值 R_m 时，在曲线上得到一点 M，对应的工作电流 I_m 和工作电压 V_m 的乘积为最大，即

$$P_m=I_mV_m=P_{max} \tag{3-8}$$

则称 M 点为该太阳电池的最佳工作点（或最大功率点）。I_m 为最佳工作电流，V_m 为最佳工作电压，R_m 为最佳负载电阻，P_m 为最大输出功率。也可以通过伏安特性曲线上的某个工作点，作一水平线，与纵坐标相交点为 I；再作一垂直线，与横坐标相交点为 V。这两条线与横坐标和纵坐标所包围的矩形面积，在数值上就等于电压 V 和电流 I 的乘积，即输出功率。伏安特性曲线上的任意一个工作点，都对应一个确定的输出功率，通常，不同的工作点输出功率也不一样，但是总可以找到一个工作点，其包围的矩形（OI_mMV_m）面积最大，也就是其工作电压 V 和电流 I 的乘积最大，因而输出功率也最大，该点即为最佳工作点，即

$$P = VI = V[I_{ph} - I_0(e^{qV/AkT} - 1)]$$

在此最大功率点，有 $dP_m/dV=0$，因此有

$$\left(1+\frac{qV_m}{AkT}\right)e^{\frac{qV_m}{AkT}} = \left(\frac{I_{ph}}{I_0}\right)+1$$

整理后可得

$$I_m = \frac{(I_{ph}+I_0)qV_m / AkT}{1+(qV_m / AkT)} \tag{3-9}$$

$$V_m = \frac{AkT}{q}\ln\left[\frac{1+(I_{ph}/I_0)}{1+qV_m / AkT}\right] \approx V_{oc} - \frac{AkT}{q}\ln\left(1+\frac{qV_m}{AkT}\right) \tag{3-10}$$

最后得

$$P_m = I_m V_m \approx I_{ph}\left[V_{oc} - \frac{AkT}{q}\ln\left(1+\frac{qV_m}{AkT}\right) - \frac{AkT}{q}\right] \tag{3-11}$$

由图 3-18 可见，如果太阳电池工作在最大功率点左边，也就是电压从最佳工作电压下降时，输出功率会减小；而超过最佳工作电压后，随着电压的上升，输出功率也会减小。

图 3-19 是某个 200W 组件的电压-功率关系曲线，当组件加上电压并逐渐升高时，功率也逐渐增加，但有个极大值，如继续升高电压，功率就会下降，最后到开路电压时，功率为零。如果太阳辐照度降低，电压-功率关系曲线也会相应下降。

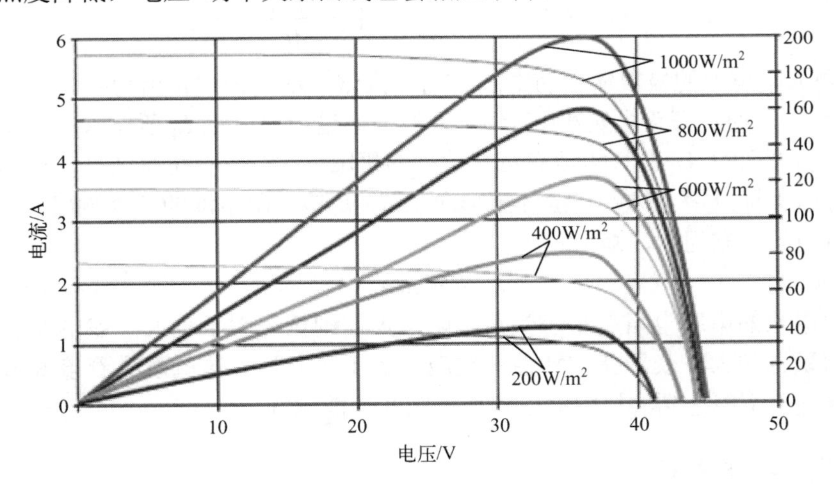

图 3-19　某个组件的电压-功率关系曲线

通常太阳电池所标明的功率，是指在标准工作条件下最大功率点所对应的功率，而在实际工作时，往往并不是在标准测试条件下工作，而且一般也不一定符合最佳负载的条件，再加上一天中太阳辐照度和温度也在不断变化，所以真正能够达到额定输出功率的时间很少。有些光伏系统采用“最大功率跟踪器”，可在一定程度上增加输出的电能。

3．开路电压

在一定的温度和辐照度条件下，太阳电池在空载（开路）情况下的端电压，也就是伏安特性曲线与横坐标相交的一点所对应的电压通常用 V_{oc} 来表示。

对于一般的太阳电池可近似认为接近于理想的太阳电池，即认为太阳电池的串联电阻等于零，旁路电阻为无穷大。当开路时，$I=0$，电压 V 即为开路电压 V_{oc}，由式（3-7）可知：

$$V_{oc}=\frac{AkT}{q}\ln\left(\frac{I_{ph}}{I_0}+1\right)\approx\frac{Akt}{q}\ln\left(\frac{I_{ph}}{I_0}\right) \tag{3-12}$$

太阳电池的开路电压 V_{oc} 与电池面积无关，一般晶硅太阳电池的开路电压约为 600～650mV。

4．短路电流

在一定的温度和辐照度条件下，太阳电池在端电压为零时的输出电流，也就是伏-安特性曲线与纵坐标相交的一点所对应的电流通常用 I_{sc} 来表示。

由式（3-5）可知，当 $V=0$ 时，$I_{sc}=I_{ph}$。

太阳电池的短路电流 I_{sc} 与太阳电池的面积有关，面积越大，I_{sc} 越大。一般 $1cm^2$ 的晶硅太阳电池 I_{sc} 值约为 35～38mA。

5．填充因子（曲线因子）

填充因子是表征太阳电池性能优劣的一个重要参数，其定义为太阳电池的最大功率与开路电压和短路电流的乘积之比，通常用 FF（或 CF）来表示：

$$\mathrm{FF}=\frac{I_m V_m}{I_{sc}V_{oc}}=1-\frac{AkT}{qV_{oc}}\ln\left(1+\frac{qV_m}{AkT}\right)-\frac{AkT}{qV_{oc}} \tag{3-13}$$

式中，$I_{sc}V_{oc}$ 是太阳电池的极限输出功率；$I_m V_m$ 是太阳电池的最大输出功率。

在图 3-18 上，通过开路电压 V_{oc} 所作垂直线与通过短路电流 I_{sc} 所作水平线和纵坐标及横坐标所包围的矩形面积 A，是该电池有可能达到的极限输出功率；而通过最大功率点所作垂直线和水平线与纵坐标及横坐标所包围的矩形面积 B，是该太阳电池的最大输出功率，两者之比就是该太阳电池的填充因子，即

$$FF=B/A$$

如果太阳电池的串联电阻越小，旁路电阻越大，则填充因子越大，该电池的伏安特性曲线所包围的面积也越大，表示伏安特性曲线越接近于正方形，这就意味着该太阳电池的最大输出功率越接近于所能达到的极限输出功率，因此性能越好。

6．太阳电池的转换效率

受光照太阳电池的最大功率与入射到该太阳电池上的全部辐射功率的百分比称为太阳电池的转换效率。

$$\eta=V_m I_m/A_t\cdot P_{in} \tag{3-14}$$

其中，V_m 和 I_m 分别为最大输出功率点的电压和电流；A_t 为包括栅线面积在内的太阳电池总面积（也称全面积）；P_{in} 为单位面积入射光的功率。

有时也用开孔面积 A_a 取代 A_t，即从总面积中扣除栅线所占面积，这样计算出来的效率要高一些。

【例 3-1】 某一面积为 $100cm^2$ 的太阳电池，测得其最大功率为 1.5W，则该电池的转换效率是多少？

解： 根据式（3-14），有

$$\eta = V_m I_m / A_t \cdot P_{in} = 1.5/100\times10^{-4}\times1000 = 15\%$$

根据美国国家可再生能源实验室（NREL）统计，截至 2016 年年底，各类太阳电池实验室最高转换效率历史发展情况如图 3-20 所示。由图可知，目前单结地面太阳电池及子组件实验室最高转换效率纪录如表 3-1 所示，多结地面太阳电池及子组件实验室最高转换效率纪录如表 3-2 所示。

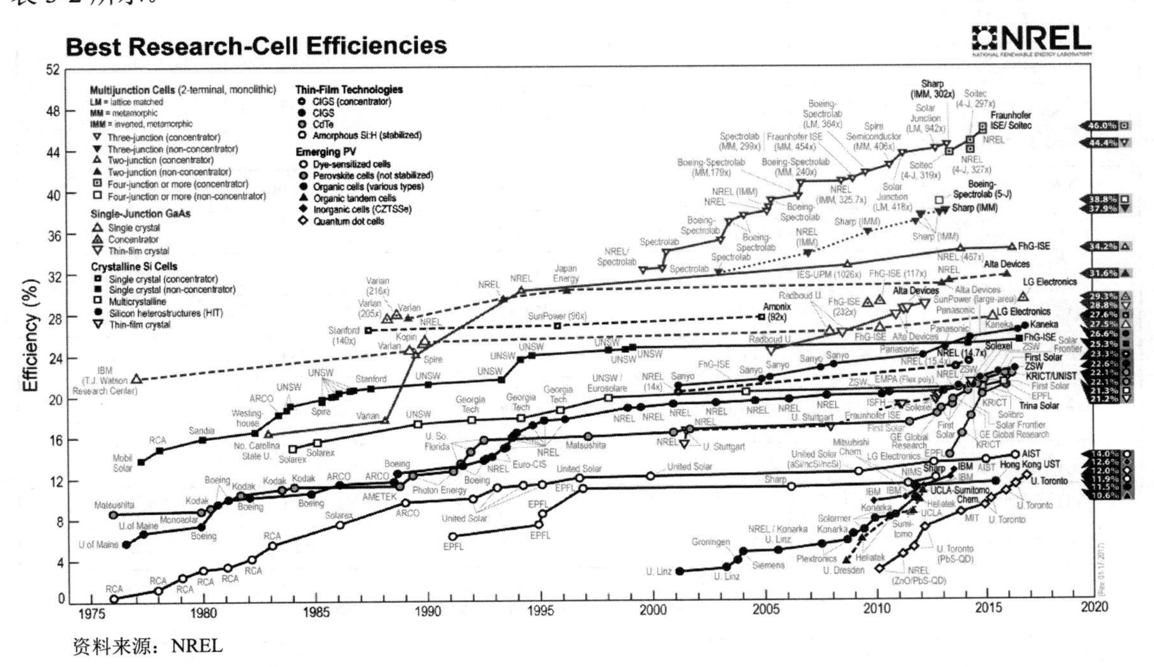

资料来源：NREL

图 3-20　各类太阳电池实验室最高转换效率历史发展情况

表 3-1　目前单结地面太阳电池及子组件实验室最高转换效率

分　　类	效率（%）	面积（cm^2）	V_{oc}（V）	J_{sc}（mA/cm^2）	FF（%）	测 试 中 心	研 发 单 位
硅							
Si（单晶电池）	26.3±0.5	180.43	0.7438	42.26	83.8	FhG-ISE	Kaneka
Si（多晶电池）	21.3±0.4	242.74	0.6678	39.80	80.0	FhG-ISE	Trina Solar
Si（薄转移子组件）	21.2±0.4	239.7	0.687	38.50	80.3	NREL	Solexel
Si（薄膜小组件）	10.5±0.3	94.0	0.492	29.7	72.1	FhG-ISE	CSG Solar
III-V 族电池-							
GaAs（薄膜电池）	28.8±0.9	0.9927	1.122	29.68	86.5	NREL	Alta Devices
GaAs（多晶电池）	18.4±0.5	4.011	0.994	23.2	79.7	NREL	RTI
InP（单晶电池）	22.1±0.7	4.02(t)	0.878	29.5	85.4	NREL	Spire
CIGS（电池）	21.0±0.6	0.9927	0.757	35.70	77.6	FhG-ISE	Solibro
CIGS（小组件）	18.7±0.6	15.892	0.701	35.29	75.6	FhG-ISE	Solibro

续表

分　类	效率（%）	面积（cm^2）	V_{oc}（V）	J_{sc}（mA/cm^2）	FF（%）	测试中心	研发单位
CdTe（电池）	21.0±0.4	1.0623	0.8759	30.25	79.4	Newport	First Solar
CZTSSe（电池）	9.8±0.2	1.115	0.5073	31.95	60.2	Newport	IMRA Europe
CZTS（电池）	7.6±0.1	1.067	0.6585	20.43	56.7	NREL	UNSW
非晶硅/微晶硅-							
Si（非晶电池）	10.2±0.3	1.001	0.896	16.36	69.8	AIST	AIST
Si（微晶电池）	11.8±0.3	1.044	0.548	29.39	73.1	AIST	AIST
钙钛矿-							
钙钛矿（电池）	19.7±0.6	0.9917	1.104	24.67	72.3	Newport	KRICT/UNIST
钙钛矿（小组件）	12.1±0.6	36.13	0.836	20.20	71.5	AIST	SJTU/NIMS
染料敏化-							
染料敏化（电池）	11.9±0.4	1.005	0.744	22.47	71.2	AIST	Sharp
染料敏化（小组件）	10.7±0.4	26.55	0.754	20.19	69.9	AIST	Sharp
染料敏化（子组件）	8.8±0.3	398.8	0.697	18.42	68.7	AIST	Sharp
有机-							
有机（电池）	11.2±0.3	0.992	0.780	19.30	74.2	AIST	Toshiba
有机（小组件）	9.7±0.3	26.14	0.808	16.47	73.2	AIST	Toshiba

表 3-2　多结地面太阳电池及子组件实验室最高转换效率

分　类	效率（%）	面积（cm^2）	V_{oc}（V）	J_{sc}（mA/cm^2）	FF（%）	测试中心	研发单位
III-V族多结-							
5 结电池	38.8±1.2	1.021	4.767	9.564	85.2	NREL	Spectrolab
InGaP/GaAs/InGaAs	37.9±1.2	1.047	3.065	14.27	86.7	AIST	Sharp
GaInP/GaAs（整体式）	31.6±1.5	0.999	2.538	14.18	87.7	NREL	Alta Devices
含 c-Si 多结电池-							
GaInP/GaInAs/Ge;Si（小组件）	34.5±2.0	27.83	2.66/0.65	13.1/9.3	85.6/79.0	NREL	UNSW/Azur/Trina
GaInP/Si（堆叠机制）	30.5±2.0	1.005	1.45/0.69	15.3/21.5	85.1/78.2	NREL	NREL/CSEM
GaInP/GaAs/Si（晶片接合）	30.2±1.1	3.963	3.046	11.9	83.0	FhG-ISE	Fraunhofer
GaInP/GaAs/Si（整体）	19.7±0.7	3.943	2.323	10.0	84.3	FhG-ISE	Fraunhofer
钙钛矿/Si（整体）	23.6±0.6	0.990	1.651	18.09	79.0	NREL	Stanford/ASU
a-Si/nc-Si 多结-							
a-Si/nc-Si /nc-Si（薄膜）	14.0±0.4	1.045	1.922	9.94	73.4	AIST	AIST
a-Si/nc-Si（薄膜电池）	12.7±0.4	1.000	1.342	13.45	70.2	AIST	AIST

资料来源：Martin A. Green: Prog. Photovolt: Res. Appl. 2017; 25:3-13

7. 电流温度系数

在温度变化时，太阳电池的输出电流会产生变化，在规定的试验条件下，温度每变化 1℃，太阳电池短路电流的变化值称为电流温度系数，通常用α表示。

$$I_{sc}=I_0(1+\alpha\Delta T) \tag{3-15}$$

对于一般晶体硅太阳电池：α=+(0.06～0.1)%/℃，这表示温度升高时，短路电流略有上升。

8. 电压温度系数

在温度变化时，太阳电池的输出电压也会产生变化，在规定的试验条件下，温度每变化 1℃，太阳电池开路电压的变化值称为电压温度系数，通常用β表示。

$$V_{oc}=V_0(1+\beta\Delta T) \tag{3-16}$$

对于一般晶体硅太阳电池：β=−(0.3～0.4)%/℃，这表示温度升高时，开路电压会下降。

9. 功率温度系数

在温度变化时，太阳电池的输出功率要产生变化，在规定的试验条件下，温度每变化 1℃，太阳电池输出功率的变化值称为功率温度系数，通常用γ表示。由于 $I_{sc}=I_0(1+\alpha\Delta T)$，$V_{oc}=V_0(1+\beta\Delta T)$，其中，$I_0$为 25℃时的短路电流，$V_0$为 25℃时的开路电压，因此理论最大功率为

$$P_{max}=I_{sc}V_{oc}=I_0V_0(1+\alpha\Delta T)(1+\beta\Delta T)$$
$$=I_0V_0(1+(\alpha+\beta)\Delta T+\alpha\beta\Delta T^2)$$

忽略平方项，得

$$P_{max}=P_0[1+(\alpha+\beta)\Delta T]=P_0(1+\gamma\Delta T) \tag{3-17}$$

例如，对于 M55 单晶硅太阳电池组件，其中，α=0.032%/℃，β=−0.41%/℃，因此其理论最大功率温度系数为γ=−0.378%/℃。图 3-21 是某个太阳电池在不同温度下的伏-安特性曲线图，可见在温度变化时，电压变化比较大，而电流相对变化较小。

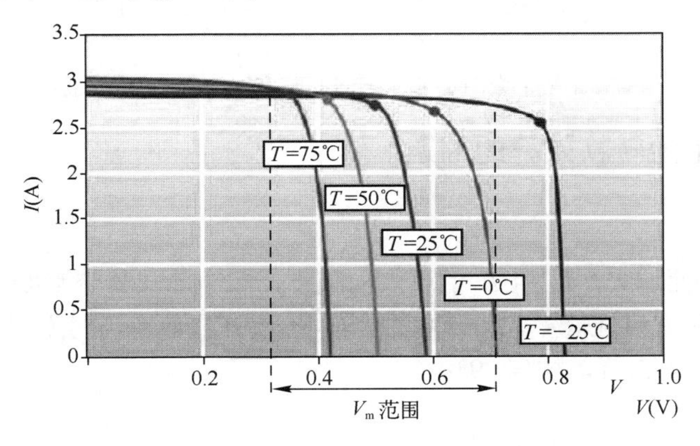

图 3-21　某个太阳电池在不同温度下的伏-安特性曲线

对于一般晶体硅太阳电池，γ=−(0.35～0.5)%/℃。实际上，不同的太阳电池其温度系数有些差别，非晶硅太阳电池的温度系数要比晶体硅电池小。

总体而言，在温度升高时，虽然太阳电池的工作电流有所增加，但是工作电压却要下降，

而且后者下降比较多，因此总的输出功率要下降，所以应该尽量使太阳电池在比较低的温度下工作。

10. 太阳辐照度的影响

太阳电池的开路电压 V_{oc} 与入射光谱辐照度的大小有关，当辐照度较弱时，开路电压与入射光辐照度呈近似线性变化；在太阳辐照度较强时，开路电压与入射光辐照度呈对数关系变化，也就是当光谱辐照度从小到大时，开始时开路电压上升比较快；在太阳辐照度较强时，开路电压上升的速度就会减小。

在入射光的辐照度比标准测试条件（1000W/m²）不是大很多的情况下，太阳电池的短路电流 I_{sc} 与入射光的辐照度成正比关系。图 3-22 显示了某个太阳电池在不同辐照度下的伏-安特性曲线，可见在一定范围内，当入射光的辐照度成倍增加时，太阳电池的短路电流也会成倍增加，因此入射光的辐照度变化对于太阳电池的短路电流影响很大。

太阳电池的最大功率点也会随着太阳辐照度的增加而变化，从图 3-22 可见，在太阳辐照度由 200W/m² 变化到 1000W/m² 时，相应的最佳工作电压变化不太大，由 0.42V 增加到 0.49V。但是短路电流却从 0.6A 变化到 3.0A，增加了将近 4 倍。

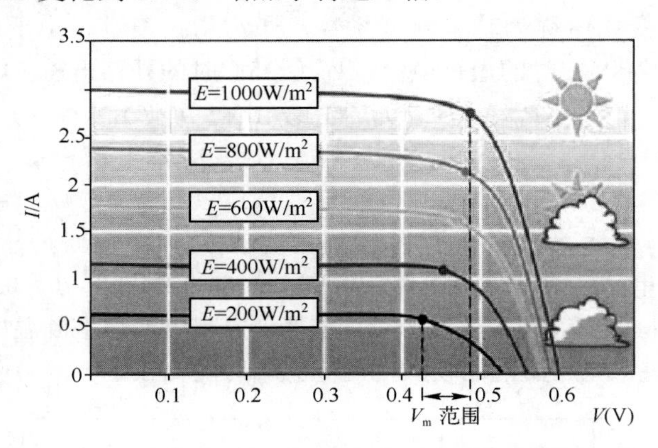

图 3-22　某个太阳电池在不同辐照度下的伏-安特性曲线

3.3.4 影响太阳电池转换效率的因素

1. 禁带宽度

V_{oc} 随 E_g 的增大而增大，I_{sc} 随 E_g 的增大而减小，有个最佳禁带宽度，使效率达到最高。如图 3-23 所示，禁带宽度在 1.4～1.6eV 范围内，出现峰值效率，当太阳光谱从 AM0 变化到 AM1.5 时，峰值效率从 26%增加到 29%。

2. 温度

温度主要对 V_{oc} 起作用，V_{oc} 随着温度而减小，转换效率 η 也随之下降。这是因为 I_0 对温度的依赖。关于 p-n 结两边的 I_0 方程如下：

$$I_0 = qA\frac{Dn_i^2}{LN_D} \tag{3-18}$$

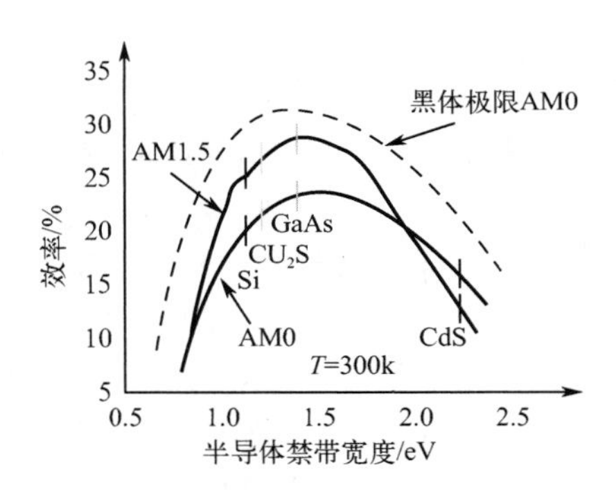

图 3-23　半导体禁带宽度与太阳电池转换效率的关系

式中，q 为一个电子的电荷量；D 为硅材料中少数载流子的扩散率；L 为少数载流子的扩散长度；N_D 为掺杂率；n_i 为硅的本征载流子浓度。

在上述方程中，许多参数都会受温度影响，其中影响最大的是本征载流子浓度 n_i。本征载流子浓度取决于禁带宽度（禁带宽度越低，本征载流子浓度越高）及载流子所拥有的能量（载流子能量越高，浓度越高）。

I_{sc} 对温度 T 不太敏感，当温度升高时，短路电流 I_{sc} 会轻微上升，因为温度升高降低了半导体的禁带宽度，当禁带宽度减小时，将有更多的光子有能力激发电子空穴对。然而，这种影响是很小的。

太阳电池的温度敏感性还取决于开路电压的大小，即电池的电压越大，受温度的影响就越小。

对于硅太阳电池，在一定的范围内，温度每增加 1℃，V_{oc} 下降室温值 0.4%，η也因而降低大约同样的百分数。例如，一个硅太阳电池在 20℃时效率为 20%，当温度升到 120℃时，效率仅为 12%。又如 GaAs 电池，温度每升高 1℃，V_{oc} 要降低 1.7mV 或效率降低 0.2%。

3．少子寿命

少数载流子的复合寿命越长越好，这样将使 I_{sc} 增大。少子寿命长也会减小暗电流并增大 V_{oc}。在间接带隙半导体材料硅中，载流子通常比直接带隙中的复合概率小，所以少子寿命较长；在直接带隙 GaAs 材料中，只要大于 10ns 的复合寿命就已足够长了。

少子寿命长短的关键是在材料制备和电池生产过程中，要避免形成复合中心。在加工过程中，适当进行工艺处理，可使复合中心移走，从而延长少子寿命，所以减少硅材料和电池生产过程中的复合中心是提高少子寿命的关键。

4．光强

入射光的强度影响太阳电池的参数，包括短路电流、开路电压、填充因子、转换效率及并联电阻和串联电阻等。通常用多少个太阳来形容光强，如一个太阳就相当于 AM1.5 大气质量下的标准光强，即 $1kW/m^2$。如果太阳电池在功率为 $10kW/m^2$ 的光照下工作，也可以说是在 10 个太阳下工作，设想光强被增加了 10 倍，单位电池面积的 J_{sc} 也将增加 10 倍（除去温度的影响），同时 V_{oc} 也随着增加（kT/q）ln10 倍。输出功率将增加，因此聚光的结果提高了太阳电池的转换效率。

5．掺杂浓度及剖面分布

对 V_{oc} 有明显影响的另一个因素是掺杂浓度。N_D 和 N_A 出现在 V_{oc} 定义的对数项中，它们的数量级也是很容易改变的。掺杂浓度越高，V_{oc} 越大。一种称为重掺杂效应的现象，近年来已引起较多的关注。在高掺杂浓度下，由于能带结构变形及电子统计规律的变化，所有方程中的 N_D 和 N_A 都应以有效掺杂浓度$(N_D)_{eff}$和$(N_A)_{eff}$代替，如图 3-24 所示。既然$(N_D)_{eff}$和$(N_A)_{eff}$显现出峰值，那么用很高的 N_D 和 N_A 意义不大，随掺杂浓度增加，有效掺杂浓度趋向饱和，甚至会下降，特别是在高掺杂浓度下寿命还会减短。

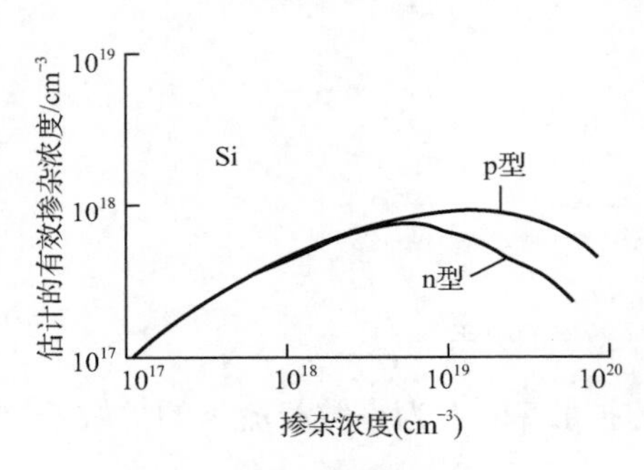

图 3-24　高掺杂效应

在硅太阳电池中，基本硅掺杂浓度大约为 $10^{16}cm^{-3}$，在直接带隙材料太阳电池中约为 $10^{17}cm^{-3}$。为了减小串联电阻，前扩散区的掺杂浓度经常高于 $10^{19}cm^{-3}$，因此，重掺杂效应在扩散区是较重要的。

当 N_D 和 N_A 或$(N_D)_{eff}$和$(N_A)_{eff}$不均匀，且朝着结的方向降低时，就会建立起一个电场，其方向有助于光生载流子的收集，因而也改善了 I_{sc}。这种不均匀掺杂的剖面分布，在电池基区中通常是做不到的，而在扩散区中是很自然的。

6．表面复合速率

低表面复合速率有助于提高 I_{sc}，并由于 I_0 的减小而使 V_{oc} 改善。晶硅太阳电池的铝背表场就是在电池的背面形成了一层 P^+层，在 P/P^+结处的电场妨碍电子朝背表面流动。图 3-25 描绘了这种结构。

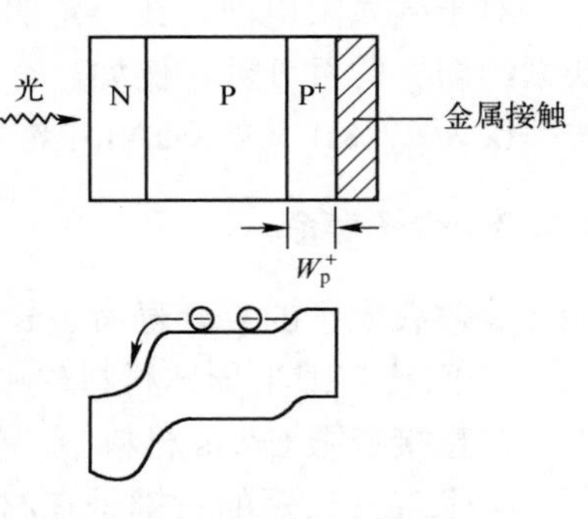

图 3-25　背表面场电池

在 P/P^+界面存在一个电子势垒，它容易做到欧姆接触，在这里电子也被复合，在 P/P^+界面处的复合速率可表示为：

$$S_n = \frac{N_A D_n^+}{N_A^+ L_n^+} \cot \frac{W_P^+}{L_n^+} \tag{3-19}$$

式中，N_A^+、D_n^+、L_n^+ 分别是 P^+区中的掺杂浓度、扩散系数和扩散长度。如果 $W_P^+=0$，则 $S_n=\infty$；如果 W_P^+ 与 L_n^+ 能比拟，且 $N_A^+ >> N_A$，则 S_n 可以估计为零；当 S_n 很小时，I_{sc} 和η都会呈现出一个峰值。

7．串联和并联电阻

在实际太阳电池中，都存在串联电阻。串联电阻 R_s 主要由半导体材料的体电阻、金属电极与半导体材料的接触电阻、扩散层薄层电阻及金属电极本身的电阻四部分组成（如图 3-26 所示），其中扩散层薄层电阻是串联电阻的主要部分。串联电阻越大，电池输出损失越大。显然，通过密栅的设计可以使串联电阻减小。

并联电阻 R_{sh} 也称旁路电阻、漏电阻或结电阻，它由 P-N 结的非理想性及工艺缺陷、结附近杂质造成，引起局部短路。漏电电流与工作电压成比例。

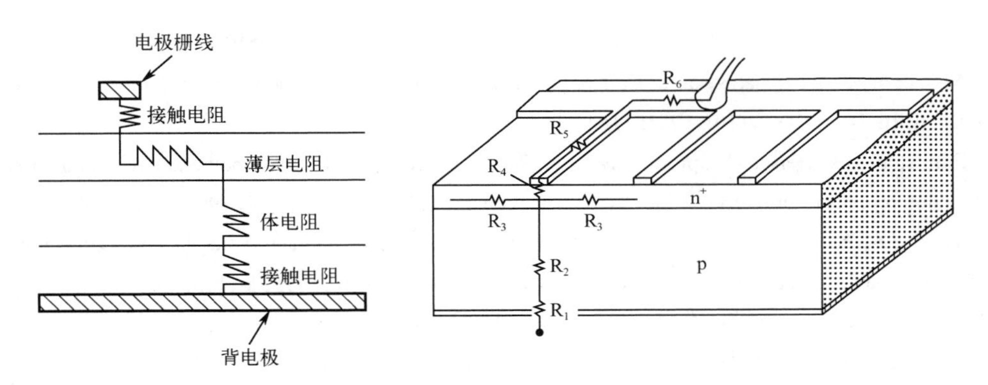

图 3-26　串联电阻的组成

串联电阻 R_s 增大使得电池 I-V 曲线之电压随电流增大而减小。并联电阻 R_{sh} 减小使得电池 I-V 曲线之电流随电压增大而减小。两者都使电池 I-V 曲线更偏离直方，从而降低电池的填充因子，如图 3-27 所示。

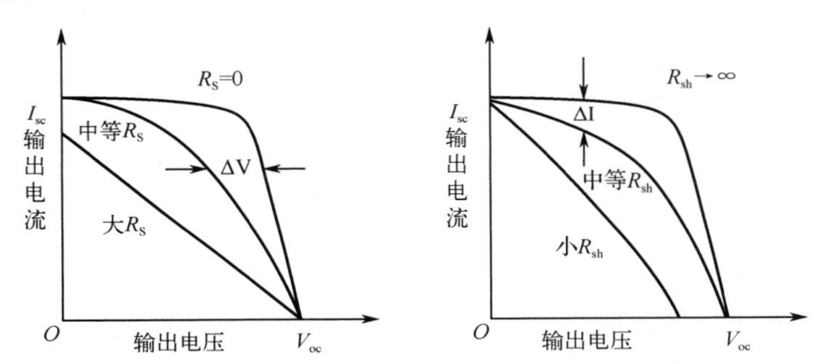

图 3-27　串联和并联电阻对太阳能电池输出特性的影响

8．光的吸收

太阳电池正面的金属栅线不能透过阳光，要使 I_{sc} 最大，金属栅线的遮光面积应越小越好。同时为了降低 R_s，一般将金属栅线做成又密又细的结构。

因为有太阳光反射的存在，不是全部光线都能进入硅中。裸硅片表面的反射率约为 35%。使用减反射膜可降低反射率。对于垂直投射到电池上的单色波长的光，理论上用一种厚为 1/4 波长、折射率等于 $\sqrt{n}$ （n 为硅的折射率）的涂层能使反射率降为零。对于太阳光，采用多层涂层能得到更好的效果。

参 考 文 献

[1] S W Glunz. New Concepts for High-Efficiency Silicon Solar Cells[C]. Technical Digest of the International PVSEC-14, Bangkok, Thailand, 2004.

[2] 刘恩科，朱秉升，罗晋升，等. 半导体物理学[M]. 北京：国防工业出版社，2004.

[3] 王家骅，李长健，牛文成. 半导体器件物理[M]. 北京：科学出版社，1983.

[4] 丘思畴. 半导体表面与界面物理[M]. 武汉：华中理工大学出版社，1995.

[5] 杨尚林，张宇，桂太龙. 材料物理导论[M]. 哈尔滨：哈尔滨工业大学出版社，1999.

[6] 丘思畴. 半导体表面与界面物理[M]. 武汉：华中理工大学出版社，1995.

[7] Mohammad M M, Saraswat K C, Kamins T I. A model for conduction in polycrystalline silicon-part 1:Theory[C]. IEEE Trans.ED-28(10), 1981: 1163-1176.

[8] Edmiston S A, Heiser G, Sproul A.B, et al. Improved modeling of grain boundary recombination in bulk and p-n junction regions of poly-crystalline silicon solar cells[J]. J.Appl.Phys., 80(12),1996:6783-6795.

[9] Yang E.S, Poon E K, Wu.C.M, et al. Majority carrier current characteristics in large-grain polystalline-silicon-schottky- barrier solar cells[J]. IEEE Trans. Electron Devices, 1981(28):1131-1135.

[10] 杨德仁. 太阳电池材料. 北京：化学工业出版社，2006.

[11] 魏光普，姜传海，甄伟，等. 晶体结构与缺陷[M]. 北京：中国水利水电出版社，2010.

[12] Martin A. Green. Present and future of crystalline silicon solar cells[M]. Technical digest of the international PVSEC-14, Bangkok, Thailand, 2004.

[13] 张忠政，程晓舫，刘金龙. 非线性太阳电池的负载电阻输出功率的研究[J]. 太阳能学报，2015,36(6): 1474-1480.

[14] Martin A Green, et al. Solar cell efficiency tables(version 49)[M]. Prog. Photovolt: Res. Appl. 2017; 25:3-13 © 2016 John Wiley & Sons, Ltd.

[15] 沈文忠. 太阳能光伏技术与应用[M]. 上海：上海交通大学出版社，2013.

练　习　题

3-1　简述太阳电池的分类。

3-2　什么是 N 型半导体，什么是 P 型半导体，它们是如何形成的？

3-3　简述 P-N 结的形成原理。

3-4　简述硅太阳电池的工作原理。

3-5　光子的能量为 $h\nu$（h 为普朗克常数 6.626×10^{-34}J • s，ν 为光波频率），试求 650nm 波长的红光的光子能量。

3-6　已知硅的禁带宽度为 1.12eV，1200nm 波长的红外线被硅吸收后能否激发出电子？

3-7　地面太阳电池的标准测试条件是什么？

3-8　什么是开路电压和短路电流？哪些外界因素对它们的影响较大？

3-9　某太阳电池组件的短路电流是 6.5A，在太阳辐照度为 800W/m^2 条件下工作时，此太阳电池的短路电流是多少？

3-10　某太阳电池组件的开路电压为 33.2V，电压温度系数为−0.34%/℃，当组件温度为 50℃时，此太阳电池的开路电压是多少？

3-11　有片多晶硅太阳电池尺寸为 156mm×156mm，U_{oc}=625mV，I_{sc}=8.2A，FF=79.5%，则该电池的转换效率是多少？

3-12　某规格的光伏组件由转换效率为 18.2%的单晶硅太阳电池组成，电池有效面积为 14858cm^2，实际测得的功率为 175W。求光伏组件封装功率损失了多少？光伏组件的转换效率为多少？

3-13　简述衡量太阳电池性能的主要技术参数有哪些？

3-14　影响太阳能电池转换效率的因素有哪些？

第 4 章　薄膜太阳电池

4.1　概述

由于晶体硅太阳电池具有转换效率高，性能稳定等优点，从 40 多年前光伏开始地面应用以来，一直占有主导地位。但是传统的晶体硅电池需用大量半导体物料，价格比较高，而薄膜太阳电池由于用材料少，价格低廉，受到了人们的青睐，特别是光伏与建筑一体化开始推广应用，采用薄膜电池更有其独特的优点。

1．薄膜太阳电池的特点

与晶体硅太阳电池相比，薄膜太阳电池具有一系列突出的优点。

（1）生产成本低。

由于反应温度低，可在 200℃左右的温度下制造，因此可以在玻璃、不锈钢板、铝箔、陶瓷板、聚合物等基片上淀积薄膜，易于实现规模化生产，降低成本。

（2）材料用量少。

由于薄膜材料光吸收系数大，电池厚度可极薄。如使用晶体硅，要充分吸收太阳光，需要的厚度为 180μm 左右，而使用非晶硅，只要 1μm 就足够，并且不需像单晶那样切片，材料浪费得极少。

（3）制造工艺简单，可连续、大面积、自动化批量生产。

通常采用等离子增强型化学气相淀积（PECVD）法、磁控溅射等方法，生产方式自动化程度高。制作工艺可以连续在多个真空淀积室或多片在一个淀积室内完成，从而实现大批量生产。

（4）制造过程消耗电力少。

用气体分解法制备非晶硅，基板温度仅 200～300℃，且放电电极所需的放电功率密度较低。与晶体硅相比，所消耗电力大量减少。

（5）高温性能好。

当太阳电池工作温度升高时，其输出功率会有所下降。而薄膜电池的温度系数比较低，因而其输出功率受温度的影响比晶体硅电池要小得多。例如，一座 1MW 的单晶硅电池光伏电站，在太阳电池的温度达到 65℃时，其输出功率只有 800kW，而如果采用相同功率的 CdTe 电池，在同样的温度下，其输出功率大约 900kW。

（6）弱光响应好。

由于非晶硅电池在整个可见光范围内光谱响应范围宽，在实际使用中对低光强有较好的适应性，而且能够吸收散射光，与相同功率的晶体硅太阳电池相比，非晶硅电池的发电量大。

（7）适合于光伏建筑一体化。

可以根据需要制作成不同透光率、色彩的 BIPV 组件，代替玻璃幕墙；也可制成以不锈钢或聚合物为衬底的柔性电池，适合于建筑物曲面屋顶等处使用；还可以做成折叠式电源，方便携带，可供给小型仪器、计算机、军事、通信、GPS 等领域的移动设备使用。

薄膜太阳电池主要有以下缺点。

（1）转换效率偏低。

特别是规模化生产的非晶硅太阳电池组件转换效率大约只有晶体硅太阳电池组件的一半左右。

（2）相同功率所需要太阳电池的面积增加。

与晶体硅相比，要占比较大的面积，这在安装空间有限的情况下，将会受到限制。

（3）稳定性差。

对于非晶硅太阳电池，由于有光致衰减特性，其转换效率在强光作用下有逐渐衰退的现象，这在一定程度上影响了这种低成本电池的应用。

（4）固定资产投资大。

由于制造过程中要使用先进的专门加工设备，对于生产环境的要求比较高，需要较高的投资费用。

2. 薄膜太阳电池的分类

按照所使用的光电材料分类，通常可分为硅基薄膜太阳电池（包括非晶硅电池、微晶硅电池和多晶硅薄膜电池）、碲化镉（CdTe）电池、铜铟镓硒（CIGS）电池、砷化镓（GaAs）薄膜电池、染料敏化（DSSC）电池、有机薄膜太阳电池（OPV）和钙钛矿电池等。目前仅硅基薄膜电池、碲化镉电池和铜铟镓硒电池已经大批量商业化生产，其他均处在研发、中试阶段。

4.2　非晶硅太阳电池

4.2.1　非晶硅太阳电池发展简史

20 世纪 70 年代，非晶硅薄膜最初由 R.C.Chitteck 等通过 PECVD 沉积获得。1976 年，RCA 实验室的 Cave 与 Chris Wronski 制作了效率为 2.4%的第一块非晶硅薄膜太阳电池。1979 年，Usui 和 Kikuchi 报道，在原有的非晶硅薄膜制备技术基础上，通过增加氢稀释度，获得氢化微晶硅薄膜（nc-Si:H）。1980 年，日本三洋电器公司利用非晶硅电池制成袖珍计算器。经过 20 世纪 80 年代的研究开发，非晶硅太阳电池的转换效率和稳定性有了明显突破，1988 年与建筑材料相结合的非晶硅太阳电池投入应用。

20 世纪 90 年代开始，为解决转换效率和稳定性问题，叠层非晶硅太阳电池得到了发展，$1m^2$ 以下、效率为 6%左右的非晶硅太阳电池组件成为主流。2006 年下半年，全球最大的半导体设备供应商美国应用材料（Apply Materials）公司看好光伏产业发展，借助在薄膜晶体管液晶显示器（TFT-LCD）产业主要设备 PECVD、PVD 的优势，采用 8.5 代 TFT-LCD 设备进军薄膜光伏产业，集成推广 40MW 单结非晶硅太阳电池整套集成生产线，使 $5.72m^2$ 光伏组件的效率达 6%。2008 年更推出了同一组件尺寸的 65MW 非晶硅/微晶硅叠层太阳电池生产线。世界上最大的非晶硅电池组件是美国应用材料公司 SunFab 生产线生产的 8.5 代 2.2m×2.6m 的非晶硅/微晶硅电池，其效率为 8%，稳定功率接近 458W。同时，瑞士欧瑞康（Oerlikon）、日本真空（ULVAC）和韩国周星（JUSUNG）等均凭借自身在 TFT-LCD 行业的经验，提供 5 代整套集成生产线，生产转换效率 8%～12% 1.1m×1.3m 或 1.1m×1.4m 规格的非晶硅/微晶硅太阳电池组件；而汉能集团 2011 年 9 月开始通过认购铂阳太阳能股份后获得控股权，取得美国 EPV 公司技术改进后的非晶锗硅太阳电池生产线集成技术，其生产线组件规格是 6.35m× 1.245m，效率在 8%左右，目前部分生产线仍在运行。

由于氢化非晶硅合金是一种性能复杂的半导体材料，许多性质还正在被人们所认识，相关的理论也正在丰富完善。虽然非晶硅太阳电池的研究与发展成果斐然，但与晶体硅太阳电池相比，无论是材料理论、器件研究，还是工艺过程，仍处在积极发展阶段。

4.2.2　非晶硅电池结构

1．单结非晶硅电池

在非晶硅材料中，硅原子按照一定的键长和键角相互间以无序方式结合形成四面体结构。在这种结构中存在许多悬挂键，通过氢原子可以与悬挂键结合使之钝化，形成氢化非晶硅（a-Si：H），器件质量级的非晶硅薄膜中氢含量在 5%～15%。

常用太阳电池材料的光吸收系数如图 4-1 所示，氢化非晶硅材料光吸收系数大（如图 4-1 所示中的圆圈线），具有较高的光敏性，其吸收峰分布与太阳光谱峰分布相近，有利于太阳光的利用，故适合制作薄膜太阳电池，但其本身也存在一些难以克服的问题：首先，其光学带隙在 1.7eV 左右，这一带隙的材料主要吸收可见光波段的太阳光，对长波段的太阳光不敏感，这限制了非晶硅太阳电池转换效率的提高。其次，非晶硅太阳电池在光照下转换效率会有所降低，即存在光致衰退效应（Steabler-Wronski 效应，简称 S-W 效应），电池的稳定性较差。针对非晶硅薄膜电池的光致衰退问题，人们进行长期研究，并取得了显著进步，通过改善非晶硅材料的性能、优化电池陷光结构，欧瑞康公司制备的非晶硅电池效率已达 11.0%以上。

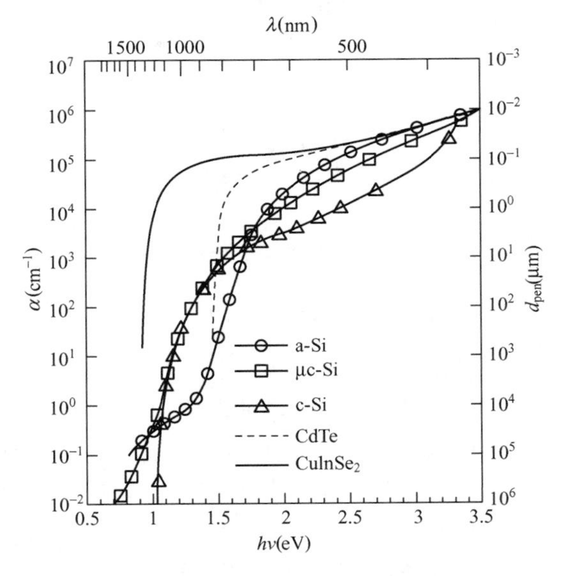

图 4-1　常用太阳电池材料的光吸收系数

非晶硅薄膜太阳电池通常分为两种结构，即 P-I-N 正结构及 N-I-P 倒结构。其中，P-I-N

正结构薄膜电池通常沉积在透明性较好的玻璃或耐高温塑料衬底上；而 N-I-P 倒结构薄膜电池通常沉积在不透明或透光性较差的塑料或不锈钢衬底上，具体结构如图 4-2 所示，电池对应的能带图如图 4-3 所示，图中能带内部的斜线表征带尾态。由于非晶硅薄膜带尾态的存在，非晶硅电池会产生一些无效光生载流子。因为 P 层收集空穴，而空穴的迁移率较低，以 P 层作为迎光层，缩短了光生空穴向 P 层传输的距离，所以在非晶硅电池中，一般使用 P 层作为电池的窗口层，即太阳光的入射层。

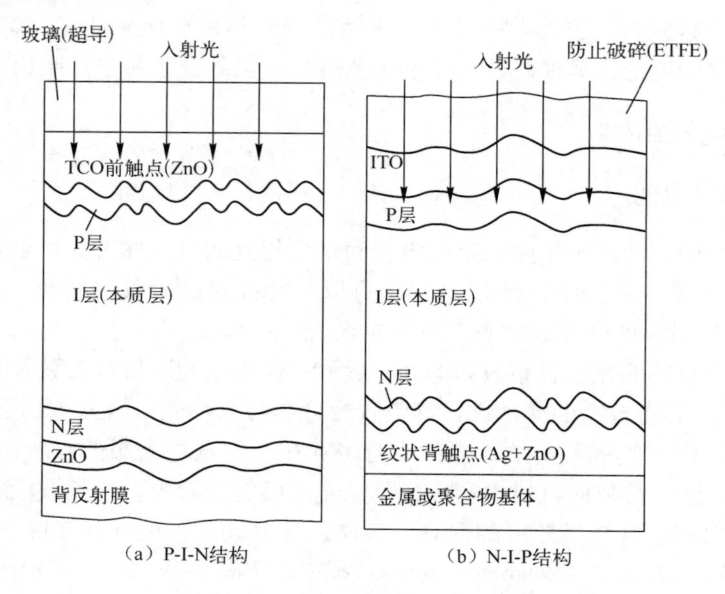

图 4-2　P-I-N 与 N-I-P 结构电池

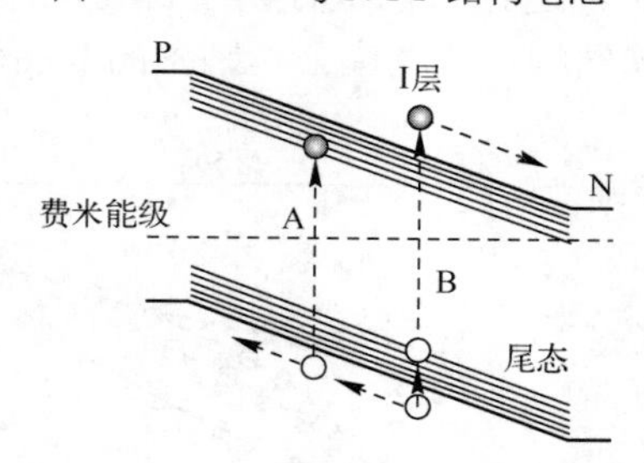

图 4-3　P-I-N 非晶硅电池能带图

2. 多结叠层电池

利用不同带隙材料的分光技术组成多结电池，这样可提高不同光谱光子的有效利用率，使效率高于单节电池。同时由于多层结构，每结的厚度相对较薄，从而提高了电池的稳定性。理想情况下，叠层电池的开路电压等于各个子电池开路电压之和；而短路电流等于各子电池中电流最小的一个。因此，对叠层电池，电池的匹配设计对获得高的效率至关重要。填充因子由各子电池的填充因子和它们电流的差值决定。在两个子电池的连接处是顶电池的 N 层与底电池的 P 层相连，这是一个反向 P-N 结，光电流以隧道复合的方式流过，为了增加隧道效应，提高载流子的迁移率是最有效的方法，在实际器件中通常采用微晶 P 层与微晶 N 层组合。

（1）非晶硅/非晶硅双结结构。

这种结构在制备过程中，通过调节顶电池与底电池中本征层的沉积参数（主要为温度与氢稀释度），使禁带宽度有所不同；由于非晶硅的禁带宽度调整范围较小，为了使底电池有足够的电流，底电池的本征层要比顶电池厚得多，顶电池与底电池的厚度分别为 100nm 与 300nm 左右，带隙分别为 1.8、1.7eV 左右。相应的电池结构与量子效率（QE）曲线如图 4-4 所示，能带图如图 4-5 所示。

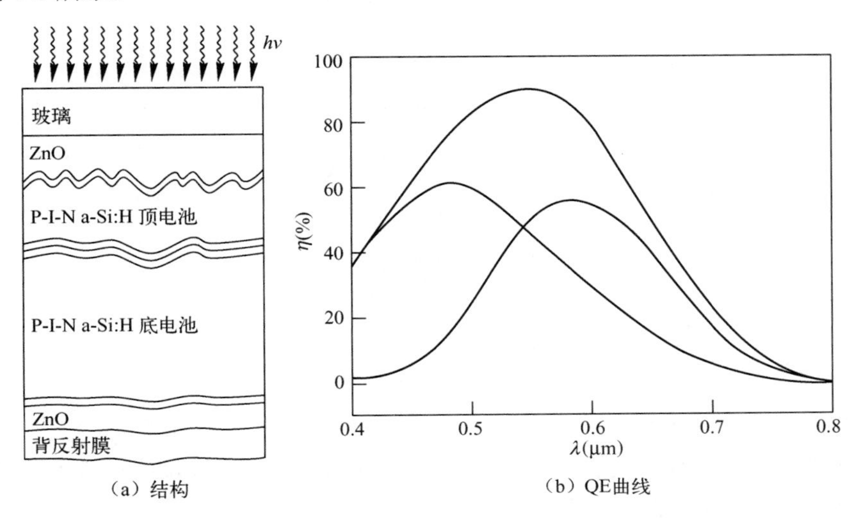

（a）结构　　（b）QE曲线

图 4-4　非晶硅/非晶硅电池结构与 QE 曲线

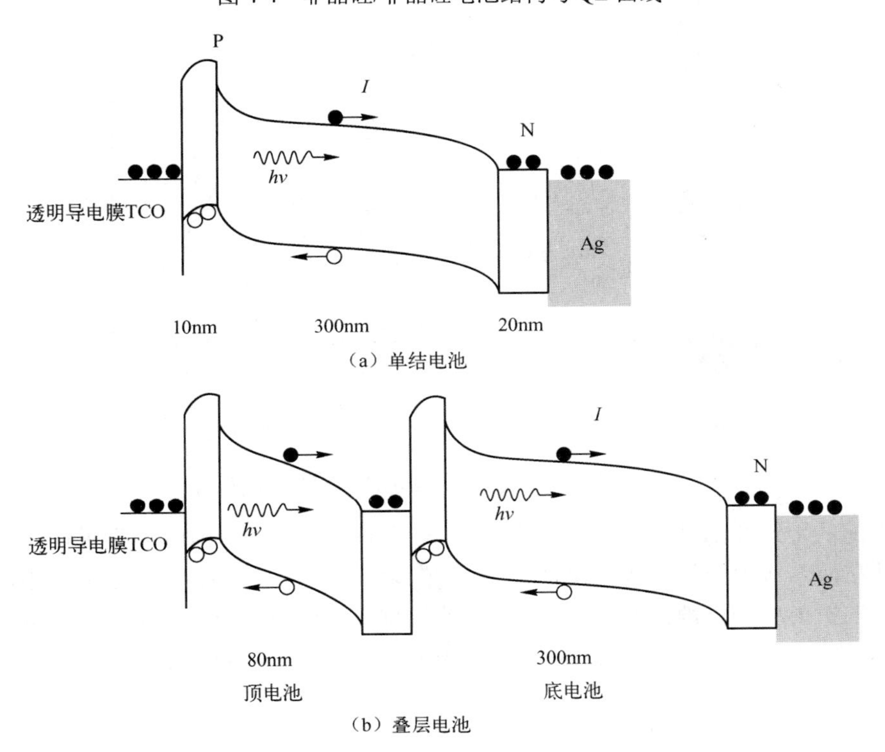

（a）单结电池

（b）叠层电池

图 4-5　非晶硅单结与叠层电池能带图

（2）非晶硅/非晶硅锗双结结构。

为了提高底电池的长波响应，非晶硅锗合金是理想的本征材料，锗的掺入可降低非晶硅薄膜的带隙，通过调节等离子体中硅烷与锗烷的比例来调节材料的禁带宽度，对于非晶硅锗双叠层结构的底电池，其最佳锗硅比为 15%～20%，相应的禁带宽度为 1.6eV 左右，相应结构如图 4-6 所示。

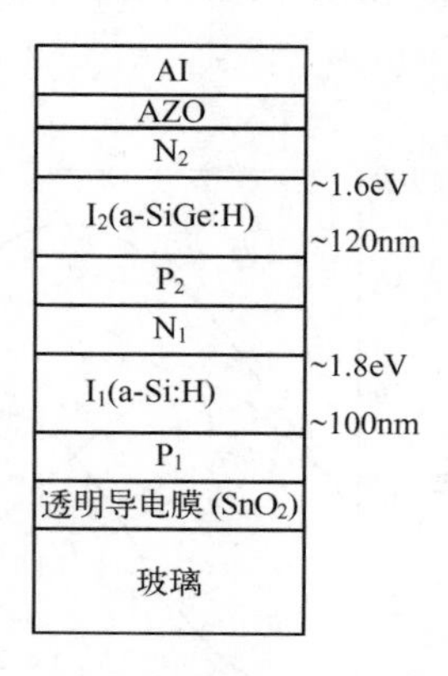

图 4-6　非晶硅/非晶硅锗双叠层结构

（3）非晶硅/微晶硅双结结构。

微晶电池带隙接近 1.1eV，长波响应与稳定性方面比非晶硅锗都要好，非晶硅/微晶硅叠层电池的相应结构与 QE 曲线如图 4-7 所示。

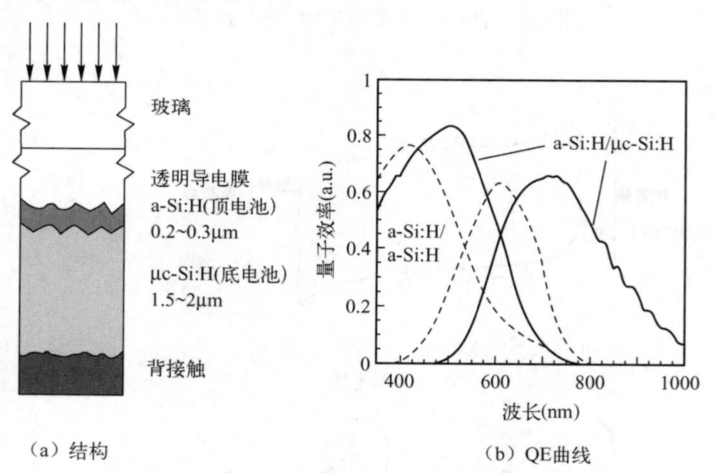

（a）结构　　（b）QE曲线

图 4-7　非晶硅/微晶硅叠层电池结构与 QE 曲线

微晶电池的电流相对非晶电池高很多，故在制备非/微叠层电池时，为了使非晶电池不致过厚，通常在两结电池中间加入一层 ZnO 中间增反层（如图 4-8 所示），以增强电流匹配，且中间反射层的折射率对电池的 QE 影响较大。通过优化中间反射层的折射率，日本钟渊化学公司获得的非/微叠层电池效率达 14.7%（J_{sc}=14.4mA/cm^2、V_{oc}=1.41V、FF=72.8%），组件效率达 13.2%。

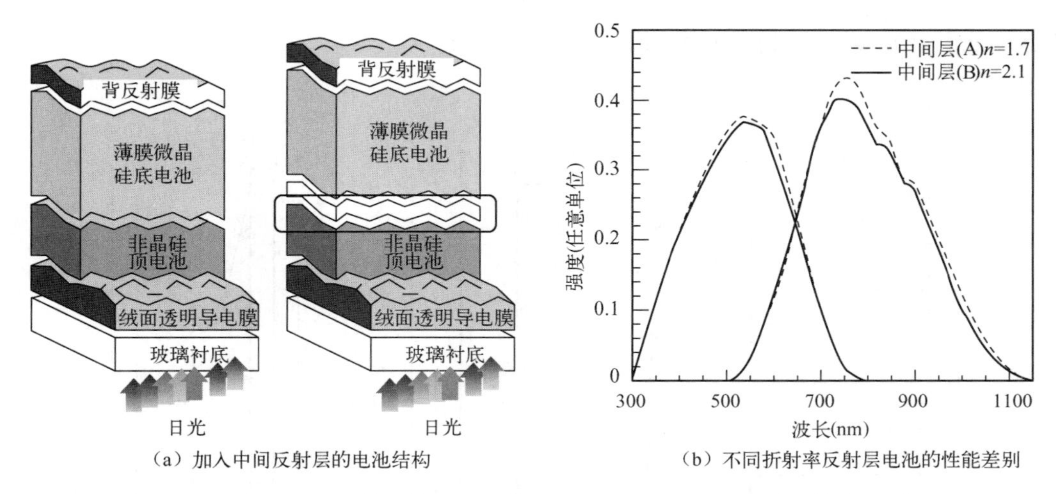

（a）加入中间反射层的电池结构　　（b）不同折射率反射层电池的性能差别

图 4-8　加入中间反射层的电池结构及不同折射率反射层电池的性能差别

非晶/微晶叠层电池中，微晶硅薄膜需要 1μm 以上的厚度，而现有的工艺微晶硅的沉积速率较慢，Sanyo 公司研发了一种等离子体局域化（LPC-CVD）设备（原理图如图 4-9 所示），这种设备可获得高沉积速率、高性能的微晶薄膜，采用锥形喷嘴排布、高沉积压强（>1000Pa），沉积过程等离子体重叠，使沉积速率达 4.1nm/s，沉积过程上部将 SiH_2 等基团快速抽出，利于获得高性能微晶硅。采用此技术，Sanyo 在 1.1m×1.4m 组件上获得 11.1%（V_{oc}=161.7V、I_{sc}=1.46A、FF=72.4%、P_m=171W）的初始效率，10%的稳定效率，且微晶部分沉积速率达到 2.4nm/s。

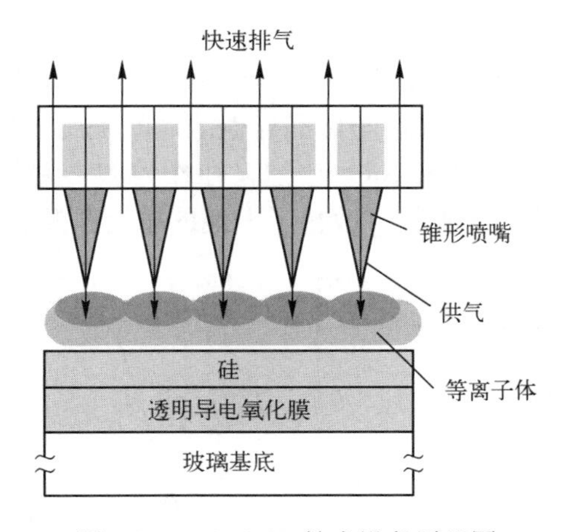

图 4-9　LPC-CVD 技术设备原理图

非晶硅/微晶硅双结电池是高效硅薄膜电池的主要结构类型。首先，这种电池结构的转换效率比常规的纯非晶硅的转换效率高；其次，电池的稳定性好；最后，生产过程中应用锗烷，可以降低生产成本。

（4）非晶硅/非晶硅锗/非晶硅锗三叠层结构。

通过三层结构，可进一步有效地利用太阳光，其光谱响应覆盖 300～950nm 光谱区，填充因子也比单结电池的高，对非晶硅锗三叠层电池的设计，一般将顶电池的电流设计为三个电池中最小的，由此来限制三结电池的短路电流，提高三结电池的填充因子。三叠层结构可有效提高电池的效率及稳定性。电池结构如图 4-10 所示。

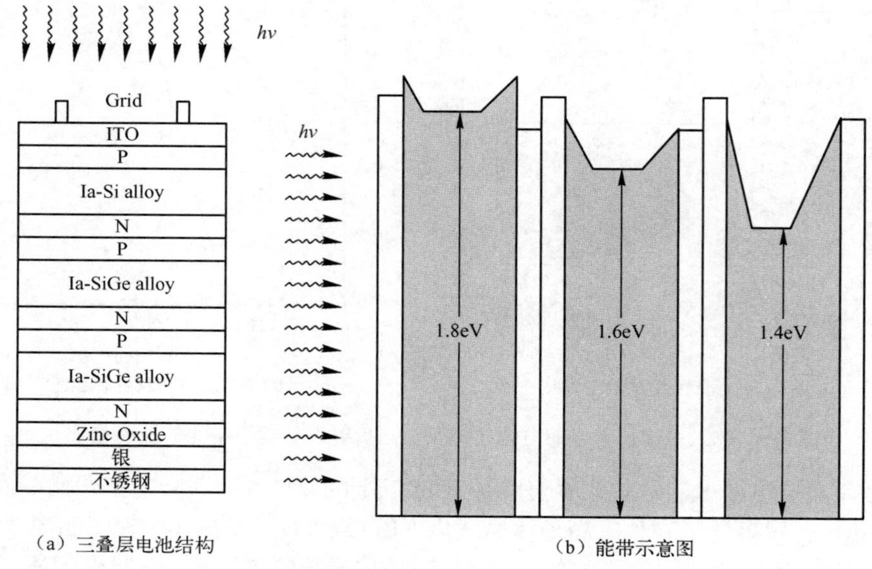

图 4-10　非晶硅/非晶硅锗/非晶硅锗三叠层电池结构示意图

（5）非晶硅/非晶硅锗/微晶硅三叠层结构。

利用此结构，电池的光谱响应可延伸到 1100nm，此结构可获得最高效率的硅薄膜叠层电池。相对硅锗三叠层，此结构的特点表现为其短路电流与填充因子比较高，并且可以提高电池的稳定性。

美国 Uni-solar 公司采用此结构获得 16.3%硅薄膜电池，为世界最高效率（如图 4-11 所示），高效率的获得主要通过在非晶硅锗与微晶硅电池之间采用一层“双重作用”的 N 层组成 P-N 隧穿结，此 N 层为一高电导的 nc-SiO_X:H 层，在作为 N 层的同时，此材料还作为光反射层，以增加中间非晶硅锗电池的光吸收，改善了电池的电流匹配。

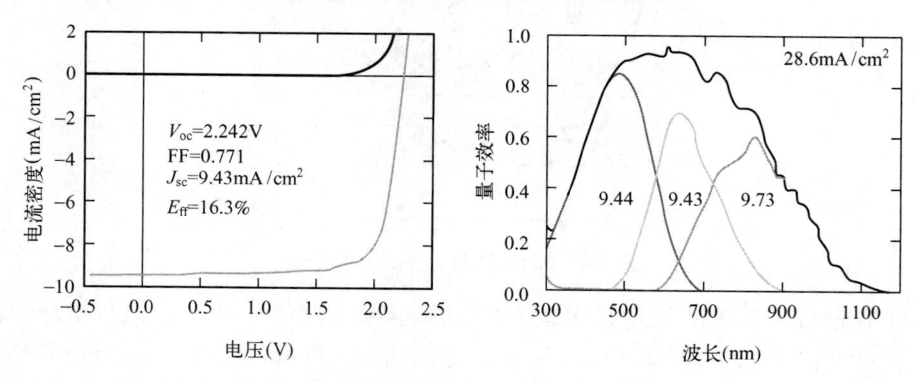

图 4-11　Uni-solar 公司非晶硅叠层世界最高效率电池及其 QE 曲线

（6）非晶硅/微晶硅/微晶硅三叠层结构。

利用非晶硅/微晶硅/微晶硅三叠层结构可以有效地提高电池的稳定性，Uni-solar 公司利用此结构获得电池的初始转换效率为 14.1%，光照 1000h 后的稳定转换效率为 13.3%。制作此结构的困难在于中间电池的电流很难与顶电池和底电池相匹配，为了克服此困难，在中间电池与底电池之间插入半反射膜，从而将部分光反射到中间电池中，提高中间电池的电流。Sharp 公司利用此结构，使大面积电池的稳定效率提高 10%。

4.2.3 非晶硅薄膜电池的制造

以双结非晶硅电池为例，主要工艺流程大致如图 4-12 所示。

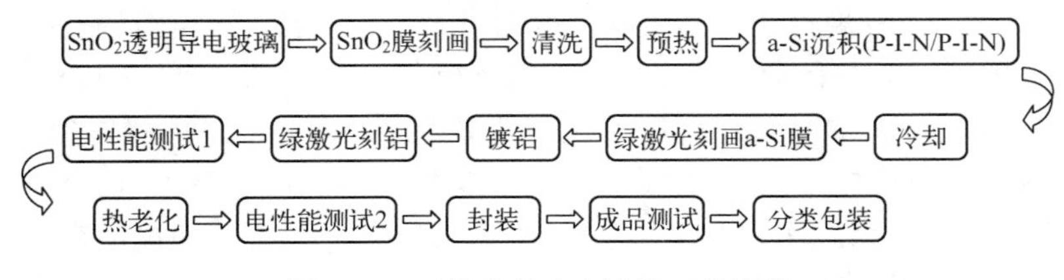

图 4-12　双结非晶硅电池的工艺流程

4.2.4 非晶硅薄膜电池的产业化情况

近年来，以非晶硅为代表的硅基薄膜太阳技术进展缓慢，效率维持在 10%左右，产品竞争力减弱，很多以这些技术为主的厂家已退出光伏产业。

专攻薄膜技术的汉能薄膜发电集团，2016 年分布在中国的数个工厂采用改进铂阳（原来的 CHRONA 或 EPV）PECVD 技术，生产规格为 1245mm×635mm、标称功率为 60～65W 的非晶硅太阳电池组件；日本东京电子（原欧瑞康 Oerlikon）应用 PECVD 技术，生产了近百兆瓦的非晶硅/非晶硅锗/非晶硅锗三结叠层电池组件和非晶硅/微晶硅纳米硅双层玻璃封装的组件，规格为 1300mm×1100mm，标称功率为 110～130W，为最早产业化的薄膜电池勉强守住阵地。

4.3 碲化镉（CdTe）电池

碲化镉太阳电池价格低廉，尽管转换效率不及晶体硅电池，但是要比非晶硅电池高，性能也比较稳定。虽然碲化镉太阳电池很早就开始研究，但以前人们因为镉元素有毒性，顾虑到安全问题，不敢贸然大量应用。后来证明，无论是在生产还是使用 CdTe 太阳电池的过程中，只要处理得当，不会产生特殊的安全问题。在美国 First solar 公司的推动下，近年来已经成为发展最快的薄膜电池，目前在薄膜电池中产量最多，应用最广，受到了广泛关注。

1963 年，Cusano 宣布制成了第一个异质结 CdTe 薄膜电池，结构为 N-CdTe/P-$Cu_{2-x}Te$，效率为 7%，但此种结构 P-N 结匹配较差。1969 年，Adirovich 首先在透明导电玻璃上沉积 CdS、CdTe 薄膜，发展了现在普遍使用的 CdTe 电池结构。1972 年，Bonnet 等报道了转换效率为 5%～6%的渐变带隙 CdS_xTe_{1-x} 薄膜作为吸收层的太阳电池。1991 年，T.L.Chu 等报道了转换效率为 13.4%的 N-CdS/P-CdTe 太阳电池。2001 年，X.Wu 等报道了效率为 16.5%的 N-CdS/P-CdTe 太阳电池。2011 年 7 月，First solar 公司宣布获得了 17.3%最高效率的 CdTe 电池。近年来通过不断的研发投入，2016 年，First solar 公司宣布创造了新纪录，制成了转换效率为 21.0%的 CdTe 电池。

4.3.1 CdTe 材料与电池特点

从 CdTe 的物理性质来看，这种太阳电池的主要特点可以归纳如下。

（1）CdTe 是一种 II-VI 族化合物半导体，为直接带隙材料，可见光区光吸收系数在 10^4cm^{-1} 以上。只需要 1μm 就可以吸收 99%以上（波长<826nm）的可见光，厚度只要单晶硅的 1/100。因此可以制作薄膜电池，吸收层材料的用量少，成本显著降低，且能耗也明显减少。

（2）CdTe 最重要的物理性质是其带隙宽度为 1.5eV，理想太阳电池的转换效率与能带宽度关系的计算表明，CdTe 与地面太阳光谱匹配得非常好。与 CdTe 能隙非常相近的 GaAs（砷化镓）电池已经实现了 25%的转换效率，相信 CdTe 电池的转换效率还能得到一定提升。

（3）CdTe 材料是一种二元化合物，Cd-Te 化学键的键能高达 5.7eV，而且镉元素在自然界中是最稳定的自然形态，因此在常温下化学性质稳定，熔点 321℃，而电池组件使用时一般不会超过 100℃，因此在正常使用中 CdTe 不会分解扩散，且 CdTe 不溶于水，因此在使用过程中稳定安全。

（4）$Cd_{1-x}Te_x$ 合金的相位简单，温度低于 320℃时，单质镉（Cd）与碲（Te）相遇后所允许存在的化学形态只有固态 CdTe（Cd:Te=1:1）和多余的单质，不会有其他比例的合金形态存在，所以生产工艺窗口宽，制备出来的半导体薄膜物理性质对制备过程的环境和历史不敏感，因此产品的均匀性、良品率高，非常适合大规模工业化生产。

（5）在真空环境中温度高于 400℃时，CdTe 固体会出现升华，直接通过固体表面形成蒸汽。但是温度低于 400℃，或者环境气压升高时升华迅速减弱，这一特性除了有利于真空快速薄膜制备，如近空间升华（CSS）、气相输运沉淀（VTD）外，还保证了 CdTe 在生产过程中的安全性。因为一旦设备的真空或高温环境被破坏，CdTe 蒸汽会迅速凝结成固体颗粒或块状，不会扩散到空气中危害人体。

（6）就器件本身而言，CdTe 效率的温度系数小、弱光发电性能好。由于半导体能隙等随温度的变化会引起太阳电池效率的降低，因此同样标定功率的 CdTe 与晶硅电池相比，在相同光照环境下，平均全年可多发 5%～10%不等的电能。

碲化镉薄膜电池采用的窗口层 CdS 及吸收层 CdTe 与电极间的能带匹配是影响其转换效率和稳定性的重要因素，并且镉和碲本身具有很强的毒性，如果处理不当，会带来环境污染，这些将成为其发展的障碍。

4.3.2 CdTe 电池的结构

CdTe 薄膜电池可采用同质结或异质结等多种结构，目前国际上通用的为 N-CdS/P-CdTe 异质结构，在这种结构中，N-CdS 与 P-CdTe 异质结晶格失配及能带失配较小，可获得性能较好的太阳电池。高效 CdTe 薄膜电池结构如图 4-13 所示。

电池的效率可以通过 TCO 前电极得到提高，其中 Cd_2SnO_4 是高透光、低电阻的 TCO，可有效改善电池的透光性及电极接触，从而提高电池的短路电流及填充因子等性能，但是其成本比传统的 SnO_2 导电玻璃高，考虑到性价比问题，目前产业上主要使用 SnO_2 导电玻璃。ZTO（$ZnSnO_X$）为 CTO/CdS 缓冲层，为一种高透光、高电阻的材料，传统的电池采用 $ZnSnO_4$ 作为缓冲层，ZTO 与 $ZnSnO_4$ 有相近的带隙宽度（≈3.6eV）与电阻率（退火后 1～10Ω • cm），但是 ZTO 经退火后透光性会得到进一步改善。使用 ZTO 作为缓冲层，电池在 CdS 较薄时

CdTe/TCO 的局域化会降低，这是因为 ZTO 有高的带隙与导电性，与 CdS 相匹配，且 ZTO 能较好地阻挡后期的蚀刻处理，防止电池内部产生短路。在使用其他 TCO 的同时，TCO/CdS 缓冲层还可使用本征 ZnO 等。

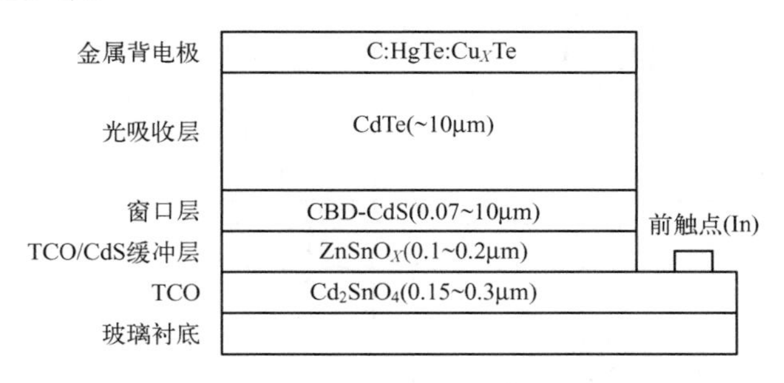

图 4-13　高效 CdTe 薄膜电池结构

经过长期实验与理论研究发现，CdS 是与 CdTe 搭配最优的异质结材料，CdS 的常用制备方法有化学水浴法（CBD）、溅射、高真空气相沉积（HVE）等。作为窗口层，在电池应用中 CdS 的厚度需控制在 100nm 左右，而此厚度又不能较好地晶化，在沉积完的 CdS 层表面进行 $CdCl_2$ 或真空热处理可使 CdS 再结晶，改善其与 CdTe 的接触，减小晶格失配。

4.3.3　CdTe 薄膜太阳电池的制造

1．CdTe 薄膜电池的工艺流程

产业化 CdTe 薄膜电池一般制备在玻璃衬底上，工艺流程如图 4-14 所示，主要为制备 TCO（或直接购买 SnO_2 导电玻璃）、沉积 TCO 缓冲层、CdS、CdTe、金属缓冲层及金属背电极等，此外，过程中还有激光画线、层压等工序。制备过程中，除 CdS 与 CdTe 的制备需特定设备完成外，其他制备环节的设备均可与硅薄膜的设备通用。限于篇幅，在此只对 CdTe 薄膜的制备方法做简单介绍。

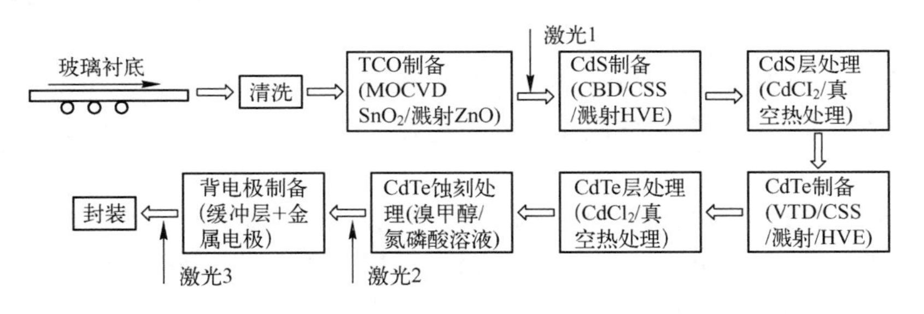

图 4-14　制备 CdTe 电池的工艺流程图

2．CdTe 薄膜制备工艺

对于 N-CdS/P-CdTe 薄膜，常用的制备方法有近空间升华（CSS）、气相输运沉积（VTD）、溅射、高真空蒸发（HVE）、电沉积等，已被证明具有商业化生产 CdTe 薄膜的方法有 CSS、VTD 和溅射；CdS 的常用制备方法有化学水浴法（CBD）、溅射、近空间升华、真空蒸发等。产业上常用的几种 CdTe 薄膜制备工艺如图 4-15 所示。

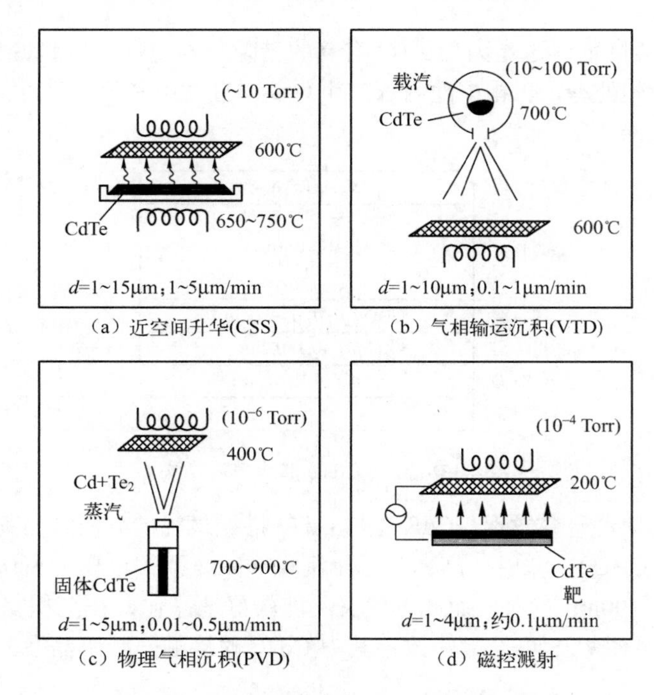

图 4-15　几种常用的 CdTe 薄膜制备方法图

（1）气相输运沉积（VTD）。

First Solar 公司的核心技术是气相输运沉积（VTD）的工艺，其原理是将半导体粉末通过预热的惰性气体载入真空室，并在滚筒式蒸发室中充分气化，成为饱和气体，然后通过蒸发室的开口喷涂到较冷的玻璃基板上，形成过饱和气体并凝结成薄膜。其优点如下。

① 不需要打开真空室添加或更换原料，生产时由载气从真空室外送入，生产维护的时间和成本少。

② 沉积速度快，既可满足快速生产的要求，又节省半导体原料，原料利用率目前已达到将近 90%。

③ 容易实现大面积的均匀生长，获得高成品率。

缺点是这种技术对于饱和蒸气压随温度变化大、化学成分和结构随温度变化小的材料才能适用。

该技术的专利被 First Solar 公司严密保护。一些公司也在进行自主研发，如在美国俄亥俄州 Toledo 地区的一些离开 First Solar 的工程师们，以 VTD 原理为基础，成功发展出了常压气相输运沉积（Atmospheric Pressure VTD）技术，可以节省真空设备方面的硬件成本。也有公司开发出同时向竖立放置的两块平行玻璃板进行 VTD 镀膜的技术，应用同样设备产能可以提高一倍，现正在扩产中。这两家公司的改良 VTD 技术都有望在成本上比 First Solar 公司更低。

（2）近空间升华（CSS）。

与 VTD 技术相比，CSS 可以做到更快速的薄膜沉积。Cd 和 Te 从 CdTe 衬底上的再蒸发限制了在高于 400℃的衬底上沉积 CdTe 的速率和利用率。这可以通过在更高的气压（≈1Torr）下沉积来减轻，但是从源到衬底的物质迁移受扩散限制控制，所以源和衬底必须十分接近。在 CSS 中，CdTe 源材料盛在一个舟里，源舟和衬底盖起了辐射加热器的作用，将热量传递到

CdTe 源和衬底。舟和衬底之间的隔热片起了绝热作用，因此可以在沉积中维持舟与衬底之间的温度梯度。

该技术的缺点是：通常不易控制 CdTe 薄膜的厚度，而容易出现厚度达到 10nm 左右的结果，远大于实际需要的 1nm 用量；制备薄膜的颗粒大（5～10nm），不易用于制备超薄器件；高效电池制备的工艺需要使用酸腐蚀的工艺，获得富 Te 的表面层，并形成 Cu_xTe 过渡背电极层，降低了半导体原料的利用率，增加了工艺复杂性。要达到良好的大面积均匀性，每次填料时对源表面的平整性和大面积源舟的加热均匀性都有一定工艺要求。由于原材料消耗快，源与基板之间的距离很近，需要频繁打开真空设备更换或添加原料，增加了维护的时间和成本。

CSS 的技术资料已经公开，已没有专利权的问题。NREL 使用该方法制备出了最高效率的小面积电池。此技术的改良方法目前在美国由 Abound Solar 公司成功商业化，于 2009 年成功生产出了具备竞争力的电池组件。国内也有该技术的生产厂家，如杭州龙焱已经大批量生产。

（3）磁控溅射技术。

这种技术是通过射频磁控溅射化合物靶的方法沉积 CdTe 薄膜。Cd 和 Te 的传输是通过 Ar+离子对 CdTe 靶的轰击和随后扩散到衬底并凝聚的过程实现的。这种技术是目前正在商业化使用的 CdTe 制备技术中温度最低的，通常情况下，沉积是在衬底温度低于 300℃和～10^{-4}Torr 气压条件下进行的。

与 VTD 和 CSS 相比，磁控溅射技术有工艺简单（不需要化学腐蚀）、设备容易获得、薄膜平整、颗粒小、均匀性强、沉积速度容易控制等优点，适用于超薄 CdTe（≤1nm）太阳电池的生产，使得 CdTe 也同样适用于建筑一体化光伏组件（BIPV）的应用。其缺点是沉积速度比较慢，不适用于较厚的 CdTe 薄膜生产。

此外还有物理气相沉积（PVD）、高真空蒸发（HVE）等。表 4-1 列出了 CdTe 电池及组件的最新效率纪录。

表 4-1　CdTe 电池及组件的最新效率纪录

机构	面积（cm^2）	V_{oc}（V）	J_{sc}/I_{sc}（mA/cm^2）/（A）	FF（%）	效率（%）	检测机构	检测时间	种类
First Solar	1.0623 (ap)	0.8759	30.25	79.4	21.0±0.4	NEWPORT	2014 年 8 月	CdTe 玻璃衬底电池
First Solar	0.4798 (da)	0.8872	31.69	78.5	22.1±0.5	NEWPORT	2015 年 11 月	CdTe （玻璃衬底电池）
First Solar	7038.8 (ap)	110.6	1.533(I_{sc}/A)	74.2	18.6±0.6	NREL	2015 年 4 月	CdTe 组件

注：ap—窗口面积；da—有效面积；J_{sc}—短路电流密度。

4.3.4　CdTe 薄膜电池产业化情况

目前国内外从事 CdTe 薄膜电池生产的公司中 First Solar 公司一枝独秀，其前身 Solar Cell Inc.于 1986 年成立，在研究机构的支持下，积极开展 CdTe 薄膜电池的研发，1999 年被收购后更名为 First Solar 公司，生产厂位于美国的 Perrysburg 和马来西亚的 Kulim。2005 年时的产能只有 25MW/年；2006 年上市融资后开始快速扩张；2009 年生产 CdTe 薄膜电池组件 1.11GW，成为全球十大光伏公司之一；2010 年又增加了 26%，达到 1.4GW；2015 年产量为 2.52GW。

目前在全球光伏市场占有率已达到 5%左右，其产品已经在全球各地多个大型光伏电站中使用。2016 年第二季度其平均转换效率达 16.2%，最高转换效率达 18.6%，与多晶硅组件转换效率相当。

在美国创造 CdTe 电池纪录的吴选之教授回国后，于 2008 年 5 月在杭州创立了龙焱能源科技（杭州）有限公司，其生产的 CdTe 组件与 First Solar 公司的主要技术参数如表 4-2 所示。

表 4-2　First Solar 及龙焱能源的主要技术参数

机　构	国家	2015 年产能	组件尺寸	最高效率	生产平均效率	技术路线
First solar	美国	2.8GW	0.6m×1.2m	21.0%	16.2%	VTD
龙焱能源	中国	40MW	0.6m×1.2m	—	12.5%	CSS

4.4　铜铟镓硒太阳电池

薄膜太阳电池的转换效率不如晶体硅太阳电池，而且由于近年来后者的生产成本大幅度下降，因此使薄膜太阳电池的发展受到了很大影响。目前在薄膜太阳电池中效率最高的是铜铟镓硒太阳电池（CIGS），其性能稳定，可制成柔性太阳电池，在建筑一体化、便携式电源等领域具有广阔的发展前景，业界有人认为 CIGS 太阳电池是未来最有发展潜力的薄膜电池。

CIGS 太阳电池的发展起源于 1974 年的美国贝尔实验室，Wagner 等人首先研制出单晶 $CuInSe_2$（CIS）/CdS 异质结的太阳电池，1975 年将其效率提升至 12%。1983—1984 年，Boeing 公司采用三元共蒸法制备出转换效率高于 10%的 CIS 多晶薄膜太阳电池，从而使得薄膜型 CIS 太阳电池备受瞩目。1987 年 ARCO 公司在该领域取得重大进展，通过溅射 Cu、In 预制层后，采用 H_2Se 硒化工艺，制备出转换效率为 14.1%的 CIS 薄膜电池。后来 ARCO 公司被收购后改称为 Shell Solar 公司，花费了 10 年的时间于 1998 年制备出第一块商业化的 CIS 组件。1989 年，Boeing 公司引入 Ga 元素，制备出 CIGS 薄膜太阳电池，使开路电压显著提高。1994 年，美国可再生能源实验室采用三步共蒸发工艺，制备的 CIGS 薄膜的效率一直处于领先地位，在 2008 年制备出转化效率高达 19.9%的薄膜电池。该纪录在 2010 年由德国巴登-符腾堡州太阳能和氢能研究中心（ZSW）刷新为 20.3%，2016 年 5 月，德国 ZSW 宣布在玻璃衬底实现 CIGS 电池 22.6%的转换效率，创造了新纪录。为提高薄膜太阳电池的效率，来自德国、瑞士、法国、意大利、比利时、卢森堡等欧洲 8 国的 11 个科研团队去年组成了研究联盟，并宣布实施“Sharc25”计划，目的是将 CIGS 薄膜太阳电池的转换效率提高到 25%。

4.4.1　铜铟镓硒太阳电池的特点

铜铟镓硒太阳电池具有以下特点。

（1）CIGS 是一种直接带隙的半导体材料，最适合薄膜化。它的光吸收系数极高，薄膜的厚度可以降低到 2μm 左右，这样可以大大降低原材料的消耗。同时，由于这类太阳电池中所涉及的薄膜材料的制备方法主要为溅射法和化学浴法，这些方法均可获得大面积的均匀薄膜，又为电池的低成本奠定了基础。

（2）在 Cu $InSe_2$ 中加入 Ga，可以使半导体的禁带宽度在 1.04～1.67eV 间变化，非常适合于调整和优化禁带宽度。如在膜厚方向调整 Ga 的含量，形成梯度带隙半导体，会产生背表面场效应，可获得更多的电流输出，使 P-N 结附近的带隙提高，形成 V 字形带隙分布。能进行这种带隙裁剪是 CIGS 系电池相对于 Si 系和 CdTe 系太阳电池的最大优势。

（3）CIGS 可以在玻璃基板上形成缺陷很少、晶粒巨大的高品质结晶，而这种晶粒尺寸是其他多晶薄膜无法达到的。

（4）CIGS 是已知半导体材料中光吸收系数最高的，可达 10^5cm^{-1}。

（5）CIGS 是没有光致衰退效应（SWE）的半导体材料，光照甚至会提高其转换效率，因此此类太阳电池的工作寿命长，有实验结果表明比单晶硅电池的寿命还长。

（6）CIGS 的 Na 效应。对于 Si 系半导体，Na 等碱金属元素是要极力避免的，而在 CIGS 系中，微量的 Na 会提高转换效率和成品率。因此使用钠钙玻璃作为 CIGS 的基板，除了成本低、膨胀系数相近以外，还有 Na 掺杂的考虑。

4.4.2 CIGS 薄膜电池的结构

CIGS 薄膜电池性能的提升很大部分得益于电池结构的不断优化，图 4-16（a）、（b）、（c）分别显示了早期、中期（1985 年）和目前的 CIGS 电池的结构示意图。随着研究的不断深入，电池的吸收层、缓冲层及窗口层均发生了变化。吸收层是电池的关键部分，Ga 的掺入增加了吸收层的带隙宽度，提高了开路电压，同时通过控制其掺杂量的变化可形成梯度带隙，进而优化与其他膜层的带隙匹配，有利于光生载流子的顺利传输，因此 $CuIn_{1-x}Ga_xSe$ 发展为吸收层的主流材料，厚度在 1.5～2.0μm 范围内。高阻的 CdS 缓冲层会增加电池的串联电阻，因此不宜过厚，如今其厚度一般控制在 0.05μm 左右。而窗口层普遍由薄的本征 ZnO 层和厚的 TCO 层组成。

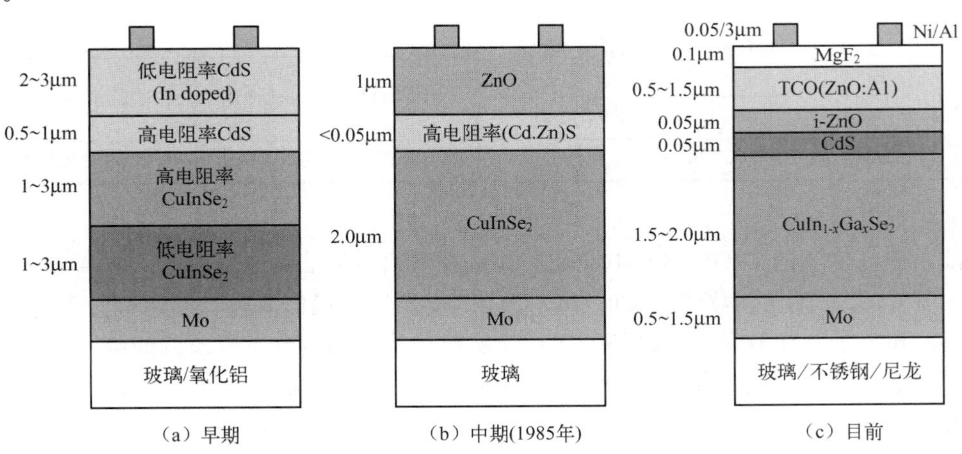

图 4-16 CIGS 薄膜电池结构示意图

为了进一步提高电池性能，近年来又开发了几种类型：CIGSS 电池，其成分是 CuInGaSSe；CZTSS 电池，其成分是 $Cu_2ZnSnS_4Se_4$；CZTS 电池，其成分是 Cu_2ZnSnS_4。

4.4.3 CIGS 薄膜电池的制造

1. CIGS 薄膜电池的工艺流程

产业中 CIGS 薄膜电池一般制备在玻璃衬底或柔性衬底上，通常制备的工艺流程如图

4-17 所示。很多工序与其他电池类似，在此不做详细介绍，以下仅讨论 CIGS 薄膜的制备。

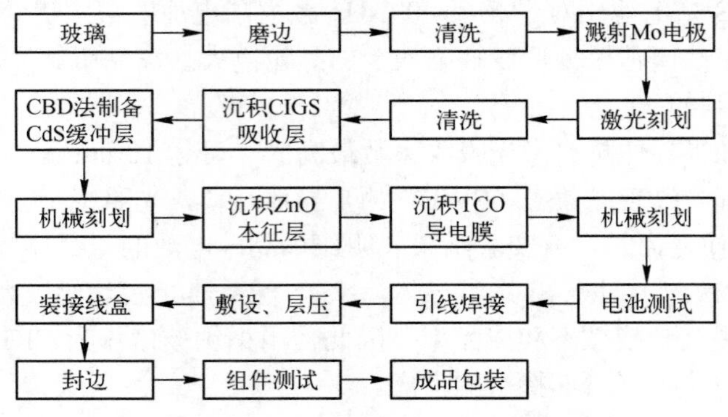

图 4-17 制备 CIGS 薄膜电池的工艺流程

2. CIGS 薄膜的制备

制备 CIGS 薄膜的方法有多种，大体分为真空沉积和非真空沉积两大类，如表 4-3 所示。从目前的实验研究和产业化状况来看，主要是采用多元共蒸方法和溅射加后硒化方法。

表 4-3 沉积 CIGS 薄膜的主要方法

<table>
<tr><th></th><th colspan="2">预制层沉积（低衬底温度）</th><th colspan="2">硒化/退火/再结晶（高衬底温度 450～600℃）</th></tr>
<tr><td rowspan="3">真空方法</td><td>方法</td><td>材料</td><td>预处理</td><td>硒化</td></tr>
<tr><td>溅射</td><td rowspan="3">含 Se 或非含 Se 下 Cu、In、Ga 顺序沉积的单质层、合金或化合物</td><td rowspan="2">无</td><td rowspan="2">在 Se/S、H_2Se/S 气下硒化</td></tr>
<tr><td>蒸发</td></tr>
<tr><td rowspan="3">非真空方法</td><td>电沉积</td><td rowspan="2">有选择地通过 H_2 退火净化</td><td rowspan="2">在 Se/S、H_2Se/S 气下再结晶</td></tr>
<tr><td>喷涂</td><td>Cu、In、Ga、Se/S 化合物</td></tr>
<tr><td>印刷</td><td>Cu、In、Ga、O 化合物</td><td>黏合剂消除用 H_2 还原到合金</td><td>在 Se/S H_2Se/S 气下硒化</td></tr>
</table>

（1）多元共蒸法。

目前，最高效率的 CIGS 薄膜电池是实验室规模的共蒸法制造出来的。图 4-18 所示为用共蒸法制备 CIGS 薄膜的示意图。Cu、In、Ga 和 Se 蒸发源提供成膜时的 4 种元素。原子吸收谱（AAS）和电子碰撞散射谱（EEIS）等用来实时监测薄膜成分及蒸发源的蒸发速率等参数，对薄膜生长进行精确控制。高效 CIGS 太阳电池沉积时的衬底温度一般高于 530℃，而每个蒸发源的温度必须个别调整，以控制元素的蒸发速率，进而控制所沉积出 $CuIn_{1-x}Ga_xSe_2$ 薄膜的化学计量比。通常，Cu 靶温度为 1300～1400℃，In 靶温度为 1000～1100℃，Ga 靶温度为 1150～1250℃，Se 靶温度为 300～350℃。

Cu、In 和 Ga 在基板上的黏附系数相当高，所以利用 Cu、In 和 Ga 的原子流通量就可以控制薄膜组成及成长速率。In 与 Ga 的相对组成比例界定了带隙的大小。Se 具有很高的蒸气压和较低的黏附系数，所以挥发出来的 Se 的原子流通量必须大于 Cu、In 和 Ga 的总量，过量的 Se 会从薄膜表面再次蒸发。如果 Se 的量不足，便会导致 In 和 Ga 以 In_2Se 和 Ga_2Se 的形态损失掉。通过对 CIGS 薄膜生长动力学的研究，发现 Cu 蒸发速率的变化强烈影响薄膜的生长机制。根据 Cu 的蒸发过程，共蒸法工艺可以分为一步法、两步法和三步法。因为 Cu 在薄膜中的扩散速度足够快，所以无论采用哪种工艺，在薄膜的厚度中，基本呈均匀分布。

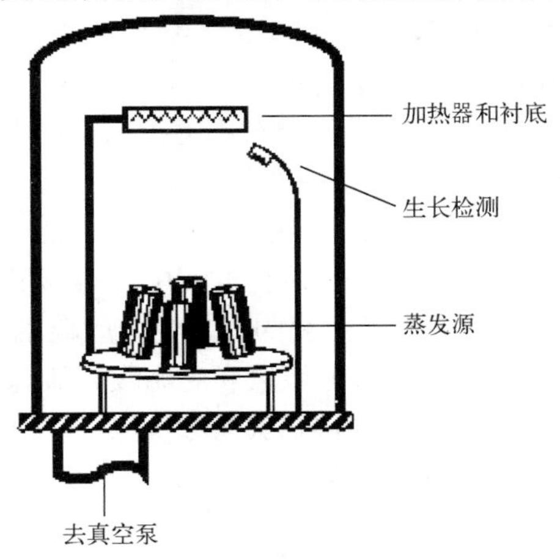

图 4-18　共蒸法制备 CIGS 薄膜的示意图

一步法就是在沉积过程中保持 4 种蒸发源的流量不变，如图 4-19（a）所示。这种工艺控制相对简单，适合商业化生产，但是所制备出的薄膜晶粒尺寸小且不形成梯度带隙。

两步法工艺又称 Boeing 双层工艺，衬底温度和蒸发源流量变化曲线如图 4-19（b）所示。首先在衬底温度为 400～450℃时，沉积第一层富 Cu 的 CIGS 薄膜，该层具有小的晶粒尺寸和低的电阻率。第二层薄膜是在高衬底温度（550℃）下沉积的贫 Cu 的 CIGS 薄膜，这层膜具有大的晶粒尺寸和高的电阻率。在该工艺过程中，CIGS 薄膜表面被 Cu_xSe 覆盖，在高于 523℃时，该物质以液相存在，这将增大组成原子的迁移率，最终获得大晶粒尺寸的薄膜。

三步法工艺过程如图 4-19（c）所示。第一步，在衬底温度为 250～300℃时，用共蒸法使 90%的 In、Ga 和 Se 元素形成$(In_{0.7}Ga_{0.3})_2Se_3$预制层，Se/(In+Ga)流量比大于 3；第二步，在衬底温度为 550～580℃时蒸发 Cu、Se，直到薄膜稍微富 Cu 时结束；第三步，在保持第二步衬底温度条件下，共蒸剩余 10%的 In、Ga 和 Se，在薄膜表面形成富 In 的薄层，并最终得到接近化学计量比的 $CuIn_{0.7}Ga_{0.3}Se_2$ 薄膜，该工艺所制备出的薄膜表面光滑，晶粒紧凑，尺寸大且存在着 Ga 的双梯度带隙，最终使得 CIGS 太阳电池转换效率较高。

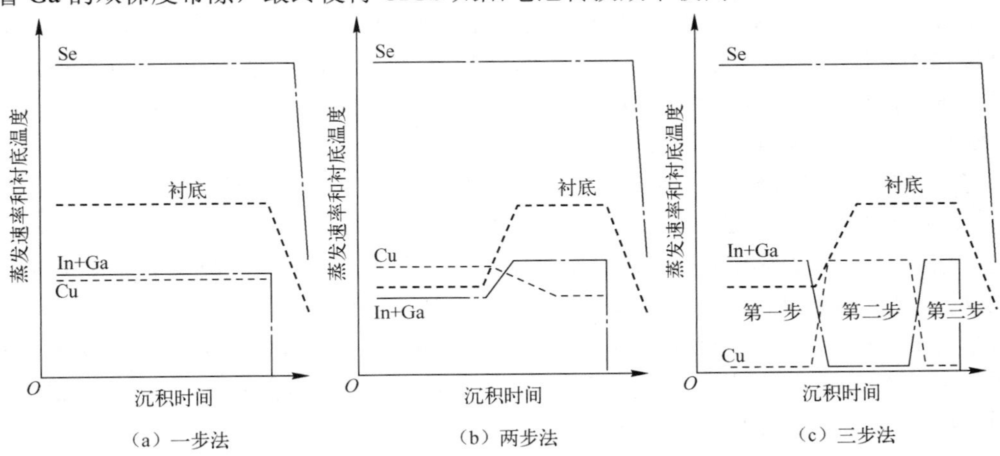

图 4-19　共蒸法制备 CIGS 工艺过程

（2）溅射加后硒化法。

溅射加后硒化法是将 Cu、In 和 Ga 溅镀到 Mo 电极上形成预制层，再使之与 H_2Se 或含 Se 的气氛发生反应，得到满足化学计量比的薄膜。该工艺对设备的要求不高，因此成为商业化生产的首选。但是在硒化过程中 Ga 的含量和分布不易控制，很难形成双梯度结构。因此，有时在后硒化工艺中加入一步硫化工艺，掺杂的部分 S 原子替代 Se 原子，在薄膜表层形成一层宽带隙的 $Cu(In,Ga)S_2$，这样可以降低薄膜的界面复合，提高电池的开路电压。

该工艺的技术难点主要集中在硒化过程，硒化过程中容易因形成 In_2Se 和 Ga_2Se 而损失掉，使薄膜不同位置的元素产生失配，不利于薄膜的均匀性。因此硒化工艺的控制尤为重要，如图 4-20 所示，整个过程分为低温段、快速升温段和高温段。低温段可有效防止表层形成致密 CIGS 薄膜而影响内部硒化，使 Se 与底层预制层充分反应。快速升温段是为了避免 In_2Se 和 Ga_2Se 的挥发。高温段则有利于 CIGS 晶粒的充分生长。

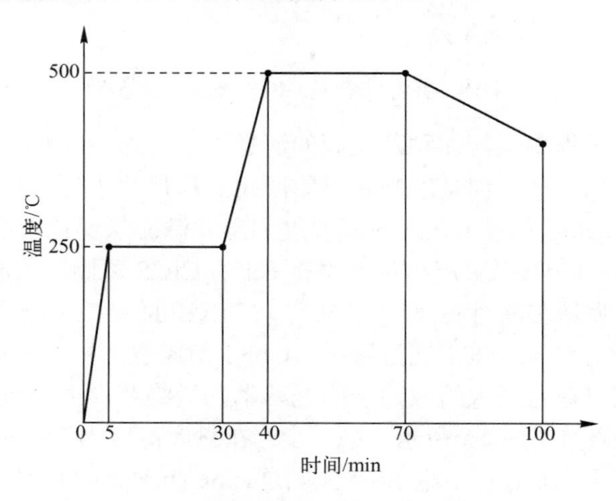

图 4-20　硒化工艺过程

4.4.4　CIGS 薄膜太阳电池产业化情况

由于 CIGS 薄膜太阳电池技术难度较高，电池多元组分的原子配比不容易得到控制，重复性问题是限制其发展的瓶颈，因而 CIGS 薄膜太阳电池产业化发展比较缓慢。但随着自动化技术的进步和研发持续投入，近年来好消息不断。2014 年 4 月，汉能集团的 SOLIBRO 经权威测试机构确认，创造了转换效率为 21.0%的纪录；2016 年 5 月，德国 ZSW 宣布在玻璃衬底实现 CIGS 电池 22.6%的最高效率，刷新了纪录。

汉能收购的美国 MiaSolé 公司保持了商业 CIGS 组件效率的最高纪录，2010 年 9 月组件效率创造了 14.3%的纪录后，接着在 12 月又宣布经过 NREL 测试，组件效率达到 15.7%。从 2015 年开始，已经在广东河源汉能工厂采用卷对卷的生产方式，以实现吸收层的连续化生产，将 CIGS 溅射在柔性不锈钢衬底上，有利于工艺控制及成本降低。

日本的 Solar Frontier 自 2014 年 6 月开始保持无镉组件 17.5%的效率纪录。2016 年 3 月，又宣布其无镉 CIGS 薄膜太阳电池创造了转换效率为 22.0%的新纪录。表 4-4 为各机构 CIGS 电池的效率纪录，表 4-5 为各机构 CIGS 子组件的效率纪录。

表 4-4　各机构 CIGS 电池的效率纪录

机构	面积（cm^2）	V_{oc}（V）	J_{sc}（mA/cm^2）	FF（%）	效率（%）	检测机构	检测时间	电池种类
Solibro	0.9927 (ap)	0.757	35.70	77.6	21.0 ± 0.6	FhG-ISE	2014 年 4 月	CIGS 电池（玻璃衬底）
ZSW	0.4092 (da)	0.7411	37.78	80.6	22.6 ± 0.5	FhG-ISE	2016 年 5 月	CIGS 电池（玻璃衬底）
Solar Frontier	0.512 (da)	0.7170	39.45	77.8	22.0± 0.5	FhG-ISE	2016 年 3 月	CIGSS 电池（无镉，玻璃衬底）
IMRA Europe	1.115 (da)	0.5073	31.95	60.2	9.8 ± 0.2	NEWPORT	2016 年 4 月	CZTSSe 电池
UNSW	1.067 (da)	0.6585	20.43	56.7	7.6 ± 0.1	NREL	2016 年 4 月	CZTS 电池
IBM Solution	0.4209 (ap)	0.5134	35.21	69.8	12.6 ± 0.3	NEWPORT	2013 年 7 月	CZTSS 薄膜电池
UNSW	0.2379 (da)	0.6732	21.25	66.3	9.5± 0.2	NREL	2016 年 9 月	CZTS 薄膜电池（玻璃衬底）

表 4-5　各机构 CIGS 子组件的效率纪录

机构	面积（cm^2）	V_{oc}（V）	J_{sc}（mA/cm^2）	FF（%）	效率（%）	检测机构	检测时间	种　类
Solibro	15.892 (da)	0.701	35.29	75.6	18.7± 0.6	FhG-ISE	2013 年 9 月	CIGS（4 个电池）
Solar Frontie	808 (da)	47.6	0.408A	72.8	17.5 ± 0.5	AIST	2014 年 6 月	CIGS（无镉，70 个电池）
Miasole	9703 (ap)	28.24	7.254A	72.5	15.7 ± 0.5	NREL	2010 年 11 月	CIGS 小组件

2010 年全球 CIGS 薄膜太阳电池产能为 712MW，2011 年有较大发展，全球产能扩大至 2GW 左右，其中 Solar Frontier 扩产至 1GW。2016 年全球产能维持在 1.3GW。

CIGS 薄膜太阳电池的主要生产厂商多分布在美国、德国和日本，所采取的技术路线主要是溅射后硒化和共蒸发法，CIGS 生产厂商所采用的技术路线情况如表 4-6 所示。

表 4-6　CIGS 生产厂商所采用的技术路线情况

公司	生产厂所在国家	衬底	面积（cm^2）	标称效率（最高效率）(%)	技术路线	产量（MW）	在建状态（MW）
上海电气 MANZ（Wurth Solar）	德国	玻璃	1200×600	13～16（16）	共蒸法	30	306
汉能 Solibro	德国	玻璃	1190×789.5	14.2～16.0	共蒸法	145	
中建材 Avancis.	德国	玻璃	622	13(17.9)	溅射+后硒化	120	4 座工厂/总产能 1.5GW
汉能 Global Solar	美国	不锈钢	8390(3822)	10.5(13)	共蒸法	4.2	
Solar Frontier	日本	玻璃	1257× 977	12.2～13.8（16.3）	溅射+后硒化	1100	
汉能 Miasole4	美国	不锈钢	10000	15.7	溅射+后硒化	150	已建
BOSCH SOLAR（Johanna）	德国	玻璃	15000	—	溅射+后硒化+后硫化	30	已建

CIGS 薄膜电池的转换效率在薄膜类太阳电池中是最高的，而且市场出售组件的平均转换效率也在逐步提升，2016 年世界商业 CIGS 组件主要指标如表 4-7 所示。

表 4-7　2016 年世界商业 CIGS 组件主要指标

名次	制造商	组件效率（%）	功率（W）	尺寸（mm^2）	备注
1	汉能 Miasole（美国）	11.5～13.5	200～230	1710×999	不锈钢衬底
2	汉能 SOLIBRO（Q-Cells）（德国）	11.0～13.0	100～120	1190×789.5	玻璃衬底
3	Solar Frontier（日本）	12.6～13.8	150～170	1257×977	玻璃衬底
4	中建材 Avancis(德国)	12.3～13.8	130～145	1587×664	玻璃衬底
5	汉能 Global Solar （美国）	9.7～10.5	275～300	5745×495	聚酯柔性衬底
6	上海电气 MANZ（德国）	12.5～14.0	90～105	1200×600	玻璃衬底
7	BOSCH（德国）	11.6～13.5	130	1417×791	玻璃衬底

中国在 CIGS 电池生产领域发展较晚，目前有汉能、中建材和神华与上海电气、MANZ 成立的合资公司从事 CIGS 薄膜太阳电池的产业化工作，汉能在德国 SOLIBRO 工厂已经有产品销售。中建材采用 Avancis 的溅射后硒化技术在江苏江阴建设 1.5GW 的工厂，神华与上海电气、MANZ 成立的合资公司将在重庆建设一期达 306MW 的工厂，均采用来自德国和美国的技术，规模将与日本的 Solar Frontier 匹敌。

CIGS 电池效率在薄膜电池中最高且与多晶硅组件相当，性能稳定，可以规模化连续生产，成本也比较低，色泽均匀，不但可以用于各类光伏电站，在不锈钢衬底上制作成柔性组件，可与建筑有机结合用于 BIPV，也适用于移动能源及特殊市场应用，具有很好的市场发展前景。

4.5　钙钛矿太阳电池

钙钛矿太阳电池（Perovskite-Based Solar Cells）由于具有廉价的材料和制造成本的优点，加上转换效率得到了快速提高，近年来已成光伏界关注的热点，现在甚至有很多人认为钙钛矿太阳电池将取代硅基太阳电池的统治地位。

1．钙钛矿太阳电池的发展历史

钙钛矿材料是一类有着与钛酸钙（$CaTiO_3$）相同晶体结构的材料，是 Gustav Rose 在 1839 年发现，后来由俄罗斯矿物学家 L. A. Perovski 命名的。钙钛矿材料结构式一般为 ABX_3 形式，典型的钙钛矿晶体具有一种特殊的立方结构。如图 4-21 所示。在钙钛矿晶体的立方结构中，A 元素是一个大体积的阳离子，居于立方体的中央；B 元素是一个较小的阳离子，居于立方体的 8 个顶点；X 元素是阴离子，居于立方体的 12 条边的中点。如某种材料的晶体结构与此相符，则此类材料就可被称为钙钛矿材料。

20 世纪 80 年代，有机-无机复合型的钙钛矿材料开始出现。此类材料的结构特点是，ABX_3 中的阳离子 A 是一个有机小分子，B 和 X 则是无机离子。引入有机小分子之后，此类钙钛矿材料便能溶解在普通溶剂里，这种奇特的晶体结构让它具备了很多独特的理化性质，如吸光性、电催化性等，在化学、物理领域有广泛应用。钙钛矿大家族里现已包括了数百种物质，从导体、半导体到绝缘体，范围极为广泛，其中很多是人工合成的，从而为材料的应用带来了许多便利。典型的有机-无机复合型钙钛矿有碘化铅甲胺（$CH_3NH_3PbI_3$）、溴化铅甲胺（$CH_3NH_3PbBr_3$）等，属于半导体，有良好的吸光性。2009 年，日本桐荫横滨大学的宫坂力教授将碘化铅甲胺和溴化铅甲胺应用于染料敏化太阳电池，获得了最高 3.8%的光电转换效率，开创了新型钙钛矿太阳电池技术的新起点。

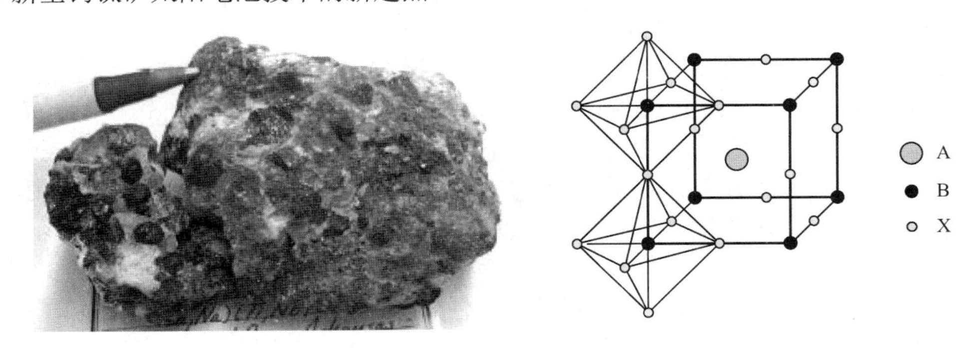

图 4-21　钛酸钙晶体及其晶体结构

钙钛矿太阳电池的材料成本低、制造便宜、具有柔韧性，可以通过改变原料的成分来调节其带隙宽度，还可以将带隙宽度不同的钙钛矿层叠加在一起变成叠层钙钛矿太阳电池，因此钙钛矿太阳电池在效率上超越硅电池是可能的。

此后，钙钛矿太阳电池的结构设计和配套材料等持续发展，在短短 7 年间效率就提高到 22.1%。在光伏技术领域，如此迅速的技术飞跃是从来没有过的。以主流的多晶硅技术为例，1985 年，多晶硅太阳电池的实验室效率是 15%左右，到 2004 年增长到 20.4%，20 年时间只增长了 5 个百分点；此后的 2004 年到 2015 年，11 年间只增长到 20.6%，几乎没有任何进展。钙钛矿光伏技术在很短的时间内异军突起，迅速实现了对多晶硅技术的反超。2013 年的十大科学突破之一就是钙钛矿太阳电池，效率快速提高（从 2006 年的 2.2%至 2014 年最新纪录的 20.1%）。在 7 年中，钙钛矿太阳电池的效率增加了 5 倍，并在刚过去的两年又翻了一番。

2013 年，Snaith 公布了使用一层没有二氧化钛纳米颗粒的钙钛矿电池，简化该电池的体系结构和推进其效率到 15%以上。在 2014 年 4 月的材料研究学会会议上，洛杉矶加利福尼亚大学的材料科学家杨阳透露，他的实验室钙钛矿太阳电池的效率达到 19.3%。2016 年 4 月，香港理工大学取得了新的突破，钙钛矿型硅太阳电池创造了 25.5%的世界最高转换效率。许多人预言，未来几年其效率将达到新的高峰。

2．钙钛矿太阳电池的特点

（1）$CH_3NH_3PbI_3$ 类型的钙钛矿材料是直接带隙材料，这意味着钙钛矿具有很强的吸光能力。晶体硅是间接带隙材料，硅片必须达到 150μm 以上才能实现对入射光的饱和吸收。而钙钛矿仅需 0.2μm 就能实现饱和吸收，与硅的厚度相差近千倍，因此钙钛矿太阳电池对活性材料的消耗远远小于晶体硅太阳电池。

（2）钙钛矿材料具有很高的载流子迁移率。载流子迁移率反映的是光照下在材料中产生的正负电荷的移动速度，较高的迁移率意味着光照产生的电荷可以更快的速度移动到电极上。

（3）钙钛矿材料的载流子迁移率近乎完全平衡，也就是说，钙钛矿材料中电子和空穴的迁移率基本相同。作为对比，晶体硅的载流子迁移率是不平衡的，它的电子迁移率远远大于空穴迁移率，其结果就是当入射光的光强高到一定程度时，电流的输出就会饱和，从而限制了硅太阳电池在高光强下的光电转换效率。

（4）钙钛矿晶体中的载流子复合几乎完全是辐射型复合。这是钙钛矿材料的一个极其重要的优点。当钙钛矿中的电子和空穴发生复合时，会释放出一个新的光子，这个光子又会被附近的钙钛矿晶体重新吸收。因此，钙钛矿对入射的光子有极高的利用率，而且在光照下发热量很低，而晶体硅中的载流子复合则几乎完全是非辐射型复合，当晶体硅中的电子和空穴发生复合时，它们所携带的能量就会转化成热，不能被重新利用。因此，钙钛矿的光电转换效率理论上限显著高于硅材料。目前单晶硅太阳电池的最高效率为 25.6%，这个纪录已经保持了多年，未来也不太可能有大的突破。钙钛矿的辐射型复合特性则使其完全有潜力达到和砷化镓太阳电池一样高的效率水平，甚至突破 29%。

（5）钙钛矿材料可溶解，这样钙钛矿材料就可以配制成溶液，像涂料一样涂布在玻璃基板上。对于高效率太阳电池来说，钙钛矿的溶解性是一个前所未有的优势，在效率超过 20%的电池材料中只有钙钛矿是可溶的。几年前 Nanosolar 公司曾经用涂布法生产过 CIGS 太阳电池，但 CIGS 材料并不可溶，是将 CIGS 粉末颗粒分散到液体中，所以这样的涂布方法并不能促进晶体的生长。而真正可溶的钙钛矿材料，通过涂布法成膜并从溶液中析出的过程就是一个自发结晶的过程，这为高性能太阳电池的制作提供了巨大便利。

3．钙钛矿光伏技术的产业化进展和面临的问题

2013 年以来，随着钙钛矿光伏技术的快速发展，此项技术已经成为光伏学术界的重要热点，全世界很多大学和研究机构都在从事钙钛矿光伏技术的研发。在国内，已经启动钙钛矿技术开发的大企业有华能集团、常州天合公司、神华集团等，小型或者初创型企业则有惟华光能、黑金热工等。根据公开的资料显示，惟华光能是目前国内唯一一家已经建立了大面积钙钛矿组件中试生产线的企业。目前已经建立了一条尺寸为 45cm×65cm 的钙钛矿太阳电池组件实验线，全程采用涂布、印刷工艺，实验室效率达到 21.5%，组件效率为 12.7%。实验室效率与组件效率的较大差距说明，钙钛矿技术从实验室到生产线的转化道路上仍有许多需要解决的问题，但是相对惟华这样的小企业所能投入的资源来说，这已经是一个引人注目的进步。表 4-8 为钙钛矿太阳电池及小组件的效率纪录。

表 4-8 钙钛矿太阳电池及小组件的效率纪录

机构	面积（cm^2）	V_{oc}（V）	J_{sc}（mA/cm^2）	FF（%）	效率（%）	检测机构	检测时间	种类
KRICT/UNIST	0.9917 (da)	1.104	24.67i	72.3	19.7±0.6	Newport	2016 年 3 月	电池
SJTU/NIMS	36.13 (da)	0.836	20.20	71.5	12.1±0.6	AIST	2016 年 9 月	小组件（10 个电池）
KRICT/UNIST	0.0946 (ap)	1.105	24.97	80.3	22.1±0.7	Newport	2016 年 3 月	电池
Stanford/ASU	0.990 (ap)	1.651	18.09	79.0	23.6±0.6	NREL	2016 年 8 月	钙钛矿电池/硅叠层电池

科学家们在最新研究中发现，一种钙钛矿结构的有机太阳电池的转换效率可高达 50%，为目前市场上太阳电池转换效率的两倍，能大幅降低太阳电池的使用成本。相关研究发表在最新一期的《自然》杂志上。

当然，钙钛矿太阳电池要真正取代硅太阳电池还有很长的路要走，需要克服很多技术和非技术困难。

（1）电池的稳定性不高，材料对空气和水的耐受性较差，目前使用的钙钛矿材料存在遇空气分解、在水和有机溶剂中溶解的问题，导致器件寿命短。

（2）电池效率的可重现性差。尽管目前报道的不少钙钛矿电池的效率在 15%以上，但是重现性差，表现为同一条件下制备出的一组电池，其效率数据也存在很大的统计偏差，可见制造工艺还不是很成熟。

（3）电池材料有毒。目前的高效率钙钛矿电池中的吸光材料普遍含有铅，如果大规模使用将会带来环境问题，因此需要研发出光电转换效率高的无铅型钙钛矿材料。

（4）急需商业化器件开发。由于大面积薄膜难以保持均匀性，目前报道的高效率钙钛矿电池的工作面积只有 0.1cm^2 左右，离实用化还存在相当远的距离，因此需要发展出从实验室 cm^2 量级到规模化应用 m^2 量级、性能稳定的钙钛矿太阳电池器件制备技术。

（5）还需要经过长时间实际应用的考验。迄今为止，钙钛矿太阳电池组件还没有大量商业化生产，更没有规模化实际应用，要成为成熟、可靠的太阳能电源，还要经过长期的实践检验。

综上所述，钙钛矿太阳电池具有巨大的潜力，可望同时实现和砷化镓电池一样高的性能以及比多晶硅电池还低的制造成本。近年的技术进展已经显示，钙钛矿光伏技术并没有难以逾越的原理性问题，钙钛矿太阳电池技术实现商业化生产指日可待。

4.6　染料敏化太阳电池

染料敏化太阳电池（Dye Sensitized Solar Cell，DSC）是一种基于氧化还原反应的新型化学电池，其工作原理类似于植物的光合作用，由纳米多孔半导体薄膜、染料光敏化剂、氧化还原电解质、对电极和导电基底等几部分组成。

图 4-22 为染料敏化太阳电池的结构和原理示意图，它的上、下两端镀有透明导电膜玻璃作为基底，中间用纳米尺度的二氧化钛（TiO_2）制成多孔导电薄膜，它吸附了光敏染料，并被注入了氧化还原电解质溶液。当染料分子吸收太阳光后，电子脱离原先的基态跃迁至激发态，与二氧化钛发生氧化反应，将电子注入到纳米多孔半导体的导带中，电子很快跑到表面被电极收集，通向外电路；而从另一端电极返回的电子被电解质中的离子捕获，处于氧化态的染料被电解质还原再生，送还给被氧化的染料分子，氧化态的电解质再在正极处接受电子被还原，电解质变成氧化态，使其重新恢复到基态，这就完成了电子的输运循环过程。这个循环过程只要有太阳光，并且与外电路接通，就能持续不断地进行下去。

1991 年，瑞士洛桑高等工业学院（EPFL）M.Grätzel 教授领导的研究小组采用纳米多孔薄膜代替以前的平板电极，在 DSC 上取得转换效率 7.1%（AM1.5）的突破性成绩。后来，欧、美、日等国投入了大量研发资金，使 DSC 成为目前光伏行业十分活跃的研究领域之一。除了 DSC 的低成本、高效率及未来可能产生巨大潜在市场的优势外，与目前已经商业化的薄膜电池动辄数亿元的资金投入相比，相对比较低的资本投入是更多投资者乐于投入的主要原因。

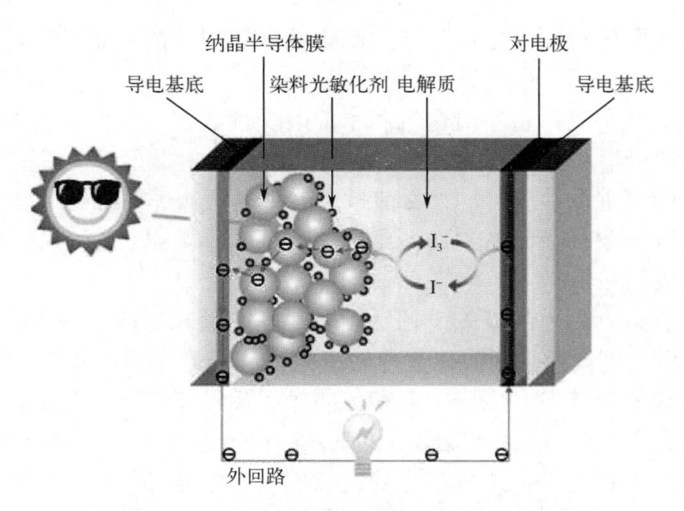

图 4-22 染料敏化太阳电池的结构和原理示意图

日本在 DSC 的基础研究和应用研究方面都处于世界领先地位。早期日本的夏普公司和 Arakawa 等人分别报道了 6.3%（$26.5cm^2$）和 8.4%（10cm×10cm）的 DSC 组件光电转换效率。日本的 Han 等人在 2009 年研究出了效率达 8.2%的 W 型 DSC 组件，其面积为 50mm×53mm，活性面积高达 85%。日本 Fujikura 公司采用 Ni 做栅电极，在面积为 10cm×10cm 的 DSC 电池中，整个组件的光电转换效率达到 5.1%（有效面积为 $68.9cm^2$）。2005 年，日本 Peccell 公司和藤森工业株式会社及昭和电工共同开发的大面积高性能塑料 DSC 生产线试验成功，采用丝网印刷方法，实现了低成本连续性生产，制作的大面积 DSC 组件其单元尺寸长 2.1m、宽 0.8m、厚 0.5mm、单位面积质量 800g，是世界上尺寸最大、质量最轻的 DSC 组件，该组件即使在室内也可以输出 100V 以上的高电压。日本横滨大学 Miyasaka 等人基于低温 TiO_2 电极制备技术，开发制造了面积为 30cm×30cm 的全柔性 DSC 组件，包括 10 块输出电压为 7.2V 和电流为 0.25～0.3A 的电池单元。韩国的 YongseokJun 等人研究了 DSC 组件中 TiO_2 膜的尺寸对 DSC 性能的影响，制作出了面积为 10cm×10cm 的大面积 DSC 组件，光电转换效率达 6.3%，TiO_2 膜加入散射层后光电转换效率可达 6.6%。

近年来，DSC 的大面积化研究引起了众多人士的极大关注，在产业化应用研究方面也取得较大进展。2006 年 10 月，G24i 股份公司在英国南威尔士宣布成立，主要采用美国 Konarka 公司与瑞士 M.Grätzel 教授的共有技术。2009 年 10 月，英国 G24i 公司开始为香港 Mascotte Industrial Associates 公司商业提供背包用 DSC 组件。

经过 20 多年的发展，DSC 太阳电池的技术和产业化水平取得了长足进步，但其发展仍面临一些瓶颈：首先，传统的 DSC 只能吸收波长小于 650nm 左右的可见光部分，而对太阳光谱中其他部分的光几乎没有利用，迫切需要开发出具有全光谱吸收特征的太阳电池；其次，DSC 的阳极大多使用 TiO_2 纳米晶薄膜，由于其晶界位阻大、孔道空间狭窄等缺点，严重阻碍了电子的传输和电解液的渗透，需要进一步完善阳极薄膜的结构，发展适合大面积生产的薄膜制备技术；最后，大面积 DSC 制备技术不成熟和电池稳定性不高，需要开发出高效、低成本、且适用于大面积电池的制备技术，如固态电池和柔性电池等。因此，设计新型长激子寿命染料和电解质，提高电池效率和稳定性，发展全固态和柔性器件是 DSC 进一步走向实用化的主要任务，并有望在近期获得重大进展。表 4-9 为染料敏化太阳电池及小组件的效率纪录。

表 4-9　染料敏化太阳电池及小组件的效率纪录

机构	面积（cm^2）	V_{oc}（V）	J_{sc}（mA/cm^2）	FF（%）	效率（%）	检测机构	检测时间	种　类
Sharp	1.005(da)	0.744	22.47	71.2	11.9 ±0.4	AIST	2012 年 9 月	电池
Sharp	26.55 (da)	0.754	20.19	69.9	10.7±0.4	AIST	2015 年 2 月	小组件（7 个电池）
Sharp	398.8 (da)	0.697	18.42	68.7	8.8 ±0.3	AIST	2012 年 9 月	子组件（26 个电池）

染料敏化太阳电池的主要优势是：原材料丰富、成本低、工艺技术相对简单，在大面积工业化生产中具有较大优势，同时所有原材料和生产工艺都是无毒、无污染的，部分材料可以得到充分回收，对保护人类环境具有重要意义。然而，染料敏化太阳电池还需要提高效率，解决性能稳定、密封可靠、使用方便等问题，所以要实现大规模实际应用，尚待时日。

4.7　有机半导体太阳电池

利用具有半导体性质的有机材料（如聚对苯乙炔、聚苯胺等）进行掺杂后可制成 P-N 结太阳电池。离子掺杂也能使一些塑料薄膜变成半导体。虽然这种电池成本较低，但是光电转换效率低，抗光老化的能力不理想，稳定性差，目前依然处于研究阶段，还未能进入实际应用。日本东芝公司在有机半导体太阳电池方面保持领先优势，其最新的研发结果如表 4-10 所示。

表 4-10　有机半导体太阳电池及小组件的效率纪录

机构	面积（cm^2）	V_{oc}（V）	J_{sc}（mA/cm^2）	FF（%）	效率（%）	检测机构	检测时间	种　类
Toshiba	0.992 (da)	0.780	19.30	74.2	11.2 +-0.3	AIST	2015 年 10 月	电池
Toshiba	26.14 (da)	0.806	16.47	73.2	9.7 +-0.3	AIST	2015 年 2 月	小组件（8 个电池）

4.8　薄膜太阳电池市场及发展前景

凭借着 CdTe 和 CIGS 薄膜电池的卓越表现，在 2001—2016 年的 15 年中，薄膜电池的年复合增长率为 46%，高于晶体硅电池的 40%。2001 年全球薄膜电池市场规模只有 14MW，仅占光伏市场总额的 2.8%，2005 年市场规模首次超过 100MW，市场占比 6%，2007 年为 10%，到 2009 年已经达到 2.141GW，占市场的 16%～25%，2016 年又翻了一番超过 4GW，占整个光伏组件产量的 7%左右。站在 2009 年的时点上，薄膜太阳电池在全球光伏市场中所占份额稳步增长。当时很多机构，如 EPIA 的 *PV Market Outlook2010*，NREL 的 *2010 Solar Technologies Market Report*，欧洲委员会联合研究中心（JRC）能源研究所发表的 *PV Status Report 2011* 及 Greentech Media company 发表的 *GTM Research* 研究报告 *Thin Film2010:Market Outlook to 2015* 等，对薄膜电池未来的预测都过于乐观。由于晶体硅太阳电池价格的大幅度下降，加上最近 5 年硅基薄膜电池效率没有大的明显改观，大量的硅基薄膜电池工厂纷纷关闭，仅有 CIGS 和

CdTe 有较大增长，所以薄膜组件的市场份额没有跟上晶体硅光伏组件增长。2010 年全球薄膜电池产量前 10 名的企业中只有美国的 First Solar 公司和日本的 Solar Frontier 公司及被汉能收购的 Solibro、Miasole 还在经营。

与硅基薄膜电池的不景气相比，其他类型的薄膜太阳电池还在逐渐发展，最近几年化合物薄膜电池的效率纪录不断被打破：CIGS 电池和 CdTe 电池的实验室效率都超过 22%，CdTe 组件的效率超过 16.4%，已经可与多晶硅组件媲美，市场应用规模也在不断扩大。近年来，钙钛矿太阳电池的实际应用研究发展也很快，这 3 类太阳电池技术上如能有进一步突破，凭借其价格低廉、温度系数小、弱光响应好、容易与建筑一体化等突出的优点，薄膜电池还是可以大有所为的。

参 考 文 献

[1] 雷永泉，万群. 新能源材料. 天津：天津大学出版社，2002.

[2] O.V etterl, et al. Intrinsic microcrystalline silicon: A new material for photovoltaics. Solar Energy Materials& Solar Cell, 2000(62): 97~108.

[3] 章诗，王小平，王丽军，等. 薄膜太阳能电池的研究进展[J]. 材料导报，2010,24(5):126~131.

[4] Michio Kondo, Akihisa Matsuda. An approach to device grade amorphous and microcrystalline thin films fabricated at higher deposition rates[J]. Current Opinion in Solid State and Materials Science,2002 (6):445~453.

[5] A.V.Shah, et al. Thin-film Silicon Solar Cell Technology[J]. Prog. Photovoltaic: Res Appl. 2004; (12): 113~142.

[6] 蓝仕虎，赵辉，杨娜，等. 大面积纳米硅基薄膜太阳电池及制造设备的开发[J]. 太阳能学报，2015,36(5):1268~1273.

[7] W. Shinohara, et al. Recent progress in thin-film silicon photovoltaic technologies[C]. 5th World Conference on Photovoltaic Energy Conversion, 6-10 September 2010, Valencia, Spain.

[8] X.Wu,et al. 16.5% efficient CdS/CdTe polycrystalline thin-film solar cell[C]. 17th European Photovoltaic Solar Energy Confernece, 22-26 October 2001, Munach,Germany.

[9] D L Batzner, et al. Development of efficient and stable back contacts on CdTe/CdS solar cells[J]. Thin Solid Films, 2001(387):151-154.

[10] Martin A. Green, et al. Solar cell efficiency tables(version 49), Prog. Photovolt: Res. Appl. 2017; 25:3~13.

[11] 欧阳良琦，庄大明，张宁，等. 磁控溅射四元靶材法制备 17.5%效率 CIGS 电池研究. 太阳能学报，2016,37(11):2994-2998.

[12] 欧阳良琦，庄大明，郭力，等. 串联电阻对不均匀铜铟镓硒电池性能的影响. 太阳能学报，2015,36(7):1561-1566.

[13] 伍祥武. 铜铟镓硒薄膜太阳能电池应用研究与进展. 大众科技，2010(8):105-106.

[14] 易娜. 钙钛矿太阳能电池技术的进展. 太阳能发电，2016 年 5 月.

[15] 时红海，杨莉萍，沈沪江，等. 染料敏化太阳电池热效应的模拟与实验研究. 太阳能学报，2016,37(10):2472-2478.

[16] 戴松元，胡林华. 染料敏化太阳电池关键技术进展与待解瓶颈. 摩尔光伏，2016-06-12.

[17] 孙南海，李明伟，万家伟. 大面积有机聚合物太阳电池级联研究，太阳能学报，2016,37(1):5-8.

[18] European Commission Joint Research Centre. PV Status Report 2016[R], ISBN 978-92-79-63055-2.

练　习　题

4-1　与晶硅太阳电池相比，薄膜太阳电池的优缺点有哪些？

4-2　简述目前实际应用和主要研究的薄膜太阳电池有哪些种类。

4-3　多结叠层非晶硅太阳电池主要有哪些结构？

4-4　非晶硅太阳电池推广应用的困难有哪些？

4-5　简述 CdTe 薄膜太阳电池的优缺点。

4-6　目前商业化生产中沉积 CdTe 薄膜的主要方法有哪些？

4-7　简述 CIGS 薄膜太阳电池的优缺点。

4-8　目前商业化生产中沉积 CIGS 薄膜的主要方法有哪些？

4-9　染料敏化太阳电池的原理是什么？

4-10　简述钙钛矿太阳电池的特点及发展前景。

4-11　试述薄膜太阳电池的发展前景，大规模应用的优势和缺点是什么？

第5章　聚光与跟踪

太阳电池的发电量与太阳辐照度有关。在一定范围内，辐照度越大，太阳电池的发电量也越大，所以采取聚光、跟踪等措施是增加太阳电池发电量的有效手段。

聚光太阳能发电分为聚光光伏发电（Concentrated Photovoltaic Power，CPV）和聚光太阳能热发电（Concentrated Solar Power，CSP）两大类，本章主要讨论聚光光伏发电。

5.1　聚光光伏发电

聚光光伏发电技术利用光学器件将直射的太阳光汇聚到太阳电池上，增加太阳电池上的辐照度，从而可以增加发电量。

在描述聚光系统的聚光程度时，常常用聚光比来进行比较，聚光比是指使用光学系统来聚集辐射能时，单位面积被聚集的辐射能量与其入射能量密度的比值，如聚光比为 1000，意思是太阳电池表面受到比普通阳光强 1000 倍的光照，常用“1000×”表示。一个 1000×的聚光光伏系统，意味着只需要非聚光条件下千分之一面积的聚光太阳电池，就可以实现与非聚光条件下同样的发电功率。另外常用的几何聚光比，是指用来聚集太阳能的光学器件的几何受光面积与太阳电池的几何面积之比。但是由于光学系统存在像差和色差等因素，阳光通过聚光器还有反射、吸收和散射等损失，而且电池表面的光强是不均匀的，所以几何聚光比 1000 倍，实际的平均光强要小于普通光强的 1000 倍。

由于聚光光伏要配备聚光与跟踪装置，系统较复杂，若应用于小型家用及商用光伏系统，则不具成本优势，而且会带来更多维护问题。聚光光伏系统更适用于光能充沛地区，最好是平均直射辐照度（DNI）大于 5.5～6kW·h/m^2/d（或 2000kW·h/m^2/y）的地区，装机容量在 1～1000MW 的大型光伏电站。

5.1.1　聚光光伏发电的优缺点

1．优点

和晶体硅及薄膜电池发电相比，聚光光伏发电具有许多优点。

（1）发电效率高。

现在高倍聚光太阳电池的最高效率已超过 44%，即使低倍聚光太阳电池效率也要比一般非聚光太阳电池高得多。而目前晶体硅太阳电池效率为 23%左右，薄膜太阳电池效率为 13%左右，聚光太阳电池保持着光伏技术中最高的光电转换效率纪录。

（2）占用土地少。

同样的发电量，聚光光伏系统占地面积仅仅是晶体硅太阳电池发电系统的一半左右，如 Concentrix 公司的聚光光伏系统每 MW 只需要土地 6～8 英亩①。而且土地还可以综合利用，

---

① 1 英亩约等于 4046.8m^2。

如在电站范围内可放牧牲畜或种植作物（如图 5-1 所示）。

图 5-1　聚光光伏电站土地综合利用

（3）现场安装方便。

由于集成度高，在现场安装非常方便，全套电站系统从审批程序结束到安装可以在很短时间内完成。

（4）可综合利用。

对于高倍聚光电站，除了供电以外，冷却产生的热水，还可加以利用。

2. 缺点

（1）对光资源要求较高，需要在直射辐射度高的地区建设电站。

（2）聚光光伏系统（特别是高倍聚光系统）不能吸收太阳散射光，太阳直射光稍有偏离电池，就会使得发电量急剧下降，因此往往需要配备高精度太阳跟踪器。

（3）聚光太阳电池在工作时温度会升高，因此一般需要采取散热措施。

（4）由于聚光光伏系统真正实际应用的时间不长、规模不大，因此还需要进一步实践检验。

5.1.2　聚光光伏部件

聚光光伏系统与常规光伏系统相比，平衡系统（BOS）等基本相同，只是前面的方阵形式不一样。一般平板式太阳电池方阵由太阳电池组件、支架和基座、连接电缆、汇流箱等组成，相对比较简单；而聚光光伏方阵，除了这些以外，还需要多种部件，下面分别介绍。

5.1.2.1　聚光太阳电池

与一般的光伏系统不同，在聚光光伏系统中，太阳电池在高强度的太阳光和高温条件下工作，通过的电流要比普通电池大很多倍，所以对电池有特殊要求。

根据聚光程度不同，聚光光伏系统一般采用特制的单晶硅或 III-V 族多结太阳电池，也有个别场合使用薄膜太阳电池。

1. 单晶硅太阳电池

由于单晶硅太阳电池性能稳定，价格相对便宜，所以在低倍聚光时，一般都采用转换效率较高的单晶硅太阳电池，以避免专门制作太阳电池而增加成本。在聚光条件下，对太阳电池性能有比较高的要求，要采取措施降低电池的串联电阻和隧道结的损失。

同时，聚光电池的栅线较密，典型的栅线约占电池面积的 10%，以适应大电流密度的需要。

此外，由于经常处在强烈光照情况下，太阳电池容易产生老化，所以应该进行专门的设计制造。

2. III-V 族多结太阳电池

中、高倍聚光系统目前广泛使用 III-V 族太阳电池，所谓 III-V 族太阳电池是指采用化学元素周期表中第 III 族和第 V 族元素材料制作成的化合物半导体太阳电池。与硅基材料相比，基于 III-V 族半导体多结太阳电池具有极高的光电转换效率，比晶体硅太阳电池高出一倍左右。III-V 族半导体具有比硅优异得多的耐高温性能，功率温度系数小，在高辐照度下仍具有很高的光电转换效率，因此可以应用于高倍聚光技术，这意味着产生同样多的电能只需要较小的太阳电池芯片。多结技术一个独特的方面就是可选择不同的材料进行组合，使它们的吸收光谱和太阳光谱接近一致，目前使用最多的是由锗、砷铟镓（或砷化镓）、镓铟磷 3 种不同的半导体材料形成 3 个 P-N 结。在这种多结太阳电池中，不但这 3 种材料的晶格常数基本匹配，而且每一种半导体材料具有不同的禁带宽度，因此可以分别吸收不同波段的太阳光光谱，从而可以对太阳光进行全谱线吸收，如上所述的锗、砷铟镓、镓铟磷等III-Ⅴ族太阳电池的对应光谱为 300～1750nm，可以充分吸收太阳的辐射能量。图 5-2 所示是典型的三结III-Ⅴ族太阳电池的量子效率相应曲线图。各类聚光太阳电池的转换效率记录如表 5-1 所示。

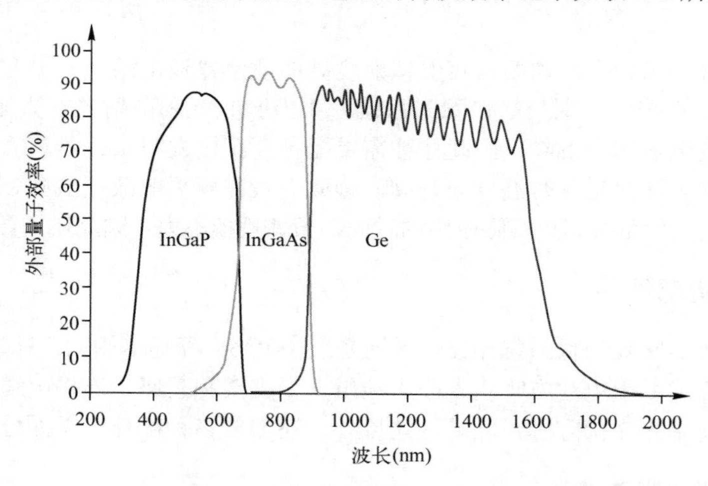

图 5-2　三结 III-V 族太阳电池的量子效率相应曲线

表 5-1　各类聚光太阳电池的转换效率记录

分　类	效　率	面　积	聚光比	测试中心(时间)	研发单位及描述
单结电池					
GaAs	29.3± 0.7	0.09359(da)	49.9	NREL (10/16)	LG Electronics
Si	27.6 ± 1.2	1.00(da)	92	FhG-ISE (11/04)	Amonix back-contact
CIGS（薄膜）	23.3± 1.2	0.09902 (ap)	15	NREL (3/14)	NREL
多结电池					
GaInP/GaAs; GaInAsP/GaInAs	46.0± 2.2	0.0520 (da)	508	AIST (10/14)	Soitec/CEA/FhG-ISE4j bonded

续表

分　类	效　率	面　积	聚光比	测试中心（时间）	研发单位及描述
GaInP/GaAs/GaInAs/GaInAs	45.7 ± 2.3	0.09709 (da)	234	NREL (9/14)	NREL, 4j monolithic
InGaP/GaAs/InGaAs	44.4± 2.6	0.1652 (da)	302	FhG-ISE (4/13)	Sharp, 3j inverted metamorphic
GaInP/GaInAs	34.2± 1.7	0.05361 (da)	460	FhG-ISE (4/16)	Fraunhofer ISE 2j
小组件					
GaInP/GaAs; GaInAsP/GaInAs	43.4 ±2.4	18.2 (ap)	340	FhG-ISE (7/15)	Fraunhofer ISE 4j (lens/cell)
子组件					
GaInP/GaInAs/Ge; Si	40.6 ± 2.0	287 (ap)	365	NREL (4/16)	UNSW 4j split spectrum
组件					
Si	20.5 ±0.8	1875 (ap)	79	Sandia (4/89	Sandia/UNSW/ENTECH(12 cells)
三结	35.9± 1.8	1092 (ap)	N/A	NREL (8/13)	Amonix
四结	38.9± 2.5	812.3 (ap)	333	FhG-ISE (4/15)	Soitec
值得注意的例外					
Si(大面积)	21.7± 0.7	20.0 (da)	11	Sandia (9/90)	UNSW laser grooved
发光小组件	7.1± 0.2	25(ap)	2.5	ESTI (9/08)	ECN Petten, GaAs cells

资料来源：Martin A. Green: Prog. Photovolt: Res. Appl. 2017; 25:3-13

为了追求更高的转换效率，有些研究所已在开发四结甚至五结太阳电池。无疑，四结或更多结的太阳电池将在光谱响应一致性及光谱范围扩展上具有更大的空间，对提高太阳电池的转换效率将更有效。NREL 已在研究转换效率为 50%的多结电池。

5.1.2.2　聚光器

聚光器有很多种类型，也有多种分类方法。

1．按形状分

（1）点聚焦型聚光器：使太阳辐射在太阳电池表面形成一个焦点（或焦斑）。
（2）线聚焦型聚光器：使太阳辐射在太阳电池表面形成一条焦线（或焦带）。

2．按成像属性分

（1）成像聚光器。

根据光学原理，通过聚光光学系统，将光线聚焦在一个极小的区域，在光线汇聚处能清晰地呈现物体的像。1979 年，Welford 和 Winston 提出光伏聚光器的目标并不是再现太阳精确的像，而是要最大限度收集能量，而成像聚光器并不是理想的光伏聚光器。

（2）非成像聚光器。

非成像聚光器设计的最终目的是要在单位面积上获得最大强度的光，其实质是一个光学“漏斗”，它要求大面积上的入射光被折射或反射后，能集中到一块小得多的面积上以达到聚能的目的。太阳光通过聚光器后可达到相当于或超过太阳的亮度。而成像光学通常不能达到理想聚光水平。O’Gallagher 等人在 2002 年发表的报告中指出：根据理论和实践的分析，在非成像聚光器中，太阳入射角在 0°～42.2° 时，聚光器可收集到全部太阳能量。因此，非成像光学应用于太阳能聚光器不仅可以得到很高的聚光比，还能获得较大的接收角及较小的体积。非常适合作为非跟踪式的静态聚光器应用。

3. 按聚光方式分

聚光器按聚光方式可分为反射式聚光器、折射式聚光器和平板波导聚光器三种，以下分别作详细介绍。

1）反射式聚光器

反射式聚光器将太阳光线通过反射的方式聚集到太阳电池上。由于反射方式的不同，又可分为以下两种。

（1）槽形平面聚光器。

槽形平面聚光器通常利用平面镜做成槽形，平行光经过槽形平面镜反射后集中到底部的太阳电池上，如图 5-3 所示。它能够增加投射到太阳电池表面的太阳辐照强度，可得到聚光比的范围为 1.5～2.5。镜子的角度取决于倾角和纬度及组件的设计，通常是固定的。

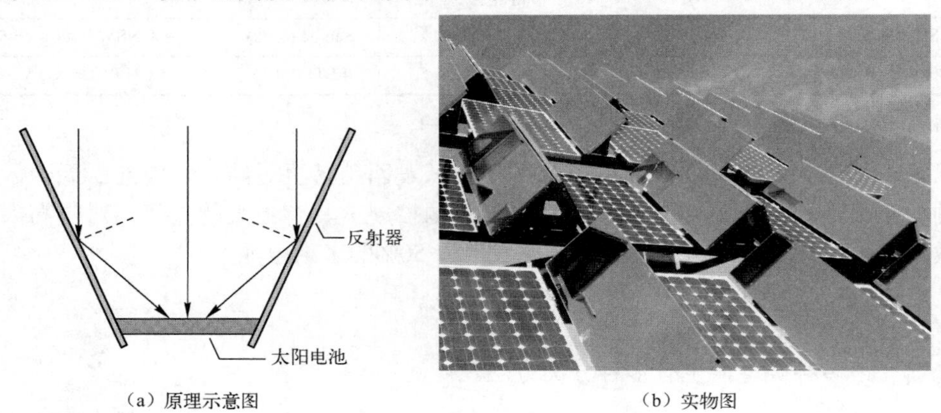

（a）原理示意图　　（b）实物图

图 5-3　槽形平面聚光器

（2）抛物面聚光器。

平行光经过抛物面聚光器的抛物面反射后可汇集到焦点上，如图 5-4 所示。如在焦点位置放置太阳电池，就可将入射的太阳光汇集到太阳电池上，可增加投射到太阳电池表面的辐射强度。虽然制作抛物镜面要比平面镜复杂，但是其聚光效果要好得多，所以现在低倍聚光发电系统中，很多都采用抛物面聚光器。

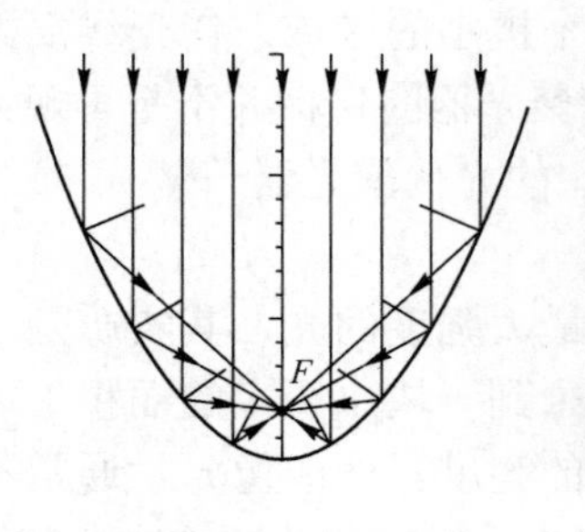

（a）原理示意图　　（b）实物图

图 5-4　抛物面聚光器

为了进一步提高聚光比，有的也采用二次抛物面聚光的方法，平行太阳光入射到第 1 个比较大的 1#抛物面反射镜上后，将太阳光聚集在第 2 个比较小的 2#抛物面反射镜的焦点上，然后再经过第 2 个反射镜将太阳光反射到太阳电池上，这样经过 2 次反射，可进一步提高太阳辐射强度。图 5-5 为二次抛物面聚光原理图。

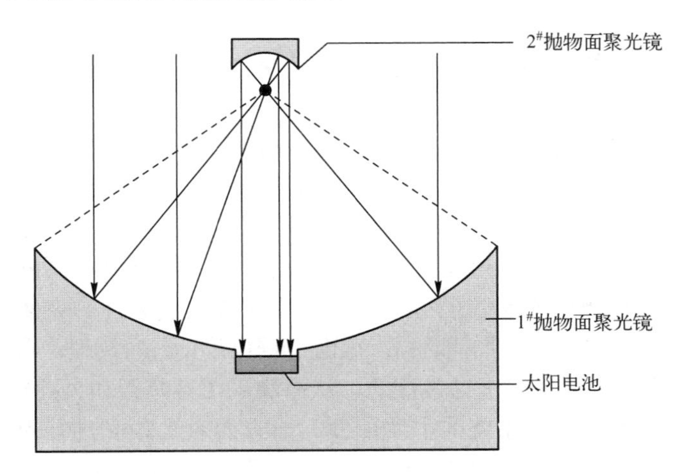

图 5-5　二次抛物面聚光原理图

后来 Welford 和 Winston 等又对抛物面聚光器进行了改进，研发了复合抛物面聚光器（Compound Parabolic Concentrator，CPC）。二维 CPC 几何图形由多段抛物线组成，可以进一步提高聚光的效果。

除了槽式抛物面聚光以外，还可以将抛物面反射镜做成碟式，如图 5-6 所示。这样可以将大型的抛物面划分为多个小面积的反射区域，如此每个反射区域所代表的曲面极为平滑，非常近似为平面，大大降低了每个反射小平面的加工难度和成本。

此外还有双曲面聚光器等形式。

图 5-6　碟式抛物面聚光器

2）折射式聚光器

折射式聚光器是将太阳光线通过折射的方式聚集到太阳电池上，以达到增强太阳辐照强度的目的。

折射式聚光器可以是传统的连续透镜，也可以是菲涅尔型透镜。菲涅尔型透镜具有以下优势。

（1）当口径很大时菲涅尔透镜可以制作得薄且轻。

（2）用菲涅尔透镜做聚光器比采用传统镜片可以有更大的口径，即菲涅尔透镜可以具有很低的菲涅尔数。

（3）制作菲涅尔透镜的材料可以是塑料或者是有机玻璃，不仅比玻璃便宜轻便，而且方便批量生产。

众所周知，普通的球面凸透镜就可以聚光，但一般用于太阳电池的聚光器装置比较大，若使用普通球面凸透镜，其厚度将变得非常大。为了减轻厚度和质量，节省材料，通常采用菲涅尔透镜，它是利用光在不同介质界面发生折射的原理制成的，具有与一般透镜相同的作用。实际应用的菲涅尔透镜是将凸透镜进行连续分割、连接组合而得到的，一般由有机玻璃注塑成型或用普通丙烯酸塑料或聚烯烃材料模压而成薄片状，镜片的表面一面为光面，另一面由一系列具有不同角度的同心菱形槽构成，截面呈锯齿形，它的纹理是利用光的折射原理并根据相对灵敏度及接收角度要求来进行设计的，从而满足了短焦距和大孔径的要求。如图 5-7 所示。菲涅尔透镜也是聚光太阳系统的主要部件，一方面对太阳光进行聚焦，另一方面对电池组件也起到保护作用，它是电池组件外罩的一部分。基于成本和户外可靠性考虑，现在 HCPV 大多数采用透射式聚光器。

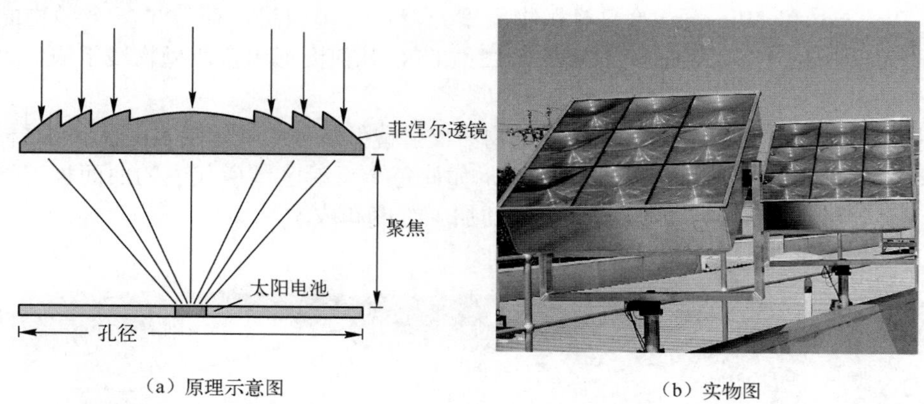

（a）原理示意图　　（b）实物图

图 5-7　菲涅尔透镜聚光器

优质的菲涅尔透镜必须具备表面光洁、纹理清晰、质量轻、透光率高和不容易老化等特点，其厚度一般在 1mm 左右。目前有多种工艺制造技术，如对有机玻璃（PMMA）进行注塑和热压及连续辊压等，以及玻璃上涂覆硅胶热成型为硅胶-玻璃的菲涅尔透镜（SOG）等，这些都需要较复杂的工艺制作过程。透光率、光斑均匀性、焦距、像差、工艺一致性、抗紫外线、抗风沙刮擦能力等，都是评估菲涅尔透镜性能的重要指标。

菲涅尔透镜有点聚焦和线聚焦两种形式，其对应的跟踪系统类型可以分别为二维跟踪和一维跟踪。根据不同的应用场合可选取不同的聚焦方式及跟踪形式。

3）平板波导聚光器

平板波导聚光器一般采用两级光学系统，第一级系统为基于全内反射的入口抛物面等微结构，起到收集光线并聚集的效果；第二级系统为锲形平板。第一级系统的聚集光线在第二级系统的锲形平板内部多次全反射到达第二级系统的一端，其原理图如图 5-8 所示。

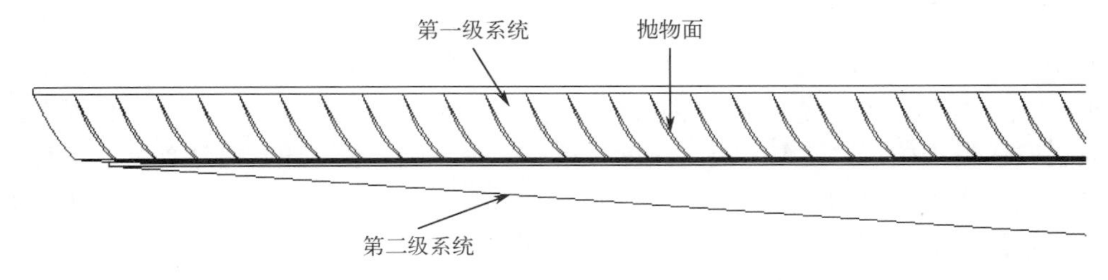

图 5-8　平板波导聚光器的原理示意图

平板波导聚光器由于采用了多次内反射来折叠光路，相较于前述反射式及折射式的聚光器，平板波导聚光器的整体厚度将大为降低。在保持高聚光倍数的前提下，依然可以实现较低的系统厚度，甚至做到无边框等。图 5-9 为 Morgan Solar 公司的 Sun Simba 产品实物图。

图 5-9　Morgan Solar 公司的 Sun Simba 产品实物图

平板波导聚光器可采用玻璃或者光学级塑料进行加工，因为该类型产品设计精细，对加工要求极高，在该技术商业化之前，平板波导聚光器的价格较高。

5.1.2.3　太阳跟踪器

随着聚光比的提高，聚光光伏系统能接收到光线的角度范围会变小，为了保证太阳光总是能够精确地到达聚光电池上，一般情况下，对于聚光比超过 10 的聚光系统，为保证聚光效果，应采用跟踪系统。尤其是高倍聚光系统，只要太阳光稍微偏离电池，其发电量就会急剧下降。聚光比越大，跟踪太阳的精度要求就越高，聚光比为 1000 时，要求跟踪精度误差小于±0.3° 甚至±0.1° （跟踪误差示意图如图 5-10 所示），所以高倍聚光系统必须配备高精度的跟踪装置。太阳跟踪器已经成为高倍聚光系统的关键部件之一，据统计，高倍聚光系统失效的原因大多数与太阳跟踪器发生故障有关。

图 5-10　太阳跟踪器跟踪误差示意图

太阳跟踪器的具体分类、结构等见 5.2.1 节。

5.1.2.4　散热部件

在聚光条件下，太阳电池组件的温度会上升，由于太阳电池功率的温度系数是负值，温度升高时，太阳电池的功率会下降。为减小因电池的升温而造成的效率损失，必须考虑散热问题，应采取适当措施，使太阳电池的温度保持在一定范围以内。通常以达到常温条件下转换效率的 80%作为指标，由此决定电池温度上限，对晶体硅太阳电池来说，其上限约为 100℃。对于 III-V 族聚光太阳电池，温度上限可稍高一些。

如果聚光太阳电池的温度较高，就要采取散热措施，散热方式分为主动散热和被动散热。主动散热就是通过主动元件（通常是通冷却水）完成热量散出；被动散热就是不借助任何主动工作元件，仅靠空气对流和热辐射来完成热量散出。图 5-11 是聚光太阳电池的两类散热系统，左边是加散热器被动散热，右边是加冷却液主动散热。

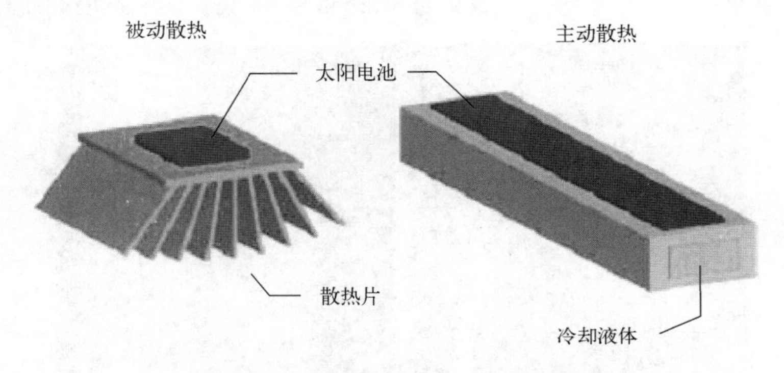

图 5-11　太阳电池的两类散热系统

聚光光伏技术由于能量密度高，在经过高效太阳电池光电转换后，仍然有大量热量需要散出。在做聚光光伏散热设计时，需要重点考虑热容和热阻两个问题，还要计算需要处理的热量（要按照直射光 1000W/m^2 来计算），同时要考虑在光伏系统没有并网发电这样的极限条件下，芯片的工作温度仍然要符合芯片及其封装部件的要求。

由于主动散热在成本和维护方面有许多限制，所以目前聚光行业很多都采用被动散热方式。提高散热效率要遵循散热规律，尽量减少导热层，以减小接触热阻。目前一般采用的被动散热结构如图 5-12 所示，使得芯片热量依次通过如下介质层：电池芯片→芯片封装贴片黏结材料→覆铜陶瓷基板→导热胶→散热器→表面热交换或者热辐射到外界。

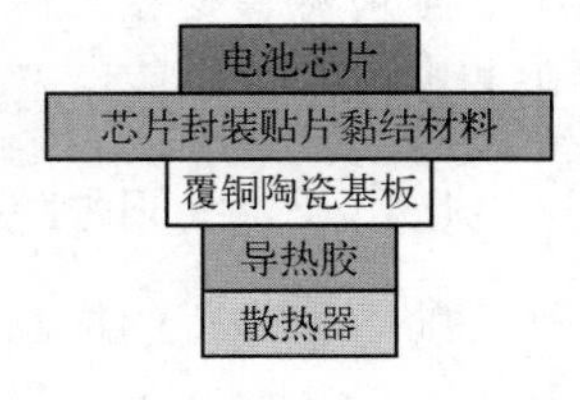

图 5-12　典型聚光器热量传递结构

在有些场合，高倍聚光仅仅采用被动散热的方法可能效果并不显著，这时就要采取水冷等方法。通水冷却需要专门配置供水和循环设备，如需要有水源，要配置管道、阀门和水泵等设备，需要增加一定投资。但是在有些情况下也可以综合利用。例如，在美国 Dallas 机场 1982 年建造的 25kW 聚光系统中，除了发电功能以外，采用主动散热方式通水冷却太阳电池，产生的热水可供给附近的宾馆使用。

5.1.3　聚光光伏系统

在世界石油危机的推动下，1976 年美国政府编制预算 125 万美元，开展聚光太阳能技术的研究，以后逐年增加，到 1981 年达到了 620 万美元。在政府项目的支持下，美国 Sandia National Laboratories 于 1976 年研发了 1kW 的方阵，其光电转换效率为 12.7%，该方阵后来被称为 Sandia1（如图 5-13 所示）。该原型机采用了点聚焦菲涅尔透镜，聚光比 50×，通冷水散热，双轴跟踪，聚光晶体硅太阳电池以及模拟闭环追踪控制系统，其中菲涅尔透镜、双轴跟踪和模拟闭环追踪控制系统在现在的聚光光伏系统中仍被广泛应用。20 世纪 70 年代末，Ramón 按这个概念发展的原型机采用 SOG 点聚焦菲涅尔透镜，聚光比 40×，晶体硅太阳电池的直径为 5cm，应用散热片被动散热（如图 5-14 所示），进行了试验和评估。不久之后，Spectrolab 也研制出了转换效率为 10.9%，聚光比 25×的 10kW 聚光光伏系统。后来在德国、意大利、西班牙出现了从 500W 到 1kW 的各种复制品，它们在某些部件方面有所改善，但是由于成本过高，并没有得到商业化应用。

图 5-13　Sandia 1 聚光系统

图 5-14　Ramón 聚光系统

20 世纪 80 年代，有些单位经过长期探索研发后，开始实施小规模实际应用示范，建立了一些小型聚光电站，如表 5-2 所示。

表 5-2　早期聚光光伏应用示范汇总

系统类型	聚光部件	聚光比	电池类型	散热	跟踪	应　用	容量	年度
点聚焦在单个电池上	透镜	$50<x<500$	Si	被动	双轴	Panel Ramón Areces – UPM Madrid	1 kW	1978
						PCA – Ansaldo.Italy	1kW	1978
						SOLERAS Village in Saudi Arabia	350kW	1981
						Sky Harbour Airport Phoenix	250kW	1982
						POCA Alpha Solarco Array	10kW	1989
						Amonix IHPVC System in Nevada Power Company	18kW	1995
						Amonix IHCPV Caligornia Polytechnic University Pomona	15kW	1998
点聚焦在拼接电池	碟形抛物面	$X<500$	Ga		双轴	Solar fram in Broken Hill (Australia)	1MW	进行中

续表

系统类型	聚光部件	聚光比	电池类型	散热	跟踪	应　用	容量	年度
线聚焦系统	透镜	$15<x<60$	Si	被动	双轴	Entech -3M/Austin System	300kW	1990
						Entech-20kW PVUSA System	20 kW	1991
						Entech -CSW Solar Park	100 kW	1995
						Entech-TU Electric Energy Park	100 kW	1995
						PVI - Clean Air Now,Los Angeles,CA	30 kW	1996
						PVI,Sacramento Municipal Utility Distr	30 kW	1996
						PVI Arizona Public Service	3 kW	1996
				主动		E-Systems-PV/Thermal System for Dallas Airport	25 kW	1982
	镜面			被动	单轴	EUCLIDES System	450kW	1999
				主动		PV/Thermal Acurex-System	60kW	1981
						BDM Corp. Office Block., Albuquerque	50kW	1982

资料来源：Crating/BOOK1/31/12/02

聚光光伏系统通常可按照聚光后比太阳光增加多少倍数分为低倍聚光系统、中倍聚光系统和高倍聚光系统 3 类，然而低、中、高的具体分类标准并不统一，而且随着技术的发展也在变化。原先一般认为聚光比在 2～10 为低倍聚光系统，聚光比在 10～100 为中倍聚光系统，聚光比在 100 以上为高倍聚光系统。而 GTM Research 的分类方法是：2～8 倍为低倍聚光，10～150 倍为中倍聚光，大于 200 倍为高倍聚光。现在（维基百科）一般认为，聚光比 2～100 为低倍聚光，100～300 为中倍聚光，300 以上甚至超过 1000 倍为高倍聚光。

1. 低倍聚光系统（LCPV）

低倍聚光系统是以时角不跟踪为前提而设计的，这类聚光系统多采用晶体硅太阳电池作为发电芯片，聚光器的形式基本都使用槽式或平面反射式，通常在太阳电池侧面或四周设置几块反光镜，以增加电池表面接收的太阳光。反射式聚光器聚光倍数较低，如能配备简单的跟踪装置，也会增加聚光效果，对于要求不高、误差不敏感的场合可以采用单轴跟踪器，即在东西方向跟踪。由于聚光倍数比较低，一般不必配备专门的散热器。

很多生产企业对于低倍聚光光伏系统进行了长期研发，为了和普通平板固定式光伏方阵系统进行竞争，采取多种不同的技术路线，多数采用反射式聚光，如 SunPower 公司采用聚光 7×，并且配备跟踪器；Skyline High Gain Solar 公司采用 10×复合抛物面聚光器并带有跟踪器；Abengoa Solar NT 公司采用 1.5×和 2.2×反射平面镜并带有跟踪器，单晶硅芯片；JX Crystals 公司采用聚光 3×；Megawatt Solar 采用聚光 20×。Solaria 公司则采用聚光 2×折射式聚光器并带有跟踪器的形式。

SunPower 公司 1985 年就开始从事聚光系统的研发，后来推出的 C-7 型跟踪低倍聚光系统（如图 5-15 所示）每台功率为 14.7kW，系统电压为 1000V，由 108 块 136W 组件组成，组件效率为 20.1%。利用抛物面聚光 7×，材料是热浸镀锌钢板和不锈钢玻璃镜面，采用免维护轴承，面向南北水平单轴跟踪，跟踪角度为-75°～+75°，可抗 40m/s 的大风。该公司声称，采用其 C-7 跟踪器与其他竞争技术相比，其发电成本可降低 20%。

在中国上海鲜花港，由美国 JX Crystals 公司设计、安装了 SunPower 公司生产的 125kW 低倍聚光光伏发电系统，第 2 期工程完成后规模达到 330kW。2013 年，SunPower 公司在亚利桑那州立大学理工学院的校园建造了 1MW 的低倍聚光电站，2014 年又在该州建成了容量为 7MW 的聚光电站。

西班牙 Sevilla 容量为 1.2MW 的低倍聚光电站，有 154 台双轴跟踪器（如图 5-16 所示），每台有 36 块光伏组件，反射式低倍聚光 1.5×～2.2×，转换效率为 12%，电站占地面积为 295 000m^2，每年发电 2.1GW · h。

图 5-15　SunPower C-7 型低倍聚光系统

图 5-16　西班牙 Sevilla 低倍聚光电站

2．中倍聚光系统（MCPV）

在中倍聚光的范围内，可使用点聚焦型聚光器或线聚焦型聚光器。应用点聚焦型聚光器时，其性质与高倍聚光器的情况相同，采用双轴跟踪的效果较理想。采用线聚焦型聚光器时，将其焦线置于东西方向时能取得最好效果。中倍聚光技术在市场中的应用还不多。

美国 Skyline 太阳能公司的中倍聚光系统采用抛物面反射式聚光方阵，聚光比为 14×，晶体硅太阳电池（图 5-17 为 Skyline Solar 14 倍聚光方阵），到 2011 年末，生产能力达到 100MW。2009 年安装了 24kW，2010 年安装了 83kW，在墨西哥的 Durango 建造的 500kW 聚光电站已经完成。

美国 Solaria 公司 2011 年在意大利的 Pontinia 建造的聚光光伏电站，容量为 585kW。2012 年在加州建造了 1.1MW 聚光电站，同年 3 月在意大利 Puglia 建造的聚光电站，使用单轴跟踪，容量为 2MW。同年 12 月在新墨西哥州建造了 4.1MW 聚光电站（如图 5-18 所示），也是采用单轴跟踪系统。2012 年和 2013 年在意大利 Sardinia 先后建成了 1MW 和 2MW 两座聚光电站。

图 5-17　Skyline Solar 14 倍聚光方阵

图 5-18　Solaria 公司 4.1MW 电站聚光方阵

3. 高倍聚光系统（HCPV）

通常高倍聚光系统由三部分组成：聚光组件、跟踪器和平衡部件。其中平衡部件与常规的晶硅、薄膜太阳能发电系统基本相同。聚光组件由聚光电池、光学系统、散热系统、组件框架等部件组成。在高倍聚光的范围内，主要使用点聚焦非成像型聚光器。这种聚光器，太阳入射角即使只有 0.5° 的变化，在太阳电池上的辐照度也会降低一半，因此配备精密的太阳跟踪装置十分必要。通常采用被动散热，因为它不需要使用冷却水，特别适合在炎热、干燥的地区使用。由于温度升高而使得电池转换效率降低的影响也要比其他技术低 3 倍。随着电池芯片价格的不断下降，高倍聚光系统在效率和成本上具有很大优势，高倍聚光在全球聚光光伏市场中占有最大的份额，将会成为聚光技术的主要发展方向。

高倍聚光光伏系统技术门槛较高且行业跨度大，涵盖半导体材料及工艺制造、半导体封装、光学设计制造、自动化控制、机械设计制造、金属加工等领域。HCPV 行业的产品包括多结电池片外延材料、光电转换芯片、光接收器组件、聚光器、双轴跟踪器等。

GTM 在 2011 年 5 月发表的研究报告 *Concentrating Photovoltaics 2011: Technology, Costs and Markets* 中指出：聚光光伏系统安装量 2010 年是 5MW，2015 年将增加到 1000MW。目前聚光光伏安装量占主导地位的是 3 家系统集成商，已经建成运行或正在安装及已经签订合同的聚光光伏系统容量为：Concentrix Solar 公司 181MW（全部在美国），Amonix 公司 127MW（美国 115MW，西班牙 12MW），SolFocus 公司 39MW（美国 32MW，葡萄牙 5MW，希腊 2MW），其他 13MW（其中 SolarSystems 公司在澳大利亚 3MW）。

Concentrix 太阳能公司于 2005 年在德国的弗莱堡成立，是从 Fraunhofer 太阳能系统研究所分离出来的公司，专门从事聚光光伏（CPV）技术的研发和生产。2007 年，Concentrix 太阳能公司的 CPV 技术被授予德国经济创新奖。2008 年 9 月建成了容量为 25MW 的全自动生产线。2009 年 12 月被法国 Soitec 集团收购，所以现在常用 Concentrix-Soitec 名称。Concentrix 太阳能公司聚光光伏（CPV）技术使用菲涅尔透镜，聚集阳光达 500 倍，并采用 III-V 族三结太阳电池（GaInP/GaInAs/Ge）。为了确保阳光集中在聚光光伏组件上，采用双轴太阳跟踪系统，Concentrix 聚光技术的系统效率为 27%。

2010 年，Concentrix 太阳能公司在美国新墨西哥州的 Questa 建造了容量为 1.37MW 的聚光光伏电站（如图 5-19 所示），当时规模属世界第一。该公司的技术还在德国、西班牙、意大利、南非、埃及等国家进行推广。

2011 年 10 月，Soitec 公司推出其专为电网级规模电站设计的第 5 代聚光光伏系统。Soitec 的“Concentrix”技术，包括一个 28kW 的方阵设计、面积超过 $100m^2$ 的跟踪器。系统转换效率提高到 30%，以降低平价上网（LCOE）的成本。

美国 Amonix 公司于 1994 年设计了第一套 20kW 的高倍聚光系统，此后又陆续开发了 6 代系统，使效率和性能不断得到改进。最新一代的系统为 Amonix 7700 聚光光伏系统（如图 5-20 所示），它是目前世界上最大的基座安装式太阳能系统。跟踪器宽度为 70 英尺①，高为 50 英尺，有 7560 个菲涅尔透镜，汇集 500 倍太阳光到多结砷化镓太阳电池上。每台可以产生 60kW 的电力。据称 Amonix 7700 聚光光伏系统比其他太阳能技术更合理地使用土地：安装额

① 1 英尺等于 0.3048 米。

定容量 1MW 只需 5 英亩土地，而其他太阳能技术却需要 10 英亩。有些 Amonix 系统（如位于加利福尼亚州波莫纳的系统）已经安全运行超过 12 年之久。

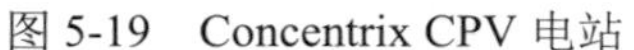
图 5-19 Concentrix CPV 电站

图 5-20 Amonix 7700 方阵

2006—2008 年，在西班牙纳瓦拉共分 3 期安装了 Amonix 聚光光伏太阳能设备，总容量为 7.8MW，一直是世界上最大的聚光电站。2008—2009 年，Amonix 公司在拉斯维加斯安装了第 7 套 300kW 聚光系统，采用 III-V 多结电池，交流效率为 25%，能效达到 2500kW •h/kW。2011 年 10 月，Amonix 公司宣布在新墨西哥州 Hatch 建成了北美最大的聚光电站，容量为 5MW，由 84 个双轴跟踪器组成，每个跟踪器上安装组件的功率是 60kW，采用 III-V 族多结聚光电池，双轴跟踪，系统效率可达到 29%。所发电力可供 1300 户家庭使用。2011 年，Amonix 在美国西南部总共安装了 35MW 聚光发电系统。2012 年 5 月，在美国科罗拉多州阿拉莫萨的圣路易斯山谷建成了容量为 30MW 的聚光光伏电站，占地 225 英亩，由 500 个 Amonix 7700 双轴跟踪器组成，升压到 115kV，并入电网，已经投入正常运行。

SolFocus 公司在美国加州 Victor Valley 学院安装了 1MW 的聚光电站，由 122 个 SF-1100 方阵组成，每个方阵 8.4kW，占地 6 英亩。每年发电量为 250 万 kW · h，大约可以满足该学院用电量的 30%。2012—2013 年，先后在墨西哥、意大利、美国等国建造了 9 座容量在 1.0～1.6MW 的聚光电站。

中国三安光电科技公司 2010 年在青海格尔木完成了 3MW 聚光光伏太阳能示范项目，使用 500 倍透镜，双轴跟踪系统，平均转换效率达到 25%。2012 年 11 月，在海拔 9000 英尺以上的格尔木建成了第 1 期 HCPV 电站，容量为 57.96MW，使用了 2300 台 CPV 跟踪器，每个跟踪器有 56 块组件，每块组件功率是 450W，采用了 500kW 的逆变器 100 台。第 2 期总容量为 79.83MW，于 2013 年完成，使用了 3168 台 CPV 跟踪器，每台跟踪器有 56 块组件，每块组件功率是 450W，采用 500kW 的逆变器 120 台。两期总容量达到 136.79MW，成为全球最大的 HCPV 电站（如图 5-21 所示）。

目前世界第 2 大聚光光伏发电站位于南非开普敦东北 150km 处的 Touwsrivier（如图 5-22 所示），容量为 44.19MW，投资 1 亿美元，占地面积 212 公顷。采用 1500 个 Soitec CX-S530-II CPV 跟踪器，每个跟踪器有 12 个子方阵，每个子方阵上有 12 块组件总共 2455W，配置了 60 台逆变器，于 2014 年 12 月建成，所发电力可满足 23 000 个家庭使用。

图 5-21　格尔木 140MW　HCPV 电站

世界第 3 大聚光光伏发电站位于美国科罗拉多州的 Alamosa，于 2012 年 3 月建成（如图 5-23 所示），容量为 35.28MW，占地 225 英亩。采用组件 Amonix 7700 CPV 跟踪器 504 个，跟踪器尺寸是 70 英尺宽，50 英尺高，共有 7 个子方阵，每个子方阵功率为 10kW。配置交流容量为 70kW 的逆变器 504 台，年发电量 76GW · h。

图 5-22　南非 44.19MW CPV 电站

图 5-23　美国 Alamosa35.28MW CPV 电站

5.1.4　聚光光伏发电现状

根据 Fraunhofer ISE2016 年 11 月 17 日的报告，目前聚光光伏发电的技术现状如表 5-3 所示。

表 5-3　聚光光伏发电的技术现状

效　率	实验室记录	商 业 产 品
太阳电池	46.0 % (ISE, Soitec, CEA)	38%～43%
小组件	43.4% (ISE)	
组件	38.9% (Soitec)	27%～33%
系统（交流）		25%～29%

资料来源：Fraunhofer ISE Progress in Photovoltaic

2006—2015 年，全球共安装了容量在 1MW 以上的聚光光伏电站 54 座，分布在中国、美国、法国、意大利、西班牙等 12 个国家，到 2016 年全球 CPV 电站累计安装量为 360MW，聚光比400以上，商业HCPV系统瞬时效率达到42%，国际能源署希望在21世纪20年代中期，效率可以增加到50%。2014年12月，四结或以上的聚光电池实验室效率已经达到46%，在室外运行条件下，CPV组件效率已经超过33%。经过认证Fraunhofer ISE，Soitec太阳电池效率的纪录达到46.0%，最小组件的效率为43.4%。2015年Soitec在聚光标准测试条件下，CPV组件效率为38.9%，商业应用的CPV组件效率超过30%。

根据行业调查和文献介绍，2013年10MW CPV光伏电站的价格在€1400/kW～€2200/kW（包括安装在内），由此计算CPV电站的度电成本为€0.10/kW·h～€0.15/kW·h。即使考虑到市场发展存在很多不确定因素，由于CPV的技术进步，如果安装量继续增长，到2030年，预计包括安装在内CPV光伏系统的价格在€700/kW～€1100/kW，届时CPV电站的度电成本可降到€0.045/kW·h～€0.075/kW·h。

但是在2009年金融危机之后，特别是2014年后晶体硅太阳电池的成本大幅下降，使得聚光光伏的成本优势不复存在，聚光产业的发展受到了较大冲击。2015年只有Soitec公司在法国、中国和美国安装了容量从1.1～5.8MW的6座聚光电站。此后一些大型CPV制造厂，如Suncore，Soitec，Amonix，Solfocus等纷纷停产，聚光光伏发电进入低潮。何时能够崛起，面临很多不确定因素，如果HCPV在技术上能够有进一步的突破，还可能在光伏发电领域重新占有一席之地。

5.2　太阳能跟踪系统

太阳每天从东向西运动，高度角和方位角在不断改变。同时在一年中，太阳赤纬角还在-23.45°～+23.45°之间来回变化。当然，太阳位置在东西方向的变化是主要的，在地平坐标系中，太阳的方位角每天差不多都要改变180°，而太阳赤纬角在一年中的变化也有46.90°，如果能将太阳电池方阵随时面对太阳，就能接收到更多的太阳辐射能量，从而增加光伏系统的发电效果，这就需要配置太阳能跟踪器。

太阳能跟踪器是用于将光伏组件对准太阳或引导阳光至太阳电池的机械装置。以前主要是为了满足聚光太阳能发电系统的需要，特别是对于高倍聚光（HCPV）系统和太阳能热发电系统（CSP），跟踪器是必须配备的重要设备，近年来在一般的太阳电池方阵上也得到了大量应用。

5.2.1　跟踪器的分类

太阳能跟踪器根据应用场合的不同可分成非聚光（PV）跟踪器及聚光（CPV）跟踪器两种类型，每一种又可以根据其跟踪轴的数量、驱动器架构及传动方式、应用基础及其上的支撑结构等来进行细分。

5.2.1.1　按使用场合分

1．非聚光跟踪器

非聚光组件跟踪器是实现光线与光伏方阵之间入射角最小化的装置，光伏组件可接收直射光及各个角度的散射光。这意味着使用非聚光跟踪器可使方阵在没有正对太阳的情况下也能有效发电。非聚光跟踪器系统的作用是增加直射光部分的发电量，同时较固定式安装光伏系统增加了发电时间，从而增加发电量。在非聚光光伏系统中，直射光束产生的能量与入射光与方阵的夹角呈余弦关系下降。精度为±5 的跟踪器能将直射光束中超过 99.6%的光用于能量转化。因此，对于非聚光系统一般不需要很高精度的跟踪器。

2．聚光跟踪器

聚光跟踪器用于实现聚光光伏系统的光路工作。跟踪器使聚光组件对准太阳或聚焦太阳光到光伏接收器上。直射的太阳辐射光而不是散射光是 CPV 组件的主要能量来源。特别的光路设计使直射光聚焦在组件上，如果焦点没有准确保持，功率输出就会大幅下降。如果 CPV 组件聚光是一维的，就需要单轴跟踪器；如果 CPV 组件聚光是二维的，就需要双轴跟踪器。在聚光组件中，跟踪精度的需求通常与组件可接收的半角相关，如果太阳指向误差小于组件可接收半角，一般来说组件功率可输出大于 90%的额定功率。

5.2.1.2　按转轴的数量分

光伏跟踪器根据转轴的数量与方位可分成单轴跟踪器和双轴跟踪器两类。

1．单轴跟踪器

单轴跟踪器的转动轴有一个自由度，有几种不同的实现方式，包括水平单轴跟踪器（如图 5-24 所示）、垂直单轴跟踪器（如图 5-25 所示）、斜单轴跟踪器（如图 5-26 所示）。水平单轴跟踪器的转轴相对地面是水平的，垂直单轴跟踪器的转轴相对地面是垂直的。在一天中跟踪器从东转到西，所有在水平和垂直之间的单轴跟踪器均为斜单轴跟踪器。斜单轴的倾斜角通常受限于减小风剖面的需要及减小抬高一头的离地高度的需要。极地对齐斜单轴跟踪器是一种特别的斜单轴跟踪器，在这种方式中，倾角等于安装地点的纬度，这样跟踪器的转轴与地球的转轴对齐。

单轴跟踪器转轴通常与子午线对齐，也有可能在用更先进的跟踪算法的基础上对齐任何地面方位。在模拟系统时组件相对于转轴的方向很重要，水平与斜单轴跟踪器的组件表面一般平行于转轴，组件跟踪太阳时扫过轨迹相对于转轴成圆柱形或者圆柱的一部分。垂直单轴跟踪器组件表面一般与转轴形成一个角度，组件跟踪太阳时扫过轨迹呈对称于转轴的圆锥面。

图 5-24　水平单轴跟踪器

图 5-25　垂直单轴太阳跟踪器

图 5-26　斜单轴太阳跟踪器

2. 双轴跟踪器

双轴跟踪器有两个用于旋转的自由度，两个转轴通常互相垂直。固定于地面的轴称为主轴，固定于主轴上的可称为第二轴。双轴跟踪器有几种实现方式，由主轴相对于地面方向来分类，通常的两种方式如下。

（1）顶倾式双轴跟踪器。

顶倾式双轴跟踪器（如图 5-27 所示）的主轴平行于地面，第二轴通常垂直于主轴。顶倾式跟踪器的转轴一般与东西向纬线或南北向经线对齐，极向式双轴跟踪器就是其中之一。

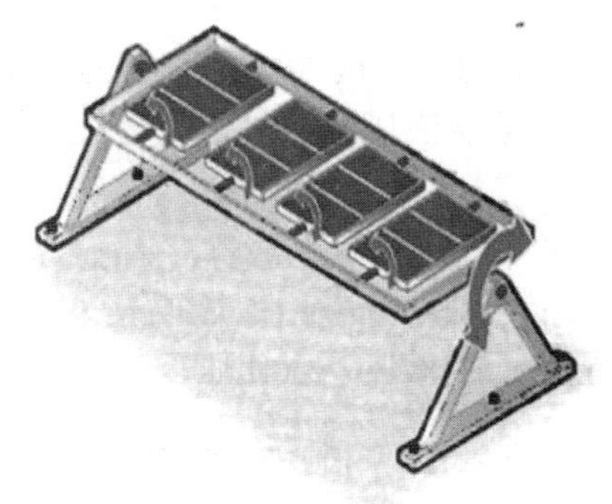

图 5-27　顶倾式双轴跟踪器

（2）方位角-高度角双轴跟踪器。

方位角-高度角双轴跟踪器（如图 5-28 所示）的主轴垂直于地面，第二轴通常垂直于主轴。

双轴跟踪器有两种常用的驱动与控制架构：分散式驱动与联动式驱动。有多种具体实现方式。在分散式驱动架构中，每个跟踪器和转轴均为独立驱动与控制的；在联动式驱动架构中，一个驱动系统驱使多个转轴同时动作。这样可以在一个跟踪器中有多个相同的转轴或多个跟踪器排成一个阵列。

图 5-28　方位角-高度角双轴跟踪器

随着技术的成熟和国家上网电价补贴政策的促进，近年来，跟踪系统的应用也越来越广泛，尤其在领跑者计划中得到了广泛应用。跟踪系统的选择应符合下列要求：（1）水平单轴跟踪系统宜安装在低纬度地区。（2）倾斜单轴和斜面垂直单轴跟踪系统和双轴跟踪系统适宜安装在中、高纬度地区。（3）容易对传感器产生污染的地区不宜选用被动控制方式的跟踪系统。

5.2.1.3　按动力驱动分

太阳能跟踪器的动力驱动类型大致有三种。

1．电力驱动

电力驱动系统将电能转化为交流电动机、直流有刷电动机或直流无刷电动机的旋转运动。电动机配上齿轮箱减速以达到高转矩。齿轮箱的最后一级传递直线运动或旋转运动以推动跟踪器的转轴。

2．液压驱动

液压驱动系统采用液压泵来产生液压。液压经由阀、各种管道至液压马达及液压缸。液压马达及液压缸将按照预先设计好的机械运动传递给跟踪器需要的直线或旋转运动。

3．被动驱动

被动系统采用液压压差来驱动跟踪器转轴。压差由不同阴影制造的不同热梯度来得到，驱使跟踪器运动以使压差达到平衡。

5.2.1.4　按控制类型分

1．被动控制

被动式太阳能跟踪器通常依靠环境的力量产生流体密度变化，此变化提供的内力用来跟踪太阳。业绩最早的跟踪器厂家之一 Zomeworks 公司使用的就是这种技术。

2．主动控制

主动式太阳能跟踪器采用外部提供的电源来驱动电路及执行器件（电动机、液压等）使组件跟踪太阳，有开环和闭环两种方式。

（1）开环控制。

开环控制是不采用直接感知太阳位置的传感器的跟踪方式，而采用数学计算太阳位置（基于一天内的时间、日期、地点等）来决定跟踪器的方向和倾角，并由此来驱动跟踪器的传动系统。开环控制并不是指执行元件本身不提供反馈控制，执行元件可以是带有编码器的伺服电动机，本身可能是采用 PID 及类似的控制器。开环控制指的是控制算法中没有实际跟踪误差的反馈。

（2）闭环控制。

闭环控制是采用某种反馈（如光学的太阳位置传感器或组件功率输出的变化），来决定如何驱动传动系统和组件位置的主动跟踪方式，是混合太阳位置计算法（开环的历法编码）和闭环的太阳位置传感器数据的主动跟踪方式。

早期还有定时控制，是以石英晶体为振荡源，驱动步进机构，每隔 4min 驱动一次，每次立轴旋转 1°，每昼夜旋转 360°的时钟运动方式，进行单轴、间歇式主动跟踪。

5.2.2　跟踪系统的应用

跟踪系统以前主要是作为聚光光伏发电（CPV）和太阳能热发电（CSP）配套部件使用的。近年来，由于采用跟踪系统能够为固定式光伏方阵增加 15%～25%的发电量，越来越多地面安装的光伏系统开始采用跟踪的方式。据统计，2015 年全球安装的跟踪光伏电站容量为 5GW，2013—2016 年跟踪器年安装量平均增长 83%。

全球跟踪器系统的供应商比较集中，2015 年 4 家供应商：NEX Tracker 公司、Array Technologies 公司、First Solar 公司和 Sun Power 公司所供应的跟踪器系统占全球的 72%。跟踪器市场主要是单轴跟踪器，用在高倍聚光系统的双轴跟踪器所占比例还不到 4%。

世界最大的单体跟踪电站是美国加州 Rosamond 的 Solar Star 电站，这是目前世界第 3 大光伏电站，容量为 579MW，于 2013 年开工，2015 年 6 月建成，共有 172 万块太阳能板，采用 Sun Power 公司的单轴跟踪技术（如图 5-29 所示），增加发电量最多可达 25%。在 3 年安装过程中提供了 650 个工作岗位，还有 15 个全职运行维护人员就业岗位。

利比亚 AL-Jag bob 沙漠地区 50MW 双轴跟踪光伏电站占地面积 2.44km^2，采用双轴跟踪比固定方阵增加发电量 40%，年发电量 128.5GW·h，平均组件效率为 16.6%，年减少 CO_2 排放量 85527t，系统能量偿还时间为 4 年。分成 50 个子方阵，每个子方阵 125 个跟踪器，每个跟踪器为 8kW，总容量 1MW，有 5000 块组件，组件总面积 290 180m^2。

中国最大的跟踪光伏电站是青海省的黄河水电共和水光互补电站，项目总规模 2GW，其中 60.5MW 采用平单轴跟踪（如图 5-30 所示），共使用了 1320 套跟踪系统，是江苏中信博新能源科技股份有限公司研发的产品。

据统计，截至 2016 年全球安装的跟踪光伏电站容量约 14.8GW，有 1.5GW 正在安装，还有 2.9GW 已经签署合同即将安装。STM 的研究报告 *The Global PV Tracker Landscape 2016* 预测，2017 年光伏跟踪系统安装量将增长 19%，2017—2021 年预计年增长 21%，2021 年将达到 37.7GW，约占地面光伏电站安装量的一半（如图 5-31 所示）。

图 5-29　美国 Solar Star 电站单轴跟踪系统

图 5-30　青海 60.5MW 电站平单轴跟踪系统

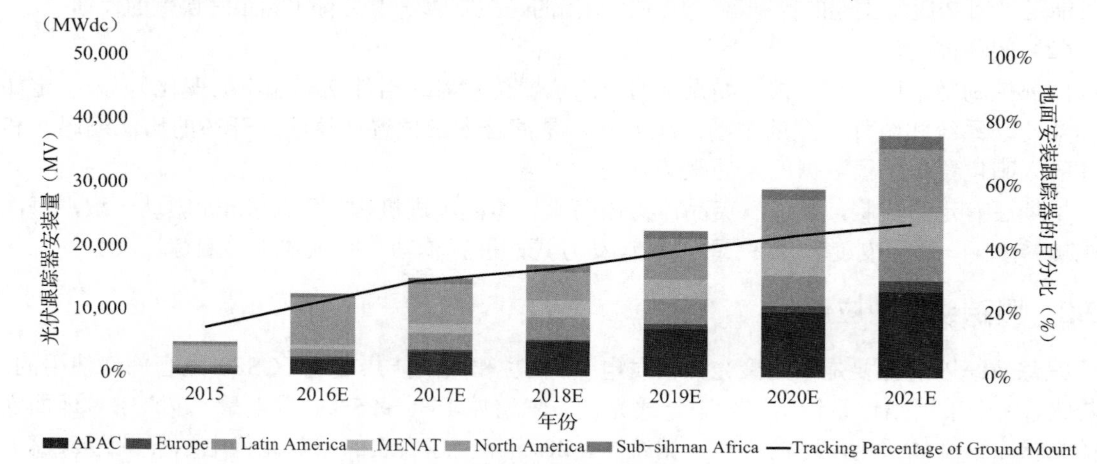

资料来源：GTM Research report

图 5-31　光伏跟踪器市场预测

全球跟踪器市场 2015 年产值为 10 亿美元，到 2021 年将增加到 49 亿美元。

另外，有一种比较特殊的跟踪系统方式是中央塔式，其特点是太阳电池大面积相邻排列布置在中央发电塔顶部，通过控制四周分散布置的平面镜反射阳光汇聚到发电塔顶部电池方阵上实现聚光发电，这种集中接收式聚光光伏系统在澳大利亚已经建造了容量为 154MW 光伏电站，如图 5-32 所示。电站建造费用 9500 万澳元由澳大利亚政府资助，发电成本预期 10 美分/kW·h。

图 5-32　集中接收式聚光光伏系统

综上所述，由于近年来晶体硅太阳电池价格的大幅度下降，聚光光伏发电受到了很大影响，产业的发展进入了低谷。不过由于其本身具有的突出优点，在一些太阳直接辐射强度很高的地区仍然有相当的市场需要，而且随着聚光系统的不断发展和改进，如果一旦实现技术进一步的突破，聚光光伏发电还有可能再创奇迹。

跟踪器原来是作为聚光太阳能发电系统的部件来配置的，能显著增加光伏系统的发电量，具有比较高的性价比。近年来，开始应用固定式平板方阵发电系统，取得了很好的效果，因此得到了迅速推广，在地面安装的光伏系统中所占比例大幅增加。可以预期，随着技术的进步，太阳能跟踪系统的性能将继续提高，使用范围和规模也将不断扩大，在光伏发电领域发挥越来越大的作用，为光伏发电实现平价上网做出更大贡献。

参 考 文 献

[1] Sarah Kurtz .Opportunities and challenges for development of a mature concentrating photovoltaic power industry[R]. Prepared under Task No. PVA7.4401 NREL/TP-5200-43208 Revised June 2011.

[2] F. Muhammad-Sukki, et al. Solar concentrators. International Journal of Applied Sciences (IJAS). Volume (1): Issue (1). October 2010. http://www.scribd.com/doc/42622141/International-Journal-of-Applied-Sciences-IJAS-olume-1-Issue-1.

[3] Arthur Davis. Fresnel lens solar concentrator derivations and simulations[R]. Proc. of SPIE Vol. 8129, 81290J :1～15 cc 2011 SPIE. http://www.reflexite.com/tl_files/EnergyUSA/papers/Fresnel-lens-solar-concentrator-derivations-and-simulations_Davis_SPIE-2011_8129-17.pdf.

[4] 翁政军，杨洪海，等. 应用于聚光型太阳能电池的几种冷却技术[J]. 能源技术，2008 年 01 期.

[5] R.Leutz,A.Suzuki.Nonimaging fresnel lenses- Design and performance of solar concentrators. ISBN 3-540-41841-5. Springer- Verlag Berlin Heidelberg New York, September 6, 2001.

[6] 田纬，等. 聚光光伏系统的技术进展. 太阳能学报，2006,27(04):597~604.

[7] 杨力，等. 大型菲涅耳透镜的设计和制造. 光学技术，2001,27(6):499~502.

[8] 王一平，等. 聚光光伏电池及系统的研究现状. 太阳能学报. 2011,32(03):433~438.

[9] I Visa, D Diaconescu, et al. On the incidence angle optimization of the dual-Axis solar tracker[C]. 11th International Research/Expert Conference TMT Hamammet, Tunisia, 2007: 1111~1114.

[10] I S Hermenean, et al. Modelling and optimization of a concentrating PV-mirror system[C]. International Conference on Renewable Energies and Power Quality(ICREPQ'10) Granada (Spain), 2010.

[11] 俞容文. 高倍聚光光伏技术最新进展[J]. 太阳能发电. 5 月份专刊，2015 年.

[12] 高慧，陈国鹰，等. 聚光太阳电池户外测试[J]. 电源技术，2010 年 02 期.

[13] 舒碧芬，沈辉，等. 聚光光伏系统接收器结构及性能优化[J]. 太阳能学报，2010 年 02 期.

[14] Simon P Philipps, et al. Current status of concentrator photovoltaic (CPV) technology[R]. Fraunhofer ISE | NREL CPV Report 1.2 TP-6A20-63916 3 /26, February 2016.

[15] Y Aldali, F Ahwide. Evaluation of a 50MW two-axis tracking photovoltaic power plant for AL-jagbob, Libya: energetic, economic, and environmental impact analysis. World academy of science, engineering and technology[J]. International Journal of Environmental, Chemical, Ecological, Geological and Geophysical Engineering, 2013,7(12): 811~815.

[16] Bouziane Khadidja, et al . Optimisation of a solar tracker system for photovoltaic power plants in saharian

region,example of ouargla[C]. The International Conference on Technologies and Materials for Renewable Energy, Environment and Sustainability, TMREES14 . Energy Procedia 50 (2014) 610~618.

[17] Yueping Kong, et al. A method of array configuration for tracking photovoltaic devices[J]. International Journal of Control and Automation, 2015,8(2):131~136, http://dx.doi.org/10.14257/ijca.2015.8.2.14

[18] Chaves J, et al. Combination of light sources and light distribution using manifold optics[R] Nonimaging Optics and Efficient Illumination Systems III. SPIE,6338, 63380m, 2006.

[19] Miñano, J C, et al. High-efficiency LED backlight optics designed with the flow-line method[R] Nonimaging Optics and Efficiency Illumination System II, SPIE, 5942, 6, 2005.

[20] 高亮，蔡世俊，等. 跟踪式光伏发电系统的性能分析[J]. 半导体技术，2010 年 09 期.

[21] 韩新月，屈健，郭永杰. 温度和光强对聚光硅太阳电池特性的影响研究. 太阳能学报，2015,36(7):1585~1590.

[22] Lewis Fraas, Larry Partain. Solar cells and their applications second edition. John Wiley & Sons, Inc ISBN 978-0-470-44633-1 (cloth)　TK2960.S652 2010, Printed in Singapore.

[23] 王子龙，张华，吴银龙，等. 三结砷化镓聚光太阳电池电学特性的研究与仿真. 太阳能学报，2015,36(5):1156~1161.

[24] 李烨，张华，王子龙. 一种高倍聚光光伏系统中太阳电池冷却的实验研究. 太阳能学报，2014,35(8):1461~1466.

练　习　题

5-1　简述聚光光伏系统的优点及不足之处。

5-2　简述聚光光伏方阵的主要部件及其作用。

5-3　目前市场上应用的聚光太阳电池材料有哪几类？

5-4　简述折射式聚光器和反射式聚光器的工作原理。

5-5　哪些聚光光伏系统需要配备太阳跟踪器？

5-6　太阳跟踪器的主要组成部分及跟踪控制方式有哪几种？

5-7　聚光光伏发电系统为什么需要散热，可以采取哪些方式散热？

5-8　聚光光伏发电系统有哪几类？分别采用了哪些种类的太阳电池和聚光器？

5-9　某聚光系统采用的菲涅尔透镜直径为 300mm，在标准测试条件下输出电能 120W，求该聚光系统的转换效率。

5-10　简述太阳跟踪器的作用，在什么情况下采用跟踪器比较好？

第 6 章　太阳电池的制造

太阳电池的效率和生产成本在很大程度上取决于制造工艺，近年来由于制造工艺的不断改进，为光伏发电的大规模应用创造了条件。本章主要讨论晶体硅太阳电池及组件的制造工艺。

从硅材料到制成晶硅组件，需要经过一系列复杂的工艺过程，其大致的流程是：多晶硅料→硅锭（棒）→硅片→电池→组件，晶硅太阳电池组件生产流程示意图如图 6-1 所示。

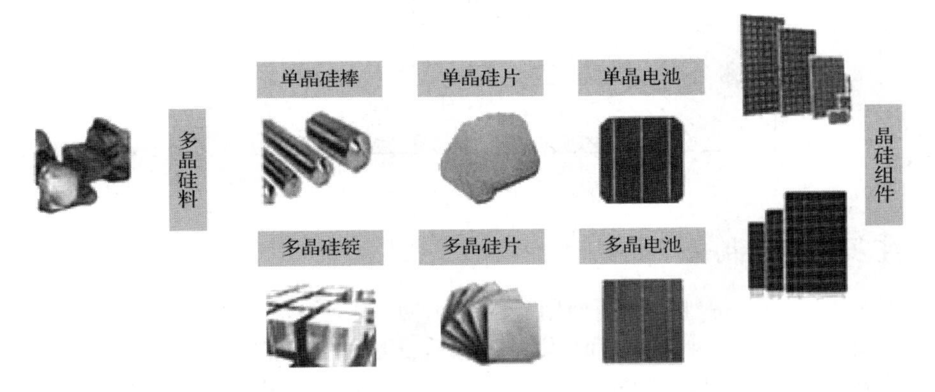

图 6-1　晶硅太阳电池组件生产流程示意图

6.1　硅材料制备

硅材料是光伏产业最重要的基础材料，多晶硅是硅产品产业链中的一个极为重要的中间产品。根据纯度的不同，多晶硅通常分为冶金级多晶硅（金属硅）、太阳能级多晶硅（简称“太阳能级硅”）与电子级多晶硅（简称“电子级硅”）。行业中常说的高纯多晶硅是指纯度高于 7 个 9（99.99999%）的多晶硅，是晶硅太阳电池中最主要的原材料。

6.1.1　金属硅的制备

金属硅中硅含量 98.5%左右，是在电弧炉里利用木炭还原硅砂得到。近 10%的金属硅被提纯为高纯多晶硅，用于光伏市场，其化学反应式为：

$$SiO_2 + 2C \rightarrow Si + 2CO$$

反应物之间化学反应复杂，炉子底部温度超过 2000℃，主要反应如下：

$$SiC + SiO_2 \rightarrow Si + SiO + CO$$

在炉子中部，温度 1500～1700℃，主要反应为：

$$SiO + C \rightarrow SiC + CO$$

在炉子顶部，温度低于 1500℃，以逆向反应占主导地位：

$$SiC + CO \rightarrow SiO_2 + C$$

生成液态的硅沉积在电弧炉底部，用铁作为催化剂可有效阻止碳化硅的形成。将液体硅定期从电弧炉中倒出或在电弧炉底部开孔流出，并用氧气或氧-氯混合气体吹拂，以进一步提纯。然后倒入浅槽，逐渐凝固，形成冶金硅，其中还含有大量金属杂质，如铁、铜、锌、镍等，如图 6-2 所示。

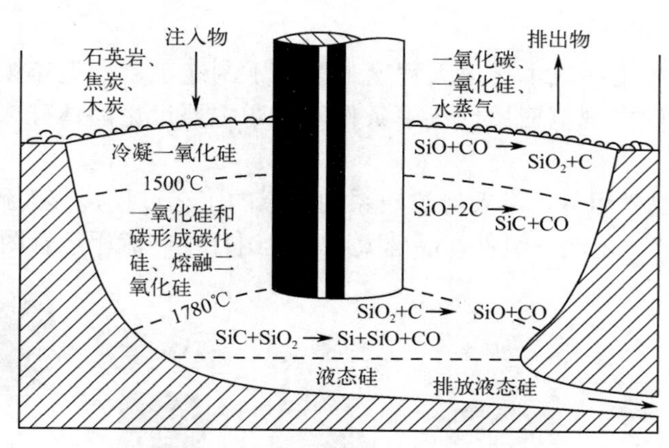

图 6-2　电弧炉制备金属硅

6.1.2　高纯多晶硅的制备

高纯多晶硅最有效的提纯方法是使用硅的卤化物，如硅烷（SiH_4）、氯硅烷（SiH_xCl_y）等，通过对硅的卤化物的提纯，将高纯的卤化硅还原成高纯的硅。在化学提纯过程中，会产生许多中间产物和副产物，因此对副产物的回收再利用是多晶硅生产的重要环节。对传统西门子法的改良（改良西门子法），实现了对副产物 100%的回收再利用，是近几年多晶硅料生产成本降低、污染能耗减少的重要措施。

太阳能级多晶硅的纯度要求虽然略低于电子级多晶硅，但其生产制造的主流方法与电子级多晶硅基本一样。目前市场主流的方法有改良西门子法、流化床反应炉法、硅烷热（SiH_4）分解法三种技术。

6.1.2.1　改良西门子法

改良西门子法是在西门子法的基础上进行改进，增加反应气体的回收，从而增加高纯多晶硅的出产率，主要回收并再利用的反应气体包括：H_2、HCl、$SiCl_4$ 和 $SiHCl_3$，形成一个完全闭环生产的过程。其相对于西门子法的优点主要有：①节能。由于改良西门子法采用多对棒、大直径还原炉，可有效降低还原炉消耗的电能；②降低物耗。改良西门子法对还原尾气中的各种组分全部进行了有效的回收利用，这样就可以大大降低原料的消耗；③减少污染。由于改良西门子法是一个闭路循环系统，多晶硅生产中的各种物料得到充分利用，排出的废料极少，相对传统西门子法而言，污染得到了控制，保护了环境。目前国内外多晶硅厂绝大部分采用此法生产电子级与太阳能级多晶硅。

除三氯氢硅为主要还原气体之外，硅烷、四氯化硅（$SiCl_4$）和二氯二氢硅（SiH_2Cl_2）也曾用在改良西门子法的生产中。改良西门子法工艺流程图如图 6-3 所示。

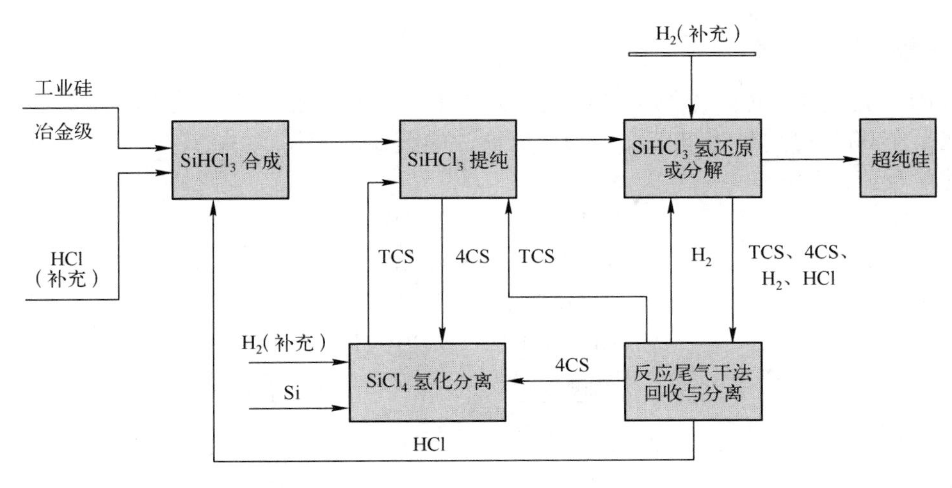

图 6-3　改良西门子法工艺流程图

1．三氯氢硅的合成

工业硅与氯化氢在流化床反应器中发生反应，生成三氯氢硅（$SiHCl_3$），其化学反应式为：

$$Si + 3HCl \rightarrow SiHCl_3 + H_2\uparrow$$

反应温度为 300℃，该反应是放热的。在生产过程中，还伴随有各种杂质氯化物的生成，如图 6-4 所示。

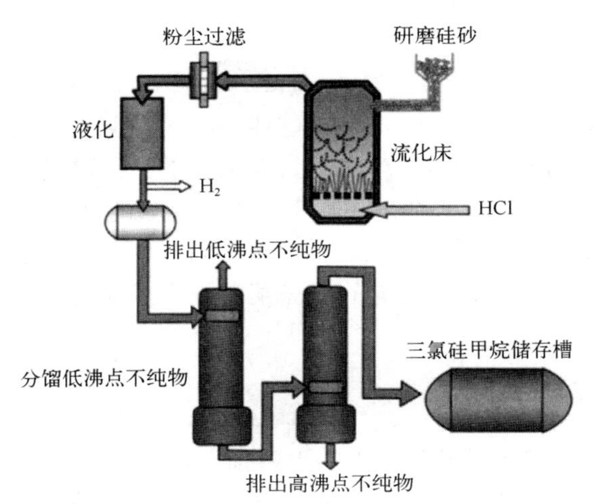

图 6-4　三氯氢硅合成示意图

2．三氯氢硅的精馏提纯

精馏是利用三氯氢硅与氯化物、氢化物杂质的蒸气压、沸点的不同，达到提纯除杂的目的。精馏是在精馏塔中实现，经多级精馏，三氯氢硅的纯度可以达 9N 以上。三氯氢硅合成产物中含有的杂质氯化物的蒸气压比三氯氢硅的蒸气压小很多，这些金属氯化物属于高沸点组分，精馏时较易分离。硼和磷是精馏中较难分离的杂质元素，磷元素主要在高沸点组分中，而硼元素主要在低沸点组分中。

3．三氯氢硅的还原

高纯的三氯氢硅气体在不锈钢钟罩式反应器中，与氢气进行还原反应，将多晶硅沉积在通电加热至 1100℃的倒 U 形硅芯上，形成硅棒，如图 6-5 所示。

其化学反应式为：

$$2SiHCl_3 \rightarrow SiH_2Cl_2 + SiCl_4$$

$$SiH_2Cl_2 \rightarrow Si + 2HCl$$

$$SiHCl_3 + H_2 \rightarrow Si + 3HCl$$

$$SiHCl_3 + HCl \rightarrow SiCl_4 + H_2$$

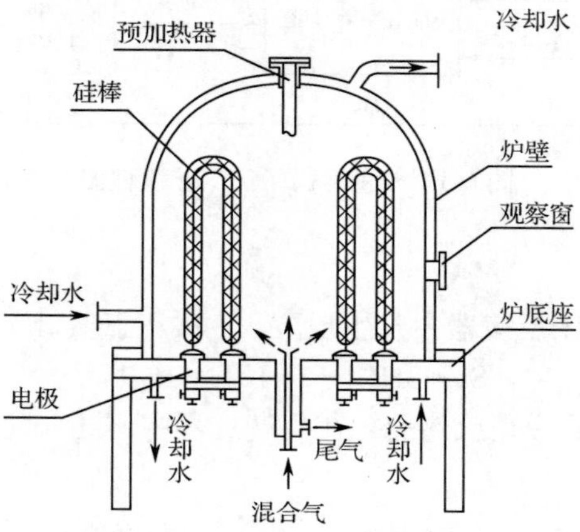

图 6-5　西门子炉反应器示意图

硅芯为直径 5～10mm，长度 1.5～2m 的硅棒，经过反应生成的硅棒直径可达到 150～200mm。硅棒经破碎后即为原生多晶硅产品。只有 15%的三氯氢硅转化成多晶硅。剩余的三氯氢硅和 H_2、HCl、$SiHCl_3$、$SiCl_4$ 等在反应器中进行冷凝分离，得到 $SiHCl_3$ 和 $SiCl_4$，$SiHCl_3$ 返回到整个反应中，$SiCl_4$ 则经过后续的氢化反应转化为 $SiHCl_3$，重新回到多晶硅的生产流程中。气态混合物的分离是复杂的、高耗能的，在某种程度上决定了多晶硅的成本和该工艺的竞争力。

4．四氯化硅氢化

四氯化硅是改良西门子法多晶硅生产中的主要副产物。1kg 多晶硅会产生 10～15kg 四氯化硅。四氯化硅通过氢化反应再次转化为三氯氢硅。氢化主要采用冷氢化的方式，曾经用过的热氢化法因能耗高、转化率低，已逐步被淘汰。冷氢化反应式为：

$$3SiCl_4 + Si + 2H_2 \rightarrow 4SiHCl_3$$

冷氢化的反应温度为 500～550℃，转化率可达到 25%以上，能耗低。反应后的气体经过干法回收系统得到三氯氢硅，进入精馏系统，可再次成为原料。

6.1.2.2　流化床反应炉法

流化床反应炉法以 $SiCl_4$、H_2、HCl 和工业硅为原料，在高温高压流化床（沸腾床）内生成 $SiHCl_3$，将 $SiHCl_3$ 再进一步歧化加氢反应生成 SiH_2Cl_2，继而生成硅烷气。制得的硅烷气通入加有小颗粒硅粉的流化床反应炉内进行连续热分解反应，生成粒状多晶硅产品。多晶硅沉积在流化床中飘浮的小颗粒硅珠上。这些硅珠在硅烷和氢气的气流中悬浮在流化床反应区中。随着反应的进行，硅料逐渐长大，沉落在流化床底部，通过出口被收集成为颗粒状多晶硅。

流化床反应炉内（如图 6-6 所示）参与反应的硅表面积大，因而该方法生产效率高、电耗小、成本低。终产物为毫米级颗粒状多晶硅，可直接用于后续的晶体生长过程。该方法的缺点是安全性差，存在危险性，纯度低于西门子法生产的多晶硅。

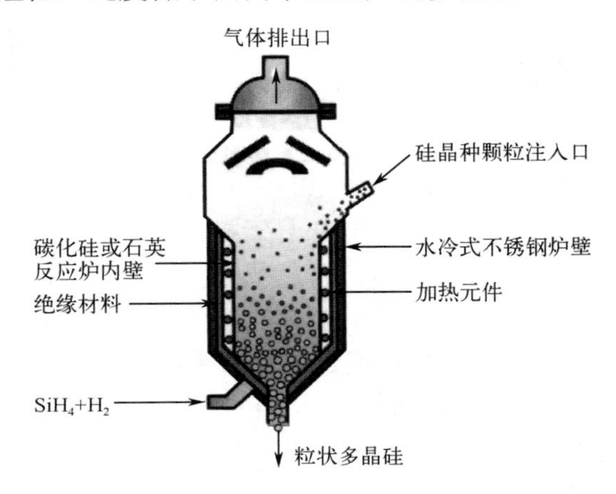

图 6-6　流化床反应炉示意图

6.1.2.3　硅烷热分解法

在硅烷热分解法中，硅烷（SiH_4）是以四氯化硅氢化法、硅合金分解法、氢化物还原法、硅的直接氢化法等方法制取的。然后，将制得的硅烷气提纯后在热分解炉中生产纯度较高的棒状多晶硅。硅烷易燃易爆，需采取专门措施。

硅烷热分解法的工艺流程如下。

（1）氢化反应（550℃、30 个大气压）。

$$Si+2H_2+3SiCl_4 \rightarrow 4SiHCl_3$$

（2）歧化反应。

$$6SiHCl_3 \rightarrow 3SiH_2Cl_2+3SiCl_4$$

$$4SiH_2Cl_2 \rightarrow 2SiH_3Cl+2SiHCl_3$$

$$3SiH_3Cl \rightarrow SiH_2Cl_2+SiH_4$$

（3）硅烷热分解（800～1000℃）。

$$SiH_4 \rightarrow Si+2H_2$$

硅烷热分解法多晶硅生产工艺流程图如图 6-7 所示。

多晶硅工艺技术除了上述改良西门子法、流化床反应炉法、硅烷热分解法以外，还涌现出几种专门生产太阳能级多晶硅的新工艺技术，如冶金法、气液沉积法、热交换炉法和无氯技术等。

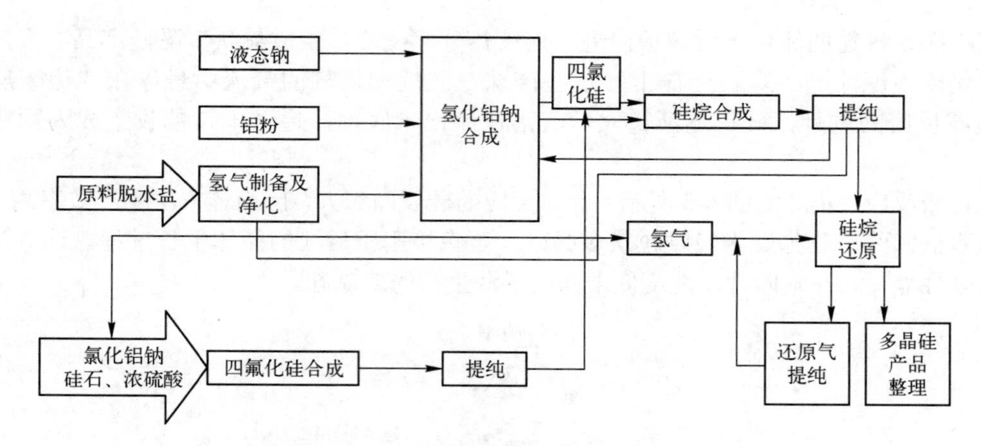

图 6-7　硅烷热分解法多晶硅生产工艺流程图

6.2　晶硅生长技术

晶体硅是利用高纯多晶硅，通过提拉或定向凝固等技术，制备成硅晶体。目前常用的晶硅技术包括直拉单晶硅技术和铸造多晶硅技术。直拉单晶硅材料纯度高、生产能耗大、制备成本较高，制备的太阳电池转换效率高；铸造多晶硅材料纯度低、缺陷密度高、生产能耗低、制造成本相对较低，太阳电池的转换效率相对较低。

6.2.1　单晶硅生长技术

1. 直拉单晶法

该方法是波兰科学家 J. Czochralski 在 1918 年发明的。他利用此方法测定结晶速率，故以其命名，又称 CZ 法。1950 年，美国科学家 G.. K. Teal 和 J. B. Little 将该方法成功地移植到拉制锗单晶，之后又被 G. K.Teal 移植到拉制硅单晶上。当然昔日拉制单晶所用的设备十分简单，一炉的装料量只有几十克到上百克。而今生产的单晶硅，自动化程度高，规模大，一炉装料量可达几百公斤，目前已可规模化生产出直径 16 英寸的硅单晶。

直拉单晶法是在直拉单晶炉内向盛有熔硅的坩埚中引入籽晶作为非均匀晶核，然后控制热场，将籽晶旋转并缓慢向上提拉，单晶便在籽晶下按籽晶的方向长大。直拉法的示意图及直拉单晶炉如图 6-8 所示。

直拉单晶硅的生长工艺流程为熔化、种晶、缩颈、放肩、等径、收尾等步骤，如图 6-9 所示。

（1）熔化。

将装好硅料和掺杂剂的石英坩埚放入直拉单晶炉内的石墨坩埚中，在真空状态下通入氮气作为保护气。通过对石墨电极通电，使炉内温度上升，当石英坩埚内的温度超过硅熔点 1412℃时，硅料开始熔化。硅料熔化后需要保温一段时间，以使熔硅的温度和流动达到稳定。

（2）种晶。

将确定好晶向的籽晶固定在旋转的籽晶轴上，籽晶缓慢下降至液面数毫米处暂停，进行 “烤晶”，目的是使籽晶温度尽量接近熔硅的温度，以减少籽晶接触液面时可能引起的热冲击，避免引入位错缺陷。将籽晶轻轻浸入熔硅，使头部首先少量溶解，籽晶和熔硅形成一个固液界面，逐步提升籽晶至离开固液界面，最先脱离固液界面的硅原子温度降低，从而形成硅单晶。

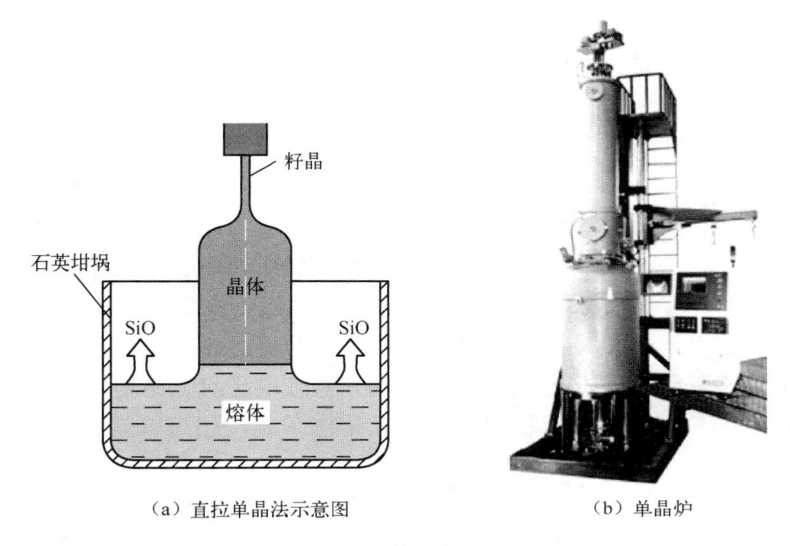

（a）直拉单晶法示意图　　（b）单晶炉

图 6-8　直拉法拉制单晶示意图及单晶炉

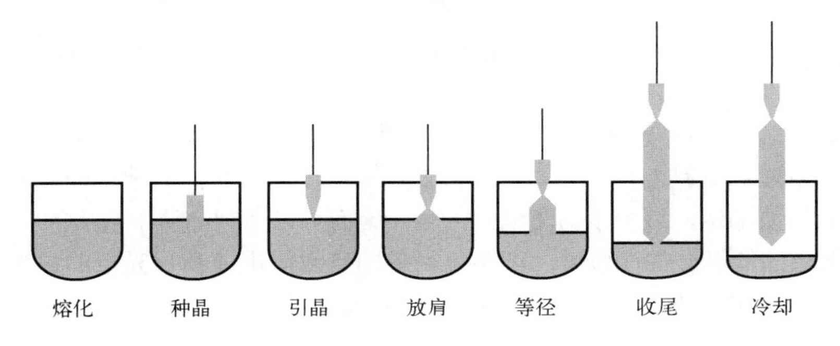

图 6-9　直拉单晶生长过程示意图

（3）引晶。

又称“缩颈”。籽晶刚碰到液面时，由于热振动可能在晶体中产生位错，能延伸到整个晶体。如此时晶体直径很小，位错很快滑移出硅单晶表面，可保证单晶无位错生长。“种晶”完成后，籽晶将快速向上提升，晶体生长速度加快，新结晶的硅单晶直径比籽晶的直径小，可达 3mm，长度约为直径的 6～10 倍，称为“缩颈”。

（4）放肩。

在“缩颈”完成后，大大降低提升速度，使硅晶体直接急速增加到所需尺寸，放肩阶段的晶体长度一般小于最后的晶体直径。

（5）等径。

当放肩达到预定晶体直径时，加快晶体的提升速度，并保持几乎固定的速度，让晶体保持固定的直径和无位错生长。有两个重要因素可能影响晶体硅无位错生长：①晶体硅径向的热应力；②单晶炉内的细小颗粒。

（6）收尾。

在生长结束时，再次加快生长速度，提高熔体温度，逐渐缩小晶体直径，形成一个圆锥形，最终晶体离开液面，单晶生长完成。

（7）冷却。

晶体生长完成后，在炉内随炉冷却，直至接近室温。冷却过程，需通入保护气体。

2. 区熔法

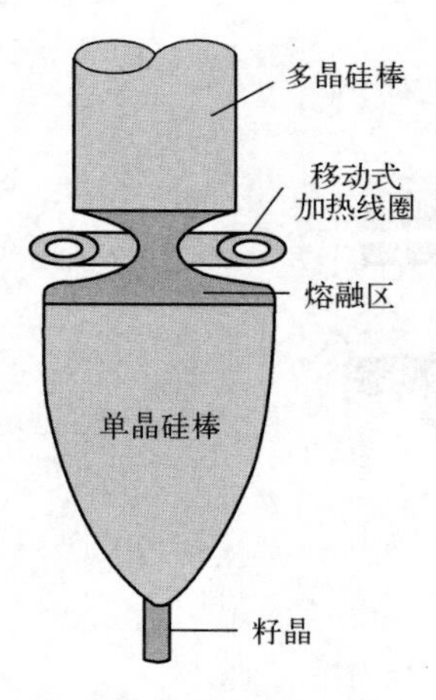

图 6-10　区熔法示意图

区熔法又称 FZ 法，如图 6-10 所示，以高纯多晶硅为原料，制成棒状，垂直固定。多晶硅棒下端放置籽晶，在真空或氩气等惰性气体保护下，利用高频感应线圈加热多晶硅棒，使其部分区域形成熔区。利用熔硅的表面张力和加热线圈的磁托浮力大于熔硅的重力和离心力的现象，依靠熔体的表面张力，使熔区悬浮于多晶硅棒与下方生长出的单晶之间，通过熔区向上移动，使多晶硅逐步生长为单晶硅。因受到线圈功率的限制，区熔单晶硅棒的直径不能太大。

3. 磁控直拉法

又称 MCZ 法，可分为水平磁场作用下拉制硅单晶技术（HMCZ）和垂直磁场作用下拉制硅单晶技术（VMCZ）。近年来又出现一种水平磁场和垂直磁场相结合被称为 CUSP（切变）磁场作用下拉制硅单晶技术。

MCZ 技术原理：流动的硅熔体呈导电的金属性，外加磁场对导电的硅熔体流动产生了洛仑兹力作用，从而抑制和衰减熔体流动，达到降低熔体温度起伏和液面波动的目的。同时由于减小了熔体对流和溶质输运，减少了与坩埚的接触，因而可以控制晶体中杂质的含量和分布。

用 MCZ 制成的低氧硅性能较好，可避免制备的硅太阳电池在日光下的电性能衰减。但由于制作成本较高，且硅片面积不能太大等原因，未被普遍采用。

6.2.2　铸造多晶法

由西门子法等得到的多晶硅棒因未掺杂等原因，不能直接用来制造太阳电池。将熔化的硅注入石墨坩埚中，经过定向凝固后，即可获得掺杂均匀，晶粒较大，呈纤维状的多晶硅铸锭。现在，用多晶硅浇铸炉可一次得到数百公斤的多晶硅锭，与拉制单晶硅棒相比，铸锭多晶硅的加工费用可以降低很多。多晶硅锭的简易生产流程示意如图 6-11 所示。

按照不同的加热、传热和结晶面控制的原理，多晶硅锭定向凝固生长主要有四种方法。

1. 布里其曼法（Bridgeman）

布里其曼法是早期的定向凝固方法，为日本 NEC、美国 IBM 等采用。其工艺特点主要是：为保持相对固定的凝固结晶平面，炉内坩埚和加热器在凝固开始后做相对移动，分液相区和结晶区，外面由隔热板将两区分开。同时液-固界面处的温度梯度必须大于 0，即 $dT/dx>0$，温度梯度接近于常数。

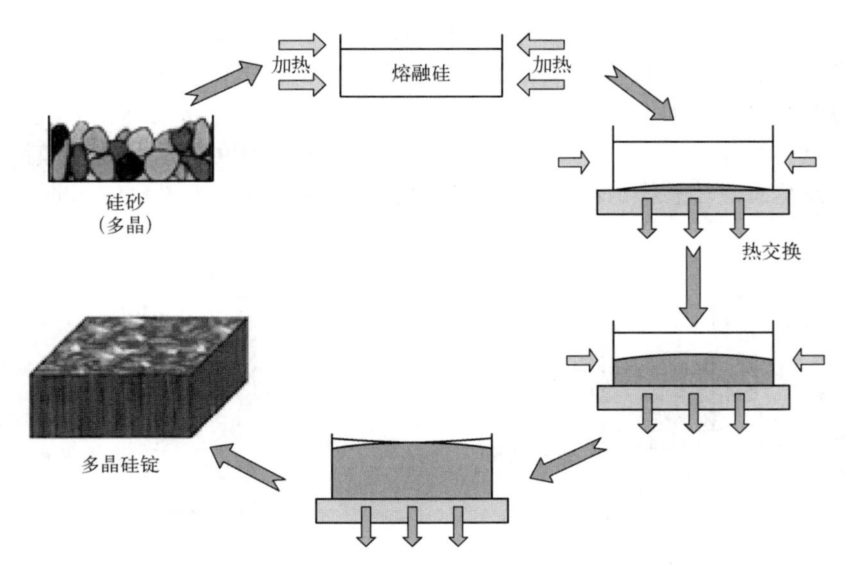

图 6-11　多晶硅锭的简易生产流程示意图

布里其曼法的长晶速度由坩埚工作台下移速度及冷却水流量、温度来控制，长晶速度可以随时调节，而硅锭高度主要是受炉腔体及坩埚的高度限制。布里其曼法的生长速度一般为 0.8～1.0mm/min。

该方法的缺点主要是炉子结构比较复杂，坩埚工作台需升降，且下降速度必须平稳，另外坩埚工作台底部需水冷等。布里其曼法结晶炉示意图如图 6-12 所示。

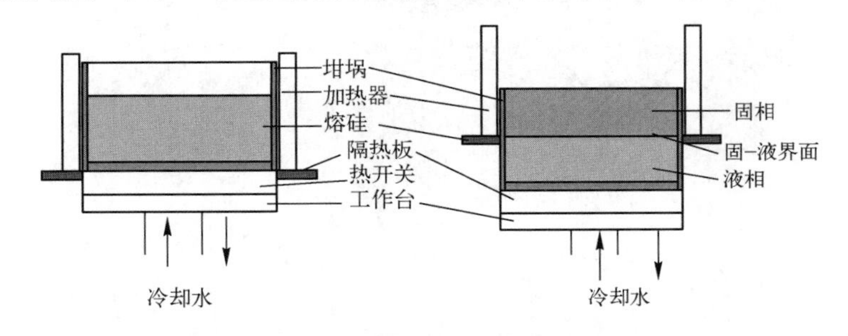

图 6-12　布里奇曼法结晶炉示意图

2．热交换法（Hem-Heat Exchange）

热交换法是目前国内外生产多晶硅锭的主流方法，如美国 GT SOLAR、英国 CRYSTAL SYSTEMS、德国 ALD、KR SOLAR 等都采用此法。其工艺特点主要是：坩埚和加热器在熔化及凝固全过程中均无相对位移。在坩埚工作台底部要设置一热开关，熔化时热开关关闭，起隔热作用。凝固开始时热开关打开，增强坩埚底部散热程度，建立热场。热开关有法兰盘式、平板式、百叶窗式等。热交换法的长晶速度受坩埚底部散热强度控制，如用水冷，则受冷却水流量（及进出水温差）所控制。由于定向凝固只能是单方向热流（散热），径向（坩埚侧向）不能散热，亦即径向温度梯度趋于零，而坩埚和加热器又固定不动，因此随着凝固的进行，热场的等温度线（高于熔点温度）会逐步向上推移，同时又必须保证无径向热流，所以温场的控制与调节难度较大。液-固面逐步向上推移时，液-固界面处温度梯度必须大于零，但随着界面逐步向上推移，温度梯度逐步降低直至趋于零。从以上分析可知，热交换法的长晶速度及温度梯度为变数，而且硅锭高度受限制，要扩大容量只能是增加硅锭的截面积。此方法的另一个优点就是除了热开关外，无须移动的部件，所以炉体的结构相对比较简单。热交换法的结晶炉加热器有竖放和横放两类，其示意图及实物照片分别如图 6-13 及图 6-14 所示。

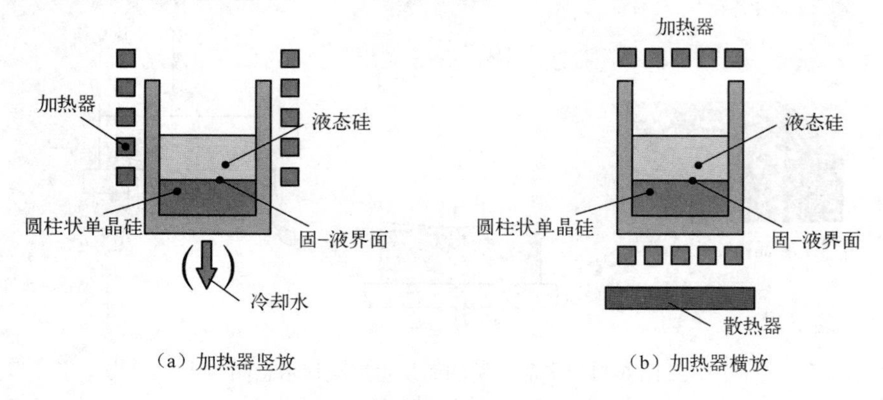

图 6-13　两类热交换法示意图

图 6-14　热交换法多晶炉

3. 电磁连铸法（Electro-Magnetic Casting）

硅液在熔融状态下具有磁性，外加极性相反的磁场会产生强大的推拒力，使熔硅不接触容器而被加热。在连续下漏过程中被外部水冷套冷却而结晶。硅锭外尺寸接近硅片要求的尺寸，一般作业周期达 48h。电磁连铸法的特点为：无须石英陶瓷坩埚，氧、碳含量低，晶粒比较细小，提纯效果稳定，锭子截面积小，日本最大为 350mm×350mm，但锭子高度可达 1m 以上。

4．浇铸法（Casting Technology）

浇铸法是将熔炼及凝固分开，熔炼在一个石英砂炉衬的感应炉中进行，熔化的硅液浇入置于升降台上的石墨模具中，周围用电阻加热，然后以每分钟约 1mm 的速度下降（其凝固过程实质也是采用布里其曼法）。该方法的特点是熔化和结晶在两个不同的坩埚中进行，如图 6-15 所示。由图可见，这种生产方法可以实现半连续化生产，其熔化、结晶、冷却分别位于不同的地方，可以有效提高生产效率，降低能源消耗。但浇铸法也有其缺点：因为熔融和结晶使用不同的坩埚，会导致二次污染。此外因为有坩埚翻转机构及引锭机构，使得其结构相对较复杂。

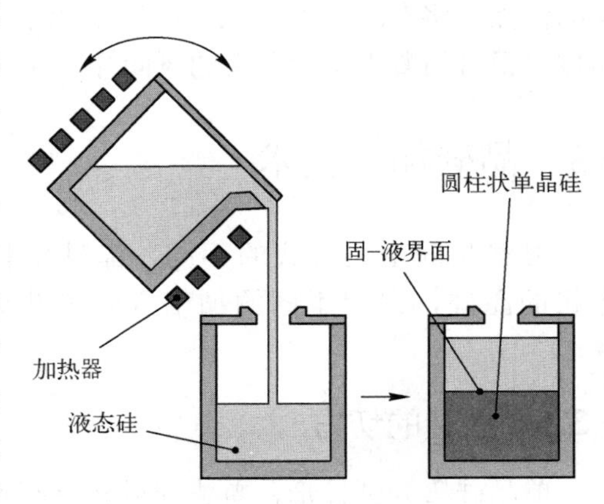

图 6-15 浇铸法结晶炉示意图

6.2.3 铸造单晶法

在光伏行业迅速发展的今天，用于制造太阳电池的晶体硅主要是采用直拉法的单晶硅及采用铸锭技术的多晶硅。多晶硅铸锭投料量大、操作简单、工艺成本低，但电池转换效率低、寿命短；直拉单晶硅转换效率高，但单次投料少，操作复杂、成本高。因此，如何将两者合二为一、扬长避短，就成了国内外光伏企业竞相研究的热点和难点。

铸造单晶法是基于多晶铸锭的工艺，在长晶时通过部分使用单晶籽晶，获得外观和电性能均类似单晶的多晶硅片。这种通过铸锭的方式形成单晶硅的技术，其功耗比普通多晶硅略高，所生产的单晶硅的质量接近直拉单晶硅。这种技术就是用多晶硅的成本生产单晶硅的技术，制备出的硅晶体称为准单晶（Mono Like）。

铸造单晶法主要有以下两种铸锭技术。

（1）无籽晶铸锭。

无籽晶引导铸锭工艺对晶核初期成长控制过程要求很高。一种方法是使用底部开槽的坩埚。这种方式的要点是精密控制定向凝固时的温度梯度和晶体生长速度来提高多晶晶粒的尺寸大小，槽的尺寸以及冷却速度决定了晶粒的尺寸，凹槽有助于增大晶粒。因为需要控制的参数太多，无籽晶铸锭工艺不易实际使用。

（2）有籽晶铸锭。

当下量产的准单晶技术大部分为有籽晶铸锭。这种技术先把籽晶、硅料掺杂元素放置在坩埚中，籽晶一般位于坩埚底部，再加热融化硅料，并保持籽晶不被完全融掉，最后控制降温，调节固液相的温度梯度，确保单晶从籽晶位置开始生长。

铸造单晶产品主要有以下优势：

① 转换效率高于普通多晶，接近直拉单晶电池片。

② 与普通多晶电池片相比衰减测试基本一致，性能稳定。

③ 比起普通多晶，电池片功率提升明显，单位成本降低。

但铸造单晶技术仍存在诸多瓶颈，多数企业只能进行小规模实验。有些企业虽可以生产出准单晶，但控制工艺复杂，成本居高不下，无法实现工业化生产。总之，研发技术与量产问题是铸造单晶领域面临的主要问题。不过可以肯定的是铸造单晶技术集合了单晶硅和多晶硅的优点，将有助于降低太阳能发电成本，促进太阳能发电，实现平价上网。因此，铸造单晶技术正引领着光伏行业新的风向标，前景十分广阔。

6.3　晶硅加工技术

根据晶硅生长方式的不同，晶硅生长后的产品为圆柱形硅棒或方形硅锭，针对不同形状的晶硅，采用不同的加工方式将其加工成晶块，并对晶块进行切割，得到所需的硅片。

6.3.1　晶硅的切方

单晶硅棒为圆柱形，首先对硅棒进行切断，去除头尾不合乎要求的部分，切成适合加工长度的硅棒。为了提高太阳电池组件的有效面积，太阳电池通常使用方形硅片，因此需要在切断单晶硅棒后，对硅棒进行切方。通常利用线锯进行切边处理，沿着晶体棒纵向即晶体的生长方向，通常将硅锭切成尺寸为125mm×125mm或156mm×156mm的圆角方形晶锭。由于晶硅生长过程中的热振动、热冲击、晶体生长速度不均匀等原因，硅棒表面是存在起伏的，形成表面的扁平棱线，因此需要对切方后的硅棒进行滚圆，利用金刚石砂轮磨削硅晶表面，使硅棒表面尺寸达到一致。在切方过程中，硅片表面会产生严重的机械损伤，这些损伤在之后的切片过程中会引起硅片的崩边和微裂纹，因此需要对硅块表面进行机械磨削，去除切方造成的机械损伤。

多晶硅锭为方形，首先利用线锯，根据硅锭的大小，沿纵向将硅锭切割成6×6、7×7或8×8数目的晶块，同时将四边2～3cm的区域切除。之后将顶部、底部质量较差的部分切除，形成所需的晶块。在切方后，硅片表面同样需要进行磨边处理。单（多）晶硅切方流程如图6-16所示。

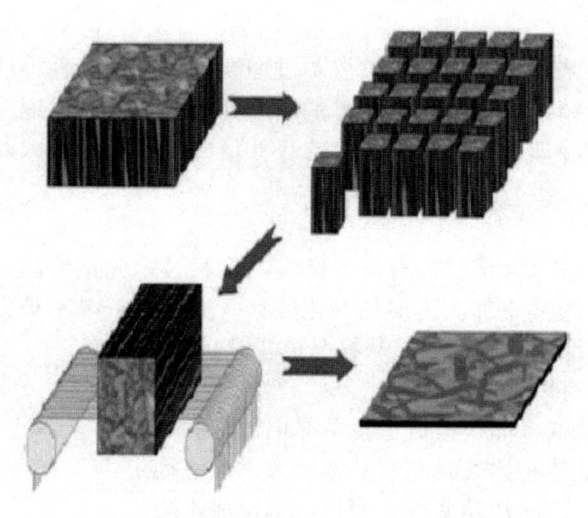

图6-16　单（多）晶硅切方流程

6.3.2　晶硅的切片

通常利用线切割技术对硅块进行切片，目前太阳电池通用的硅片厚度在 180μm 左右。线切割时通过一根钢线来回顺序缠绕在 2 个或 4 个导轮上形成线网，导轮上刻有精密线槽，槽距决定切片的厚度。硅块两侧的砂嘴将砂浆喷在线网上，导轮转动线网将砂浆带进硅块里，钢线将研磨砂紧压在晶体表面上并向前移动，进行研磨式切割，硅块同时慢速往下推过线网，一般需要经过几小时硅片切割才能完成。在线切割时，钢线运动的速度、压力，砂浆的配比、黏度、流速等都会对切割质量和速度产生影响。

金刚线是线切割工艺的一项关键变革。金刚线切割通过减少浆料损耗降低成本的同时，可进一步提高切割速度。金刚线实际上是一种表面嵌有金刚石颗粒的切割线，金刚石颗粒起研磨剂的作用，这样无须使用碳化硅磨料，使整个工艺更加清洁和环保。磨料的颗粒大小和集中程度随应用而变化。目前主要用于切割单晶硅片，随着多晶硅黑硅制绒技术的逐渐成熟，金刚线切割也将逐步应用于多晶硅片的切割。

6.4　晶硅太阳电池制造技术

常用的晶硅太阳电池有单晶硅太阳电池（如图 6-17 所示）和多晶硅太阳电池（如图 6-18 所示）两种，两者的制造工艺除了清洗制绒工艺不同以外，其他工序基本相同。

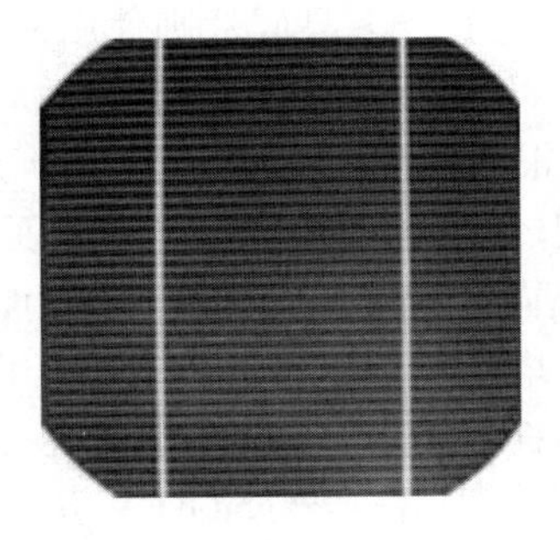

图 6-17　单晶硅太阳电池

图 6-18　多晶硅太阳电池

6.4.1　表面织构化

为了增加太阳电池对太阳光的吸收，需要将平滑的硅片表面织构化，在表面形成一定形状的几何结构，使得入射光在表面进行多次反射和折射，增加光的吸收率。表面织构化有多种方法，如机械刻槽、化学腐蚀和等离子体刻蚀等。

表面织构化能降低太阳电池表面对入射光的反射率，硅片制绒前后的反射率对比如图 6-19 所示，如果再加上减反射膜，其反射率可进一步降低，甚至可以达到 3%以下。入射光在绒面表面多次折射，改变了入射光在硅中的前进方向，不仅延长了光程，增加了对红外光子的吸收率，而且有较多的光子在靠近 P-N 结附近产生光生载流子，从而增加了光生载流子的收集概率。在同样尺寸的硅片上，绒面电池的 P-N 结面积比光面电池大得多，因而可以提高短路电流，转换效率也有相应提高。

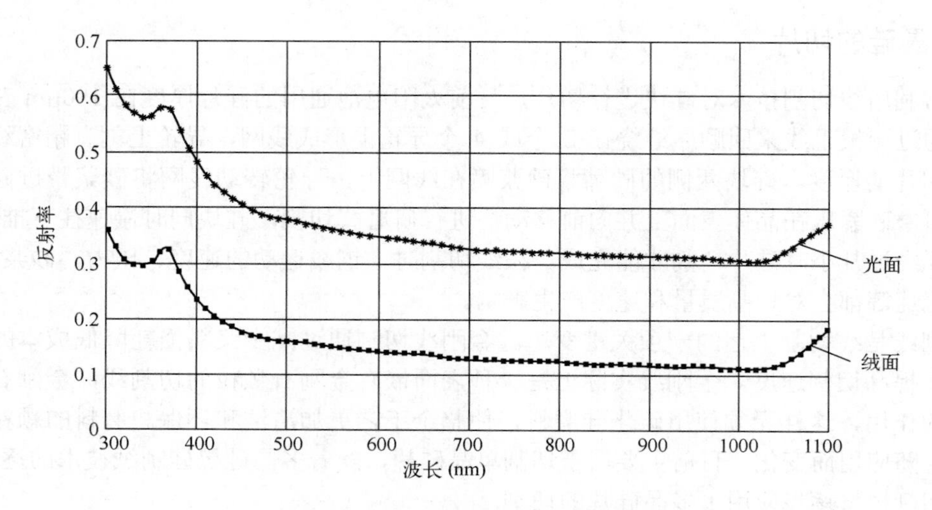

图 6-19　制绒前后反射率对比图

在制作绒面前，先要去除硅片表面由线切割产生的机械损伤层。损伤层内有高密度的裂纹，从表面向硅片体内延伸，裂纹损伤处的缺陷是电子空穴对的强复合中心，对电池效率影响非常大，必须去除。通常采用腐蚀的方法去除表面损伤层。对于单晶硅片，去损伤层一般用 10%～20%浓度的 NaOH 溶液，在 75～100℃温度下将硅片表面均匀腐蚀掉一层。目前很多企业为了提高产量，将此道工序省略，与制绒工序同时进行。多晶硅片则使用 HF 和 HNO_3 混合液，在制作绒面的同时即可完成去除损伤层。

单晶硅片和多晶硅片采用的腐蚀原理和腐蚀液有很大差别。由于晶面原子密度不同，碱溶液对不同的晶面具有不一样的腐蚀速度，（100）的晶面腐蚀最快，（110）晶面次之，（111）晶面腐蚀最慢。太阳电池用的单晶硅片大多为<100>晶向，利用各向异性腐蚀的特性，经过碱溶液腐蚀，会形成许多密布的表面为（111）的正金字塔结构。这种结构密布于电池表面，肉眼看来，好像是一层丝绒，因此称之为“绒面”，在扫描电镜观察到的单晶硅表面的金字塔结构形貌如图 6-20 所示。在实际生产过程中，大多使用浓度 1%～2%NaOH 和异丙醇（IPA）的混合液，腐蚀温度为 70～85℃。由于腐蚀过程的随机性，四面方锥体的大小并不相同，通常控制在 1～4μm。

图 6-20　单晶硅绒面形貌

溶液中添加 IPA 的作用是帮助形成一定数量的金字塔的顶端，并在腐蚀的过程中保护这些金字塔顶端。最近几年，制绒添加剂的普遍应用已经完全取代了 IPA，不但降低了化学药品和废液处理的成本，而且制备的绒面尺寸既小又完美。

单晶硅制绒通常采用槽式制绒清洗机，如图 6-21 所示。其工艺流程为：去损伤层—碱制绒—水洗—HCl 浸泡清洗—水洗—HF 浸泡清洗—水洗—甩干。使用 HCl 溶液（10%～20%）浸泡，是为了中和硅片表面残余的碱液，同时 HCl 中的 Cl^-能与硅片中的金属离子发生络合反应，并进一步去除硅片表面的金属离子。使用 HF 溶液（5%～10%）浸泡，是为了去除硅片表面的氧化层，形成疏水表面。

图 6-21 槽式制绒清洗机

多晶硅表面的晶向是随意分布的，因此碱性溶液的各向异性腐蚀现象对于多晶硅来说效果并不理想，而且由于碱性腐蚀液对多晶硅表面不同晶粒之间的反应速度不一样，会产生台阶和裂缝，不能形成均匀的绒面。因此，多晶硅制绒通常采用酸腐蚀的方法，即采用 HF 和 HNO_3 的混合溶液，在 5～10℃的低温条件下进行各向同性腐蚀。它是利用切片造成的表面损伤（微裂纹）腐蚀较快的原理，在硅片表面形成凹槽状的绒面结构。多晶硅晶向是任意分布的，经过腐蚀后，在表面会出现不规则的凹坑形状。这些凹坑像“小虫”一样密布于电池表面，在显微镜下看，好像是一个个椭圆的小球面，也可称其为“绒面”，多晶硅绒面形貌如图 6-22 所示。

多晶硅制绒通常采用链式制绒清洗机，如图 6-23 左图所示，右图为其内部制绒细节。其工艺流程为：酸制绒—水洗—碱洗—水洗—HCl+HF 浸泡清洗—水洗—风刀吹干。$HNO_3:HF:H_2O$ 的比例通常为 8∶1∶11，其反应过程为：①硅的氧化：硝酸将硅氧化成二氧化硅；②二氧化硅的溶解：二氧化硅与 HF 反应，生成可溶性的六氟硅酸。反应不断反复，硅片不断腐蚀，形成绒面。反应方程式如下：

$$3Si + 4HNO_3 \rightarrow 3SiO_2 + 2H_2O + 4NO\uparrow$$

$$SiO_2 + 6HF \rightarrow H_2SiF_6 + 2H_2O$$

制绒水洗后的碱洗主要是使用 NAOH 或 KOH（5%），目的是去除制绒过程中在硅表面形成的亚稳态多孔硅。多孔硅虽然有利于降低表面反射率，但会造成较高的复合速度。使用 HCl（10%）和 HF（8%）的混合液浸泡清洗，是为了去除硅片表面残余的碱溶液和金属杂质，同时也可以去除硅片表面的氧化层。

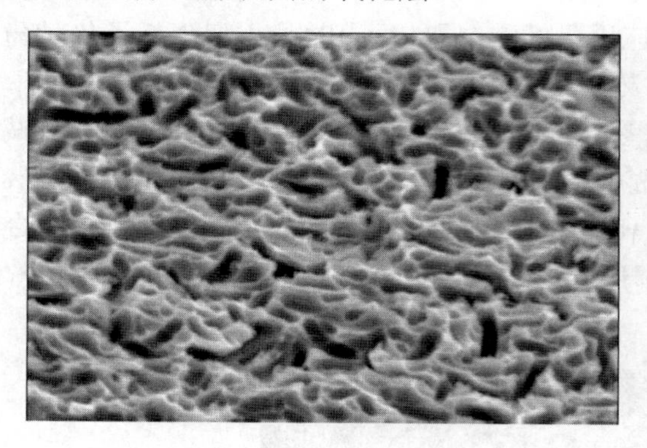
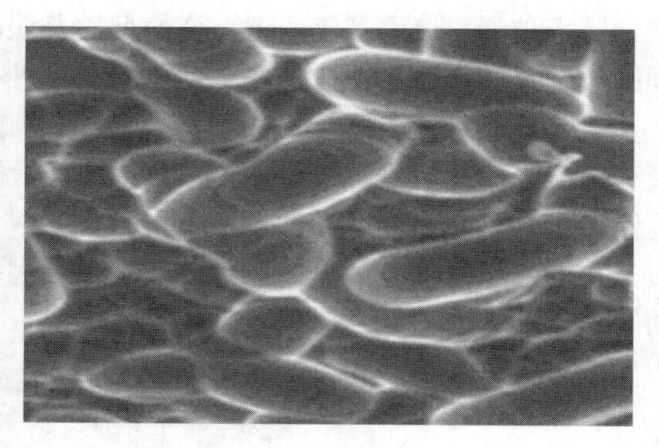

图 6-22　多晶硅绒面形貌

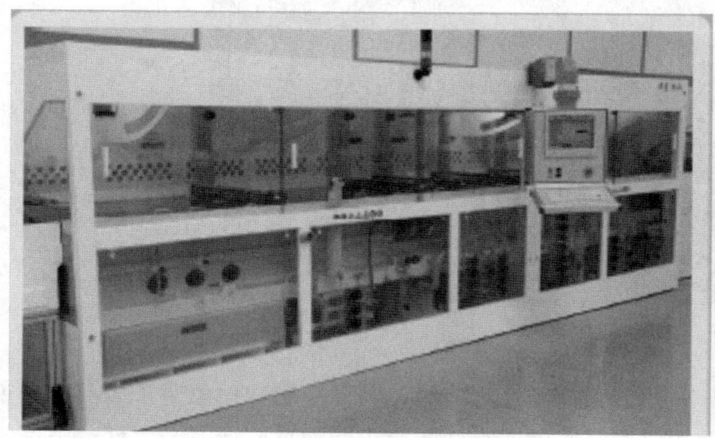

图 6-23　酸制绒清洗机（左）及内部制绒细节（右）

6.4.2　扩散制结

P-N 结是太阳电池的核心，是太阳电池制作过程中的关键工序。热扩散是最常见的制备 P-N 结的方法，通过加热的方法，使 5 价杂质掺入 P 型硅，或 3 价杂质掺入 N 型硅。晶硅太阳电池中常用的 5 价杂质元素是磷，3 价杂质元素是硼。此外，N 型硅衬底采用离子注入 P 的方式制备 P-N 结的方法，近几年也逐步应用于 N 型双面太阳电池的制备工艺中。

对于扩散的要求是获得适合于太阳电池 P-N 结所需要的结深和扩散层方块电阻。浅结且表面浓度低，电池短波响应好，但会引起串联电阻增加，只有提高电极栅线的密度，才能有效提高电池的填充因子，这样就增加了工艺难度；如果表面浓度太大，会引起重掺杂效应，使得电池的开路电压和短路电流均下降。在实际电池制作中，应综合考虑各种因素，因此太阳电池的结深一般控制在 0.2～0.5μm。

扩散质量是否符合工艺要求，可通过测量薄层电阻 $R_{\square}$来衡量，薄层电阻即方块电阻，为单位面积的半导体薄层所呈现的电阻，它可以反映出扩散工艺过程中进入的杂质总量。方块电阻与扩散时间、扩散温度和气流量大小等因素密切相关，一般而言，扩散杂质浓度越高，导电能力越强，方块电阻也越小。近年来，为了提高太阳电池的转换效率，扩散的方块电阻不断提升，目前 P 型硅电池的方块电阻在 90Ω/□左右。随着银浆技术进步，方块电阻还会进一步提升。高方块电阻可以提高结区的纯度并降低电池结区的复合速率，从而提高电池的短路电流。

太阳电池通常采用 $POCl_3$（三氯氧磷）液态源扩散法制备 P-N 结，通过 N_2 气体将液体 $POCl_3$ 带入扩散炉内实现扩散。$POCl_3$ 在高温下（>600℃）分解，生成五氯化磷（PCl_5）和五氧化二磷（P_2O_5），其反应式如下：

$$5POCl_3 \xrightarrow{>600℃} 3PCl_5 + P_2O_5$$

在通有氧气的情况下，PCl_5 将与氧气反应，进一步分解成 P_2O_5，化学反应式为：

$$4PCl_5 + 5O_2 \xrightarrow{\text{过量 } O_2} 2P_2O_5 + 10Cl_2 \uparrow$$

生成的 P_2O_5 在扩散温度下与硅反应生成 SiO_2 和 P 原子，并在硅片表面形成一层磷硅玻璃，然后 P 原子再从磷硅玻璃里向硅中进行扩散：

$$2P_2O_5 + 5Si \rightarrow 5SiO_2 + 4P \downarrow$$

目前在太阳电池生产中，热扩散方式主要为软着陆管式扩散，如图 6-24 所示。用碳化硅浆将石英舟送进炉管后再退出，封闭炉口后进行扩散，扩散源从炉尾进出，保证了炉口的密封和温度的均匀，提高了扩散的均匀性。低压扩散方式近几年逐步推向市场，该方法可大大提升方块电阻扩散的均匀性且产量得以大幅提高。

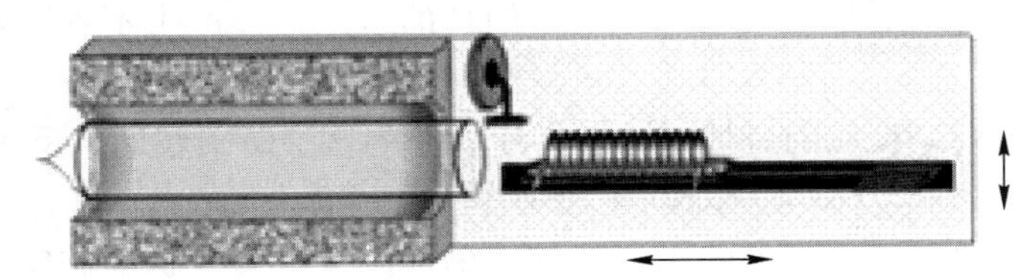

（a）进舟状态——桨在高位置将载片石英舟送入炉管

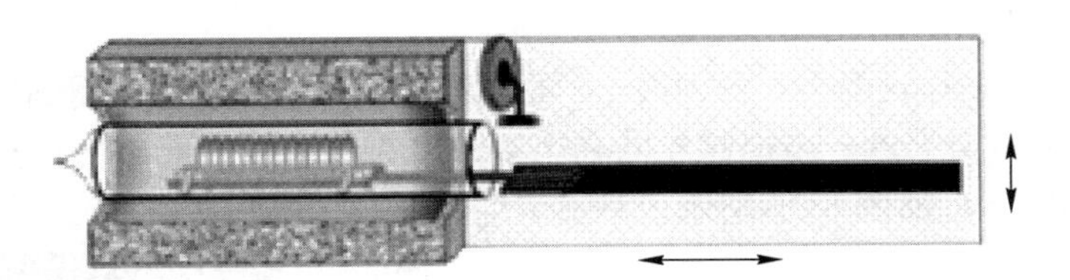

（b）运桨状态——桨下降至低位置将石英舟放至炉管

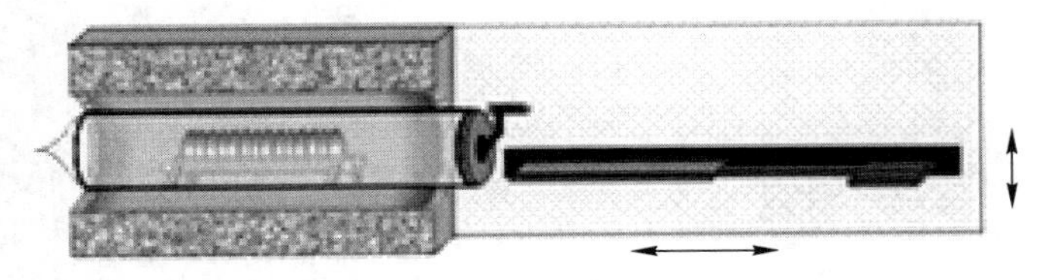

（c）工艺状态——桨退出炉管，炉门密封

图 6-24　软着陆扩散示意图

6.4.3 边缘隔离

在扩散过程中，硅片的边缘和背面也会形成扩散层。这种扩散层会使太阳电池的正、背面电极之间形成局部短路，从而降低太阳电池的并联电阻，影响太阳电池的转换效率，所以必须消除边缘的扩散层。

目前主要采用的是化学腐蚀法，该方法利用 HNO_3、HF、H_2SO_4 的混合溶液，将硅片背面和边缘同时除去约 1μm。使用链式清洗机，硅片在滚轮上移动，只有背面和边缘接触腐蚀液，正面则保持完好。该方法自动化程度高，太阳电池的并联电阻高，所以被广泛使用。

等离子体刻蚀早期使用的方法，是在辉光放电情况下通过氟和氧交替对硅片作用，以去除含有扩散层的边缘。其反应气体为 CF_4 和 O_2，主要工作原理为采用高频辉光放电反应，使反应气体激活成活性粒子，如原子或游离基。这些活性粒子扩散到需刻蚀的部位，在那里与被刻蚀材料进行反应，形成挥发性生成物而被去除。刻蚀过程中数百片硅片叠在一起，仅边缘的扩散层被去除。背面残余少量扩散层，通过后续烧结工序被铝硅共熔而穿通，因而使用该方法的太阳电池并联电阻不如化学腐蚀法高，目前在工业生产中已较少使用。

6.4.4 去磷硅玻璃

扩散过程中会在硅片表面形成一层含磷元素的 SiO_2，称为磷硅玻璃（PSG）。这层磷硅玻璃比较疏松且绝缘，会对后道镀膜工序以及电池片的电学性能产生不利影响，所以在镀膜前应该将其去除。

通常利用 HF 与 SiO_2 反应的特性来除去硅片表面的这层磷硅玻璃，反应方程式为：

$$SiO_2 + 6HF \rightarrow H_2[SiF_6] + 2H_2O$$

目前，单晶硅太阳电池的生产线上主要使用槽式清洗机去除磷硅玻璃，而多晶硅太阳电池生产线在使用链式清洗机进行边缘隔离之前或之后，即已将磷硅玻璃去除。

6.4.5 沉积减反射膜

光线照到光滑的硅片表面上，有大约 1/3 的光线被反射。将硅片表面制成绒面后，反射损失会降至 10%以下。为了进一步提高光的利用率，可在硅片绒面表面沉积一层减反射膜，反射率可降低至 5%以下，如图 6-25 所示。

图 6-25 镀膜前后硅片的表面特征和反射率变化

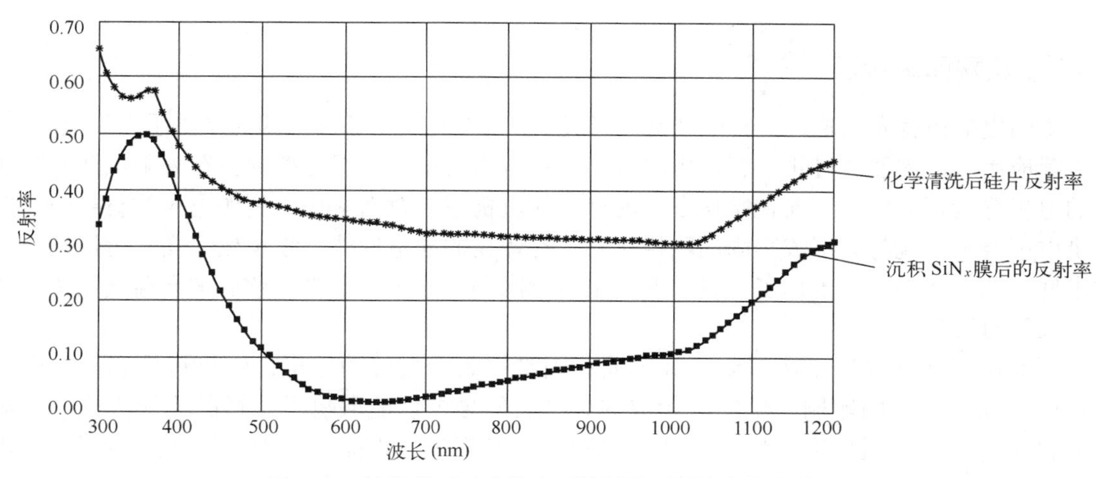

图 6-25　镀膜前后硅片的表面特征和反射率变化（续）

太阳电池中常用的减反射膜材料及其折射率如表 6-1 所示。其中，晶硅太阳电池最为常用的减反射膜有 Si_3N_4、SiO_2、TiO_2 等。

表 6-1　制作减反射膜所用材料的折射率

材料	MgF_2	SiO_2	Al_2O_3	SiO	Si_3N_4	TiO_2	Ta_2O_5	ZnS
折射率	1.3～1.4	1.4～1.5	1.8～1.9	1.8～1.9	约 1.9	约 2.3	2.1～2.3	2.3～2.4

晶体硅太阳电池常用的减反射膜制备方法，是采用等离子体增强化学气相沉积法（PECVD）法制备 SiN_x 薄膜。SiN_x 薄膜具有良好的光学性质，可以降低光的反射，提高光吸收率。在沉积时产生的活性氢原子对硅片表面的悬挂键和晶界缺陷起到了很好的钝化作用，降低了表面和界面复合速度，增加了少子寿命，进而提高了开路电压和短路电流。同时它还具有卓越的抗氧化和绝缘性能以及良好的阻挡钠离子、掩蔽金属和水蒸气扩散的能力，它的化学稳定性也很好，除氢氟酸和热磷酸能缓慢腐蚀外，其他酸与其基本不起作用。目前用于沉积 SiN_x 薄膜的 PECVD 设备主要分为平板式与管式两类，如图 6-26 所示。使用的气体为 NH_3 和 SiH_4，其反应方程式如下：

$$SiH_4+NH_3 \rightarrow SiN_X:H+H_2\uparrow$$

（a）平板式

（b）管式

图 6-26　平板式与管式 PECVD 设备

6.4.6 丝网印刷电极

太阳电池在有光照时，在 P-N 结两侧形成了正、负电荷的积累，因此产生了光生电动势。在实际应用时，需要通过正、背面电极将产生的电流引出。习惯上把制作在太阳电池受光面上的电极称为正面电极，而把制作在电池背面的电极称为背面电极。制作电极的材料一般应满足以下要求：能与硅形成牢固的欧姆接触、有优良的导电性能、收集效率高、可焊性强、成本低、体电阻小、宜于加工。目前普遍采用丝网印刷法制备电极，然后在高温气氛中烧结以形成欧姆接触。

正面电极通常采用金属银浆，其主要原因是银具有良好的导电性、可焊性和在硅中的低扩散性能。经丝网印刷、烧结所形成的金属层的导电性能取决于浆料的化学成分、玻璃体的含量、丝网的粗糙度、烧结条件和丝网版的厚度等。正面电极由主栅和细栅两部分构成。为减小遮光面积，细栅宽度要尽可能小，目前已达到 60μm 以下，细栅主要起收集光生电流的作用。主栅的作用是将细栅收集的电流传输到外部电路，宽度一般为 1.5～2mm，目前仍以 3 主栅、4 主栅为主。随着工艺技术的成熟，5 主栅和无主栅技术将占有一定的市场份额。

背面电极通常采用低固含量的银浆作为背面的可焊区域和引出电流，其他区域用铝浆尽量布满太阳电池的背面，以减少太阳电池的串联电阻，同时还可以形成铝背场，以减少背面的复合。

电极的制备工艺包含三次印刷，分别为印刷背银、背铝及正银，其常规流程为：

印刷背银—烘干—印刷背铝—烘干—印刷正银—烘干—烧结

常用的工业化丝网印刷设备及快速烧结炉如图 6-27 和图 6-28 所示。

图 6-27　丝网印刷设备

图 6-28　快速烧结炉

6.4.7 高温烧结

将印刷好的太阳电池在高温下快速烧结（一般升降温速率为 150～200℃/s），使得正面的银浆穿透 SiN_x 膜，与发射区形成良好的欧姆接触。背面的铝浆与硅发生共熔反应，形成 P^+层，从而形成一个 P/P^+的背电场（BSF）和欧姆接触。背电场可以阻止少子（电子）扩散到背表面参与复合，从而减少了背表面的复合损失，增加了电池的电流密度。

烧结炉通常采用链式结构（如图 6-28 所示）、红外灯管加热，烧结时间短，经过高温区的时间通常只有十几秒。典型的烧结过程大致分为 4 个阶段：第一阶段为烘干区，在 150℃

干燥时先挥发掉浆料中的所有溶剂，否则在高温烧结时溶剂产生的气泡将会造成裂缝；第二阶段为燃烧区，在 300～400℃进行，在氧气的作用下，将浆料中的有机结合剂等烧掉；第三阶段为烧结区，是电极形成的重要步骤，在 700～800℃时，浆料中的玻璃料烧穿 SiN 膜，使银电极与硅融合，形成良好的欧姆接触；第四阶段为降温阶段，形成正、背电极接触和铝背场。

6.4.8　太阳电池的 *I-V* 特性测试

太阳电池制作完成后，必须通过测试仪器测量其性能参数，其中伏安曲线是最为主要的参数，通过太阳电池的 *I-V* 特性曲线的测试，可以获得以下参数：最佳工作电压、最佳工作电流、最大功率（也称峰值功率）、转换效率、开路电压、短路电流、填充因子等。

太阳电池的 *I-V* 测试仪大致由光源、箱体及电池夹持机构、测量仪表及显示部分等组成。光源要求所发出光束的光谱尽量接近于地面太阳光谱 AM1.5，在工作区内光强均匀稳定，并且强度可以在一定范围内调节。由于光源功率很大，为了节省能源和避免测试区内温度升高，多数测试仪都采用脉冲闪光方式。电池夹持机构要做到牢固可靠，操作方便，探针与太阳电池和台面之间要尽量做到欧姆接触，因为太阳电池的尺寸在向大面积大电流的方向发展，这就要求测试太阳电池时一定要接触良好。如尺寸为 156mm×156mm 硅太阳电池的电流有 8A 左右，而单体太阳电池的电压只有 0.6V 左右，在测试时由于接触不好，即使产生 0.01Ω 的串联电阻，都会造成 0.01×8=0.08V 的电压降，这对太阳电池的测试是绝对不容许的。因此测量大面积太阳电池必须使用开尔文电极，也就是通常所说的四线制，以保证测量的精确程度。某单体太阳电池测试仪如图 6-29 所示。

现代太阳电池测试设备系统主要包括太阳模拟器、测试电路和计算机测试控制与处理三个部分。太阳模拟器主要包括电光源电路、光路机械装置和滤光装置三个部分。测试电路采用钳位电压式电子负载与计算机相连。计算机测试控制器主要完成对电光源电路的闪光脉冲的控制、*I-V* 数据的采集、自动处理、显示等，其太阳电池测试设备系统方框图如图 6-30 所示。

图 6-29　太阳电池测试仪

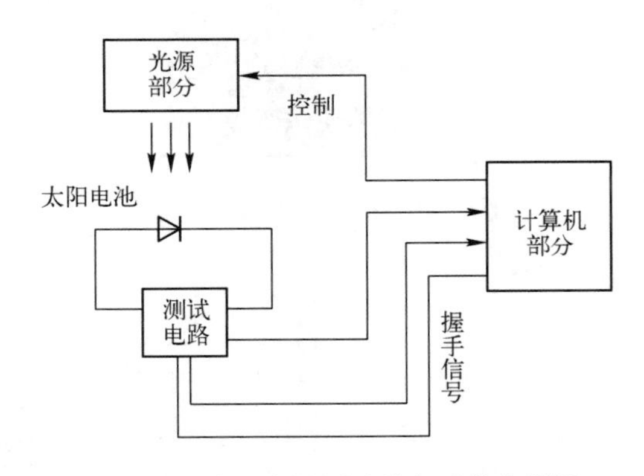

图 6-30　太阳电池测试设备系统方框图

6.5 太阳电池组件的封装

单体太阳电池通常不能直接供电，主要是由于太阳电池既薄又脆，机械强度差，容易破裂；大气中的水分和腐蚀性气体会逐渐氧化和锈蚀电极，无法承受露天工作的严酷条件；同时单片太阳电池的工作电压通常只有 0.6V 左右，功率很小，难以满足一般用电设备的实际需要。所以，必须为太阳电池提供机械、电气及化学等方面的保护，封装成太阳电池组件，才能对负载供电。

太阳电池组件是指具有封装及内部连接的、能单独提供直流电输出的，最小不可分割的太阳电池组合装置。

在太阳电池组件封装前，要根据功率和电压的要求，对太阳电池的尺寸、数量、布置、连接方式和接线盒的位置等进行设计计算。对地面晶硅太阳电池组件的一般要求是：工作寿命 25 年以上；有良好的绝缘性、密封性；有足够的机械强度和抗冲击性；紫外辐照稳定性好；封装效率损伤小；封装成本低。

单晶硅太阳电池组件（如图 6-31 所示）和多晶硅太阳电池组件（如图 6-32 所示）的结构及封装方法基本相同，常规都是用密封材料（EVA）将上盖板（光伏玻璃）与太阳电池和下盖板（光伏背板）黏结在一起，周边采用铝边框加固，背面安装接线盒。组件结构示意图如图 6-33 所示。

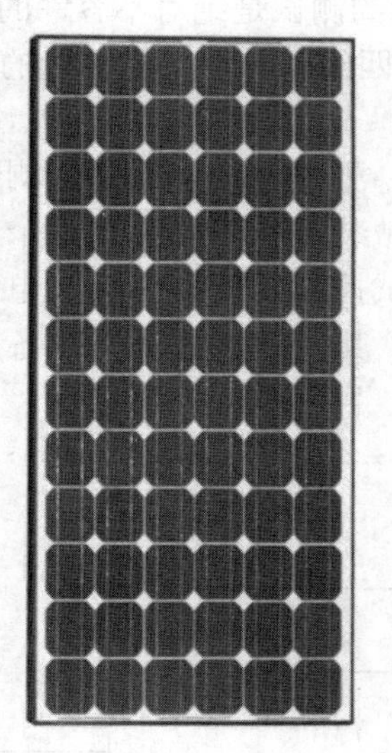

图 6-31 单晶硅太阳电池组件

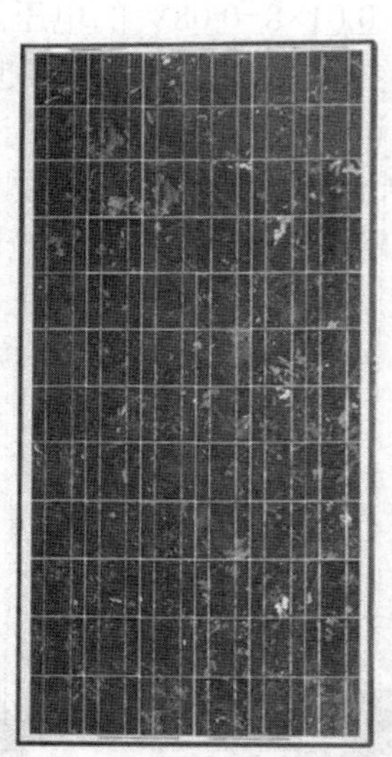

图 6-32 多晶硅太阳电池组件

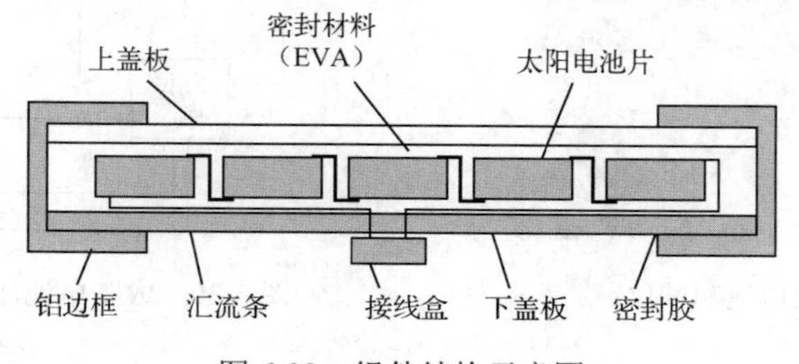

图 6-33 组件结构示意图

由于离网光伏系统多数是采用铅酸蓄电池作为储能装置，最常用的蓄电池电压是 12V。为了使用方便，早期的晶体硅太阳电池组件通常是由 36 片太阳电池串联而成，其最佳工作电压为 17.5V 左右，这考虑了一般的防反充二极管和线路损耗，并且工作温度不太高的情况下，可以保证蓄电池的正常充电。但要特别注意：在并网光伏系统中，36 片太阳电池串联的组件其工作电压并不是 12V，而是 17.5V 左右。

目前，多数太阳电池组件的功率超过了 280W，通常采用 60 片或 72 片 156mm×156mm 太阳电池串联成组件，由于建造大功率光伏电站的需要，目前单块组件有向大功率发展的趋势。

6.5.1　太阳电池组件封装材料

1．光伏玻璃

光伏玻璃覆盖在太阳电池组件的正面，构成组件的最外层，是保护电池的主要部分，因此要求坚实牢固、抵抗冲击能力强和使用寿命长，同时又要透光率高，尽量减少入射光的损失。目前封装标准组件的光伏玻璃主要是低铁超白钢化玻璃，一般厚度为 3.2mm，要求透光率在 90%以上。由于在实际应用时要经受冰雹等冲击，所以必须要有相当的强度，通常采用将玻璃进行化学或物理钢化。为了进一步减少反射损失，有些还对玻璃表面进行减反射工艺，如压纹玻璃或镀膜玻璃等，以降低玻璃的反射率，提高透光率。

除了玻璃以外，有些也采用聚碳酸酯、聚丙烯酸类树脂等作为封装材料，这些材料透光性好，材质轻，可适用于任何不规则形状，加工方便。但是有些材料不耐老化，使用时间不长就泛黄，透光率严重下降；耐温性差，表面容易刮伤，因此应用受到一定限制，目前主要用于小型组件。

2．密封材料

在玻璃与太阳电池及太阳电池与背板之间，需要用密封材料进行黏合。目前在标准太阳电池组件中，一般使用 EVA 胶膜，真空层压过程中受热熔融，冷却后又凝固，从而将玻璃与太阳电池及背板材料黏结成一体。EVA 胶膜是乙烯和醋酸乙烯酯的共聚物，具有透明、柔软，熔融温度比较低、流动性好，有热熔黏结性等特征，这些都符合太阳电池封装的要求，但是其耐热性差，内聚强度低，容易产生热收缩而引起太阳电池破裂或使黏结脱层。此外，还有长时间在户外使用时容易老化，产生龟裂、变色等缺点，因此在实际使用前需要对 EVA 胶膜进行改性。改性主要是在 EVA 胶膜的制备过程中加入能使聚合物性能稳定的添加剂，如紫外线吸收剂、热稳定剂等。另外，还需加入有机过氧化物交联剂等，以提高交联度，避免出现过大的热收缩。最后，通过挤出成型得到适合太阳电池封装应用的 EVA 胶膜。其主要性能指标为：

* 透光率应大于 90%。
* 交联度为（70±10）%，剥离强度：玻璃/EVA 胶膜大于 30N/cm；TPT/ EVA 胶膜大于 15N/cm。
* 工作温度在−40～90℃范围内性能稳定。
* 抗老化，具有较高的耐紫外和热稳定性。

用于太阳电池封装的 EVA 胶膜还应具有良好的电气绝缘性能，通常厚度为 0.3～0.8mm，宽度有 1100、800、600mm 等多种规格。

3. 背板材料

太阳电池组件的背板材料可有多种选择，主要取决于使用场所。少数用于太阳能草坪灯等的小型组件，常常根据整体结构的要求，采用耐温塑料或玻璃钢等作为背板材料。而对于一般的太阳电池组件，通常采用专门的 TPT 背板材料，由 Tedlar 与聚酯铝膜或铁膜等合成夹层结构，作为电池背面的保护层，具有防潮、密封、阻燃、耐候等性能。TPT 复合材料呈白色，对阳光能起反射作用，可提高组件的效率；并且具有较高的红外反射率，可以降低组件的工作温度。

双面透光的组件，以及将组件制成光伏幕墙或光伏屋顶的 BIPV 材料等，很多仍采用玻璃作为背板材料，成为双面玻璃组件，可以提高强度，不过重量却要增加很多。

4. 边框

为了增加组件的机械强度，通常要在层压后的组件四周加上边框，在边框上适当部位要有开孔，以便用螺栓与支架固定。边框材料主要采用铝合金，也可采用不锈钢和增强塑料等。铝合金边框通常要进行表面氧化处理，使其具有良好的耐腐蚀性。边框与组件之间要采用硅胶进行密封。

根据使用场所的要求，有时也可用无边框组件。

5. 接线盒

接线盒起连接外部线路和传输电流的作用，通常用有机硅胶粘结在背板上。接线盒内安装有旁路二极管，二极管具有单向导通的特性，与电池片电路形成并联结构，在电池片被遮挡或损坏时，起到旁通、保护电路的重要作用，在光伏接线盒中扮演重要的角色，防止热斑效应。

6. 焊带

对焊带有如下要求：导电性强，否则会降低电流的收集概率，影响组件功率；可焊性好，要做到焊接牢固，避免虚焊假焊的现象；软硬适中，要考虑电池片厚度和焊接方法，避免产生裂片。焊带通常为涂锡铜带，分汇流条和互连条，用于电池片（串）间的连接。按涂锡层来分：有含铅和不含铅两种，两种焊带的焊接温度不同。

7. 其他材料

太阳电池组件的封装，除了以上材料以外，还需要助焊剂、硅胶、接线电缆等。

6.5.2 太阳电池组件封装工序

太阳电池组件封装工艺大致流程图如图 6-34 所示。

1. 电池分选

如果将工作电流不同的太阳电池片串联在一起，电池串的总电流与所有串联电池中最小的工作电流相同，显然会造成很大的浪费。所以在太阳电池组件封装前，需要将不同性能参数的太阳电池分类，然后一般将参数相近的太阳电池进行组合。

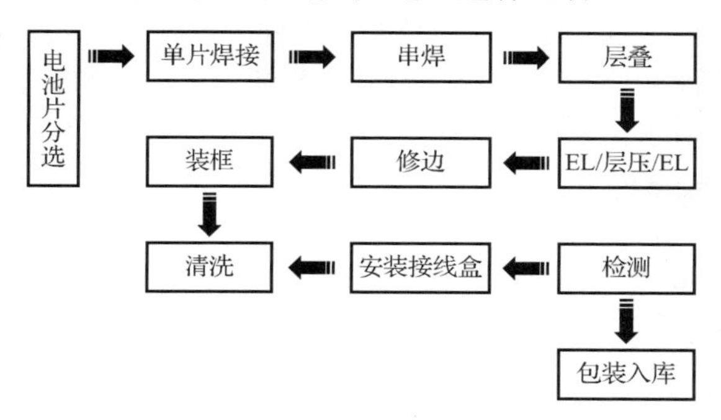

图 6-34　太阳电池组件封装工艺流程图

在工业化生产线上，通常使用自动分拣设备，将不同性能参数的太阳电池分成几档，分别进入相应的盛放盒，以备封装出不同功率的太阳电池组件。

2．组合焊接

用金属互连条将电池的正、背电极按设计要求依次进行串联焊接，形成电池串，然后用汇流带进行并联焊接，汇合成一端正极和一端负极并引出来。焊接工艺的好坏对组件的性能影响较大。焊接时要求连接牢固，接触良好，间距一致，焊点均匀，表面平整，如高低相差很大，会影响电池层压的质量，增加碎片率。目前焊接已普遍采用自动焊接，有利于降低组件碎片率，提高焊接可靠性和一致性，如图 6-35 所示。

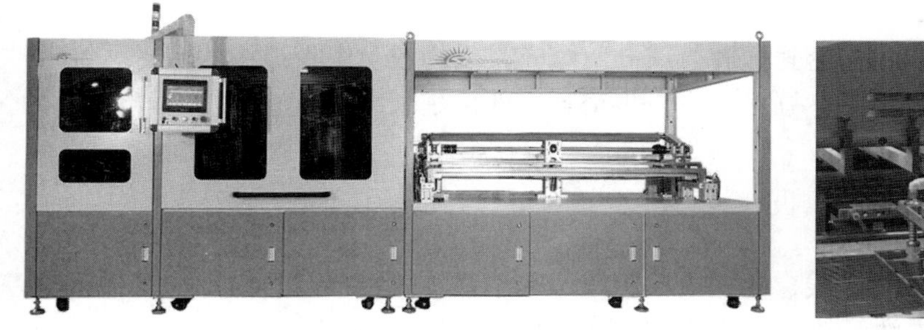

图 6-35　全自动焊接机（左）及焊接细节（右）

3．层叠

将排列好的电池串按照图 6-36 的顺序，自下而上依次铺设光伏玻璃、EVA 胶膜、电池串、EVA 胶膜、背板（或光伏玻璃），构成太阳电池组件。铺设好后需进行一次 EL（电致发光）检测，检查是否有漏焊、虚焊、隐裂及黑斑等问题。

4．层压

层压封装是组件生产的关键工序，层压封装的好坏对于组件的使用寿命有直接的影响。将层叠好的组件放入层压机内，通过抽真空将组件内的空气抽出，然后加热使 EVA 熔化，熔融的 EVA 在挤压的作用下，流动充满玻璃、电池片和背板之间的间隙，同时排出中间的气泡，从而将电池、玻璃和背板黏结在一起。

层压时间、加热温度、抽气真空度等是层压过程的主要参数，加热温度太高或抽气时间过短，层压后的组件中可能出现气泡，会影响组件质量。层压后还要对组件进行一次 EL 检测。层压机的结构如图 6-37 所示。

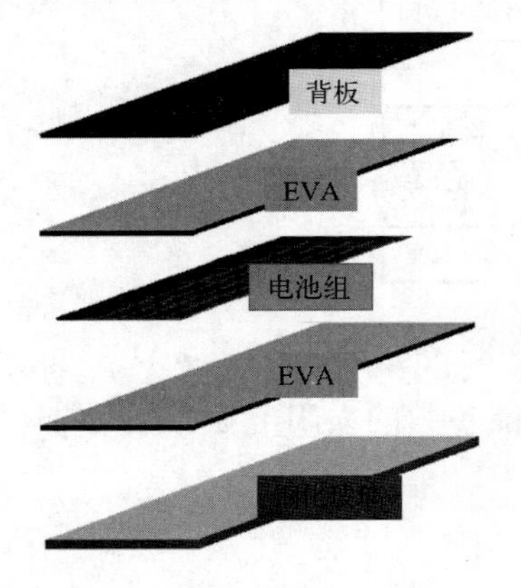

图 6-36　层叠顺序示意图

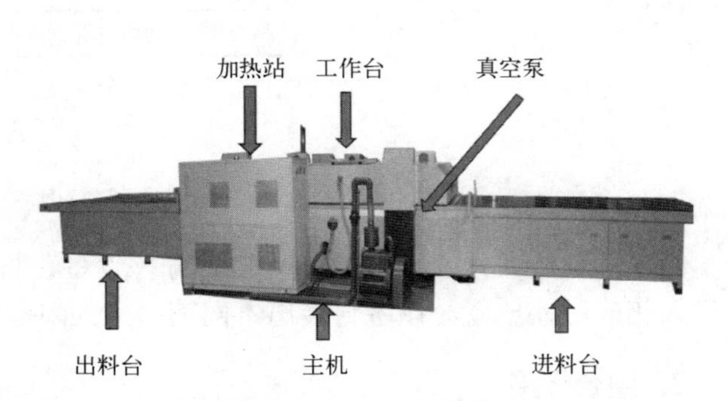

图 6-37　层压机的结构

5. 修边

层压时 EVA 熔化后由于压力而向外延伸固化形成毛边，不利于边框的安装，所以层压完毕应将其去除。

6. 装框

边框与组件间的缝隙用衬垫密封橡胶带或硅胶填充，以构成对组件边缘的密封。给组件安装铝边框，可以增加组件的整体强度，进一步密封组件，延长太阳电池的使用寿命，同时便于系统安装。

7. 安装接线盒

分别将组件的正、负极与接线盒的输出端相连，并用黏结剂将接线盒固定在组件背面。有些与建筑相结合的太阳电池组件，为了安装方便，也可将接线盒放在太阳电池组件的侧面。接线盒要求防潮、防尘、密封、连接可靠、接线方便。

8. 检测

检测的目的是对组件的外观、绝缘性能和电性能参数等进行测试。

高压测试是在组件边框和电极引线间施加一定的电压，测试组件的耐压性和绝缘强度，以保证组件在恶劣的自然条件（雷击等）下不被损坏。

使用太阳电池组件模拟器对太阳电池组件的电性能进行测试，测试条件为标准条件，即 AM1.5，25℃，1000W/m^2。

测试后在组件背面贴上标签，标明：产品的名称与型号；组件的主要参数包括最大功率、开路电压、短路电流、最佳工作电压、最佳工作电流、填充因子和伏-安特性曲线等，以及制造厂名及生产日期。即可包装入库。

参考文献

[1] 丁兆明，贺开矿，等. 半导体器件制造工艺[M]. 北京：中国劳动出版社，1995.

[2] 王家骅，李长健，牛文成. 半导体器件物理[M]. 北京：科学出版社，1983.

[3] 赵富鑫，魏彦章. 太阳电池及其应用[M]. 北京：国防工业出版社，1985.

[4] 安其霖，等.太阳电池原理与工艺[M]. 上海：上海科技出版社，1984.

[5] Mandurah M M，et al. Dopant segregation in polycrystalline silicon[J]. Appl Phys，1980（51）：5755～5763.

[6] U.Gangopadhyay，et al. The role of hydrazine mono-hydrate during texturization of large area crystalline silicon solar cell fabrication[M]. Technical Digest of the International PVSEC-14，Bangkok，Thailand，2004.

[7] 赵百川，孟凡英，崔容强. 多晶硅太阳电池表面化学织构工艺[J]. 太阳能学报，2002，23（6）.

[8] Jianhua Zhao，et al. High-efficiency PERL and PERT silicon solar cells on FZ and MCZ substrates[J]. Solar Energy Materials &Solar Cells，2001，65：429～435.

[9] Makoto Tanaka，et al. Development of HIT solar cells with more than 21% conversion efficiency and commercialization of highest performance HIT modules[R]. WCPEC-3 abstracts for the technical program，May 2003，Osaka，Japan.

[10] A Metz，et al. Easy-to-fabricate 20% efficient large-area silicon solar cells[J]. Solar Energy Materials &Solar Cells，2001，65：325～330.

[11] 张鹏，徐征，赵谡玲，等. 多晶硅太阳电池预处理及退火工艺研究[J]. 太阳能学报，2014，35（1）：134～138.

[12] 王兴普，段良飞，廖承菌，等. 单晶硅制绒的实验研究[J].太阳能学报，2014，35（2）：242～246.

[13] 王星谕，等. 太阳电池工艺中链式扩散与管式扩散的对比研究[J]. 太阳能学报，2015，36（4）：855～859.

[14] 贾洁静，等. 多步扩散制备太阳电池 pn 结工艺的研究[J]. 太阳能学报，2015，36（1）：102～107.

[15] 钟思华，等. 单晶硅太阳电池酸制绒双层膜工艺研究[J]. 2014，35（12）：2420～2424.

[16] 范玉杰，韩培德，梁鹏，等. 效率达 19.1%的全离子注入单晶硅太阳电池[J]. 太阳能学报，2015，36（4）：829～834.

练　习　题

6-1　简述制备太阳能级多晶硅材料有哪些方法。

6-2　简述直拉单晶硅工艺的主要步骤。

6-3　多晶硅定向凝固生长的方法有哪些？

6-4　简述晶体硅太阳电池的生产工艺步骤。

6-5　单晶硅及多晶硅太阳电池制作过程中制作绒面的目的和方法是什么？

6-6　简述太阳电池扩散制结的方法和原理。

6-7　晶硅太阳电池制备过程中去边刻蚀的目的和方法是什么？

6-8　为什么要在太阳电池表面制作减反膜？减反膜的常用材料是什么？

6-9　晶硅太阳电池正面栅线及背场所用的材料分别是什么，起什么作用？

6-10　一般太阳电池性能测试需要测量哪些性能参数？

6-11　为什么需要将太阳电池封装成组件才能实际应用？

6-12　简述晶体硅太阳电池组件制备的工艺过程。

6-13　对太阳电池组件的性能测试包括哪些参数？

第 7 章　光伏发电系统部件

光伏发电系统需要多种部件协调配合才能正常工作，其中光伏组件是最主要的部件，除此之外，系统中所有的设备和装置等配套部件常常统称为平衡部件 BOS（Balance of System）。常见的平衡部件主要包括：

* 控制器；
* 二极管；
* 逆变器；
* 储能设备；
* 断路器、变压器及保护开关；
* 电力计量仪表及记录显示设备；
* 汇流箱、连接电缆及套管；
* 组件安装用的框架、支持结构及紧固件；
* 系统交直流接地及防雷装置等；
* 日照、风向风速等环境监测设备；
* 系统数据采集和监测软件系统；
* 跟踪系统。

在不同的应用条件下，平衡部件的具体内容会有差别，本章仅讨论一些主要的系统部件。

7.1　光伏方阵

一般情况下，单独一块光伏组件，无法满足负载的电压或功率要求，需要将若干组件通过串、并联组成光伏方阵，才能正常工作。

光伏方阵，又称光伏阵列，是由若干块太阳电池组件，在机械和电气上按一定串、并联方式组装在一起，并且有固定的支撑结构而构成的直流发电单元。

如果一个方阵中有不同的组件或组件的连接方式不同，其中结构和连接方式相同的部分称为子方阵。

光伏组件的具体连接方法需要根据系统电压及电流的要求，来决定串、并联的方式。应该将最佳工作电流相近的组件串联在一起。比如在连接水管时，一般情况下，可以将长短不一的水管连接在一起，但是内径要大致相同，否则流量将受到最小内径的限制。同样如果将工作电流不同的光伏组件串联在一起，总电流将等于最小的组件输出电流，这点必须加以重视。

目前光伏方阵中常用的是先串后并的连接方法。

在单串光伏组件功率不能满足需求时，需要将多串光伏组件进行并联后给负载供电，此时，需要尽可能保证每串光伏组件的串联数一致，即保证每串光伏组件的工作电压一致，从而尽可能减少由于并联失配带来的损失。

7.2　二极管

在光伏方阵中，二极管是很重要的元件，常用的二极管有两类。

1. 阻塞（防反充）二极管

在光伏方阵和储能蓄电池或逆变器之间，常常需要串联一个阻塞二极管，因为太阳电池相当于一个具有 PN 结的二极管，当夜间或阴雨天，光伏方阵的工作电压可能会低于其供电的直流母线电压，蓄电池或逆变器会反过来向光伏方阵倒送电，因而会消耗能量和导致方阵发热，甚至影响组件寿命。阻塞二极管串联在光伏方阵的电路中，起单向导通的作用。

由于阻塞二极管存在导通管压降，串联在电路中运行时要消耗一定的功率。一般使用的硅整流二极管，其管压降为 0.6～0.8V；大容量硅整流二极管的管压降可达 1～2V。当系统的电压较低（如直流 100V 以下）时，也可以采用肖特基二极管，其管压降为 0.2～0.3V，但是肖特基二极管的耐压和电流容量相对较小，选用时要加以注意。

在实际的系统设计中，如果能够保证直流母线不会向光伏方阵倒送电，也可以不配置阻塞二极管，从而降低系统损耗和成本。

2. 旁路二极管

当光伏组件串联成光伏方阵时，需要在每个光伏组件两端并联一个或数个二极管。这样当其中某个组件被阴影遮挡或出现故障而停止发电时，在二极管两端可以形成正向偏压，实现电流的旁路，从而不至于影响其他正常组件的发电，同时也保护被遮挡光伏组件避免承受到较高的正向偏压或由于“热斑效应”发热而损坏。这类并联在组件两端的二极管称为旁路二极管。目前旁路二极管一般均封装在光伏组件的接线盒中，成为光伏组件的一部分（如图 7-1 所示）。

资料来源：http：//www.quick-contact.com/product/595

图 7-1　内置 2 个旁路二极管的光伏组件接线盒

旁路二极管通常使用的是肖特基二极管，在选用型号时要注意其容量应留有一定裕量，以防止击穿损坏。通常其耐压容量应能够达到所并联组件的最大开路电压的两倍，电流容量也要达到预期最大运行电流的两倍。

7.3　储能设备

由于光伏发电要受到气候条件的影响，只有在白天有阳光时才能发电，且会受太阳辐射强度影响而随时变化，通常发电功率与负载用电规律不相符合，因此对于离网光伏系统必须配备储能装置，将方阵在有日照时发出的多余电能储存起来，供晚间或阴雨天使用。即使是并网发电系统，如果该地区电网供电不稳定，而负载又很重要，供电不能中断，如军事、通信、医院等场所，也可配备储能设备。

从长远来看，太阳能发电在能源消费结构中所占份额将逐渐扩大，到本世纪末，将在能源供应中占重要地位。如何克服太阳能发电“日出而作，日落而歇”的工作特点，使之成为可靠、稳定的替代能源，必须解决在系统中大规模应用储能设备的问题。

7.3.1　主要储能技术

大规模储能技术按照储存的介质进行分类，常见的主要分为三类：机械储能、电化学储能、电磁储能。各种不同储能方式的储能特性均不相同，以下简要介绍各种储能技术的基本原理及其现状。

1．机械储能

机械储能是将电能转换为机械能，需要时再将机械能转换成电能。目前实际应用的有以下几种。

（1）抽水储能。

抽水储能是目前在电力系统中得到最为广泛应用的一种储能技术，其主要应用领域包括能量管理、频率控制以及提供系统的备用容量。到 2016 年底，全球总装机容量规模达到了168GW，占总储能容量的96%。目前最大的是美国Bath County抽水储能电站，容量为3003MW。

抽水储能电站在应用时需要配备上、下游两个水库。在电网负荷低谷时段，抽水储能设备工作在电动机状态，将下游水库的水抽到上游水库，将电能转化成重力势能储存起来。电网负荷高峰时，抽水储能设备工作在发电机状态，释放上游水库中的水来发电。

抽水储能的释放时间可以从几小时到几天，一些高坝水电站具有储水容量，可以将其用作抽水储能电站进行电力调度。利用矿井或者其他洞穴实现地下抽水储能在技术上也是可行的，海洋有时也可以当作下游水库用，1999 年日本建成了第一座利用海水的抽水蓄能电站。

其优点是：技术上成熟可靠，容量可以做得很大，仅仅受水库库容限制。缺点是：建造受地理条件限制，需合适落差的高低水库，往往远离负荷中心；抽水和发电中有相当数量的能量损失，综合效率为 70%～80%，储能密度较差；建设周期长，投资大。

（2）飞轮储能。

飞轮储能是将能量以动能形式储存在高速旋转的飞轮中。整个系统由高强度合金和复合材料的转子、高速轴承、双馈电动机，电力转换器和真空安全罩组成。电能驱动飞轮高速旋转，电能转变成飞轮动能储存。需要时，飞轮减速，电动机作为发电机运行，飞轮的加速和减速实现了充电和放电。飞轮储能原理如图 7-2 所示。

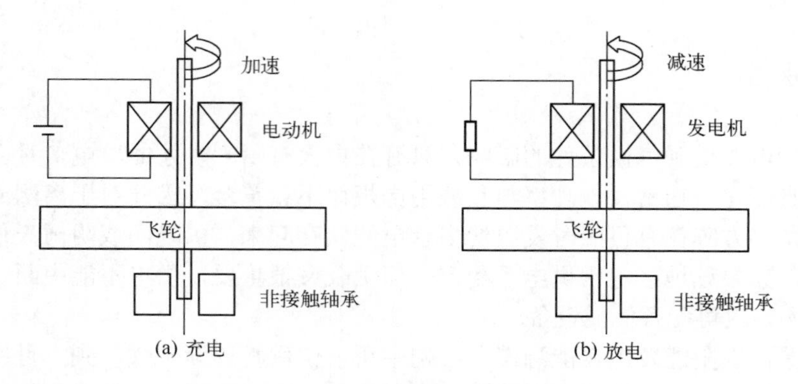

图 7-2　飞轮储能原理图

飞轮系统运行于真空度较高的环境中，其特点是几乎没有摩擦损耗、风阻小、寿命长、对环境影响小，适用于电网调频和电能质量保障。飞轮储能的一个突出优点是基本上不需要运行维护、设备寿命长（循环次数达 10^5～10^7），效率可达 90%，且对环境无不良影响。飞轮具有优良的循环使用以及负荷跟踪性能，它可以用于介于短时储能应用和长时间储能应用之间的场合。飞轮储能的缺点是能量密度比较低，保证系统安全性方面的费用很高，在小型场合无法体现其优势。

美国、德国、日本等发达国家对飞轮储能技术进行了大量的研发工作。日本已经制造出世界上容量最大的变频调速飞轮储能发电系统（容量 26.5MVA，电压 1100V，转速 510 690r/min，转动惯量 710t • m^2）。美国马里兰大学也已研究出用于电力调峰的 24kW • h 的电磁悬浮飞轮系统，飞轮重 172.8kg，工作转速范围 11 610～46 345r/min，系统输出恒压 110～240V，全程效率为 81%；经济分析表明，运行数年后可收回全部成本。超大容量的飞轮一般采用超导磁悬浮技术，目前研究单位较多，有欧洲的法国国家科研中心、意大利的 SISE、日本三菱重工、美国阿贡国家实验室等。最具规模的是德国的物理高技术研究所，他们正在研制 5MW • h/100MW 超导飞轮储能电站，每只飞轮重达 12t，系统的效率高达 96%。

（3）压缩空气储能。

压缩空气储能是 20 世纪 50 年代提出的储能方法，由两个循环构成：一是充气压缩循环，二是排气膨胀循环。压缩时，双馈电动机起电动机作用，利用电网负荷低谷时的多余电力驱动压缩机，将高压空气压入地下储气洞；在电网负荷高峰时，双馈电动机起发电机作用，储存压缩空气先经过回热器预热，再使用燃料在燃烧室内燃烧，进入膨胀系统中做功（如驱动燃汽轮机）发电。压缩空气储能电站的建设受地形制约，对地质结构有特殊要求。德国、美国、日本和以色列都建成过示范性电站。

目前，关于压缩空气储能系统的形式也是多种多样，按照工作介质、存储介质与热源可以分为传统压缩空气储能系统（需要燃烧化石燃料）、带储热装置的压缩空气储能系统、液气压缩储能系统。

2．电化学储能

电化学储能通过电化学反应完成电能和化学能之间的相互转换，从而实现电能的存储和释放。自从 1836 年丹尼尔电池问世以来，电池技术得到了迅速发展。室温电池有铅酸电池、镍镉电池、镍氢电池、锂离子电池和液流电池。高温电池有钠硫电池。

（1）铅酸电池。

铅酸电池是指以铅及其氧化物为电极、硫酸溶液为电解液的一种可充电电池，发展至今已有 150 多年历史，是最早商业化使用的二次电池。铅酸电池的储能成本低，可靠性好，效率较高（70%～90%），是目前技术最为成熟和应用最为广泛的电源技术之一。但是铅酸电池的循环寿命短（500～1000 周期），能量密度低（30～50Wh/kg），使用温度范围窄，充电速度慢，过充电容易放出气体，加之铅为重金属，对环境影响大，使其后期的应用和发展受到了很大的限制。目前，世界各地已建立了许多基于铅酸电池的储能系统。例如，德国柏林 BEWAG 的 8.8MW/8.5MW • h 的蓄电池储能系统，用于调峰和调频。在波多黎各用蓄电池储能系统可稳定岛内功率为 20MW 的电能 15min（5MW • h）。

近年来，全球很多企业致力于开发性能更加优良、能满足各种使用要求的改性铅酸电池，其中值得注意的是铅碳超级电池。铅碳超级电池由澳洲联邦科学与工业研究组织（CSIRO）发明，以常用的超级电容器碳电极材料部分或全部取代铅阳极，是铅酸蓄电池和超级电容器的结合体，具有充放电速度较快、能量密度较高、使用寿命较长等特点，可用于混合动力电动车、不间断电源（UPS）供电系统等。

（2）钠硫电池。

钠硫电池是美国福特（Ford）公司于 1967 年首先发明的，至今才 40 多年历史。钠硫电池是一种以金属钠为负极、硫为正极、陶瓷管为电解质隔膜的二次电池。在一定的工作温度下，钠离子透过电解质隔膜与硫之间发生可逆反应，形成能量的释放和储存。一般的铅酸电池、镉镍电池等都是由固体电极和液体电解质构成，而钠硫电池则与其相反，它是由熔融液态电极和固体电解质构成的，其负极的活性物质是熔融金属钠，正极的活性物质是硫和多硫化钠熔盐。由于硫是绝缘体，所以一般将硫填充在导电的多孔炭或石墨毡里，固体电解质兼隔膜是一种被称为 Al_2O_3 的陶瓷材料，外壳则一般用不锈钢等金属材料。其比能量高、可大电流、高功率放电。

日本东京电力公司和 NGK 公司合作开发钠硫电池作为储能电池，其应用目标瞄准电站负荷调频、UPS 应急电源及瞬间补偿电源等，并于 2002 年开始进入商品化实用阶段，据统计截至 2007 年，日本年产钠硫电池容量已超过 100MW，并且开始向海外输出。这种电池的缺点是材料的成本高；另外，钠硫电池工作温度在 300～350℃，所以，电池工作时需要采用高性能的真空绝热保温技术，增加了运行成本，同时降低了系统可靠性。

钠硫电池已经成功用于电网削峰填谷、应急电源、光伏风力发电等可再生能源的稳定输出以及提高电力质量等方面。在国外已经有上百座钠硫电池储能电站在运行，具有广阔的应用前景。

（3）液流电池。

液流电池一般称为氧化还原液流电池，是利用正负极电解液分开，各自循环的一种高性能蓄电池。最早由美国航空航天局（NASA）资助设计，1974 年申请了专利。目前应用较多的主要是全钒液流储能电池，其工作原理是将具有不同价态的钒离子溶液分别作为正极和负极的活性物质，储存在各自的电解液储罐中。在对电池进行充、放电时，电解液通过泵的作用，由外部储液罐分别循环流经电池的正极室和负极室，并在电极表面发生氧化和还原反应，实现对电池进行充放电。

（4）钠/氯化镍电池。

钠/氯化镍电池是一种在钠硫电池的基础上发展起来的新型储能电池，它和钠硫电池有不少相似之处：如都是用金属钠作为负极，β″-Al_2O_3 为固体电解质。不同的是，它的正极是熔融过渡金属氯化物（$NiCl_2$，$FeCl_2$）加氯铝酸钠，而不是硫。该电池工作温度稍低（250～350℃），也有高比能量和长寿命，无自放电，运行维护简单等优点，由于能在放电状态下装配，且能耐过充和过放，比钠硫电池有更高的安全性，缺点是比功率较低。

（5）锂离子电池。

锂离子电池是锂电池的改进型产品。锂电池很早以前就有，但锂是一种高度活跃的金属，使用时不太安全，经常会在充电时出现燃烧、爆裂的情况，后来加入了能抑制锂元素活跃的成分（如钴、锰等），从而使锂电池真正做到了安全、高效、方便，而老的锂电池也随之基本被淘汰。

在对电池进行充电时，电池的正极上有锂离子生成，生成的锂离子经过电解液运动到负极。而作为负极的碳呈层状结构，它有很多微孔，到达负极的锂离子就嵌入到碳层的微孔中，嵌入的锂离子越多，充电容量越高。同样，当对电池进行放电时，嵌在负极碳层中的锂离子逸出，又运动回正极。回正极的锂离子越多，放电容量越高。锂离子电池的充放电过程，就是锂离子的嵌入和脱嵌过程。在此过程中，同时伴随着与锂离子等当量电子的嵌入和脱嵌（习惯上正极用嵌入或脱嵌表示，而负极用插入或脱插表示）。在充放电过程中，锂离子在正、负极之间往返嵌入/脱嵌和插入/脱插，被形象地称为“摇椅电池”。

锂离子电池的优点是储能密度大、储能效率高、循环寿命长等。其突出的缺点是有衰退现象，与其他充电电池不同，锂离子电池的容量会缓慢衰退，与使用次数无关，而与温度有关。

目前，单体锂离子电池标准循环寿命已经超过 6000 次，锂离子电池的比能量和循环寿命已基本满足储能应用需求。

锂离子电池在电力系统的应用方面，中国的比亚迪和力神、韩国三星和 LG 走在前面。

3. 电磁储能

（1）超导储能。

超导储能系统（SMES）是利用置于低温环境的超导体制成的线圈储存磁场能量，低温是由包含液氮或者液氦容器的深冷设备提供。功率变换/调节系统将超导线圈与交流电力系统相连，并且可以根据电力系统的需要对储能线圈进行充、放电。通常使用两种功率变换系统将储能线圈和与交流电力系统相连：一种是电流源型变流器；另一种是电压源型变流器。功率输送时无须能源形式的转换，具有响应速度快（ms 级），转换效率高（≥96%）、比容量（1～10Wh/kg）/比功率（104～105kW/kg）大等优点，可以实现与电力系统的实时大容量能量交换和功率补偿。但超导电磁储能技术现在仍很昂贵，还没有形成商业化产品。

（2）超级电容器储能。

超级电容器（SC）是近几十年来发展起来的一种介于常规电容器与电化学电池之间的新型储能元件。它具备传统电容器的放电功率，也具备电化学电池储能电荷的能力。在电力系统中多用于短时间、大功率的负载平滑和满足电能质量峰值功率的场合，如大功率直流电动机的启动支撑、动态电压恢复器等，在电压跌落和瞬态干扰期间提高供电水平。

（3）高能电容器储能。

众所周知，电容器也是一种储能原件，其储存的电能与自身的电容和端电压的平方成正比。电容储能容易保持，不需要超导体。电容储能还具有很重要的特点就是能够提供瞬间大功率，非常适合于激光器、闪光灯等应用场合。

上述各种储能技术在其能量密度和功率密度方面均有不同的表现，电力系统也对储能系统不同应用提出了不同的技术要求，很少有一种储能技术可以完全胜任电力系统中的各种应用场合，因此，必须兼顾双方需求，选择匹配的储能方式。

2011 年，美国应用各种储能技术的容量是：抽水储能 22 000MW；压缩空气储能 115MW；锂离子电池 54MW；飞轮储能 28MW；镍镉电池 25MW；钠硫电池 18MW 等。

根据各种储能技术的特点，抽水储能、压缩空气储能和电化学电池储能适合于系统调峰、大型应急电源、可再生能源接入等大规模、大容量的应用场合。而超导、飞轮及超级电容器储能适合于需要提供短时较大脉冲功率的场合，如应对电压暂降和瞬时停电、提高用户的用电质量，抑制电力系统低频振荡、提高系统稳定性等。

铅酸电池尽管目前仍是世界上用量最大的一种蓄电池，但从长远发展看，已经不能满足今后电力系统大规模高效储能的要求。钠硫电池具有的一系列特点使其可能成为未来大规模电化学储能的一种方式，特别是液流电池，有望在未来的 10～20 年内逐步取代铅酸电池。而锂离子电池在电动汽车的推动下也有望成为后起之秀。这些储能技术的比较如表 7-1 所示。

表 7-1　几种储能技术的比较

	储能类型	典型额定功率	额定容量	特　点	应 用 场 合
机械储能	抽水储能	100～2000MW	4～10h	适用于大规模、技术成熟，响应慢，需要地理资源	日负荷调节，频率控制和系统备用
	压缩空气	10～300 MW	1～20h	适用于大规模、响应慢、需要地理资源	调峰、调频，系统备用
	飞轮储能	5kW～10MW	1s～30min	比功率较大，成本高，噪声大	调峰、频率控制，UPS 和电能质量
电磁储能	超导储能	10kW～50MW	2s～5min	响应快，比功率高，成本高，维护困难	输配电稳定，抑制振荡
	高能电容	1～10MW	1～10s	响应快，比功率高，比能量低	输电系统稳定，电能质量控制
	超级电容	10kW～1MW	1～30s	响应快，比功率高，成本高，比能量低	可应用于定制电力及 FACTS
电化学储能	铅酸电池	1kW～50MW	数 min～数 h	技术成熟，成本低。寿命短，环保问题	电能质量、电站备用、黑启动
	液流电池	5kW～100MW	1～20h	寿命长，可深放，效率高，环保性好，能量密度稍低	电能质量、备用电源、调峰填谷、能量管理、可再生储能、EPS
	钠硫电池	100kW～100MW	数 h	比能量和比功率较高。高温条件、运输安全问题有待改进	电能质量、备用电源、调峰填谷、能量管理、可再生储能、EPS
	锂离子电池	kW～MW	数 min～数 h	比能量高、安全问题有待改进	电能质量、备用电源、UPS

资料来源：北极星电力网

目前所有这些储能技术还都无法满足太阳能和风力发电大规模应用需要，电力储能技术的发展还有很长的路要走。

7.3.2 蓄电池

当前在离网光伏系统中最常用的储能装置是蓄电池，其中的蓄电池交替处于浮充和放电状态。大致可以认为：夏天日照量大，除了供给负载用电外，有多余电能可以对蓄电池充电；冬天日照量小，方阵发电量不足，需要动用蓄电池储存的电能。在这种季节性循环的基础上，还要加上一个小得多的日循环：白天发电有多余时给蓄电池充电，晚上负载用电全部由蓄电池供给。因此要求蓄电池的循环寿命长，自放电要小，能耐过充放，温度影响小，而且充放电效率高，当然还要考虑价格低廉，使用方便，维护简单等因素。目前常用的蓄电池是铅酸蓄电池和锂电池等。

在蓄电池系统的选择和设计时，考虑的因素主要包括以下几方面。

* 电气特性：电压、容量、充放电率等。
* 性能：循环寿命与放电深度关系，系统自放电等。
* 物理性能：尺寸和重量。
* 维护需要：浸没式或阀控式密封。
* 安装：位置，结构要求，环境条件。
* 安全和辅助系统：机架，托盘，消防。
* 成本：保证条款和可用性。

1. 铅酸蓄电池

铅酸蓄电池是 1859 年由 G.plante 发明的，问世以来，因其价格低廉、原料易得、性能可靠、容易回收和适于大电流放电等特点，已成为世界上产量最大、用途最广泛的蓄电池品种。铅酸蓄电池经过一百多年的发展，技术不断更新，现已被广泛应用于汽车、通信、电力、铁路、电动车、UPS 等各个领域，近年来在太阳能发电领域的应用也在不断增加。铅酸蓄电池的外形如图 7-3 所示。

图 7-3 铅酸蓄电池外形

（1）基本构造。

铅酸蓄电池由正、负极板、隔板、壳体、电解液和接线桩头等组成，其中正极板的活性物质是二氧化铅（PbO_2），负极板的活性物质是灰色海绵状铅（Pb），电解液是稀硫酸（H_2SO_4）。铅酸蓄电池的基本结构如图 7-4 所示。

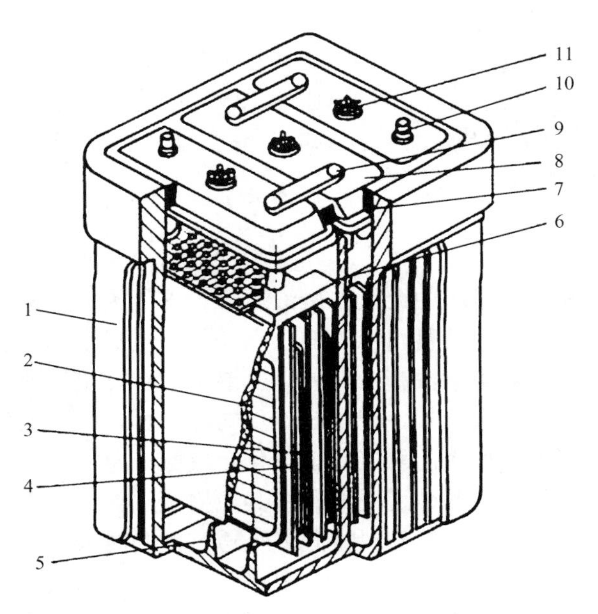

1—硬橡胶槽；2—负极板；3—正极板；4—隔板；5—鞍子；6—汇流排；7—封口胶；
8—电池槽盖；9—连接条；10—极柱；11—排气拴

图 7-4　铅酸蓄电池的基本结构

（2）型号含义。

根据机械行业标准 JB/T2599—1993 规定，铅酸电池型号表示分为 3 段：第 1 段为数字，表示串联的单体蓄电池数，每一个单体电池的标称电压是 2V，当电池数为 1 时，第 1 段可以省略。通常所用的 12V 蓄电池是由 6 个单体电池串联而成的。

第 2 段为 2～4 个汉语拼音字母，表示电池的类型和特性，电池的类型主要根据其用途划分，蓄电池的特性为其附加部分，类型及特性代号如表 7-2 所示。

表 7-2　蓄电池类型及特性代号

蓄电池类型	代　号	蓄电池特性	代　号
启动用	Q	密封式	M
固定型	G	免维护	W
（电力）牵引用	D	干式荷电	A
内燃机车用	N	湿式荷电	H
铁路客车用	T	防酸式	F
摩托车用	M	带液式	Y
航标用	B		
船舶用	C		
阀控型	F		
储能型	U		

第 3 段表示电池的额定容量，当需要时，可在额定容量后标注其他代号。例如，GFM-600 表示为 1 个单体电池，标称电压为 2V，固定式阀控密封型蓄电池，20h 率额定容量为 600Ah；6-QA-120 表示有 6 个单体电池串联，标称电压为 12V，启动用电池，装有干式荷电极板，20h 率额定容量为 120Ah。虽然各蓄电池生产厂家的产品型号有不同的解释，但产品型号中的基本含义不会改变，通常都是用上述方法表示。

2．免维护铅酸蓄电池

传统的铅酸蓄电池在使用过程中会发生减液现象，这是因为栅架上的锑会污染负极板上的海绵状纯铅，减弱了完全充电后蓄电池内的反电动势，造成水的过度分解，大量氧气和氢气分别从正负极板上逸出，使电解液减少。所以需要定期补充电解液，增加了维护工作量。免维护铅酸蓄电池采用铅钙合金栅架，充电时产生的水分解量少，液体气化速度减小，水分蒸发量低，在充电时正极板上产生的氧气通过再化合反应在负极板上还原成水，使用时在规定浮充寿命期内不必加水维护。另外还采取一些其他措施，如外壳采用密封结构，壳盖在结构上采用迷宫式气室，特殊设计的氟塑料橡胶多孔透气阀同时采用了富液设计方案，比一般铅酸蓄电池多加了 20%的酸液。采用多孔低阻 PE 隔板，极群组周围及槽体之间充满了酸液，有很大的热容量和好的散热性，不会产生热量积累和热失控，受温度影响比一般蓄电池小，从而排除了铅酸蓄电池干涸失效现象。免维护密封铅酸蓄电池由于释放出来的硫酸气体很少，所以与传统蓄电池相比，具有不需添加任何液体，对接线桩头、电线腐蚀少，内阻小、低温启动性能好，抗过充电能力强，启动电流大，电量储存时间长，不泄漏酸液，运输和维护方便等优点，已在中小型光伏系统中普遍使用。密封铅酸蓄电池外形如图 7-5 所示。

图 7-5　密封铅酸蓄电池外形

3．阀控式密封铅酸蓄电池

密封式阀控铅酸蓄电池（VRLA）按照电解质和隔板不同，可分为 AGM（吸液玻璃纤维板）铅酸蓄电池和 GEL（胶体密封）铅酸蓄电池。AGM 电池主要采用玻璃纤维隔板，电解液被吸附在隔板空隙内。GEL 电池主要采用 PVC-SiO_2 隔板，电解质为已经凝胶的胶体电解质，是用 SiO_2 凝胶和一定浓度的硫酸，按照适当的比例混合在一起，形成一个多孔、多通道的高分子聚合物，将 H_2O 和 H_2SO_4 都吸附其中，形成固体电解质。

VRLA 电池的主要特点是：安全密封，在正常操作中，电解液不会从电池的端子或外壳中泄漏；特殊的吸液隔板将酸液保持在内，电池内部没有自由酸液，因此电池可放置在任意位置。有泄气系统，电池内压超出正常水平后，VRLA 电池会放出多余气体并自动重新密封，保证电池内没有多余气体；维护简单，由于独一无二的气体复合系统使产生的气体转化成水，在使用 VRLA 电池的过程中不需要加水；使用寿命长。

VRLA 电池用途广泛，可应用在电动工具、应急灯、UPS、电动轮椅、计算机和通信设备、新能源等领域。

4．铅酸蓄电池的性能参数

下面主要讨论应用最多的铅酸蓄电池。

1）蓄电池的电压

铅酸蓄电池的单体额定电压为 2V。一般 200A · h 以上的铅酸蓄电池每只为一个单体，额定电压为 2V。200A · h 以下的铅酸蓄电池每只一般为 6 个单体串联，额定电压为 12V。蓄电池实际电压随充放电情况而有变化。以 2V 蓄电池为例，一般充电结束时浮充电压设定在 2.6～2.7V。放电时，电压缓慢下降，低到 1.75V 时，便不能再继续放电。过充电和过放电都有可能会损坏蓄电池的极板，影响蓄电池寿命。

2）蓄电池的容量

蓄电池的容量是蓄电池储存电能的能力。处于完全充电状态的铅酸蓄电池在一定的放电条件下（通信电池一般规定是 25℃环境下以 10 小时率电流放电），放电到规定的终止电压时所能给出的电量称为电池容量，以符号 C 表示，常用单位是安培小时，简称安 · 时（A · h）。当蓄电池以恒定电流放电时，它的容量等于放电电流值和放电时间的乘积。通常在 C 的下角处标明放电时率。

蓄电池的容量不是固定不变的常数，它与充电的程度、放电电流的大小、放电时间的长短、环境温度、蓄电池新旧程度等有关。通常在使用过程中，蓄电池的放电率和电解液温度是影响容量的最主要因素。

（1）蓄电池容量与放电率的关系。

同一个电池放电率不同，给出的容量也不同（如表 7-3 所示）。放电率有小时率（时间率）和电流率（倍率）两种不同的表示方法。

表 7-3　不同放电率对铅酸蓄电池容量的影响实例

电池规格	各小时率容量（A · h）				
	20h（10.8V）	10h（10.8V）	5h（10.5V）	3h（10.5V）	1h（10.02V）
12V/40A · h	43.4	40	36	32.7	25.6
12V/50A · h	54	50	45	41.1	32
12V/65A · h	70.5	65	58.5	53.3	41.6
12V/75A · h	82	75	67.5	61.5	48.5
12V/90A · h	98	90	80	73.8	57.6
12V/100A · h	108	100	90	83.1	65
12V/150A · h	162	150	135	123	97.5
12V/200A · h	216	200	180	165	130

资料来源：李钟实：《太阳能光伏发电系统设计施工与应用》

① 小时率（放电率）：是以一定的电流放完额定容量所需要的时间来表示。

某个 12V 的蓄电池，如果用 2A 放电，5h 降到 10.5V，则容量为

$$C_5=2\text{A}\times 5\text{h}=10\text{A}\cdot\text{h}$$

同样是这个蓄电池，如果用 1.2A 放电，10h 降到 10.5V，则容量为

$$C_{10}=1.2\text{A}\times 10\text{h}=12\text{A}\cdot\text{h}$$

前者称 5h 放电率，用 C_5 表示；后者称 10h 放电率，用 C_{10} 表示，C 的下脚标就是小时率。

② 电流率（倍率）：是指放电电流相当于电池额定容量的倍数。例如，容量为 100A · h 的蓄电池，若以 100A 电流放电，则 1h 将全部电量放完，放电率为 $1C_1$；若以 100A · h/10h = 10A 电流放电，10h 将全部电量放完，则放电率为 $0.1C_{10}$，依次类推可以得到不同的放电率。

放电电流越大，蓄电池容量越小，根据使用条件的不同，汽车蓄电池的额定容量标称多采用 20h 率容量 C_{20}，固定型或摩托车蓄电池用 10h 率容量 C_{10}，牵引型和电动车蓄电池用 5h 率容量 C_5，一般光伏应用的铅酸蓄电池采用 10h 率容量 C_{10}。

（2）蓄电池容量与温度的关系。

铅酸蓄电池电解液的温度对蓄电池的容量有显著影响，温度高时，电解液的黏度下降，电阻减小，扩散速度增大，电池的化学反应加强，这些都使容量增大。但是温度升高时，蓄电池的自放电会增加，电解液的消耗量也会增多。

蓄电池在低温下容量迅速下降，通用型蓄电池在温度降到 5℃时，容量会降到 70%左右。低于-15℃时容量将下降到不足 60%。且在-10℃以下充电反应非常缓慢，可能造成放电后难以恢复。放完电后若不能及时充电，在温度低于-30℃时有冻坏的危险。所以，在铅酸蓄电池的实际应用中，应当加入环境温度矫正，从而更加准确地确定蓄电池的过充和过放电压值。

3）蓄电池的效率

在离网光伏系统中，常用蓄电池作为储能装置，充电时将光伏方阵发出的电能转变成化学能储存起来；放电时再把化学能转变成电能，供给负载使用。

实际使用的蓄电池不可能是完全理想的储能器，在工作过程中必然有一定的能量损耗，通常用能量效率和安 · 时效率来表示。

① 能量效率。蓄电池放电时输出的能量与充电时输入的能量之比。影响能量效率的主要因素是蓄电池存在的内阻。

② 充电效率（也称库仑效率）。蓄电池放电时输出的电量与充电时输入的电量之比。影响充电效率的主要因素是蓄电池内部的各种负反应，如自放电。

对于一般的离网光伏系统，平均充电效率大约 80%～85%，在冬天可增加到 90%～95%。这是由于：

① 蓄电池在比较低的荷电态（85%～90%）时，有较高的充电效率。

② 多数电量直接供负载使用，要比进入蓄电池效率高（实验测得充电效率达 95%）。

4）蓄电池的自放电

在蓄电池不使用时，随着放置时间的延长，蓄电池的储电量会自动减少，这种现象称为自放电。自放电与储存时间关系曲线如图 7-6 所示。

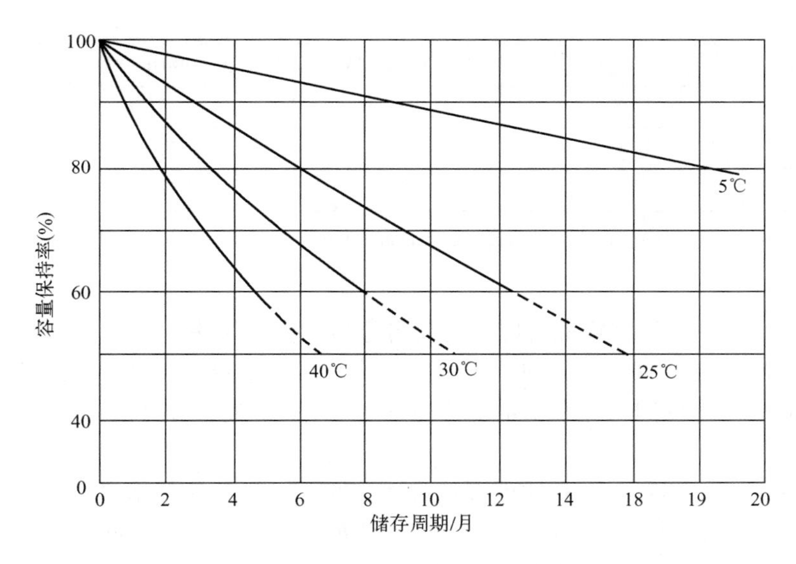

图 7-6　自放电与储存时间关系曲线

5）蓄电池的放电深度与荷电态

放电深度（Depth of Discharge，DOD）是指用户在蓄电池使用的过程中，蓄电池放出的安·时数占其标称容量安·时数的百分比。深度放电会造成蓄电池内部极板表面硫酸盐化，导致蓄电池的内阻增大，严重时会使个别电池出现“反极”现象和电池的永久性损坏。因此过大的放电深度会严重影响电池的使用寿命，非迫不得已，不要让电池处于深度放电状态。一般情况下，在光伏系统中，蓄电池的放电深度为30%～80%。

衡量蓄电池充电程度的另一个重要参数是荷电态（State of Charge，SOC）。通常把一定温度下蓄电池充电到不能再吸收能量的状态定义为荷电态，即 SOC=100%，而将蓄电池再不能放出能量的状态定义为荷电态 SOC = 0%。

因此，一般铅酸蓄电池 SOC 的定义为

$$\mathrm{SOC}=\frac{C_{\mathrm{r}}}{C_{\mathrm{t}}}\times 100\% \tag{7-1}$$

式中，C_{r} 和 C_{t} 分别表示某个时刻蓄电池的剩余电量和总容量。

荷电态与放电深度的关系为

$$\mathrm{SOC}=1-\mathrm{DOD} \tag{7-2}$$

随着蓄电池的放电，其荷电态会逐渐减少，相应的电解液的比重和开路电压也会变小，电解液的冰点会提高，如表 7-4 所示，所以可以通过测量蓄电池的开路电压来大体判断蓄电池的荷电态和电解液的比重。如果发现蓄电池已经过放电，必要时可补充电解液，再进行小电流长时间充电，有可能使荷电态得到一定程度的恢复。

表 7-4　典型深循环铅酸蓄电池荷电态、比重、电压和冰点

荷　电　态	比　　重	单体电池电压（V）	12V 蓄电池电压（V）	冰点（℃）
全部充满	1.265	2.12	12.70	−57.2
75%充满	1.225	2.10	12.60	−37.2

续表

荷　电　态	比　　重	单体电池电压（V）	12V 蓄电池电压（V）	冰点（℃）
50%充满	1.190	2.08	12.45	-23.3
25%充满	1.155	2.03	12.20	-16.1
全部放完	1.120	1.95	11.70	-8.3

资料来源：Sandia PV Architectural Energy Corporation. December 1991

6）蓄电池的寿命

在离网光伏系统中，通常铅酸蓄电池是使用寿命最短的部件。

根据蓄电池用途和使用方法不同，寿命的评价方法也不相同。对于铅酸蓄电池，可分为充放电循环寿命、浮充使用寿命和恒流充电寿命三种评价方法。在可再生能源领域使用的蓄电池，主要关心前面两种。

蓄电池的充放电循环寿命以充放电循环次数来衡量，而浮充使用寿命则是以蓄电池的工作年限来衡量。根据有关规定，固定型（开口式）铅酸蓄电池的充放电循环寿命应不低于 1000 次，使用寿命（浮充电）应不低于 10 年。

实际上蓄电池的使用寿命与蓄电池本身质量及工作条件、放电深度和维护情况等因素有很大关系。图 7-7 为蓄电池放电深度与循环次数关系曲线。

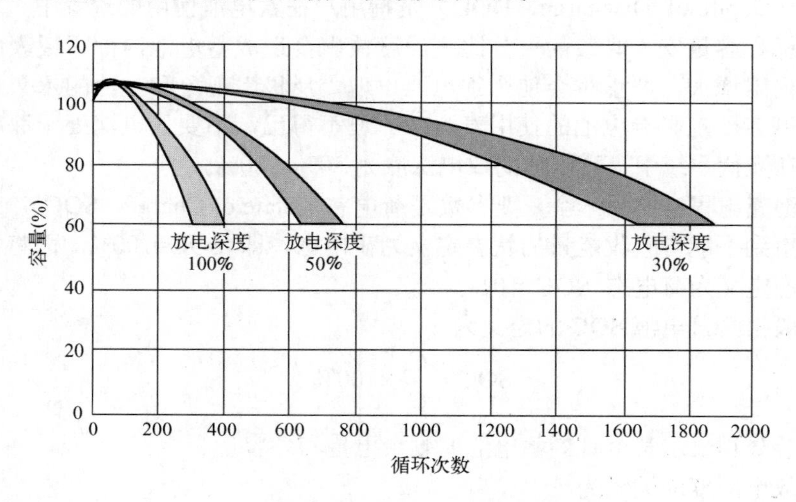

图 7-7　蓄电池放电深度与循环次数关系曲线

综上所述，铅酸蓄电池在离网光伏系统中是十分重要的组成部分，也往往是整个系统中使用寿命最短的部件，必须合理配备蓄电池的类型和规格，选择合适的型号，配置足够的容量，精心安装和管理维护，才能保证离网光伏系统的长期稳定运行。

7.4　控制器

光伏发电系统中的控制器是对光伏发电系统进行管理和控制的重要设备，在不同类型的光伏发电系统中，控制器不尽相同，其功能多少及复杂程度差别很大。控制器主要由电子元器件、仪表、继电器、开关等组成。在并网光伏系统中，控制器往往与逆变器合为一体，自然其功能也成为逆变器功能的一部分，所以本节主要讨论离网光伏系统的情况。

在离网光伏系统中，控制器的核心功能是对整个光伏系统进行管理和自动控制，保证组件、蓄电池组、负载安全可靠运行。控制器要为蓄电池提供最佳的充电电流和电压，快速、平稳、高效地为蓄电池充电，并在充电过程中减少损耗，尽量延长蓄电池的使用寿命。同时保护蓄电池，具有输入充满和容量不足时断开和恢复接连功能，以避免过充电和过放电现象的发生。如果用户使用直流负载，需要时还可以有稳压功能，为负载提供稳定的直流电。不同功率光伏控制器的外形如图 7-8 所示。

图 7-8　不同功率光伏控制器的外形

7.4.1　控制器的类型

1．控制器的分类

控制器大体上可分为三种类型。

（1）并联型脉冲宽度调制（PWM）控制器。

这种控制器的特点是电子开关和蓄电池并联。当蓄电池充满时，电子开关以 PWM 脉冲方式把光伏方阵的输出能量分流到内部并联的电阻器或功率模块上去，然后以热的形式消耗掉。因为这种方式消耗热能，所以一般只用于小型、低功率系统。这类控制器没有如继电器之类的机械部件，所以工作十分可靠。

图 7-9 为常见并联型 PWM 控制器电路图，D 为 PV 防反充二极管，Q 为 PWM 控制开关管。从图中可以看出，当蓄电池充满后，电子开关完全导通，一直在消耗能量。

（2）串联型 PWM 控制器。

和并联型 PWM 控制器不同，串联型 PWM 控制器中电子开关是和蓄电池串联的。图 7-10 为常见串联型 PWM 控制器电路图，Q_1 为 PV 防反充二极管，Q_2 为 PWM 控制开关管。从图中可以看出，当蓄电池充满后，电子开关将蓄电池断开，不再消耗能量，这样解决了并联型控制器的缺点。

（3）最大功率跟踪（Maxim Power Point Tracking，MPPT）型控制器。

在太阳电池方阵处于最大功率点时，就能输出最大功率，这类控制器具有自动跟踪方阵最大功率点的功能。其手段是将太阳电池的电压和电流检测后相乘得到功率，然后判断太阳电池此时的输出功率是否达到最大，若不在最大功率点运行，则调整脉宽，调制输出占空比，改变充电电流，再次进行实时采样，并作出是否改变占空比的判断，通过这样的寻优过程可保证光伏方阵始终运行在最大功率点，以充分利用其输出的能量。同时采用PWM调制方式，使充电电流成为脉冲电流，以减少蓄电池的极化，提高充电效率。

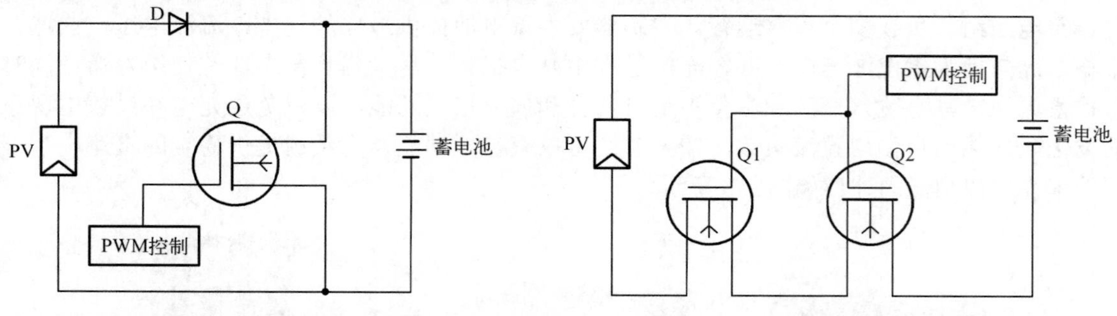

图7-9　并联型PWM控制器电路图　　　　图7-10　串联型PWM控制器电路图

2. 三类控制器的比较

串联型或并联型PWM控制器和最大功率跟踪型控制器的优缺点比较如下。

（1）PWM型控制器。

优点：结构简单，造价低廉；控制器可以做得很小，安装使用方便。

缺点：系统工作效率低。太阳能电池输出电压受蓄电池电压控制，不能跟踪太阳能电池的最大功率点；受蓄电池组的影响，不能实施精确的均衡浮充管理。

（2）最大功率跟踪型控制器。

优点：系统效率高；稳压式的模块化设计，系统的可靠性高。

缺点：电路结构复杂，造价比较高；体积和重量相对较大。

7.4.2　控制器的主要功能

1. 蓄电池充、放电管理

控制器应具有输入充满断开和恢复接连功能，标准设计的蓄电池电压值为12V时，充满断开和恢复连接的参考值为：

* 启动型铅酸电池充满断开为15.0～15.2V；恢复连接为13.7V；
* 固定型铅酸电池充满断开为14.8～15.0V；恢复连接为13.7V；
* 密封型铅酸电池充满断开为14.1～14.5V；恢复连接为13.2V。

控制器应具有欠压断开和恢复功能。

当单体蓄电池电压降到过放点（1.80±0.05）V时，控制器应能自动切断负载；当单体蓄电池电压回升到充电恢复点（2.2～2.25）V时，控制器应能自动或手动恢复对负载的供电。

考虑环境及电池的工作温度特性，控制器应具备温度补偿功能，温度补偿功能主要是在不同的工作环境温度下，能够对蓄电池设置更为合理的充电电压，防止过充电或欠充电状态而造成电池充放电的容量过早下降甚至报废。一般规定温度系数为–（3～7）mV/℃。

2. 设备保护

（1）负载短路/过载保护。

能够承受任何负载短路和负载过载的电路保护。

（2）内部短路保护。

能够承受充电控制器、逆变器和其他设备内部短路的电路保护。

（3）反向放电保护。

能够防止蓄电池通过太阳电池组件反向放电的电路保护。

（4）极性反接保护。

能够承受负载、太阳能电池组件或蓄电池极性反接的电路保护。

（5）雷电保护。

能够承受在多雷区由于雷击而引起击穿的电路保护。

3．光伏系统工作状态显示

控制器应能够显示光伏发电系统的工作情况。对于小型光伏发电系统的控制器，蓄电池的荷电状态，可由发光二极管的颜色判断，绿色表示蓄电池电能充足，可以正常工作；黄色表示蓄电池电能不足；红色表示蓄电池电能严重不足，必须充电后才能工作，否则会损坏蓄电池，当然这时控制器到负载的输出端也已自动断开。

对于大、中型光伏发电系统，应由仪表或数字显示系统的基本技术参数，如电压、电流、功率、安•时数等。

4．光伏发电系统数据及信息储存

特别是对于大型光伏发电系统，应该配备数据及信息储存装置，必要时进行分析和处理，用以判断或评估系统的工作状态，以便改进。

5．光伏系统故障处理及报警

当系统发生故障时，能够自动采取保护措施，或使用声、光等报警手段，以便操作人员及时处理，避免系统遭到损坏。

6．光伏系统遥测、遥控、遥信等

对于大型光伏系统，必要时可配备遥测、遥控、遥信等装置，进行远程控制。

当然，控制器的功能不是越多越好，否则不但提高了投资费用，还增加了系统出现故障的可能性，所以要根据实际情况合理配备必要的功能。

7.4.3　控制器的主要技术指标

为了使控制器能够更加有效地工作，对其本身的性能也有一定的要求。

1．静态电流

应尽可能降低控制器的空载损耗，以提高光伏系统的转换效率，控制器的静态电流应尽量低，规定控制器最大自身耗电不应超过其额定充电电流的 1%。

2．回路压降

要求控制器充电或放电回路的电压降不应超过系统额定电压的 5%。

3．耐振动性

在 10～55Hz 环境下，以振幅 0.35mm 在三个轴向各振动 30min 后，设备应仍能正常工作。

4．耐冲击电压

当蓄电池从电路中移去后，控制器在 7h 内必须能够承受高于太阳电池组件标称开路电压 1.25 倍的冲击。

5．耐冲击电流

控制器必须能够承受 1h 高于太阳电池组件标称短路电流 1.25 倍的冲击。开关型控制器的开关元器件必须能够切换此电流而自身没有损坏。

控制器一般有三组接线柱，分别与光伏方阵、蓄电池和直流负载或逆变器相连。连接时要注意控制器的三个正极分别与光伏方阵、蓄电池和直流负载的正极相接，负极与相应部件的负极相接，极性不能接反。

7.5　光伏并网逆变器

近年来，随着光伏发电系统成本的快速下降，并网光伏系统已成为光伏应用的主流。光伏并网逆变器将光伏方阵输出的直流电能转换为符合电网要求的交流电能再输入电网，是并网光伏系统能量转换与控制的核心设备。

作为光伏方阵和电网之间的桥梁，光伏并网逆变器需要具备三方面的基本功能：一是高效地将直流电转换为交流电，包括最大功率点跟踪（MPPT）控制和逆变功能。二是将光伏系统输出的电能妥善地馈入电网，要求并网电流谐波低，电能质量高，且能适应电网电压幅值、频率等在一定范围内变化；此外逆变器还需要具备支撑电网稳定性的能力，如满足电网故障穿越能力和实时动态响应电网有功、无功调度，结合储能实现 VSG（虚拟同步发电机）功能等（以上这些要求可以从各个国家和地区制定的逆变器和并网标准中得到体现。由于技术发展迅速，也请读者密切关注该类标准的更新）。三是具备对光伏发电系统的各种保护功能，如孤岛保护、绝缘监测和电位诱发衰减（Potential Induced Degradation，PID）防护等。

光伏并网逆变器涉及电力电子技术、控制理论、光伏发电系统及电力系统等多项学科，其控制系统通常采用 DSP/ARM/CPLD 等高性能的控制芯片为核心，控制器接受来自直流侧以及电网侧的电流和电压采样信号，经过分析处理，通过最大功率寻优、电压电流调节及 PWM 波形发生等环节，向功率变换主电路发出控制指令，实现光伏电站的并网发电。

近年来各种新型器件、新型拓扑和新型控制芯片及控制算法不断涌现，驱动逆变器各项技术指标不断进步，逆变器的最大转换效率已达到 99%，未来将达到 99.5%以上。MPPT 效率超过 99%，未来将达到 99.9%以上。逆变器的功率密度不断提高，单机功率增大，其发展历史如表 7-5 所示。

根据并网逆变器功率不同，可分为集中逆变器、组串逆变器和微型逆变器三种主要类型。

表 7-5　逆变器发展历史

	第一代	第二代	现代	下一代
年代	2002—2007	2008—2011	2012—2016	2017—2020
功率器件/拓扑	小功率 IGBT、MOSFET /两电平	第三代 IGBT/两电平	第四代、第五代 IGBT /两电平、三电平	SIC，GAN 器件/三电平、多电平
电容器件	电解电容	电解电容	电解电容薄膜电容	薄膜电容，无电解电容、低电容设计
处理器	单片机（96 系列）	DSP24 系列	DSP28 系列	双 DSP，200M 主频
最大效率	95%	97%	98.70%	99.50%
欧洲效率	94%	96%	98.50%	99%
MPPT 效率	97%	98%	99%	99.90%
寿命	5～10 年	10～15 年	15～25 年	25～30 年

集中逆变器单机功率从几百千瓦到几兆瓦不等，系统拓扑结构一般采用 DC-AC 一级变换，功率器件一般采用大电流 IGBT。集中逆变器的主要特点是单机功率大，最大功率跟踪（MPPT）数量少、每瓦系统成本低。常用于大型地面电站、水面电站及大型屋顶电站。

组串逆变器单机功率为 2.5～100kW，系统拓扑结构多采用 DC-DC-AC 两级变换。组串逆变器的主要特点是单机功率小，应用灵活，最大功率跟踪（MPPT）数量较多，通常一个组串或几个组串一路 MPPT，可以部分解决组件由于安装朝向不一致和各种遮挡引起的失配问题。主要用于复杂山丘电站及中小型分布式电站。

微型逆变器的功率一般为几百瓦，通常单块光伏组件就可配置一台微型逆变器。其特点是可以对单块光伏组件进行最大功率跟踪（MPPT），体积轻，便于安装，并且由于不需要组件串联，系统直流电压低，安全性高。缺点是系统成本较高，单机功率低导致系统配置的逆变器数量多，主要应用在户用系统中。各种逆变器外形如图 7-11 所示。

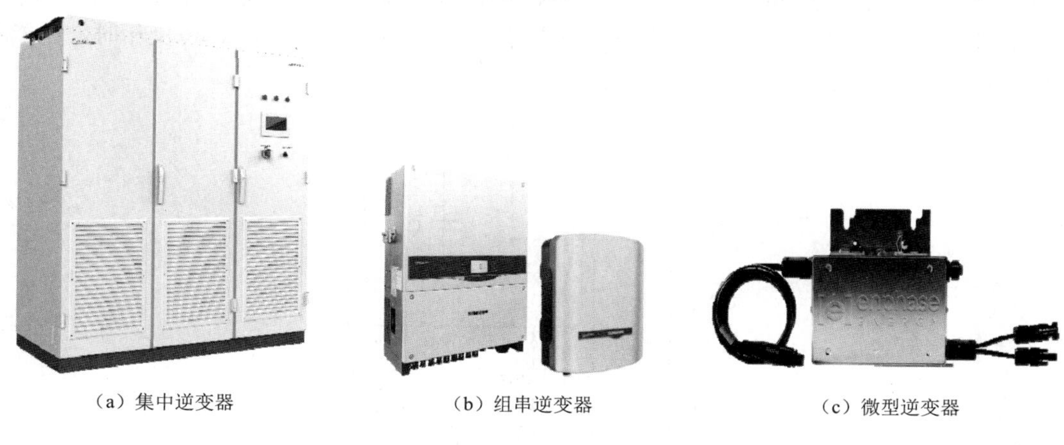

（a）集中逆变器　（b）组串逆变器　（c）微型逆变器

图 7-11　各种逆变器外形

1．光伏并网逆变器主要要求

并网光伏发电系统的运行对逆变器提出了较高的技术要求。主要包括：

① 要求逆变器输出满足电能质量要求。光伏系统馈入公用电网的电力，输出电流中谐波、

直流分量等必须满足电网规定的指标。

② 要求逆变器在辐照和温度等因素变化幅度较大的情况下均能高效运行。光伏发电系统的能量来自太阳能，而辐照强度和温度随气候变化，所以工作时输入的直流功率变化比较大，这就要求逆变器能在不同的辐照和温度条件下均能高效运行。

③ 要求逆变器能使光伏方阵工作在最大功率点。光伏组件的输出功率与辐照、温度等因素的变化有关，即其输出特性具有非线性关系。要求逆变器具有最大功率跟踪功能，即不论辐照、温度等如何变化，都能通过逆变器的自动调节实现方阵的最大功率输出。

④ 要求逆变器具备良好的并网性能，适应各种复杂的电网环境，如电压幅值和频率异常，并具备电网故障（包括低电压、零电压、高电压）穿越能力，不仅保证在电网故障期间不脱网，同时故障期间还需要输出一定的有功和无功功率，帮助区域电网恢复。

⑤ 要求逆变器具备一定的无功输出能力，以支撑电网稳定运行，并能实时快速响应电网有功、无功调度。

⑥ 要求逆变器具备与储能等其他能源构成多能互补系统。如在一些没有电网的场合，光伏发电系统通过配套储能构成微电网给负载供电，通过储能平滑光伏发电系统输出功率以提高电网友好性，结合储能实现 VSG（虚拟同步发电机）功能等。

⑦ 要求逆变器具有功率密度高、环境适应性强、可靠性高等特点，在高温、低温、湿热、多风沙等各种恶劣环境下均能稳定可靠运行。

2．光伏并网逆变器的工作原理

光伏方阵输出的直流电必须转变成交流电后才能接入电网，图 7-12 所示为典型的单相并网逆变器原理图，系统由并网交流电感 L、功率管（T_1～T_4）、直流储能电容 C、DSP 控制器等组成。并网运行时，电网侧电流正弦化控制过程如下：首先，直流给定电压 V_d^* 与反馈电压 V_d 相比较得到误差电压信号ΔV_d，ΔV_d 经电压调节后输出电流幅值指令 I_m^*，其相位由与电网电压同步的单位正弦波信号 $\sin\omega t$ 获得，两者相乘得正弦电流指令信号 i_N^*，经电流调节器控制后，由 PWM 模式发生器输出控制信号以强迫输出电流跟踪输入电流，当 i_N 与 V_N 反相时，电能将从光伏方阵向电网馈送。

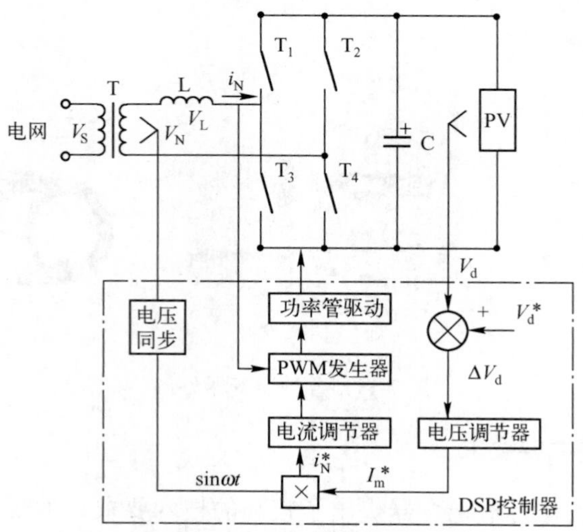

图 7-12　单相并网逆变器原理图

通常对于 100kW 以上的大、中型光伏并网系统，一般采用三相逆变器并网的方式。系统原理如图 7-13 所示。

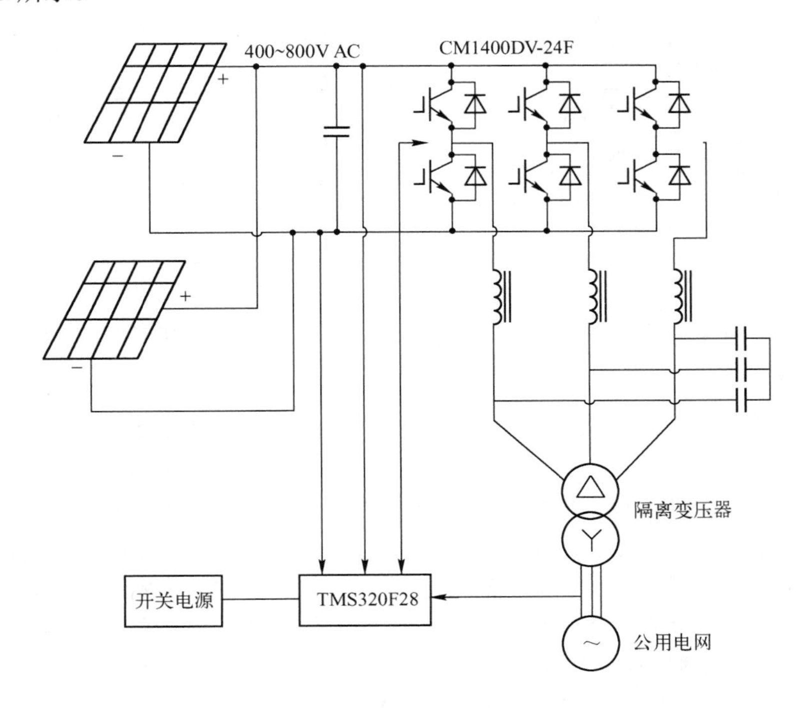

图 7-13　三相并网逆变器原理图

3．光伏并网逆变器的主要功能

1）MPPT 控制功能

光伏组件的输出特性具有非线性特征，输出功率除了与电池内部特性有关外，还与辐照强度、温度和负载的变化有关，在不同的外界条件下，光伏组件可运行在不同且唯一的最大功率点上，如图 7-14 所示。因此，光伏系统需要寻找光伏组件的最大功率点，以最大限度地将太阳能转换为电能。

光伏逆变器通过实时检测光伏阵列的输出功率，通过一定的控制算法，预测当前状况下光伏方阵可能的最大功率输出，从而改变当前的阻抗值，使光伏方阵输出最大功率。

MPPT 算法如图 7-15 所示。假设图中曲线 1 和曲线 2 分别为光伏阵列两条不同光照强度下的输出特性曲线，A 点和 B 点分别为相应的最大功率点。假定某一时刻系统运行在 A 点，当光照强度发生变化，即光伏阵列的输出特性由曲线 1 上升到曲线 2。此时，如果保持负载 1 不变，系统将运行在 A'点，这样就偏离了相应光照强度下的最大功率点。为了继续追踪最大功率点，应该将系统的负载特性由负载 1 变化至负载 2，以保证系统运行在新的最大功率点 B。

国内外对光伏发电系统的最大功率点跟踪（MPPT）控制技术已有很多研究，也发展出各种控制方法，常用的最大功率点跟踪方法有恒压跟踪法（CVT）、扰动观察法、电导增量法以及模糊逻辑控制算法等，这些方法各有优缺点，实际应用中可根据条件和需要选择合适的控制方法。

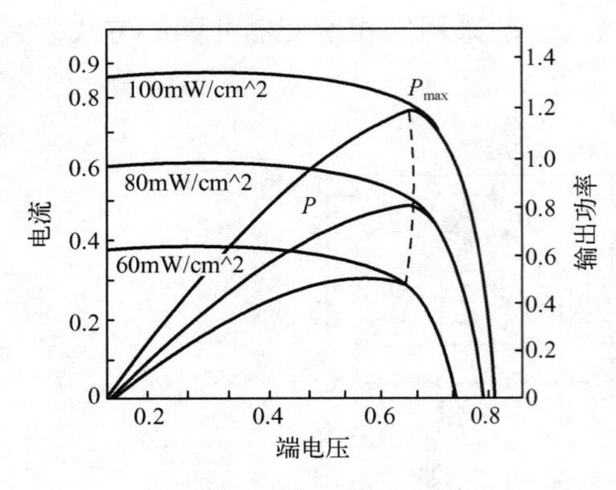

图 7-14　光伏组件的 I-V 和 P-V 特性曲线

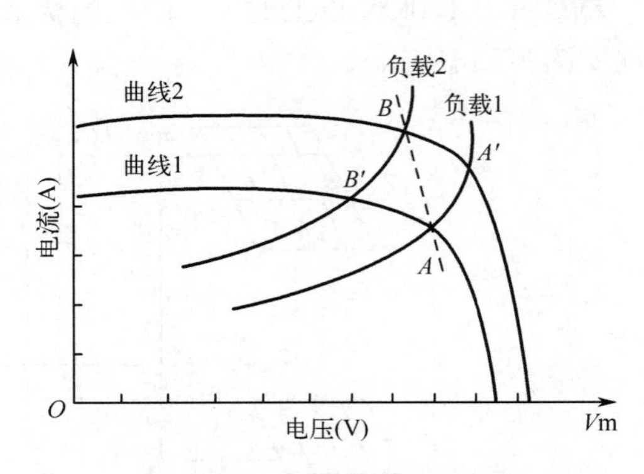

图 7-15　MPPT 算法分析示意图

2）并网功能

并网光伏逆变器除了将光伏方阵输出的直流电转变成与电网电压幅值、频率、相位相同的、电能质量高的交流电接入电网并适应电网电压、频率一定范围内的变化外，同时还需要具备一定的电网支撑能力，包括电网故障穿越能力、无功支撑能力、实时动态响应电网对光伏系统的有功、无功响应调度，以及结合储能实现 VSG（虚拟同步发电机）功能等。

电网故障穿越是指在电网发生故障的情况下，光伏发电系统不脱离电网而继续维持运行，直至故障解除，系统恢复正常平稳运行状态。电网故障期间，还需要逆变器能输出一定的有功和无功功率，以帮助局部电网故障的恢复，提高电网稳定性。电网故障穿越主要包括低电压穿越、零电压穿越和高电压穿越三个方面，具体要求如图 7-16 和图 7-17 所示。

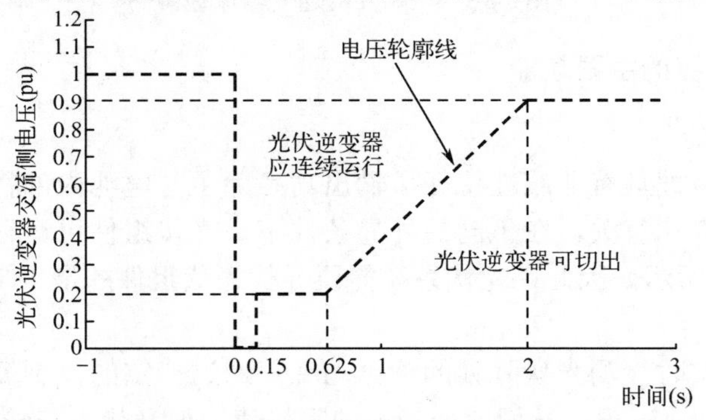

图 7-16　光伏逆变器低电压穿越能力要求

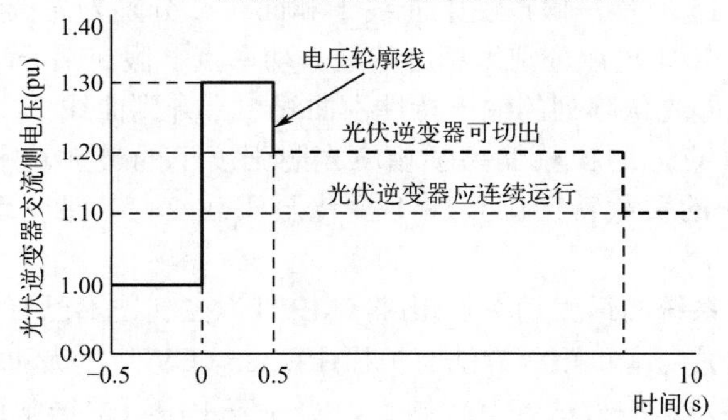

图 7-17　光伏逆变器高电压穿越能力要求

随着光伏装机容量及其在电力系统中的比例不断增加，电力系统不仅要求光伏电站具有有功输出能力，还需要具有一定的无功输出能力，并能够快速响应电网的有功、无功调度，以对电网起到一定的支撑功能，提高电网运行稳定性。逆变器无功容量和动态响应时间要求如图 7-18 所示，逆变器在输出额定有功功率 P_n 的同时，还需要输出 $0.48P_n$ 的无功功率，且动态响应时间小于 30ms。

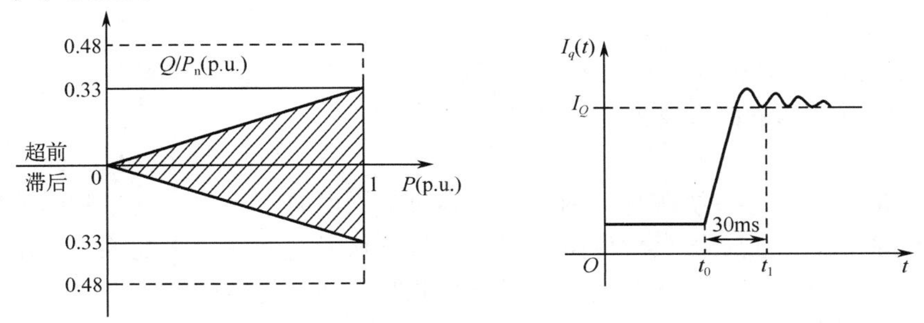

图 7-18　逆变器无功容量和动态响应时间要求

光伏发电系统还可以结合储能实现 VSG（虚拟同步发电机）功能，即通过模拟同步发电机的本体模型、有功调频以及无功调压等特性，使并网逆变器从运行机制和外特性上可与传统同步发电机相比拟，进一步提升光伏发电系统接入电网的友好性，系统结构如图 7-19 所示。

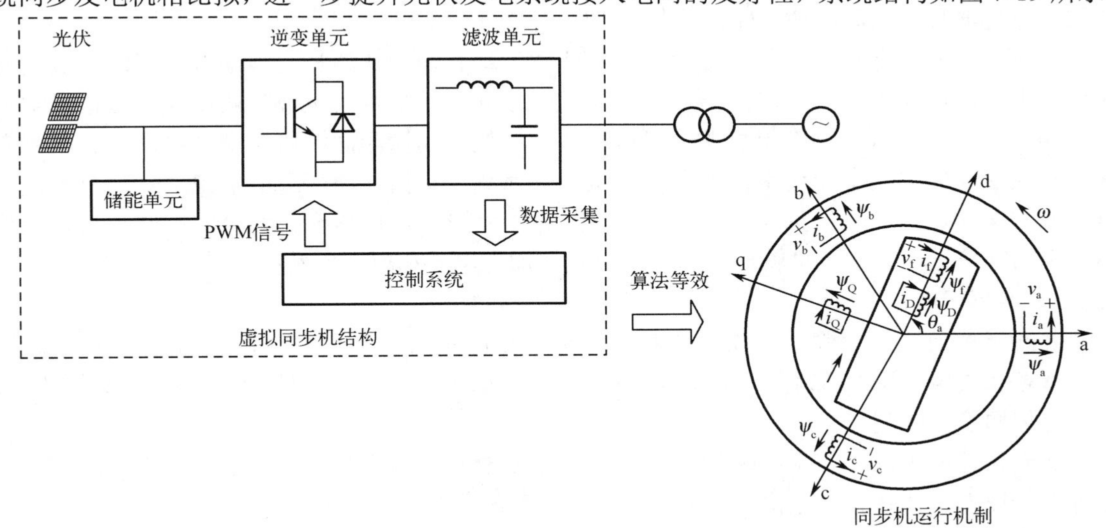

图 7-19　虚拟同步控制技术（VSG）系统结构

3）系统保护功能

并网逆变器除了自身具有防雷击、过流、过热、短路、反接、直流电压异常、电网电压异常等一系列保护功能外，还需要具有光伏组件的 PID 防护功能、孤岛保护等功能。

（1）PID 防护。

存在于晶体硅光伏组件中的太阳电池与其金属边框之间的高电压可能会引发晶体硅光伏组件性能的持续衰减，这种现象称为电位诱发衰减（Potential Induced Degradation，PID）效应。PID 问题已成为影响光伏电站发电量的重要因素之一，特别是在温度高、湿度大的水面光伏发电系统和屋顶光伏发电系统中，发生 PID 的概率大大增加。因此除了组件自身防护不断提高外，一般要求逆变器具备 PID 防护功能。

常见的 PID 防护方法主要包含光伏发电系统负极接地和负极虚拟接地两种。负极接地法是指将光伏方阵或逆变器的负极通过电阻或熔丝直接接地，使电池板负极对大地的电压与接地金属边框保持在等电位，以消除负偏压的影响。负极虚拟接地方案是通过检测光伏发电系统负极对地电位来调整交流对地虚拟中性点电位，从而提高负极对地电位，确保负极对地电位大于或等于地电位。

此外，利用组件 PID 的可逆性原理，在夜间光伏发电系统停止工作时段内，可以对光伏组件施加反向电压，修复白天发生 PID 现象的组件。

（2）孤岛保护。

孤岛现象是光伏发电系统在与电网并联，为负载供电时，当电网发生故障或中断的情况下，光伏发电系统继续独立给负载供电的现象。当光伏发电系统供电的输出功率与负载达到平衡时，负载电流会完全由光伏发电系统提供。此时，即使电网断开，在光伏发电系统输出端的电压与频率不会快速随之改变，这样系统便无法正确地判断出电网是否有发生故障或中断的情况，因而导致孤岛现象的发生。

孤岛现象将对系统产生一定的不良影响，威胁维护人员的人身安全，损坏部分对频率变化敏感的负载，市电恢复瞬间由于电压相位不同产生较大的瞬时电流造成设备的损害等。因此需要逆变器具备孤岛保护功能。

常见孤岛效应保护方法包括被动式检测法和主动式侦测法两种。被动式检测法一般是检测公共电网的电压大小与频率的高低，作为判断公共电网是否发生故障或中断的依据，常见的监测方法包括电压与频率保护继电器检测法、相位跳动检测法、电压谐波检测法、频率变化率检测法、输出功率变化率检测法等；主动式侦测法是指在逆变器的输出端主动对系统的电压或频率加以周期性的扰动，并观察电网是否受到影响，以作为判断公共电网有否发生故障或中断的依据，方法包括输出电力变动方式、加入电感和电容器及频率偏移法等。

4）其他方面

并网光伏逆变器一般具有数据采集、记录和显示的功能，可以随时显示光伏发电系统的工作状态和发电情况。通常都具备 RS-485、以太网等通信接口，通过通信线路进行数据传输，方便远程通信和监测。

在光伏并网电站中，根据具体情况，一般还需要安装隔离开关、漏电保护器、浪涌保护器等电气设备。有些大型光伏并网发电站，还要配备升压变压器等装置。

在离网光伏发电系统中，如果是交流负载，则必须配备离网逆变器，这类逆变器不需要并网和孤岛保护，但仍需具备逆变、最大功率点跟踪等功能。一般情况下，离网逆变器还兼控制器的功能，因此性能还要达到上面 7.4.3 节所要求的控制器主要技术指标。

总之，现代的并网逆变器是微电子技术、电力电子技术和光伏技术的结合，具备了安全并网的全部功能，而且随着电子技术的进步和元器件的不断改进，其效率、容量、功率密度和可靠性将会继续得到提高，为光伏大规模并网应用创造更好的条件。

参考文献

[1] V Vernon Risser, et al. Stand-Alone photovoltaic systems a handbook of recommended design practices[R]. SAND 87-7023 .1995.

[2] Dunlop J P. Batteries and charge control in stand-alone photovoltaic systems fundamentals and application[R]. Florida Solar Energy Center，prepared for Sandia National Laboratories，Photovoltaic Systems Applications Dept，January 1997.

[3] W J Kaszeta, et al. Handbook of secondary storage batteries and charge regulators in photovoltaic systems；final report[R]. SAND81-7135.2002.

[4] Andersson B，et al. Lead-acid battery guide for stand-alone photovoltaic systems[R]. IEA Task III，Report IEA-PVPS 3-06：1999.

[5] Balouktsis A, et al. Sizing stand-alone photovoltaic systems[J]. International Journal of Photoenergy，2006，Article ID 73650：1～8.

[6] Koutroulis E，Kalaitzakis K. Novel battery charging regulation system for photovoltaic applications[J]. IEE Proc.-Electr. Power Appl.，2004，151（2）.

[7] Rachel Carnegie, et al. Utility scale energy storage systems[M]. State Utility Forecasting Group，June 2013.

[8] Kötz R，Carlen M. Principles and applications of electrochemical capacitors[J]. Electrochimica Acta，2000，45（15-16）：2483～2498.

[9] Bella Espinar，Didier Mayer. The role of energy storage for mini-grid stabilization[R]. Report IEA-PVPS T11-02：2011，July 2011.

[10] 国家标准. 家用太阳能光伏电源系统技术条件和试验方法[S]. CB/T 19064—2003.

[11] 刘凤君. 正弦波逆变器[M]. 北京：科学出版社，2002.

[12] 张兴，曹仁贤. 太阳能光伏并网发电及其逆变控制[M]. 北京：机械工业出版社，2012.

[13] 国家标准. 光伏电站接入电力系统技术规定[S]. GB-T19964—2012.

[14] 王东娇. 太阳能光伏发电控制技术研究. 2010.

[15] 李钟实. 太阳能光伏发电系统设计施工与应用[M]. 北京：人民邮电出版社，2012.

[16] 张国月，钟皖生，吴越，等. 基于 MVPI 的三相光伏并网逆变器控制方法[J]. 太阳能学报，2014，35（8）：1435～1440.

[17] 王建华，嵇保健，赵剑锋. 单相非隔离光伏并网逆变器拓扑研究[J]. 太阳能学报，2014，35（5）：737～743.

练 习 题

7-1 光伏发电系统主要组成部件有哪些？分别有什么作用？

7-2 光伏系统中用到的二极管有哪两种？作用是什么？如何连接？

7-3 哪些光伏系统需要配备储能装置？

7-4 简述目前使用的主要储能技术有哪几种类型。

7-5 蓄电池的容量指什么？蓄电池的容量与哪些因素有关？

7-6 蓄电池的能量效率、充电效率、放电深度的具体含义是什么？

7-7 简述离网光伏系统中控制器的主要功能有哪些，有哪些类型。

7-8 并网逆变器的主要作用是什么？

7-9 什么是 PID 效应？如何防护？

7-10 什么是孤岛效应？如何防止孤岛效应的产生？

第 8 章　光伏发电系统的设计

近年来，光伏发电系统应用的数量和规模得到了迅速的发展，不同种类的光伏发电系统不断涌现，标志着光伏发电已经进入了大规模应用的崭新阶段。然而，现在有不少光伏产品和工程，甚至是大中型光伏电站，并没有经过严格的优化设计。已建电站虽然也能够运行，但系统效率和发电量却并不理想。事实上，要使太阳电池的效率提高 1%非常困难，但由于系统设计不当而导致发电量降低 10%的情况却屡见不鲜，有些甚至可能导致系统无法长期正常运行，所以必须特别重视光伏发电系统的优化设计。

8.1　光伏发电系统的总体目标

1．光伏发电系统的定义及分类

光伏发电系统与光伏电站含义不同。光伏发电系统是指利用太阳电池的光生伏特效应，将太阳辐射能直接转换成电能的发电系统；光伏电站是指以光伏发电系统为主，包含各类建（构）筑物及检修、维护、生活等辅助设施在内的发电站。

光伏发电系统按是否接入公共电网可分为并网光伏发电系统和离网光伏发电系统。并网光伏发电系统又可按接入并网点的不同，分为用户侧光伏发电系统和电网侧光伏发电系统。

实际上光伏电站等级分类并没有绝对标准，目前国际能源署对于光伏电站等级分类方法是：容量小于 100kW 的为小规模，容量为 100kW～1MW 的为中规模，容量为 1MW～10MW 的为大规模，容量为 10MW 以上的为超大规模。根据《光伏发电站设计规范》GB50797，我国综合考虑不同电压等级电网的输配电容量、电能质量等技术要求，按照光伏电站接入电网的电压等级，把光伏电站分为三种类型：（1）小型光伏电站，安装容量小于或等于 1MW，通常采用 0.4～10kV 电压等级；（2）中型光伏电站，安装总容量一般大于 1MW，且不大于 30MW，通常采用 10～35kV 电压等级；（3）大型光伏电站，安装容量大于 30MW，通常采用 35kV 及以上电压等级。

根据是否允许通过公共连接点向公用电网送电，小型光伏电站还可分为可逆和不可逆的接入方式。

2．设计总体目标和要求

对于不同类型的光伏发电系统，设计的总体目标和要求各不相同：就并网光伏发电系统而言，主要工作在于如何使整个光伏发电系统在全年能够向电网输出最多的电能，所以设计的总体目标是尽量减少能量损失，使光伏发电系统全年能够得到最大的发电量。

但是对于离网光伏发电系统，由于光伏发电系统的应用与当地的气象条件有关，同样的负载，在不同地点应用，所需配置的容量也不一样，光伏发电系统全年能够得到最大发电量往往并不是最佳选择。同时，目前光伏发电的成本还比较高，所以要建成一个合理、完善的离网光伏发电系统，必须进行科学的优化设计，使得离网光伏发电系统既能充分满足负载的用电需要，又能使光伏方阵和蓄电池的容量配比最合理，做到可靠性与经济性的最佳结合。

混合光伏互补发电系统基本上用作离网电源。除了光伏发电系统外，同时还配备风力发电系统的混合光伏系统，这主要是考虑到目前光伏发电成本还比较高，为了降低系统造价和保证供电质量，充分发挥太阳能和风能的互补优势，进行优化设计，合理配置光伏发电和风力发电的容量以弥补单一能源的不足，从而提高系统供电的可靠性，降低发电成本。至于以柴油机作为备用电源的光伏/柴油机混合系统，应当充分发挥光伏系统的发电能力，只是在冬天太阳辐照量低或长期阴雨天时，才启动柴油机补充电力，这需要进行严格的优化设计，合理配备光伏发电系统和柴油机功率及蓄电池的容量。光伏发电系统也是微电网、多能互补系统和购售电相关业务的重要组成部分。

8.2　并网光伏发电系统的设计

大中型光伏电站的建设需要进行一系列设计，其中最重要的是光伏发电系统的容量设计。

8.2.1　并网光伏发电系统的容量设计

8.2.1.1　影响发电量的因素

影响并网光伏发电系统发电量的因素大体可以归纳成装机容量、系统效率和太阳辐照量三个方面。

1．并网光伏发电系统的装机容量

光伏发电装机容量是指系统中所有光伏组件额定功率（组件背板铭牌上的标称功率）之和。

显然，装机容量对于并网光伏电站的发电效果起决定性作用。在其他条件相同时，并网光伏电站装机容量（功率）越大，发电量也越多。

2．能效比（Performance Ratio，PR）

光伏发电系统的系统效率由两个因素决定：一是光伏方阵本身的转换效率，二是能效比。PR 是一个衡量光伏发电系统性能的重要指标，其定义是光伏发电系统输出给电网的电能与方阵接收到的太阳能量之比。它与光伏发电系统的容量、安装地点的太阳辐射情况及方阵的倾角和朝向等条件无关。

$$\mathrm{PR}= Y_f / Y_r \tag{8-1}$$

式中，Y_f是光伏发电系统单位功率的发电量，有

$$Y_f = E_{PV} / P_0 \ (\mathrm{kW \cdot h/kW}) \tag{8-2}$$

式中，E_{PV} 为光伏发电系统平均每年（或每月）的发电量（kW·h）；P_0 为光伏系统的装机容量（kW）。Y_r是当地方阵面上的峰值日照时数（h），也就是光伏方阵面上接收到的太阳总辐照量，折算成辐照度 $1\mathrm{kW/m^2}$ 下的小时数，有

$$Y_r = H / G(h) \tag{8-3}$$

式中，H 为当地方阵面上平均每年（或每月）的太阳总辐照量；G 为标准测试条件下，地面太阳辐照度，$G = 1000\text{W/m}^2$。

并网光伏发电系统中 PR 的大小与系统设计、施工安装、设备及零部件质量的好坏、平衡部件（包括逆变器、控制设备等）的效率和连接线路等造成的损失，以及运行维护情况等很多因素有关，大致可以分为以下几个方面。

（1）组件失配损失。

并网光伏发电系统的光伏方阵由大量光伏组件组成，即使全部采用相同功率的组件，各个组件的最佳工作电压和电流也不一定完全相同，原则上在将组件串联连接成组件串时，应该事先经过分类，将工作电流基本相同的串联在一起，再将组件串中工作电压基本相同的并联在一起。但在实际安装时，往往由于组件数量很多，来不及进行挑选，只好随意搭配，造成组件不匹配，这样整个方阵的总功率就会小于各个组件的功率之和。

（2）电缆线损。

电缆线损有直流线损和交流线损两部分。组件之间或组件到汇流箱、逆变器等都需要用电缆连接，由于电缆本身具有电阻。有些使用的连接电缆线径太细，加上有大量的连接点，安装时稍有不慎，就会造成接触不良，这些都会造成线路损耗。

（3）遮挡损失。

在运行过程中，方阵表面会沉积灰尘，由于并网光伏发电系统的光伏方阵倾角比较小，往往不能仅仅依靠雨水冲刷来清洁方阵表面。如果没有及时清洗，会影响光伏发电系统的发电量。此外，有些光伏方阵前面有树木或建筑物等物体遮挡，还有些系统由于设计不当，使得前、后排方阵间的距离太小，也都会造成遮挡损失。

目前，很多光伏组件都向大尺寸发展，往往串联的电池片很多，这样即使被遮蔽的面积不大，也会对输出功率造成很大影响。如图 8-1 所示，左面两块组件被遮蔽后的输出功率大约减少 50%，右面一块组件的输出功率大约减少 100%，所以应该尽量避免对方阵的遮挡。

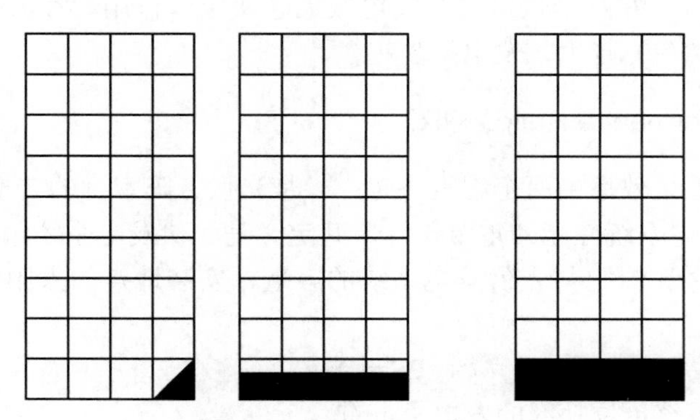

图 8-1　阴影对组件输出功率的影响

（4）温度影响。

光伏组件的额定功率是在标准测试条件（STC）下测定的，如果在运行时，太阳电池的温度高于 25℃，则其输出功率将会比额定功率少。

（5）平衡系统（BOS）的效率。

在光伏发电系统中，除了光伏方阵以外，还有控制器、逆变器、汇流箱、变压器等平衡部件，也会消耗能量。这些部件的效率越低，损失的能量也越多。

（6）停机故障。

由于停机检修、设备发生故障或操作失误等原因造成光伏发电系统部分或全部停止运行，也会降低系统的能效比。

3. 太阳辐照量

太阳辐照量是影响光伏系统发电量的另一个决定性因素。同样功率的光伏方阵，安装在不同地区，发电量就不一样。

光伏发电系统建成后，所发出的电能取决于运行时方阵面上所接收到的太阳辐照量，如果能够得到运行期间的太阳辐射数据，就可确定光伏发电系统的发电量。然而，由于太阳辐射的随机性，一般无法精确预测以后运行时每天的太阳辐射情况，因此只能参考当地气象台站的历史气象资料，为了尽量接近实际情况，应该采用当地多年（至少 10 年，最好 20 年以上）太阳辐射量的数据取平均值。我国从 1953 年开始进行太阳辐射量的测量，1993 年前全国有 66 个气象台有水平面上太阳总辐射和散射辐射的测量数据，1993 年后全国就只有 17 个气象台进行这些数据的观测。1985 年以前记录太阳辐射量的单位用 cal/cm^2，1985 年及以后用 MJ/m^2。全国绝大多数地区都没有现成的长期太阳辐射数据可供直接应用，这已成为太阳能光伏和热利用设计的最大难题。所以在设计光伏发电系统时，通常都通过光伏发电系统计算软件附带的气象数据（如来自气象数据库 Meteonorm、NASA 等的气象数据）进行预测。

但是需要指出的是：美国 NASA 所提供的数据与我国地面气象台实际测量的太阳辐射数据有一定差别，NASA 提供的数据除了在青藏高原一些地区偏小外，在我国大多数地区太阳辐射数据普遍偏大，所以在实际应用时要特别加以注意。

这些太阳辐照量资料都只是水平面上的太阳辐射资料，而光伏方阵通常是倾斜放置的，需要将水平面上的太阳辐照量换算成倾斜方阵面上的辐照量。具体计算方法可参照第 2 章的相关内容。

对于不同方位各种倾角的方阵面上的太阳辐照量百分比，有的文献介绍按照图 8-2 的多面体确定，其实这是不正确的。该多面体各面的百分比仅仅是对于某个特定地点的示意图，其他地点由于纬度和直射辐照量与散射辐照量的比例不同，各地不同方位各种倾角的方阵面上的太阳辐照量百分比也不会一样，所以图 8-2 只能作为参考，千万不可生搬硬套。

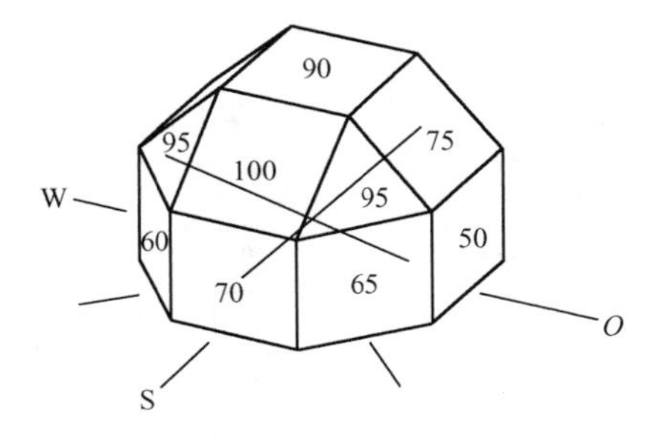

图 8-2 某地不同方位和倾角辐射量比例示意图

还有一些设计甚至不进行倾斜面上太阳辐照量计算，而直接应用气象台提供的水平面上太阳辐照量数据。也有的笼统地乘上“方阵安装倾角、方位角系数”，而此系数是随意选择的，显然这些都是不合理的。

光伏方阵与地面的倾角不同，各个月份接收的太阳辐照量也不一样，因此在当地太阳辐照条件一定的情况下，可以通过调整光伏方阵的倾角来增加接收到的太阳辐照量，从而提高光伏发电系统发电量。

以上这些影响因素，多数可以通过选用高质量的部件、优化设计、精心加工安装、妥善维护等手段减少光伏发电系统发电量的损失。即使是无法通过人为方法加以控制的太阳辐照量，也可以通过仔细计算或试验，确定最佳倾角来增加照射在方阵面上的太阳辐照量。如果方阵倾角选择不当，即使差别 1%，对于一个兆瓦级光伏发电系统来说，每年都可能会损失上万千瓦时的发电量。

8.2.1.2 并网光伏发电系统发电量的估算

（1）确定现场参数。

包括光伏电站装机容量（功率）、当地气象及地理条件，多年水平面上的太阳辐射资料（至少 10 年）的各月平均值等。

（2）得出方阵最佳倾角。

如何最大限度地增加光伏方阵表面上所接收到的太阳辐照量，是并网光伏发电系统设计时需要着重考虑的问题。由于并网光伏发电系统所产生的电能可以全部输入电网，因此，确定光伏方阵的倾角就比较简单，只要得到方阵面上全年能接收到的最大辐照量所对应的倾角，就是光伏方阵的最佳倾角。

计算方阵最佳倾角的方法有多种，例如，可根据 Klein 和 Theilacker 在 1981 年提出的计算公式，算出不同倾斜面上的太阳辐照量并进行比较，从而得到当地全年能接收到的最大太阳辐照量 H_t，其相应的倾角即为方阵最佳倾角，同时可以得到各个月份光伏方阵面上所接收到的太阳辐照量。根据倾斜面上月平均太阳辐照量的计算公式，只要知道当地纬度、太阳总辐照量和直射辐照量（或散射辐照量）数值，该地并网光伏系统方阵的最佳倾角就可确定。中国部分地区并网光伏发电系统朝向赤道的方阵最佳倾角如表 8-1 所示。其中，当地月太阳平均辐照量根据国家气象中心发布的 1981—2000 年“中国气象辐射资料年册”统计整理得到，有少数地点统计的年份稍有出入。倾斜面上的太阳辐照量是根据 Klein 和 Theilacker 提出的公式计算得到的，表中的φ是当地纬度；β_{opt}是并网光伏方阵的最佳倾角；$\overline{H}_T$是方阵面上全年平均太阳日辐照量。

表 8-1 中国部分地区并网光伏发电系统的方阵最佳倾角

地 区	φ（°）	β_{opt}（°）	$\overline{H}_T$（kW·h/m²·d）	地 区	φ（°）	β_{opt}（°）	$\overline{H}_T$（kW·h/m²·d）
海口	20.02	10	3.892	西安	34.18	21	3.318
中山	22.32	15	3.065	郑州	34.43	25	3.881
南宁	22.38	13	3.453	侯马	35.39	26	3.949
广州	23.10	18	3.106	兰州	36.03	25	4.077

续表

地　区	φ（°）	β_{opt}（°）	$\overline{H}_T$（kW·h/m²·d）	地　区	φ（°）	β_{opt}（°）	$\overline{H}_T$（kW·h/m²·d）
蒙自	23.23	21	4.362	格尔木	36.25	33	5.997
汕头	23.24	18	3.847	济南	36.36	28	3.824
韶关	24.48	17	2.993	西宁	36.43	31	4.558
昆明	25.01	25	4.424	玉树	33.01	31	4.937
腾冲	25.01	28	4.436	和田	37.08	31	4.867
桂林	25.19	16	2.983	烟台	37.30	30	4.225
赣州	25.51	15	3.421	太原	37.47	30	4.196
福州	26.05	16	3.377	银川	38.29	33	5.098
贵阳	26.35	12	2.653	民勤	38.38	35	5.353
丽江	26.52	28	5.020	大连	38.54	31	4.311
遵义	27.42	10	2.325	若羌	39.02	33	5.222
长沙	28.13	15	3.068	天津	39.06	31	4.074
南昌	28.36	18	3.276	喀什	39.28	29	4.630
泸州	28.53	9	2.528	北京	39.56	33	4.228
峨眉	29.31	28	3.711	大同	40.06	34	4.633
重庆	29.35	10	2.452	敦煌	40.09	35	5.566
拉萨	29.40	30	5.863	沈阳	41.44	35	4.083
杭州	30.14	20	3.183	哈密	42.49	37	5.522
武汉	30.37	19	3.145	延吉	42.53	37	4.054
成都	30.40	11	2.454	通辽	43.26	39	4.456
宜昌	30.42	17	2.906	二连浩特	43.39	40	5.762
昌都	31.09	30	4.830	乌鲁木齐	43.47	31	4.208
上海	31.17	22	3.600	长春	43.54	38	4.470
绵阳	31.27	13	2.739	伊宁	43.57	36	4.740
合肥	31.52	22	3.344	哈尔滨	45.45	38	4.231
南京	32.00	23	3.377	佳木斯	46.49	40	4.047
固始	32.10	22	3.504	阿勒泰	47.44	39	4.938
噶尔	32.30	33	6.348	海拉尔	49.13	44	4.769
南阳	33.02	23	3.587	黑河	50.15	45	4.276

对于有些光伏发电系统，特别是光伏与建筑一体化系统中，光伏方阵由于受到建筑物方向的限制，往往不能全部朝向赤道方向，可能会有几种不同的方位，形成多个朝向不同的子方阵。方位角不同，光伏子方阵的最佳倾角也不一样，这时就要对每一种方位角的子方阵，分别计算其全年能接收到最大太阳辐照量所对应的角度，以此作为该子方阵的最佳倾角。

将倾斜面上太阳辐照量的单位换算成 kW • h/m² • y，即为全年峰值日照时数。但要特别注意，这并不是通常气象台所提供的日照时数。

（3）设定能效比 PR。

对于不同的光伏电站，实际使用情况千变万化，因此能效比 PR 也各不相同。国际能源署（IEA-PVPS）对于并网光伏发电系统做了大量的调查和分析，早期的并网光伏发电系统其 PR 为 60%～80%。目前，优质光伏电站中，PR 值已经超过 80%，甚至超过了 85%。现在，对于按照最佳倾角安装的并网光伏发电系统，推荐用 PR = 80%进行计算。

（4）计算公式。

并网光伏发电系统每年的发电量可用下列简单的公式进行估算：

$$E_{out}=H_t \cdot P_0 \cdot PR \tag{8-4}$$

式中，E_{out}为并网光伏电站全年输出的电能（kW・h/y）；H_t为光伏方阵面上全年接收到的太阳总辐照量（kW・h/m^2・y）与标准测试条件下的地面太阳辐射强度（G = 1000W/m^2）相除后得到的峰值日照时数（h/y）；P_0为光伏发电系统实际功率（kW）；PR 为能效比。

（5）得出并网光伏发电系统的发电量。

将以上数据代入计算公式（8-4），便可得出并网光伏发电系统的年发电量。同样也可以根据月平均太阳总辐照量，计算出光伏发电系统各月发电量。

如果光伏发电系统由不同朝向的若干子方阵组成，就要分别确定各个子方阵的最佳倾角及其所接收到的太阳辐照量，然后根据上述计算公式，求出各个子方阵的逐月发电量，相加后即为该光伏发电系统的全年发电量。

【例 8-1】 计划在上海地区的厂房屋顶上建造一座 1MW 并网光伏电站，试估算完成后各月的最大发电量。

根据上海地区的气象资料，计算出不同倾斜面上的太阳辐照量并进行比较，得到上海地区在朝向正南时，全年能接收到的最大太阳辐照量所对应的倾角为 22°（如表 8-1 所示），此即为方阵最佳倾角。由此计算得出倾斜面上各个月份的平均太阳辐照量，同时依据上述公式，取 PR = 0.80，计算出并网光伏电站各个月份的发电量，结果如表 8-2 所示。

表 8-2　上海地区 1MW 光伏电站发电量

	水平面上太阳辐照量 H_0（kW・h/m^2/d）	22°时倾斜面上太阳辐照量 H_t（kW・h/m^2/d）	平均每天发电量 E_d（kW・h/d）	平均该月发电量 E_m（kW・h/m）
1 月	2.079	2.481	1985	61529
2 月	2.598	2.926	2341	65542
3 月	2.974	3.138	2510	77822
4 月	4.036	4.050	3240	97200
5 月	4.652	4.485	3588	111228
6 月	4.164	3.963	3170	95112
7 月	4.864	4.635	3708	114948
8 月	4.611	4.550	3640	112840
9 月	3.816	3.962	3170	95088
10 月	3.144	3.483	2786	86378
11 月	2.442	2.907	2326	69768
12 月	2.114	2.620	2096	64976

将各月的发电量相加，即可得全年总发电量为 1052431kW ·h。可见平均每 1W 装机容量，在上海地区如按最佳倾角安装，每年可以发电将近 1kW · h。

但是还要注意，以上讨论没有考虑到太阳电池性能的衰减问题，太阳电池在工作一定时间后，由于电池性能的衰减，其输出功率会有所下降；此外由于封装材料的老化等原因，也会造成光伏方阵输出功率的减少。通常认为，对于晶体硅太阳电池其年性能衰减率 r 大约为 0.8%，如果是非晶硅太阳电池，其衰减率可能更大一些。因此，在计算光伏发电系统在寿命周期 n 年内的发电量时，如以光伏电站建成时算作第 0 年，则光伏发电系统在寿命周期内的总发电量 $E_{\text{out},n}$ 应为

$$E_{\text{out},n}=\sum_{0}^{n-1}H_{\text{t}}\cdot P_{0}\cdot \text{PR}(1-r)^{n} \tag{8-5}$$

【例 8-2】 在银川地区建造一座 10MW 晶体硅电池光伏电站，若性能衰减率 r=1%，能效比 PR=0.8，寿命周期为 20 年，如方阵按最佳倾角安装，试计算历年发电量及总发电量是多少？

解： 由表 8-1 可知，银川地区的方阵最佳倾角是 33°，其倾斜面上的月平均每天的辐照量为 5098W · h/m^2，即每天的峰值日照时数为 5.098h，全年倾斜面上总的峰值日照时数为 1860.77h。PR=0.8，n=20，代入式（8-5）：

$$E_{\text{out},n}=\sum_{0}^{n-1}H_{t}\cdot P_{0}\cdot \text{PR}(1-r)^{n}=\sum_{0}^{19}1860.77\times 10\times 0.8(1-0.01)^{n}$$

将 n 由 1～20 分别代入，可得历年发电量如表 8-3 所示。

表 8-3　银川 10MW 电站历年发电量（MW · h）

n	1	2	3	4	5	6	7	8	9	10
$E_{\text{out},n}$	14886.2	14737.3	14589.9	14444.0	14299.6	14156.6	14015.0	13874.9	13736.1	13598.8
n	11	12	13	14	15	16	17	18	19	20
$E_{\text{out},n}$	13462.8	13328.2	13194.9	13062.9	12932.3	12803.0	12674.9	12548.2	12422.7	12298.5

将 20 年相加，即可得总发电量为 271066.7MW · h。

8.2.1.3　常用设计软件介绍

光伏电站的设计涉及因素很多，关系非常复杂，为了方便使用，已经开发出一些设计软件，目前国际上常用的光伏电站设计软件有 PVSystem、RETScreen 等，各设计软件特点对比如表 8-4 所示；对应的气象数据库有 Meteonorm、NASA 等，各气象数据库对比如表 8-5 所示。

作为两种常用的光伏设计软件，PVSystem 和 RETScreen 的计算原理基本相同。当采用相同的太阳能资源数据进行计算时，两种软件的计算结果几乎相同。但由于 RETScreen 和 PVSystem 都有自带的太阳能资源数据，两者差异较大。因此，如果采用默认数据时，用两个软件计算的结果差异会比较大。

表 8-4 光伏电站设计常用软件对比

设计软件	软件特点	主要功能	气象数据库
PVSystem	PVSystem 是光伏发电系统设计的专业软件，功能全面，模型数据库的可扩充性很强，提供了初步设计、项目详细设计、数据库和工具等板块，并包括了广泛的气象数据库、光伏发电系统组件数据库，以及一般的太阳能工具等，比较适合于光伏发电系统的设计应用。PVsyst6.1 软件集成的是 MN6.1 数据，PVsyst 最新 6.3 版本已经集成 MN7.1 数据	（1）设定光伏发电系统种类：并网型、独立型、光伏水泵、直流电网等。 （2）设定光伏组件的排布参数：固定方式、光伏方阵倾角、行距、方位角等。 （3）架构建筑物对光伏发电系统遮阴影响评估、计算遮阴时间及遮阴比例。 （4）模拟不同类型光伏发电系统的发电量及系统发电效率。 （5）研究光伏发电系统的环境参数	Meteonorm/NASA
RETScreen	一种基于 Excel 的可再生能源工程分析软件，用于评估各种能效、可再生能源技术的能源生产量、节能效益、寿命周期成本、减排量和财务风险，也包括产品、成本和气候数据库，可帮助决策者们快速而轻松地确定清洁能源、可再生能源项目的技术和财务可行性	该软件功能比较强大，可对风能、光伏、小水电、节能和热电联产、生物质供热、太阳能采暖供热、地源热泵等各类应用进行经济性、温室气体、财务及风险分析，计算光伏发电系统发电量只是其功能之一，因此，设计能力要稍低于 PVSystem	NASA
SketchUp	SketchUp 中文名称为草图大师，是一个 3D 设计软件。它的主要特点是使用方便，而且可以直接嵌入至 GooleEarth，非常方便。草图大师推出专门针对光伏电站设计的插件 Skelion	该软件在光伏发电系统设计中主要用于绘制光伏发电系统布置效果图、阴影分析、测量光伏方阵的排间距。模型建模完成后，可以方便地得出安装面的方位角、倾角等信息，而且可以一键排布光伏组件	无
PVSOL	PVSOL 是用来模拟和设计光伏发电系统的软件，它在数据库的建立方面做得比较出色，提供了欧美许多国家和地区详尽的气象数据，而且是以 1h 为间隔的。这些数据包括太阳辐照强度、指定地点 10m 高的风速和环境温度。所有数据均能够按日、周、月的时间间隔以表格或者曲线的形式显示出来。 除此之外，还包含丰富的负载数据、150 种光伏组件、70 种蓄电池的特性数据、150 种离网系统和并网系统的逆变器特性数据。所有的数据都可以通过用户自己定义而得到扩展，增加了设计的灵活性	组件、逆变器等数据库由设备供应商定期更新，可自动选择最佳逆变器配置，自动生成 meteonorm7.1 气象数据，直观的三维阴影模拟，可由谷歌地图导入三维模拟，导出电气图及组件排布图到 CAD 中。 进行模拟后，会显示出详细的模拟报告，包括太阳辐射量、年发电量、光伏组件效率、系统效率、系统效率损失等。 此外，还可以进行光伏发电系统经济效益和环保效益的分析。在进行光伏发电系统设计时，PVSOL 软件将系统分成三种：离网系统、并网系统及混合系统，每种系统的设计方法都有所不同	Meteonorm
总结	综合比较，就功能及气象数据而言，PVSystem 气象数据库更准确，功能更全面		

我国的太阳能辐射数据一共有三个数据库：①CMA 太阳辐射数据库 1（实测数据）；②CWERA 太阳能资源评估数据库 2（气候学方法推算）；③CWERA 太阳能资源评估数据库 3（卫星数据）。

通过对比 NASA 数据与我国气象站数据，分析发现，在我国不同地区存在不同程度或高或低的偏差。对于我国中东部地区，云量较大，某些区域又受水体、降雪和高山的影响，因此地面辐射与 NASA 数据库值的差距比较大，尤其是阴雨天较多的地区，NASA 数据要高于实测数据 10%以上。

表 8-5 光伏电站设计常用软件配套气象数据库对比

气象数据	Meteonorm	NASA
特点	Meteonorm 软件为商业收费软件，其数据来源于全球能量平衡档案馆（Global Energy Balance Archive）、世界气象组织（WMO/OMM）和瑞士气象局等权威机构，包含有全球 7750 个气象站的辐射数据，我国 98 个气象辐射观测站中的大部分均被该软件的数据库收录。此外，该软件还提供其他无气象辐射观测资料的任意地点的通过插值等方法获得的多年平均各月的辐射量	NASA 数据因其免费、快捷成了很多业主的首选，可以使用该软件查询到全球任何地方的气象、辐照数据，它是美国航空航天局（NASA）通过对卫星观测数据反演得到的分辨率在 3～110km 的太阳辐射数据。 NASA 地面辐射数据库首先通过卫星等手段得到大气层顶的辐射（Top of atmosphereradiance），这一步的准确度较高。然后再通过云层分布图、臭氧层分布图、悬浮颗粒物分布等数据，通过复杂的建模和运算得到地表水平面总辐射数据，这一步的准确度受到很多因素的制约
对比	Meteonorm6.1 对应的辐射数据时间段为 1981—2000 年，Meteonorm7.1 对应的辐射数据时间段为 1991—2010 年。MN7.1 数据普遍比 MN6.1 要小，这种差异在中国中大城市更为明显	NASA 数据收录的是该地区 1983—2005 年的月平均辐照量。 大部分情况下，NASA 数据比 Meteonorm 数据要偏高，最高超过 10%
总结	从时间角度讲，Meteonorm 数据更接近于中国的实际情况。 通过与我国多年气象数据站数据对比，NASA 数据偏高，Meteonorm 数据更接近于中国的实际统计数据。 目前我国国家级地面辐射观测站为 98 个，其中一级站 17 个（内容涵盖总辐射、直接辐射、散射辐射、反射辐射和净辐射），二级站 33 个（总辐射和净辐射），三级站 48 个（总辐射）。而 17 个直接辐射站的观测资料只能反映其所在地的时间变化特征，无法给出全国太阳能辐射的总体分布，无法满足工程应用中的精细化需要。 就目前发展趋势来看，我国的中东部、工业为主的城市、大城市等地面的太阳辐射量下降明显。因此，无论选用哪种来源的太阳能辐射量数据，均需要对数据库提供的辐射量数据进行修正和调整，以保证光伏发电量预估的准确性。 综合考虑，在选取数据库时，建议优先考虑采用实测数据，其次选用 Meteonorm 数据库或者多种数据来源配合使用	

资料来源：羲和太阳能电力有限公司培训材料

综合以上特点，结论如下：

（1）在进行光伏系统设计时，PVSystem 软件或者 PVSOL 软件更适合国内使用。在进行三维设计模拟时，可选用 SketchUp 软件。

（2）在选择数据库时，建议优先考虑采用项目地实测太阳辐射资源数据，其次选用 Meteonorm 数据库或者多种数据来源配合使用。

8.2.2 并网光伏电站与电网的连接

1. 光伏电站并网要求

并网光伏发电系统与电网的连接是一个重要环节，大中型并网光伏电站设计应符合《光伏发电接入配电网设计规范》GB/T50865、《光伏电站接入电力系统设计规范》GB/T50866、《光伏发电系统接入配电网技术规定》GB/T29319、《光伏电站接入电力系统技术规定》GB19964、《光伏发电系统并网技术要求》GB/T19939 等标准要求，并参照《光伏电站电能质量检测技术规程》NB/T32006 等进行检测。光伏电站的并网向当地交流负载提供电能和向电网发送电能的质量，在谐波、电压偏差、电压不平衡度、直流分量、电压波动和闪变等方面应满足以下并网要求。

（1）谐波和波形畸变。

光伏电站接入电网后，公共连接点的谐波电压应满足《电能质量 公用电网谐波》GB/T 14549 的规定，如表 8-6 所示。

表 8-6 公用电网谐波电压限值

<table>
<tr><th rowspan="2">电网标称电压
（kV）</th><th rowspan="2">电网总畸变率
（%）</th><th colspan="2">各次谐波电压含有率（%）</th></tr>
<tr><th>奇 次</th><th>偶 次</th></tr>
<tr><td>0.38</td><td>5.0</td><td>4.0</td><td>2.0</td></tr>
<tr><td>6</td><td rowspan="2">4</td><td rowspan="2">3.2</td><td rowspan="2">1.6</td></tr>
<tr><td>10</td></tr>
<tr><td>35</td><td rowspan="2">3</td><td rowspan="2">2.1</td><td rowspan="2">1.2</td></tr>
<tr><td>66</td></tr>
<tr><td>110</td><td>2</td><td>1.6</td><td>0.8</td></tr>
</table>

（2）电压偏差。

光伏电站接入电网后，公共连接点的电压偏差应满足《电能质量 供电电压偏差》GB/T 12325 的规定，即 35kV 及以上公共连接点电压正、负偏差的绝对值之和不超过标称电压的 10%。20kV 及以下三相公共连接点的电压偏差为标称电压的±7%。

（3）电压波动和闪变。

光伏电站接入电网后，公共连接点处的电压波动和闪变应满足《电能质量 电压波动和闪变》GB/T 12326 的规定。光伏电站单独引起公共连接点处的电压变动限值与变动频度、电压等级有关，如表 8-7 所示。

表 8-7 电压变动限值

电压变动频度：r（次/h）	电压变动：d（%）	
	LV、MV	HV
$r≤1$	4	3
$1<r≤10$	3	2.5
$10<r≤100$	2	1.5
$100<r≤1000$	1.25	1

注：低压（LV）：$V_N≤1kV$；中压（MV）：$1kV<V_N≤35kV$；高压（HV）：$35kV<V_N≤220kV$

光伏电站在公共连接点单独引起的电压闪变值，应根据光伏电站安装容量占供电容量的比例，以及系统电压，按照《电能质量 电压波动和闪变》GB/T 12326 的规定，分别按三级做不同处理。如表 8-8 所示。

表 8-8　各级电压下的闪变限值

系统电压等级	LV	MV	HV
短时间闪变值：P_{st}	1.0	0.9（1.0）	0.8
长时间闪变值：P_{lt}	0.8	0.7（0.8）	0.8

注：（1）P_{st} 和 P_{lt} 每次测量周期分别为 10min 和 2h；

（2）MV 括号中的值仅适用于 PPC 连接的所有用户为同电压等级的场合

（4）电压不平衡度。

光伏电站接入电网后，公共连接点的三相电压不平衡度应不超过《电能质量 三相电压不平衡》GB/T 15543 规定的限值，公共连接点的负序电压不平衡度应不超过 2%，短时不得超过 4%。其中由光伏电站引起的负序电压不平衡度应不超过 1.3%，短时不超过 2.6%。

（5）直流分量。

光伏电站并网运行时，向电网馈送的直流电流分量不应超过其交流额定值的 0.5%，对于不经过变压器直接接入电网的光伏电站，因逆变器效率等特殊因素可放宽到 1%。

（6）功率因数。

大型和中型光伏电站的功率因数应能够在 0.98（超前）～0.98（滞后）范围内连续可调。在其无功输出范围内，大型和中型光伏电站应具备根据并网电压水平调节无功输出，参与电网电压调节的能力。小型光伏电站输出有功功率大于其额定功率的 50%时，功率因数应不小于 0.98（超前或滞后）；输出有功功率在 20%～50%之间时，功率因数应不小于 0.95（超前或滞后）。

2．光伏发电系统的并网类型

（1）单机并网。

对于功率不大的并网光伏发电系统，可以将光伏组件经串、并联后，直接与单台逆变器连接，逆变器的输出端经过计量电表后，接入电网。同时可以通过 RS-485/232 通信接口和个人计算机连接，记录和储存运行参数，如图 8-3 所示。

这种类型的并网方式特别适合于功率在 1～5kW 之间的小型光伏发电系统，如屋顶上安装的户用光伏发电系统，可参照《家用太阳能光伏电源系统技术条件和试验方法》 GB/T 19064 等进行检测。

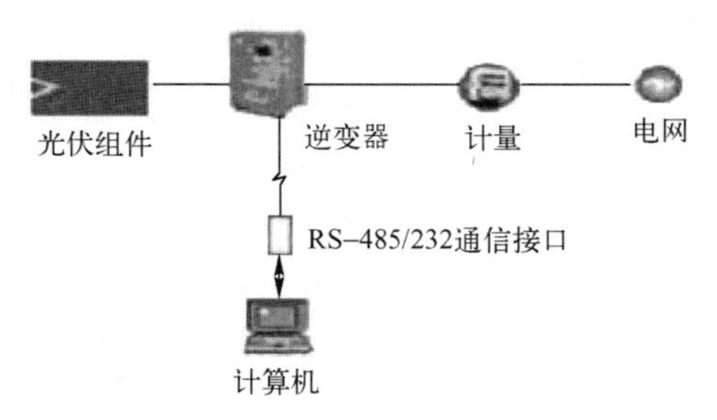

图 8-3　光伏发电系统单机并网

（2）多支路并网。

这种方式适合应用于系统功率较大，且整个光伏方阵的工作条件并不相同的情况，如有的光伏子方阵有阴影遮挡、各个光伏子方阵的倾角或方位角并不相同，或有多种型号、不同电压的光伏子方阵同时工作，这时可以采取每个光伏子方阵配备一台逆变器（或采用多路 MPPT 逆变器），输出端经过计量电表后接入电网，如图 8-4 所示。

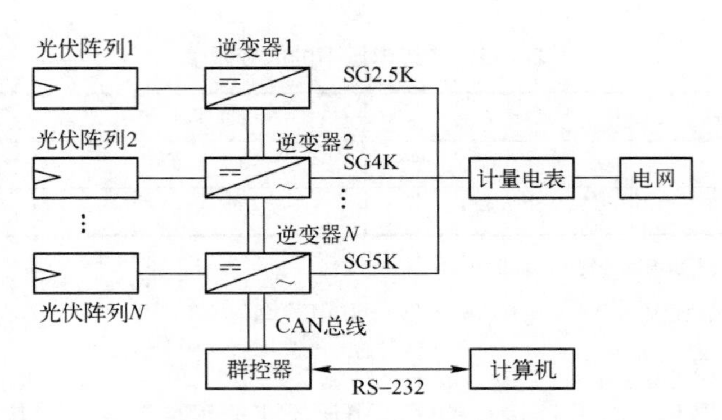

图 8-4　光伏发电系统多支路并网

所配备的并网逆变器可以有不同规格，再通过 CAN 总线获取每台逆变器的运行参数、发电量和故障记录，也可通过 RS-485/232 通信接口与 PC 连接。这种类型的并网方式应用很广，特别是在光伏与建筑相结合（BIPV）的系统中，为了满足建筑结构的要求，常常会使得各个光伏子方阵的工作条件各不相同，因此采用这种连接方式，配套组串式逆变器。

（3）并联并网。

这种方式适合应用于大功率并网光伏系统，要求每个子方阵具有相同的功率和电压的组件串并联，而且光伏子方阵的安装倾角也都一样。这样可以连接成多个逆变器并联运行，当早晨太阳辐射强度不大时，数据采集器先随机选中一台逆变器投入运行。当照射在方阵面上的太阳辐射强度逐渐增加时，在第一台逆变器接近满载时再投入另一台逆变器，同时数据采集器通过指令将逆变器负载均分。在太阳辐射强度继续增加时，其他逆变器依次投入运行。当日落时，数据采集器指令逐台退出逆变器，逆变器的投入和退出完全由数据采集器依据光伏方阵的总功率进行分配，这样可最大限度地降低逆变器低负载时的损耗；同时由于逆变器轮流工作，不必要时不投入运行，从而大大延长了逆变器的使用寿命，并联并网运行如图 8-5 所示。

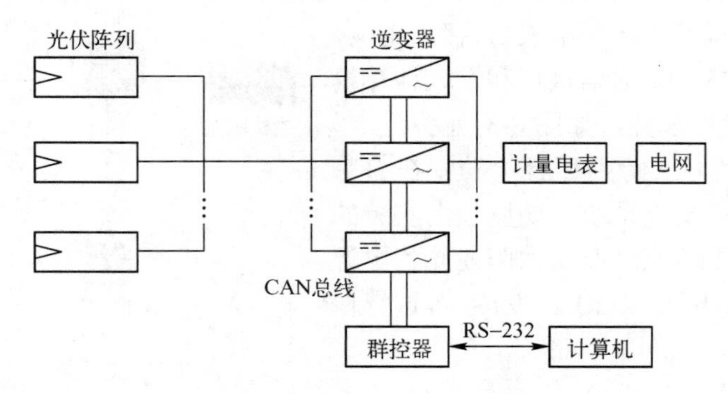

图 8-5　光伏发电系统并联并网

荒漠光伏电站或在空旷处安装的光伏电站都可以采用这种连接方式。

3．光伏发电系统的并网方式

1）小型并网光伏发电系统

例如，户用屋顶光伏发电系统，通常是由光伏方阵通过汇流箱，接到直流防雷开关、并网逆变器、交流防雷开关，最后直接并入 220V/380V 电网。需要时可以配置部分数据收集、记录装置。这类并网光伏发电系统接入电网的方式有以下两种。

（1）“净电表计量”方式。

光伏发电系统输出端通常是接在进户电表之后（负荷一侧），其示意图如图 8-6 所示。光伏方阵所发电能，首先满足室内负载用电需要，如有多余时输入电网，在阴雨天和晚上则由电网给室内负载供电。在这种情况下，可以只配置一只电度表，在用户使用电网的电能时，电度表正转；在光伏发电系统向电网供电时，电度表反转。这样用户根据电度表显示的数字交纳电费时，就扣除了光伏发电系统所产生电能的费用。

这种方法还有一种类型，称为“联网不并网”，也称为“不可逆并网方式”。光伏方阵所发电能供自身负载使用，不够时可由电网补充。但是光伏方阵所发电能，除了自身负载使用以外，如还有多余时，不允许输入电网，也就是只允许电网单向给负载供电，不能由光伏方阵向电网输电。这时光伏发电系统应配置逆向功率保护设备，当检测到逆流超过额定输出的 5%时，逆向功率保护应在 0.5～2s 内将光伏发电系统与电网断开。不可逆并网方式不需要复杂的并网功能。

（2）“上网电价”方式。

光伏发电系统输出端通常接在进户电表之前（电网一侧），光伏发电系统所发电力全部输入电网，室内负载用电由电网另外供应，所以常常需要配备“买入”和“卖出”两只电度表，示意图如图 8-7 所示。

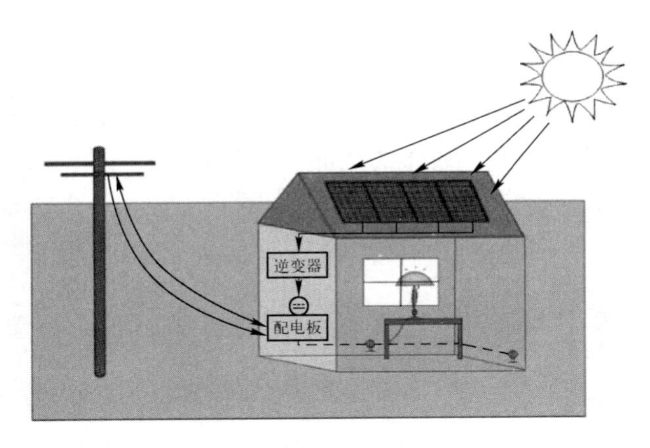

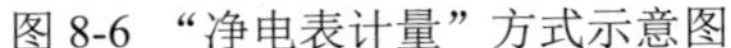
图 8-6 “净电表计量”方式示意图

图 8-7 “上网电价”方式示意图

国外推广“太阳能屋顶”计划，政府采取专门的扶植政策，鼓励私人用户安装户用光伏发电系统。通常采用这种方式，用户屋顶光伏发电系统所发的绿色电能，由电网高价收购，而用户家庭所使用的电能，则由电网提供，按平价交纳电费。

2）大中型光伏电站

大中型光伏电站如同常规发电站一样，将所发电力全部输入电网。只是由于光伏组件数量众多，需要分成许多子方阵和配备很多汇流箱，有时需要多个直流配电柜。光伏方阵输出端必须安装具有灭弧能力的开关，主开关应具有安全切断在 1.25 倍方阵最大开路电压下 1.25 倍方阵最大短路电流的能力。

光伏方阵发出的电能经直流配电柜后与逆变器相连，还要将逆变器输出的低压交流电经过交流配电柜后，再通过升压变压器并入高压电网。升压变压器应选择合适的连接方式以隔离逆变系统产生的直流分量和谐波分量，并且在接入公共电网的光伏电站和电网连接处应设置有明显断点的开关设备。光伏发电系统的交流侧还应配置接地检测，过压、过流保护，指示仪表和计量仪表。在交流和直流端都要配备防雷装置，此外还应配置主控和监视系统，其功能可以包括数字信号的传感和采集，以及必要的处理、记录、传输、显示系统数据，示意图如图 8-8 所示。

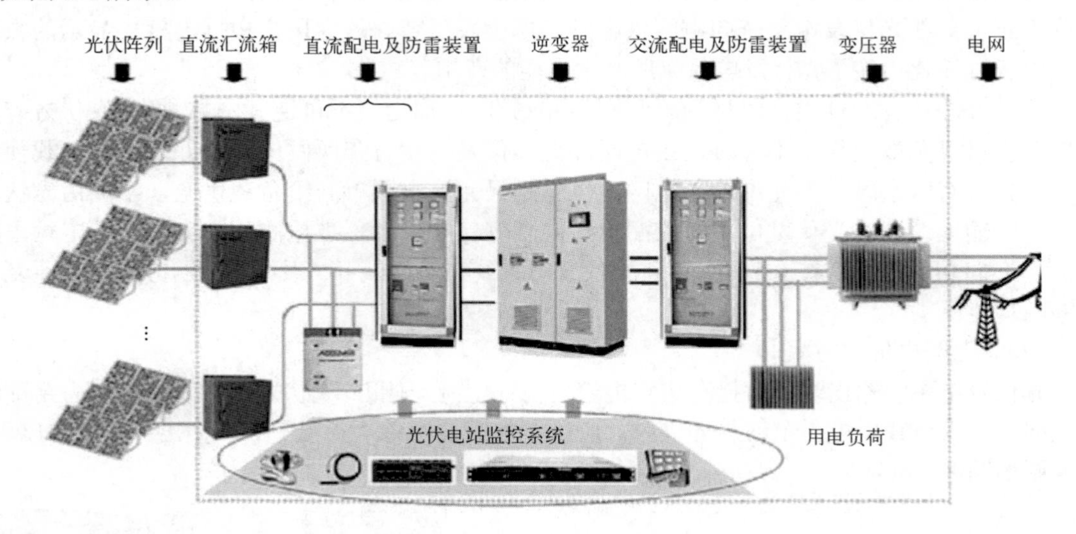

图 8-8　大中型光伏电站配置示意图

我国目前使用的地面光伏电站及集中上网的分布式光伏电站，采用的是“上网电价”方式，国家通过标杆电价为光伏电力提供补贴（包括标杆电价下的竞价上网方式）。

8.2.3　并网光伏发电系统设计的基本流程

（1）掌握基本数据。

掌握光伏发电系统安装地点、当地的气象及地理条件、电网状况及用电负荷（消纳）等情况，测算光伏发电系统的容量规模等。

（2）站址选择及现场勘察。

地面光伏电站站址宜选择在地势平坦的地区或北高南低的坡度地区，避开空气经常受悬浮物严重污染的地区和危岩、泥石流、岩溶发育、滑坡地段及发震断裂地带等地质灾害易发区，避让重点保护的文化遗址，不应设在有开采价值的露天矿藏或地下浅层矿区上。站址地下深层有文物、矿藏时，除应取得文物、矿藏有关部门同意的文件外，还应对站址在文物和矿藏开挖后的安全性进行评估。站址选择应尽量利用非可耕地和劣地，不应破坏原有水系，做好植被保护，减少土石方开挖量，并应节约用地，减少房屋拆迁和人口迁移。防洪、排洪区域不得建设光伏电站。站址选择应考虑电站达到规划容量时接入电力系统的出线走廊。

对位于山区的光伏电站需要进行防洪设计，需要采取防山洪和排山洪的措施，防排设施应按频率为 2%的山洪设计。

现场勘察应了解安装场地的地形、地貌，以及光伏方阵安装现场的朝向、面积及具体尺寸，观察有无高大建筑物或树木等障碍物遮挡阳光，大致确定是否需要分成若干个子方阵安装。特别是 BIPV 系统，更要详细了解现场的具体情况，以便确定各个子方阵的位置及对安装的朝向、倾角等的影响。还要规划安排辅助建筑的具体设置，以及接入电网的位置等。

（3）进行总平面布置。

关于光伏电站的站区总平面布置，应贯彻节约用地的原则，通过系统优化，控制全站光伏区生产用地、生活区用地和施工用地的面积；用地范围应根据建设和施工的需要，按规划容量确定，宜分期、分批征用和租用。站区总平面设计应包括下列内容：①光伏方阵；②升压站（或开关站）；③站内集电线路；④就地逆变升压站；⑤站内道路；⑥其他防护功能设施（防洪、防雷、防火）；⑦维修人员的生活保障设施。

建筑物上安装光伏发电系统，不得降低相邻建筑物的日照标准。在既有建筑物上增设光伏发电系统，必须进行建筑物结构和电气的安全复核，并应满足建筑结构及电气的安全性要求。

（4）确定设备的配置及型号。

光伏组件的设计选型要点：①依据太阳辐射量、气候特征、场地面积等因素，经技术经济比较确定。②太阳辐射量较高、直射分量较大的地区，宜选用晶体硅光伏组件或聚光光伏组件。③太阳辐射量较低、散射分量较大、环境温度较高的地区，宜选用薄膜光伏组件。④在与建筑相结合的光伏发电系统中，当技术经济合理时，宜选用与建筑结构相协调的光伏组件。建材型的光伏组件，应符合相应建筑材料或构件的技术要求。

汇流箱应按环境温度、相对湿度、海拔高度、污秽等级、地震烈度等使用环境条件进行性能参数校验。汇流箱应具有下列保护功能：①应设置防雷保护装置（浪涌保护器）。②汇流箱的输入回路宜具有防逆流及过流保护；对于多级汇流光伏发电系统，如果前级已有防逆流保护，则后级可不做防逆流保护。③汇流箱的输出回路应具有隔离保护措施。④宜设置监测装置。

按照有关技术规范，确定光伏发电系统中需要配置的交直流配电柜、防雷开关、升压变压器及数据采集系统等辅助设备所需的功能及采用的型号。

（5）选择合适的并网逆变器。

选择逆变器时通常应考虑下列事项：

* 并网还是离网；
* 额定功率和最大电流；
* 逆变器转换效率；
* 现场环境评价；
* 尺寸和质量；
* 保护和安全功能；
* 保修期和可靠性；
* 成本和可用性；
* 附加功能（监测、充电器、控制系统、最大功率点跟踪等）；
* 标称直流输入和交流输出电压。

对于并网光伏发电系统，必须配备专门的并网逆变器，对其输出的波形、频率、电压等都有严格要求，并且要具有必要的检测、并网、报警、自动控制及测量等一系列功能，特别是必须具备防止孤岛效应的功能，以确保光伏发电系统和电网的安全。

用于并网光伏发电系统的逆变器性能，要求具有有功功率和无功功率连续可调功能，用于大中型光伏电站的逆变器还应具有低电压（或零电压）穿越功能。在湿热带、工业污秽严重和沿海滩涂地区使用的逆变器，应考虑潮湿、污秽及盐雾的影响，海拔高度在 2000m 及以上高原地区使用的逆变器，应选用高原型（G）产品或采取降容使用措施。

光伏发电系统中逆变器的配置容量应与光伏方阵的安装容量相匹配，逆变器允许的最大直流输入功率应不小于其对应光伏方阵的实际最大直流输出功率。同时，光伏组件串的最大功率工作电压变化范围应在逆变器的最大功率跟踪电压范围内。

对于一定容量的大中型光伏电站，如何配置逆变器要仔细考虑，因为逆变器有不同的规格和型号，如 1MW 的光伏电站，是选择功率比较大的 1MW 的逆变器 1 台，还是选择用几台小的组串逆变器，如 500kW 的 2 台或 50kW 的 20 台，这要从多方面来做综合考虑。功率大的逆变器效率比较高，单位造价比较便宜，维护也相对容易；但是功率太大的逆变器，在投入或退出时，会对并网点电能质量产生比较大的影响，并且如果出现故障，造成停机，后果就比较严重，当然还要考虑产品质量是否可靠。为了适应大中型光伏电站的发展需要，现在生产厂提供的并网逆变器功率越来越大，选用时要看产品是否有长期使用的成熟经验等质量保证。

总之，配备多大的并网逆变器，需要用几台，应该结合这些因素进行综合评估，当然还要考虑逆变器的单价，以确定既安全可靠又经济合理的方案，最后决定并网逆变器的规格、型号。

（6）确定光伏发电系统的并网方式。

对于大中型地面光伏电站一类的光伏发电系统，设计时一般采用多级汇流、分散逆变、集中并网的方式；分散逆变后一般就地升压，升压后集电线路回路数及电压等级应经技术经济比较后确定。

根据光伏发电系统容量等级，按照有关规范，确定光伏发电系统的并网方式，明确与电网连接的结点，落实拟接入变电站的位置及连接方法。

（7）决定光伏组件的串并联数量。

光伏方阵中，光伏组件串的串联数可按下列公式计算：

$$N \leqslant \frac{V_{\mathrm{dc\,max}}}{V_{\mathrm{oc}}[1+(t-25)K_{\mathrm{v}}]} \tag{8-6}$$

式中，N 为光伏组件的串联数（取整数）；$V_{\mathrm{dc\,max}}$ 为逆变器允许的最大直流输入电压；V_{oc} 为光伏组件的开路电压；t 为光伏组件工作条件下的极限高温；K_{v} 为光伏组件的开路电压温度系数。

实际操作时可根据逆变器的 MPPT 电压范围取中间值，与所采用的光伏组件的最佳输出电压相除并取整数，得出光伏组件的串联数量，也就是尽量使光伏组件串的工作电压取值位于逆变器输入电压范围的中部。例如，采用 100kW 逆变器，其 MPPT 输入电压范围是 450～820V，其中间值为 635V。如果光伏组件的功率是 180W，最佳输出电压是 35V，可用 18 块组件串联，组件串输出电压是 630V，每个组件串的功率就是 3240W。然后根据子方阵容量，决定光伏组件的并联数量。

（8）计算光伏方阵的最佳倾角。

根据当地长期水平面上太阳辐照量的数据，计算得到倾斜面上全年能接收到的最大太阳辐照量所对应的倾角，即为光伏方阵的最佳倾角，同时可得到全年和各个月份在倾斜光伏方阵表面上的太阳辐照量。

（9）进行工程现场总体设计，确定方阵布局。

根据现场的大小和光伏组件的尺寸，以及光伏方阵的倾角等条件，确定光伏组件的安装方案，包括连接电缆走向及汇流箱的位置，落实防雷、接地的具体措施等。通常光伏方阵的最低点距地面的距离不宜低于 300mm。

（10）分析分布式接入容量对配电网的影响。

在分布式光伏发电系统接入配电网时，如同一公共连接点有一个以上的光伏发电系统接入，就要总体分析对电网的影响。当光伏发电系统的总容量超过上一级变压器供电区域内最大负荷的 25%时，需要进行无功补偿和电能质量的专题分析。

（11）评估成本及效益。

估算光伏电站的发电量，评估其发电成本、经济及社会效益。

8.3 离网光伏发电系统设计

离网光伏发电系统的优化设计就是要使光伏发电系统的配置能够恰到好处，做到既能保证光伏发电系统的长期可靠运行，充分满足负载的用电需求；同时又能使配备的光伏方阵和蓄电池的容量最小，节省投资，具有最佳的经济效益。在现阶段，光伏组件的价格还比较高，设计光伏发电系统时应根据负载的要求和当地的气象地理条件，依照能量平衡的原则，综合考虑各种因素。然而由于离网光伏发电系统运行时涉及的影响因素很多，设计计算相当困难，不少文献介绍的光伏发电系统设计方法不够完善，或者十分繁杂，有的根本没有考虑光伏发电的具体特点，设计很不合理，以至一些光伏产品（如某些太阳能路灯）或工程效率低下，无法长期稳定运行，有些甚至不能正常工作，所以采用科学的设计计算方法，进行设计优化，是建成一套合理、完善的光伏发电系统的关键。

8.3.1 离网光伏发电系统优化设计总体要求

建设离网光伏发电系统最重要的是容量设计，内容包括确定光伏方阵和蓄电池的容量，以及决定光伏方阵的倾角。

在充分满足用户负载用电需要的前提下，尽量减小光伏方阵和蓄电池的容量，以达到可靠性和经济性的最佳结合，避免盲目追求低成本或高可靠性的倾向。当前尤其要纠正为了市场竞争，片面强调低投资，随意减小系统容量或选用低性能廉价产品的做法。

光伏发电系统和产品要根据负载的要求和使用地点的气象及地理条件（如纬度、太阳辐照量、最长连阴雨天数等）进行优化设计，设计前应充分掌握这两类数据。

光伏发电系统设计的依据是按月能量平衡。

8.3.2 技术条件

1. 负载性质

首先要确定是直流负载还是交流负载，是冲击性负载还是非冲击性负载，是重要性负载还是一般性负载。直流负载可由蓄电池直接供电，交流负载则必须配备逆变器。

不同类型的交流负载具有不同的特性。

* 电阻性负载，如白炽灯泡、电子节能灯、电加热器等，其电流与电压同相，无冲击电流。

* 电感性负载，如电动机、电冰箱、水泵等，其电压超前于电流，有冲击电流。

* 电力电子类负载，如带电子镇流器的荧光灯、电视机、计算机等，有冲击电流。

电感性负载在启动时有浪涌电流，其大小按负载的不同而有所差别，持续时间也不一样。例如，电动机为额定电流的5～8倍，时间为50～150ms；电冰箱为额定电流的5～10倍，时间为100～200ms；彩色电视机的消磁线圈和显示器为额定电流的2～5倍，时间为20～100ms。

实际负载的大小及使用情况可能千变万化，从全天使用时间上来区分，大致可分为白天、晚上和白天连晚上三种负载。对于仅在白天使用的负载，多数可以由光伏发电系统直接供电，减少了由于蓄电池充放电等引起的损耗，所以配备的光伏发电系统容量可以适当减小；对于全部晚上使用的负载，其光伏发电系统所配备的容量就要相应增加；白天连晚上的负载所需要的容量则在两者之间。此外，从全年使用时间上来区分，大致又可分为均衡性负载、季节性负载和随机性负载等。均衡性负载是指每天耗电量都相同的负载，为了简化，对于月平均耗电量变化不超过10%的负载也可以当作平均耗电量都相同的均衡性负载。

2．几种日照的概念

在不同的使用场合，会用到不同的日照概念。

（1）可照时间。

可照时间是指不受任何遮蔽时，每天从日出到日落的总时数，计算公式为

$$\text{可照时间}=2\omega/15^{\circ}=\frac{2}{15}\arccos(-\tan\varphi\tan\delta)$$

式中，ω为当地日出、日落时角；φ为当地纬度；δ为赤纬角。

这是当地可能的最长日照时间。不同地点的日照时间与当地的纬度及日期有关，不需要测量，可以通过式（2-8）计算得到。例如，上海地区冬至日的可照时间是9.98h；9月22日的可照时间是11.91h。

（2）日照时数。

日照时数是指在某个地点，太阳达到一定的辐照度（一般是120W/m^2）时开始记录，直至小于此辐照度时停止记录，期间所经历的小时数。所以气象台测量的日照时数要小于可照时间，而且不同年份在不同地点测得的日照时数是不同的。例如，上海地区1971—1980年实际测量的平均日照时数是1963.4h，平均每天5.38h；同期拉萨地区的年日照时数是3010.5h，平均每天高达8.24h；而重庆地区年日照时数是1117.6h，平均每天只有3.06h。

（3）日照百分率。

气象台提供的日照百分率，是指日照时数与可照时间的比值，即

$$\text{日照百分率}=\text{日照时数}/\text{可照时间}\times\%$$

（4）光照时间。

在日出前和日落后，太阳光线在地平线以下0°～6°时，光通过大气散射到地表产生一定的光照强度，这种光称为曙光和暮光。一般曙暮光时随纬度升高而加长，夏季尤为显著。

$$\text{光照时间}=\text{可照时间}+\text{曙暮光时}$$

（5）峰值日照时数。

峰值日照时数是将当地的太阳辐照量，折算成标准测试条件 STC（$1000W/m^2$，25℃，AM1.5）下的小时数。如图 8-9 所示，图中的曲线是当地实际太阳辐照度随时间变化的关系，太阳辐照度全天都在变化，曲线下的面积就是这天的太阳辐照量。由于太阳电池的输出功率是在标准测试条件下得到的，所以应将曲线下的面积换算成高度为 $1000W/m^2$ 面积相同的矩形，其宽度就是峰值日照时数。显然，在计算光伏方阵的发电量时应该使用峰值日照时数。

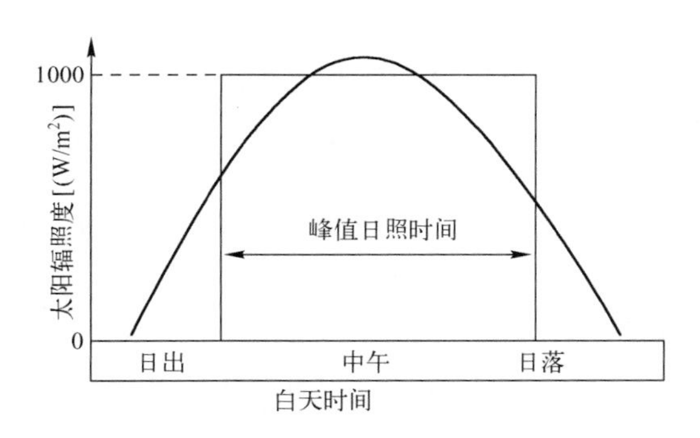

图 8-9　峰值日照时数示意图

例如，上海地区冬至日的可照时间是 9.98h，但并不是在这 9.98h 中太阳的辐照度都是 $1000W/m^2$，而是随时变化的，如测得在这天累计的太阳辐照量是 $2300W \cdot h/m^2$，则该天的峰值日照时数是 2.3h。

1981—2000 年拉萨地区平均峰值日照时数是 5.33h；同期上海地区的平均峰值日照时数是 3.46h；重庆地区的平均峰值日照时数是 2.44h。这几个地区可大致代表我国太阳辐照量高、中、低不同地区的峰值日照时数。

3．温度影响

众所周知，在太阳电池温度升高时，其开路电压要下降，输出功率会减小。

有些设计方法在最后确定方阵容量时，考虑太阳电池温度系数的影响，从而增大容量。如有文献介绍："由于温度升高时，太阳电池的输出功率将下降，因此要求系统即使在最高温度下也能确保正常运行，所以在标准测试温度下（25℃）方阵的输出功率为

$$P = \frac{I_m V}{1-\alpha(t_{max}-25^\circ)}$$

式中，P 为方阵输出功率；I_m 为方阵输出电流；V 为方阵电压；t_{max} 为组件最高温度；α 为组件功率温度系数。

上式相当于把方阵当作全年都处在最高温度下工作，显然是个保守的方法。事实上，现在离网系统常用的 36 片太阳电池串联的标准组件，其方阵工作电压是 17V 左右，对 12V 蓄电池充电，除了已经满足了蓄电池的浮充电压、阻塞二极管和线路压降的要求以外，还考虑了夏天温度升高时电压要降低的影响，而且通常夏天太阳辐射强度较大，方阵发电量常有多余，完全可以弥补由于温度升高所减少的电能，因此在计算光伏方阵容量时可以不必再另外考虑温度的影响。

在特殊情况下，如为非洲等热带地区设计光伏发电系统时，一般只要增加系统的安全系

数即可。只有在极个别情况下，才需要考虑增加光伏组件中串联电池的数量。不过，在温度较低时，蓄电池输出容量会受到影响，在冬天工作温度低于 0℃时应适当考虑保温。

4．蓄电池维持天数

蓄电池维持的天数，一般是指在没有光伏方阵电力供应的情况下，完全由蓄电池储存的电能供给负载所能维持的天数。

通常维持天数的确定与两个因素有关：负载对电源的要求程度及光伏发电系统安装地点的最长连阴雨天数。一般情况下，可以将光伏发电系统安装地点的最长连阴雨天数，作为系统设计中使用的维持天数的参考，但还要综合考虑负载对电源的要求。对于负载对电源要求不是很严格的光伏应用，在设计中可取维持天数为 3～5 天；而负载对电源的要求很严格的光伏发电系统，在设计中维持天数常常取 7～12 天。所谓负载要求不很严格的系统，通常是指用户可以稍微调节一下负载需求，从而适应恶劣天气带来的不便，而要求很严格的系统指的是用电负载比较重要，停止供电会带来严重影响的场合，例如，用于军事用途、通信、导航或重要的健康设施，如医院、诊所等。此外还要考虑光伏发电系统的安装地点，如果在很偏远的地区，则需要设计较大的蓄电池容量，因为维护人员到达现场需要花费较长时间。

8.3.3　光伏方阵倾角的选择

1．方阵应尽可能倾斜放置

为了使光伏方阵表面接收到更多的太阳辐射能量，根据日地运行规律，方阵表面最好是朝向赤道（方位角为 0°）安装，即在北半球朝向正南，南半球朝向正北，并且应该倾斜安装，理由如下。

（1）能够增加方阵表面全年所接收到的太阳辐照量。

在北半球，太阳主要在南半边天空中运转，如将方阵表面向南倾斜，显然可以增加全年所接收到的太阳辐照量。

（2）能改变各个月份方阵表面所接收到太阳辐照量的分布。

在北半球，夏天时太阳偏头顶运行，高度角大；而冬天则偏南边运转，高度角小。因此如将方阵向南倾斜，可以使夏天接收到的太阳辐照量减小；而冬天接收到的太阳辐照量会有所增加，也就是使全年太阳辐照量趋于均衡。这对于离网光伏发电系统特别重要，离网光伏发电系统由于充电要受到蓄电池容量的限制，夏天太阳辐照量大，蓄电池充足电后，光伏方阵发出的多余电能便不能利用，因此希望光伏方阵表面在各个月份接收到的太阳辐照量能尽量一致。

对于任何光伏发电系统，除了安装在交通工具（如汽车、船舶等）上的光伏方阵，由于方向经常改变，不得已只好水平放置以外，都应当尽量将方阵倾斜安装，当然在赤道上除外。

2．最佳倾角的确定

方阵的最佳倾角应根据不同情况而定。对于离网光伏发电系统，情况比较复杂，早期有些文献提出以当地设计月份（指水平面上太阳辐照量最弱的月份，在北半球通常为 12 月）得到最大太阳辐照量所对应的角度作为方阵的倾角。其实这是不恰当的，因为这样往往会使夏天时方阵面上接收到的太阳辐照量削弱太多。

也有些文献提出光伏方阵的安装倾角等于当地纬度，或当地纬度加上 5°～15°。还有文献提出：在纬度为 0°～25°时，取倾角等于纬度；纬度为 26°～40°时，取倾角等于纬度加 5°～15°；纬度为 41°～55°时，取倾角等于纬度加 10°～15°；纬度>55°时，取倾角等于纬度加 15°～20°等。这些都是不合适的。实际上，即使纬度相同的两个地方，其太阳辐照量及其组成也往往相差很大，如我国的拉萨和重庆地区纬度基本相同（仅差 0.05°），而水平面上的太阳辐照量却要相差一倍以上。拉萨地区的太阳直射辐照量占总辐照量的 67.7%，而重庆地区的直射辐照量只占 33.8%，不同倾斜面上各个月份太阳辐照量的分布情况相差很大，显然加上相同的度数作为方阵倾角是不合理的。同样，有的文献不管负载的实际情况，列出各地离网光伏发电系统方阵的最佳倾角的具体度数也是不合理的。

确定离网光伏发电系统方阵的最佳倾角，首先要区分不同类型负载的情况。

均衡性负载供电的独立光伏发电系统方阵的最佳倾角，要综合考虑方阵面上接收到太阳辐照量的均衡性和极大性等因素，经过反复计算，在满足负载用电要求的条件下，比较各种不同倾角所需配置的光伏方阵和蓄电池容量的大小，最后才能得到既符合要求的蓄电池维持天数及又能使所配置的光伏方阵容量最小所对应的方阵倾角。计算发现，即使其他条件都一样，由于倾角不同，各个月份方阵面上太阳辐照量的分布情况各异，对于不同的蓄电池维持天数，要求的系统累计亏欠量不一样，其相应的方阵最佳倾角也不一定相同。

对于季节性负载，最典型的是光控太阳能照明系统，这类系统的负载每天工作时间随着季节而变化，其特点是以自然光线的强弱来决定负载工作时间的长短。冬天时负载耗电量大，因此设计时要重点考虑冬季，使方阵面上在冬季得到的辐照量大，所以所对应的最佳倾角应该比为均衡性负载供电方阵的倾角大。

总之，方阵安装倾角总的规律是：对于同一地点，并网光伏发电系统的方阵倾角最小，其次是为均衡负载供电的离网光伏发电系统，而为光控负载供电的离网光伏发电系统，冬天耗电量大，通常方阵的最佳倾角也比较大。

下面根据不同类型的光伏发电系统分别讨论其设计步骤。

8.3.4　均衡性负载的光伏发电系统设计

1．确定负载耗电量

列出各种用电负载的耗电功率、工作电压及平均每天使用时数，并计入系统的辅助设备，如控制器、逆变器等的耗电量；选择蓄电池工作电压 V，算出负载平均日耗电量 Q_L（Ah/d），并指定蓄电池维持天数 n（通常 n 取 3～7 天）。

2．计算方阵面上的太阳辐照量

方阵面上太阳辐照量的计算方法有多种，一种计算方法是：根据当地地理及气象资料，先任意设定某一倾角β，根据第 2 章介绍的 Klein 和 Theilacker 所发表的计算太阳月平均日辐照量的方法，计算出该倾斜面上的太阳各月平均日辐照量 H_t，并得出全年平均太阳日总辐照量 $\bar{H}_t$。将 H_t 的单位转换成 kW·h/（m^2·d）表示，再除以标准辐照度 1000W/m^2，即

$$T_t = \frac{H_t}{1000(\mathrm{W/m^2})} = H_t(\mathrm{h/d})$$

这样 H_t 在数值上就等于当月平均每天峰值日照时数 T_t，以后就以单位化成 kW·h/(m²·d) 为单位的 H_t 来代替 T_t。

3. 计算各月发电盈亏量

对于某个确定的倾角，方阵输出的最小电流应为

$$I_{\min} = \frac{Q_L}{\bar{H}_t \eta_1 \eta_2} \tag{8-7}$$

式中，η_1 为从方阵到蓄电池输入回路效率，包括方阵面上的灰尘遮蔽损失、组件失配损失、组件衰减损失、防反充二极管及线路损耗、蓄电池充电效率等；η_2 为由蓄电池到负载的输出回路效率，包括蓄电池放电效率、控制器和逆变器的效率及线路损耗等。

确定式（8-7）的思路是：在这种情况下，光伏方阵全年发电量正好等于负载全年耗电量，而实际状况是由于夏天蓄电池充满后，必定有部分能量不能利用，所以光伏方阵输出电流不能低于此值。

同样，也可由方阵面上 12 个月中平均太阳辐照量的最小值 $H_{t\cdot\min}$ 得出方阵所需输出的最大电流为

$$I_{\max} = \frac{Q_L}{H_{t\cdot\min} \eta_1 \eta_2} \tag{8-8}$$

确定以上公式的思路是：全年都当作处在最小太阳辐照度下工作，因此任何月份光伏方阵发电量都会大于负载耗电量。由于有蓄电池作为储能装置，允许在夏天光伏方阵发电量大于负载耗电量时给蓄电池充电储存能量，在冬天光伏方阵发电量不足时可供给负载使用，并不需要每个月份都有盈余，所以这是方阵的最大输出电流。

光伏方阵实际工作电流应在 $I_{\min}$ 和 $I_{\max}$ 之间，可先任意选取其中间的值 I，则方阵各月发电量 Q_g 为

$$Q_g = NIH_t \eta_1 \eta_2 \tag{8-9}$$

式中，N 为当月天数；H_t 为该月倾斜面上的太阳辐照量。

而各月负载耗电量为

$$Q_c = NQ_L \tag{8-10}$$

从而得到各月发电盈亏量

$$\Delta Q = Q_g - Q_c \tag{8-11}$$

如果 $\Delta Q>0$，为盈余量，表示在该月中系统发电量大于耗电量，方阵所发电能除了满足负载使用以外，尚有多余，可以给蓄电池充电。如果此时蓄电池已经充满，则多余的电能通常只能白白浪费，成为无效能量。如果 $\Delta Q<0$，为亏欠量，表示该月方阵发电量不足，需要由蓄电池提供部分储存的电能。

4. 确定累计亏欠量 $\sum|-\Delta Q_i|$

以 2 年为单位，列出各月发电盈亏量，如只有一个 $\Delta Q<0$ 的连续亏欠期，则累计亏欠量即为该亏欠期内各月亏欠量之和；如有两个或两个以上的不连续 $\Delta Q<0$ 的亏欠期，则累计亏欠量

$\sum|-\Delta Q_i|$应扣除连续两个亏欠期之间ΔQ_i为正的盈余量，最后得出累计亏欠量$\Sigma|-\Delta Q_i|$。

5．决定方阵输出电流

将累计亏欠量$\Sigma|-\Delta Q_i|$代入下式：

$$n_1 = \frac{\sum|-\Delta Q_i|}{Q_L} \tag{8-12}$$

得到的累计亏欠天数 n_1 与指定的蓄电池维持天数 n 相比较，若 $n_1>n$，表示所考虑的电流太小，以致亏欠量太大，此时应增大电流 I，重新计算；反之亦然；直到 $n_1 \approx n$，即可得出方阵输出电流 I_m。

6．求出光伏方阵最佳倾角

以上得出的方阵输出电流 I_m 是在任意指定的某一倾角β时，能满足蓄电池维持天数 n 的方阵输出电流，但是此倾角并不一定是最佳倾角，接着应当改变倾角，重复以上计算，反复进行比较，得出最小的方阵输出电流 I_{min} 值，这时相应的倾角即为光伏方阵最佳倾角β_{opt}。

7．得出蓄电池及方阵容量

这样可以求出蓄电池容量 B 为

$$B = \frac{\sum|-\Delta Q_i|}{\text{DOD}\cdot\eta_2} \tag{8-13a}$$

式中，DOD 为蓄电池的放电深度，通常取 0.3～0.8。

结合式（8-12）和式（8-13a）可知：

$$B = \frac{nQ_L}{\text{DOD}\cdot\eta_2} \tag{8-13b}$$

其实根据已知条件就可以求出所需要的蓄电池容量，以上复杂的运算过程主要是为了确定方阵的最佳工作电流，从而决定方阵容量为

$$P=kI_m(V_b+V_d) \tag{8-14}$$

式中，k 为安全系数，通常取 1.05～1.3，可根据负载的重要程度、参数的不确定性、负载在白天还是晚上工作、温度的影响及其他所需考虑的因素而定；V_b 为蓄电池充电电压；V_d 为防反充二极管及线路等的电压降。

8．最终决定最佳搭配

如果改变蓄电池维持天数 n，重复以上计算，可得到一系列 $B \sim P$ 的组合。再根据产品型号及单价等因素进行经济核算，决定蓄电池及光伏方阵容量的最佳组合。最后还要将准备采用的光伏组件和蓄电池的数量进行验算，确定其串联后的电压符合原来的设计要求；否则，还要重新选择每个光伏组件和蓄电池容量，因此最终方阵容量往往不是整数。

综上所述，由于满足负载用电要求和维持天数的光伏方阵和蓄电池容量可以有多种组合，因此要找出满足以上要求的不同倾角时的方阵输出电流，并且反复进行比较，得到 I_m 最小输出电流所对应的倾角即为最佳倾角，从相应的方阵输出电流 I_m 最小值即可确定光伏方阵的容量，再从维持天数可以求出蓄电池容量。改变维持天数 n，可以得到一系列 $B \sim P$ 组合，从中

可以确定最佳的蓄电池和方阵容量搭配。

这些计算相当复杂，需要编制专门的计算机软件进行运算，图 8-10 为离网光伏发电系统优化设计方框图。

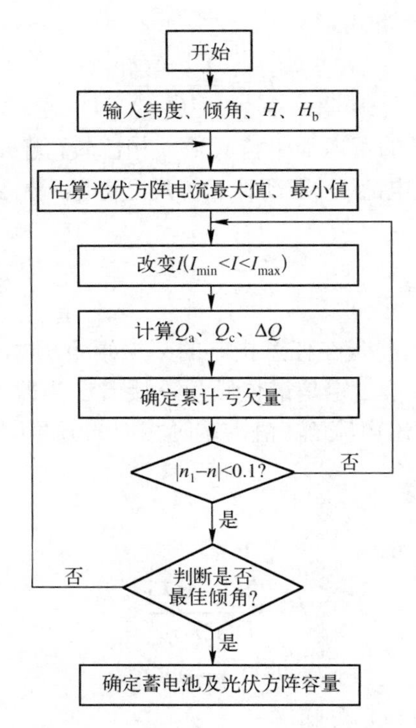

图 8-10　离网光伏发电系统优化设计方框图

9．实例分析

【例 8-3】 为沈阳地区设计一套太阳能路灯，灯具功率为 30W，每天工作 6h，工作电压为 12V，蓄电池维持天数取 5 天。求光伏方阵和蓄电池的容量及方阵倾角是多少？

解： 首先计算负载每日耗电量：

$$Q_{\mathrm{L}}=\frac{30W\times 6\mathrm{h/d}}{12\mathrm{V}}=15\mathrm{A\cdot h/d}$$

沈阳地区纬度是 41.44°，任意取方阵倾角 β = 60°，算出各月份方阵面上的月平均太阳日辐照量 H_{t}，可得到全年太阳日辐照量平均值 $\bar{H}_{\mathrm{t}}=3.809\mathrm{kW\cdot h/m^2\cdot d}$，并找出 12 月的太阳日辐照量为最小 $H_{\mathrm{t\,min}}=2.935\mathrm{kW\cdot h/m^2\cdot d}$。

选取参数 $\eta_1=\eta_2=0.9$，代入式（8-7）和式（8-8），得到

$$I_{\min}=\frac{Q_{\mathrm{L}}}{\bar{H}_{\mathrm{t}}\eta_1\eta_2}=\frac{15}{3.809\times 0.9\times 0.9}\mathrm{A}=4.86\mathrm{A}$$

$$I_{\max}=\frac{Q_{\mathrm{L}}}{H_{\mathrm{t\cdot min}}\eta_1\eta_2}=\frac{15}{2.935\times 0.9\times 0.9}\mathrm{A}=6.31\mathrm{A}$$

在最大和最小电流值之间任取 I=5.2A。

由式（8-9）算出各个月份的方阵发电量 Q_{g}，并列出各月负载耗电量 Q_{c}，从而求出各个月

份的发电盈亏量ΔQ，具体数值如表 8-9 所示。

表 8-9　$\beta = 60°$ 、$I = 5.2A$ 时各月能量平衡情况

月　份	H_t（kW·h/m²·d）	Q_g（A·h）	Q_c（A·h）	ΔQ（A·h）
1 月	3.3467	436.98	465	−28.016
2 月	4.1618	490.82	420	70.821
3 月	4.4364	579.27	465	114.27
4 月	4.2092	531.12	450	81.118
5 月	4.1050	536	465	70.998
6 月	3.8124	481.74	450	31.735
7 月	3.4893	455.6	465	−9.4006
8 月	3.6602	477.92	465	12.916
9 月	4.2056	531.42	450	81.423
10 月	4.0399	527.49	465	62.493
11 月	3.3169	419.13	450	−30.871
12 月	2.9347	383.19	465	−81.808
次年 1 月	3.3467	436.98	465	−28.016

由表 8-9 可见，当年 7 月和 11～12 月及次年 1 月都是亏欠量，所以有两个亏欠期，其中 7 月亏欠量为−9.4006A·h，但是在 8 月就有盈余量 12.916A·h，可以全部补足。因此不必加入 7 月的亏欠量−9.4006A·h。全年累计亏欠量是 11 月到次年 1 月的亏欠量之和，即

$$\sum|-\Delta Q_i| = |-30.871-81.808-28.016|\ (\mathrm{A\cdot h}) = 140.69\mathrm{A\cdot h}$$

再代入式（8-12），得

$$n_1 = \frac{\sum|-\Delta Q_i|}{Q_L} = 9.38$$

可见，结果比要求的蓄电池维持 5 天大得多，表示所取的方阵电流太小，因此要增加方阵电流，重新进行计算。不断重复以上步骤，最后得到结果为 I=5.47565A，各个月份的能量平衡情况如表 8-10 所示。

表 8-10　$\beta = 60°$ 、I=5.47565A 时各月能量平衡情况

月　份	H_t（kW·h/m²·d）	Q_g（A·h）	Q_c（A·h）	ΔQ（A·h）
1 月	3.3467	460.15	465	−4.852
2 月	4.1618	516.84	420	96.839
3 月	4.4364	609.98	465	144.98
4 月	4.2092	559.27	450	109.27
5 月	4.1050	564.41	465	99.411
6 月	3.8124	507.27	450	57.272
7 月	3.4893	479.75	465	14.751
8 月	3.6602	503.25	465	38.250

续表

月　份	H_t（kW • h/m² • d）	Q_g（A • h）	Q_c（A • h）	ΔQ（A • h）
9月	4.2056	559.59	450	109.59
10月	4.0399	555.46	465	90.455
11月	3.3169	441.35	450	−8.6528
12月	2.9347	403.51	465	−61.495
次年1月	3.3467	460.15	465	−4.852

由表8-10可见，当年11～12月和次年1月还都有亏欠量，但是总亏欠量变为$\Sigma|-\Delta Q_i|$= 74.49998A • h。

由此求出 n_1= 4.999天，与要求的维持天数 n = 5天基本相符。因此确定电流取：I_m= 5.47565A。

但是这仅仅是倾角β= 60°时满足维持天数的方阵电流，并不一定是方阵最小电流。接着应再改变倾角，用同样的电流比较累计亏欠量（或n_1），直到得出与维持天数n=5天基本相符的最小电流，该角度即为最佳倾角。最后得出I=5.47351A，相应的倾角是β= 62°，各月的能量盈亏情况如表8-11所示。

表8-11　β = 62°、I = 5.47351A时各月能量平衡情况

月　份	H_t（kW • h/m² • d）	Q_g（A • h）	Q_c（A • h）	ΔQ（A • h）
1月	3.3480	460.15	465	−4.846
2月	4.1466	514.76	420	94.762
3月	4.3920	603.74	465	138.74
4月	4.1324	549.63	450	99.637
5月	4.0143	551.73	465	86.730
6月	3.7220	495.05	450	45.054
7月	3.4128	469.06	465	4.058
8月	3.5917	493.64	465	28.638
9月	4.1526	552.33	450	102.33
10月	4.0174	552.15	465	87.152
11月	3.3153	440.95	450	−9.045
12月	2.9386	403.88	465	−61.117
次年1月	3.3480	460.15	465	−4.846

最后得出：方阵工作电流I_m= 5.47351A；方阵最佳倾角：β_{opt} = 62°。代入式（8-14）得到光伏方阵容量P = 107.3W。

取DOD= 0.8，代入式（8-13b），得到蓄电池容量B = 104.2A • h。

实际可配置光伏组件容量为110W，蓄电池容量为105A • h/12V。

10. 离网光伏系统容量讨论

（1）一些文章在计算离网光伏方阵的容量 P 时，应用的公式为

$$P = k\frac{Q_L V \times 365}{H\eta_1\eta_2}$$

式中，P 为光伏方阵容量；Q_L 为负载每天耗电量；V 为蓄电池的浮充电压；H 为当地全年平均峰值日照时数；k 为安全系数；η_1 为输入回路效率；η_2 为输出回路效率。

实际上这是不合理的，因为：

① V 应该是方阵工作电压，除了蓄电池的浮充电压以外，还要加上到蓄电池的线路压降（包括防反充二极管的压降）。

② H 应该是方阵面上的太阳总辐照量，单位换算成 kW • h/（m^2 • d）后的峰值日照时数，而不是当地全年平均日照时数。

③ 上式是表示全年方阵发电量等于负载耗电量，但是这还不够，因为在离网光伏发电系统中，通常在夏天有部分电能是浪费掉的，光伏方阵所发的电量不可能全部得到利用。例如，表 8-11 中，2～10 月的 $\Delta Q>0$，11 月到次年 1 月的 $\Delta Q<0$，全年相加后，$\sum\Delta Q_i$=617.24A • h 没有被利用，全部浪费掉了。

还有资料介绍用以下方法分别计算得到光伏组件的串联和并联数量：

并联组件数量=日平均负载（A • h）/库仑效率×组件日输出（A • h）×衰减因子

串联组件数量=系统电压（V）/组件电压（V）

然后两者相乘得出光伏方阵的容量，也是属于这类只要求全年能量平衡，而没有考虑到离网光伏发电系统中夏天蓄电池充满后多余的能量不能被利用的事实，所以这种配置偏小，在冬天时无法保证正常运行。

（2）在例【8-3】中，如改变蓄电池的维持天数，则可得到不同的方阵最佳倾角和需要配置的光伏方阵及蓄电池容量，计算结果如表 8-12 所示。

表 8-12　例【8-3】中不同维持天数的系统配置

维持天数 n（d）	2	3	4	5	6	7	8
方阵最佳倾角 β_{opt}（°）	64	64	62	62	62	62	62
光伏方阵容量 P（W）	115.5	111.5	108.5	107.3	106.0	104.8	103.6
蓄电池容量 B（A • h）	41.7	62.6	83.3	104.2	125.0	145.8	166.7

可见，在维持天数增加时，所需要配置的蓄电池容量增大，而光伏方阵的容量可相应减小。然而，随着维持天数的增加，方阵容量减小得并不多，而蓄电池容量却增加较快，所以要根据负载的需要和当地连阴雨天数的情况，以及光伏发电系统的总投资等因素来综合考虑，并不是维持天数越多越好。

另外，维持天数不同，累计亏欠量也不一样，各个月份发电量的分布也有差别，所以方阵的最佳倾角也不一定相同。

（3）设计时还要特别注意，如果负载属于电感性负载，在启动时会产生较大的浪涌电流，如果配备蓄电池的容量较小，电压下降很大，可能造成负载无法正常启动，从而影响工作。

因此在带动电感性负载时，所配备的蓄电池和逆变器容量要适当加大。

8.3.5　季节性负载的光伏发电系统设计

这类系统的负载耗电量随着季节而变化，不能当作均衡负载处理，如为太阳能冰箱供电时，夏天的耗电量比较大。

目前，应用得较多的是光控太阳能光伏照明系统。光控照明系统的特点是以自然光线的强弱来决定负载工作时间的长短。天黑开灯，天亮关灯，每天的工作时间不一样，因此负载耗电量也不相同，而且与太阳日照时间的规律正好相反。夏天日照时间长，辐照量大，而灯具需要照明的时间短；冬天日照时间短，辐照量小，灯具需要照明的时间反而长，所以此类光控照明系统在太阳能光伏电源应用中的工作条件是最苛刻的，设计时必须特别注意。

设计时先估计需要照明的时间，由式（2-8）可知，从日落到日出之间的无日照小时数为

$$t = 24 - \frac{2}{15}\arccos(-\tan\varphi\tan\delta) \tag{8-15}$$

式中，φ为当地纬度；δ为太阳赤纬角。由于δ每天都在变化，所以 t 也每天都在变。不同地区 t 的差别很大，如海口地区（φ=20.03°），在夏至日（6 月 21 日δ = 23.45°）当天，t=10.1h，冬至日（12 月 21 日δ = −23.45°）当天，t=13.2h；而哈尔滨地区（φ =45.45°），在夏至日当天，t = 8.5h，冬至日当天，t=15.5h。可见纬度越高，晚间需要照明的时间相差越大。

一般情况下，日出前半小时和日落后半小时内，天空尚有曙光和暮光，为了节约起见，可以不开灯。如负载的工作电流为 i，则负载日耗电量应为

$$Q_L = (t - 1)i \tag{8-16}$$

各月份耗电量为

$$Q_c = N Q_L \tag{8-17}$$

式中，N 为当月天数。

显然，各个月份的耗电量都不相同，夏天少，冬天多，这是季节性负载的工作特点。

光控太阳能照明系统的优化设计步骤与离网光伏发电系统的优化设计步骤基本相同，只是每天的耗电量 Q_L 不一样，所以设计时一开始不是确定每天的耗电量，而是得出工作电流 i，然后根据式（8-15）确定每天的工作时间 t，才能由式（8-16）求得各天的耗电量。

8.3.6　特殊要求负载的光伏发电系统设计

衡量供电系统的可靠性通常可用负载缺电率（Loss of Load Probability，LOLP）来表示，LOLP 的定义为

$$\text{LOLP} = \text{全年停电时间/全年时间}$$

LOLP 的值在 0～1 之间，数值越小，供电可靠程度越高，如 LOLP=0，则表示任何时间都能保证供电，全年停电时间为零。即使是常规电网对大城市供电，也会由于故障或检修等原因，平均每年也要停电几小时，只能达到 LOLP=10^{-3} 数量级。由于目前光伏电能价格较高，对于一般用途的系统，负载缺电率只要达到 10^{-2}～10^{-3} 即可。

然而在一些特殊需要的场合，如为重要的通信设备、灾害测报仪器、军用装备等供电的离网光伏发电系统，有时确实需要满足一分钟都不停电的要求。对于这类离网光伏发电系统，设计时要特别仔细，稍有不慎，其结果就可能影响光伏发电系统的长期稳定工作，产生严重

后果，但也不能盲目地增加系统的安全系数，配置过大，从而造成大量浪费。

对于均衡负载要求 LOLP = 0 的离网独立光伏发电系统，同样可以用上面提到的优化设计步骤，只是蓄电池的维持天数先用 $n = 0$ 代入，使得各个月份的方阵发电量都大于负载耗电量，即可确定光伏方阵的容量。不过要注意，计算光伏组件容量时考虑 $n = 0$，并不是光伏发电系统不需要蓄电池，显然在晚上和阴雨天必须由蓄电池维持供电。在计算蓄电池容量时，可参考当地的最长连续阴雨天数，确定合理的蓄电池维持天数 n，最后得出蓄电池的容量。

8.4　光伏发电系统的硬件设计

前面讨论的内容主要涉及光伏发电系统的软件设计，这是整个光伏发电系统设计中的核心部分，然而要建成一个高效、安全、可靠的光伏发电系统，还需要一系列配套的硬件设计。

8.4.1　站区布置

根据现场条件，确定光伏方阵的安装位置，要求布局合理、整体美观、连接方便，方阵面上尽量不要有建筑物或树木遮荫，否则在遮荫部分，不但没有电力输出，还要额外消耗电力，长期工作时，可能会形成局部发热，产生“热斑效应”，严重时会损伤太阳电池。一般的光伏电站由于光伏组件数量很多，需要前后排列安装，为了使前排子方阵不挡住后排子方阵的阳光，前、后排（南北向）之间需要保留足够的距离，所以在现场总体布置设计时，需要确定前、后排子方阵之间的最小距离，首先应当知道遮挡物阴影的长度。

1．遮挡物阴影的长度

在安装方阵时，如果方阵前面有树木或建筑物等遮挡物，其阴影会挡住方阵的阳光，图 8-11 为前、后排方阵之间距离太小，前排方阵挡住后排方阵阳光的实例，所以必须首先计算遮挡物阴影的长度，从而确定前、后排方阵之间的最小距离。图 8-12 所示为求两排方阵之间最小距离的示意图。

资料来源：NABCEP PV Installer Resource Guide

图 8-11　前、后排方阵距离不当的实例

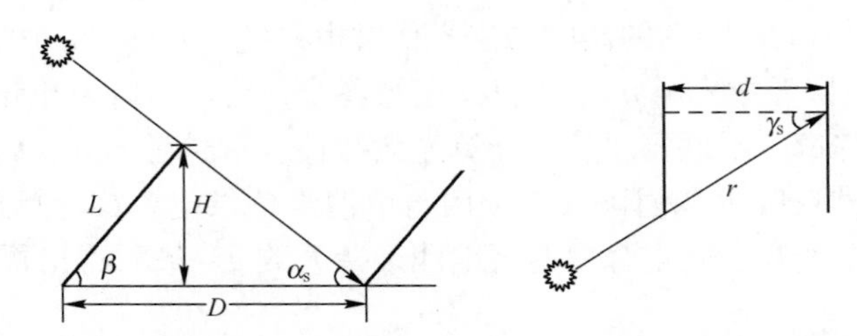

L—光伏方阵的高度；D—两排方阵之间的距离；β—方阵倾角；α_s—太阳高度角；
γ_s—太阳方位角；r—太阳入射线水平面上投影在前、后排方阵之间的长度

图 8-12　求两排方阵之间最小距离的示意图

由图 8-12 可见，如遮挡物高度为 H，其阴影的长度为 d，由几何关系可知：

$$\frac{H}{r}=\tan\alpha_s,\quad r=\frac{H}{\tan\alpha_s}$$

由顶视图可见

$$\frac{d}{r}=\cos\gamma_s,\quad r=\frac{d}{\cos\gamma_s}$$

两式相等，即

$$\frac{H}{\tan\alpha_s}=\frac{d}{\cos\gamma_s}$$

因此有

$$d=\frac{H\cos\gamma_s}{\tan\alpha_s}$$

太阳高度角的正弦为

$$\sin\alpha_s=\sin\varphi\sin\delta+\cos\varphi\cos\delta\cos\omega$$

代入太阳方位角的余弦为

$$\cos\gamma_s=\frac{\sin\alpha_s\sin\varphi-\sin\delta}{\cos\alpha_s\cos\varphi}=\frac{(\sin\varphi\sin\delta+\cos\varphi\cos\delta\cos\omega)\sin\varphi-\sin\delta}{\cos\alpha_s\cos\varphi}$$

$$=\frac{(\sin^2\varphi-1)\sin\delta+\cos\varphi\cos\delta\cos\omega\sin\varphi}{\cos\alpha_s\cos\phi}=\frac{\sin\varphi\cos\delta\cos\omega-\cos\varphi\sin\delta}{\cos\alpha_s}$$

所以有

$$d=\frac{H\cos\gamma_s}{\tan\alpha_s}=H\frac{\sin\varphi\cos\delta\cos\omega-\cos\varphi\sin\delta}{\cos\alpha_s\tan\alpha_s}=H\frac{\sin\varphi\cos\delta\cos\omega-\cos\varphi\sin\delta}{\sin\alpha_s}$$

$$=H\frac{\sin\varphi\cos\delta\cos\omega-\cos\varphi\sin\delta}{\sin\varphi\sin\delta+\cos\varphi\cos\delta\cos\omega}=H\frac{\cos\omega\tan\varphi-\tan\delta}{\tan\delta\tan\varphi+\cos\omega}$$

对于遮挡物阴影的长度，一般确定的原则是：冬至日当天上午 9 点至下午 3 点之间，后排的光伏方阵不被遮挡，因此用冬至日的赤纬：δ=−23.45° 和上午 9 点、下午 3 点的时角 ω=45° 代入可得

$$d = H\frac{0.707\tan\varphi + 0.4338}{0.707 - 0.4338\tan\varphi} \quad (8\text{-}18)$$

令　$d = Hs$

其中，

$$s = \frac{0.707\tan\varphi + 0.4338}{0.707 - 0.4338\tan\varphi} \quad (8\text{-}19)$$

式中，s 称为阴影系数，仅与当地纬度φ有关。当纬度φ从 0 逐渐增加时，开始阴影系数 s 增加比较慢，当纬度φ增加到 50° 以上时，s 迅速增加，达到 58.46° 时，s 变成无限大，以后成为负值。因为我国领土都处在北纬 58° 以内，所以确定阴影系数 s 的值并不困难。

2．两排方阵之间的最小距离

由图 8-12 可见，$D = L\cos\beta + d$，最后可得 $H = L\sin\beta$，则有

$$D = L\cos\beta + L\sin\beta\frac{0.707\tan\varphi + 0.4338}{0.707 - 0.4338\tan\varphi} = L\cos\beta + L\sin\beta\cdot s \quad (8\text{-}20a)$$

只要知道当地的纬度，并且方阵高度和倾角确定，即可计算出两排方阵之间的最小距离。

【例 8-4】 计算安装在上海地区，方阵高度为 1.5m，倾角为 22° 的两排方阵之间的最小距离。

解：上海地区的纬度φ=31.12° 因此有 $\tan\varphi = 0.6037$。由于β= 22° ，$\cos\beta$ = 0.927；$\sin\beta$= 0.375，代入式（8-20a）即可得 D = 2.477m。

有的资料介绍光伏方阵前、后排之间距离的计算公式（实际上是高度为 H 的物体的阴影长度）为

$$d = \frac{0.707H}{\tan[\arcsin(0.648\cos\varphi - 0.399\sin\varphi)]} \quad (8\text{-}20b)$$

式中，H 为前排子方阵最高点与后排最低位置的高度差；φ为当地纬度。

当安装地点确定后，当地纬度一定，高度为 H 的障碍物的阴影长度也就确定。对于上海地区，根据式（8-20b）计算得到 $d = 1.904H$。

但是，这个计算式是不正确的，原因是在推导过程中混淆了方位角和时角的概念。应该用式（8-20a）计算得出对于上海地区 $d = 1.938H$。

可见，如果应用式（8-20b）计算，得出的两排方阵之间的距离偏小，在运行时会使得前排方阵挡住后排方阵的阳光。

3．光伏方阵布置

明确前、后排方阵之间的最小距离后，即可根据现场的实际大小、所采用的光伏组件的尺寸，按照方阵的最佳倾角，同时还要考虑光伏组件串、并联的线路连接等因素，反复进行排列比较，最后得出合理的布局。

【例 8-5】 上海地区有一东西方向的仓库，要求在楼顶安装并网光伏方阵，楼顶四周有高为 1.5m 的女儿墙，女儿墙内东西长 100m，南北宽 60m，所用晶体硅光伏组件由 72 片电池串联，每块功率是 180W，尺寸是 1.50m×0.81m。试问该楼顶可以安装的光伏方阵总功率是多少？

如何布置？

解：上海地区的纬度是 31.17°，由上述可知，并网光伏方阵的最佳倾角是 22°。

考虑在高度方向采用单块组件安装的排列方式，先计算南北方向可以安装几排子方阵。

为了避免下雨时泥水溅射到方阵表面，以及地面可能积雪的影响，同时为了安装方便，光伏方阵不应紧贴地面安装。

（1）考虑光伏方阵安装时，底部离开地面的高度为 0.3m，实际要考虑女儿墙影响的高度为 H=1.5m−0.3m=1.2m，这相当于把基准面提高了 0.3m。因此，由式（8-18）可知女儿墙的阴影长度为

$$d = H\frac{0.707\tan\varphi + 0.4338}{0.707 - 0.4338\tan\varphi} = 1.2\times\frac{0.707\tan 31.17 + 0.4338}{0.707 - 0.4338\tan 31.17}\text{m} = 1.93\text{m}$$

这样，南北方向考虑女儿墙造成的阴影长度后实际可安装的长度为 60m−1.93m=58.07m。

（2）计算两排光伏子方阵之间的距离。

为了避免南北向前排子方阵挡住后排子方阵的阳光，必须通过计算确定两排光伏子方阵之间的最小距离。

由于光伏组件的高度 L = 1.50m，倾角 β =22°，根据式（8-20a）有

$$D = L\cos\beta + L\sin\beta\times\frac{0.707\tan\varphi + 0.4338}{0.707 - 0.4338\tan\varphi} = 2.477\text{m}$$

因此两排方阵之间的距离取 2.5m。

光伏子方阵高度在南北方向的投影为

$$L\cos\beta = 1.5\cos22° = 1.39\text{m}$$

这样，两排子方阵之间的走道宽度有

$$d = 2.5\text{m} - 1.39\text{m} = 1.11\text{m}$$

这个距离，对于安装及维护、检修基本合适。

（3）计算安装光伏子方阵排数。

南北向可以安装的光伏子方阵排数为

$$N_1 = 58.07/2.5 = 23.23$$

取整数 23 排。

（4）计算每排子方阵中的组件数。

每块光伏组件的宽度是 0.808m，考虑到需要留有间隙和边框，宽度以 0.83m 计算。楼顶东西长 100m，在东西两边都有女儿墙遮挡，因此每边留有 2m 空隙。

此外，还要考虑东西方向长度有 100m，如果全部装满，会给安装和检修带来不便，中间应该至少留有 2 条宽度为 1m 的检修通道。

这样，东西方向可安装组件的长度为

$$100 - 2\times2 - 2\times1 = 94\text{m}$$

东西方向可安装组件数为

$$N_2 = 94/0.83 = 113.25$$

可取整数 113 块。

（5）计算安装的总功率。

总共可安装光伏组件数为

$$N=N_1N_2=23\times113=2599$$

则总功率为

$$P=2599\times180=467.82\text{kW}$$

不过还要注意，这是能够安装的最大容量，不一定就是实际的安装量。在计算具体安装的数量时，还要根据逆变器的输入电压及额定功率等要求，确定光伏组件串联的数量 N_c 和并联的数量 N_b，N_cN_b 不一定正好等于 N，这时就只好根据 N_c，使得 N_cN_b 尽量接近于 N 然而又小于 N 得到并联电池串数量 N_b，从而最终确定安装的容量。

以上是以每一排子方阵在高度方向只安装一块组件的情况，也可以根据需要，在高度方向安装两块甚至更多块组件，但是这要重新计算两排子方阵之间的距离，反复进行子方阵的布置，同时要考虑线路连接等问题，还要特别注意子方阵支架设计，验算其机械强度、刚度等是否足够，以免遇到强风时出现事故，所以一块场地所能安装的光伏组件总容量，不能单纯计算可以容纳光伏组件的数量，还要全面考虑逆变器输入电压的要求、组件的安装和线路连接走向的情况等因素才能最终决定。因此，通常一个大中型光伏电站的容量并不恰好是整数。

4．方阵支架设计

方阵布置确定后，即可根据选定组件的尺寸、串并联数目和方阵倾角等条件，设计方阵支架及基座等支撑结构。

8.4.2　配电房及电气设计

合理进行配电房（包括配电间、开关站、升压站等）的布置，按顺序统一安排好直流配电（包括防雷）柜、控制器或并网逆变器、交流配电（包括防雷）柜、升压变压器及测量、记录、储存、显示、通信等设备的位置，使其布局合理、接线可靠、操作方便，还要考虑与电网连接位置及方式等。如果属于离网光伏系统，需要使这些设备尽量与蓄电池靠近，但又能相互隔开。

根据蓄电池的数量和尺寸的大小，对安放蓄电池的房间进行总体布置，合理设计蓄电池的支架及其结构，做到连接线路尽量短，排列整齐，干燥通风，维护操作方便。

根据优化设计得出的光伏方阵中组件的串、并联要求，确定组件的连接方式。在串、并联组件数量较多时，优先采用混合连接方式。串联组件数量比较多时，应该在组件两端并联旁路二极管，同时还要决定阻塞二极管的位置及连接方法。

合理安排连接线路的走向，尽量采用最短的连接途径，确定汇流箱和总线盒的位置及连接方式，决定开关及接插件的配置。

对于比较重要的工程，应该画出电气原理（包括主接线图）及结构图，以方便维修及检查。

8.4.3　辅助设备的选配

1．蓄电池

根据优化设计结果，决定蓄电池的电压及容量，选择合适的蓄电池种类及型号、规格，再确定其数量及连接方式。

一般场合可以采用铅酸蓄电池，在工作条件比较恶劣时，有些场合也采用密封式阀控铅酸蓄电池等。

2．控制器

按照负载的要求和系统的重要程度，确定光伏发电系统控制器应具有的充分而又必要的功能，并配置相应的控制器。

控制器功能并非越多越好，否则不但增加了成本，而且增添了出现故障的可能性。

3．逆变器

对于交流负载，光伏发电系统必须配备相应的逆变器。离网光伏发电系统通常是将控制器和逆变器做成一体化，在有些情况下，一些并网光伏系统在光伏发电量不足时可由电网给负载供电，但在光伏发电有多余时不允许向电网送电，这时控制器和逆变器就要具有防止反向送电的防逆流功能，以保证多余的光伏电能不输入电网。

4．防雷装置

太阳能光伏电站为三级防雷建筑物，应按照《建筑防雷设计规范》GB50057、《光伏电站防雷技术要求》GB/T 32512、《光伏电站防雷技术规程》DL/T 1364、《民用建筑太阳能光伏系统应用技术规范》JGJ 203 等的要求，设置接闪器、引下线并妥善接地。

5．消防安全

太阳能光伏电站内应配置移动式灭火器。灭火器的配置应符合《建筑灭火器配置设计规范》GB50140 和《火力发电厂与变电站设计防火规范》GB 50229 的相关规定和要求。当太阳能光伏电站内单台变压器容量为 5000kV • A 及以上时，应设置火灾自动报警系统，并应具有火灾信号远传功能。太阳能光伏电站火灾自动报警系统的形式为区域报警系统，各种探测器及火灾报警装置等的设备应符合《火灾自动报警系统设计规范》GB 50116 的有关规定和要求。

各类设备房间内火灾探测器的选择应根据安装部位的特点，采用不同类型的感烟或感温探测器，布置及选择要求应符合《火力发电厂与变电站设计防火规范》GB 50229 的相关规定和要求。

8.5　其他设计

在设计和安装时，还要考虑温度的影响。对于光伏方阵，应尽量降低其工作温度，特别是在南方地区，要注意采取适当的降温措施，如组件之间保持一定间隔等。尤其在采用光伏与建筑一体化结构材料时，尽量不要紧贴屋面安装，应该留有一定空隙，以便通风降温。

蓄电池在环境温度降低时，输出容量会受到影响。在 20℃以下时，温度每降低 1℃，容量要下降 1%。尤其是在北方地区，冬天低温会对蓄电池容量产生严重影响，必须采取一定措施让蓄电池的环境温度保持在一定范围内，可采取加热、保温或埋入地下等措施。同时也要注意，并不是温度越高对蓄电池越好；温度过高，蓄电池的自放电会增加，极板消耗会加速。

除了以上设计以外，一般还需要进行标准化设计，包括备品、备件、包装、运输、施工、竣工验收等各道程序，有时还需要进行备用电源设计。

在完成设计后通常还需要进行人员培训，并提供有关文件、资料、图纸等材料，一般包括设计资料、安装手册、人员培训手册、运行维护手册、运行记录和质保承诺书等。此外还要根据需要提供备品、备件供应等。

最后，还要进行技术经济分析（包括成本核算及经济和社会效益分析等）。

总之，大中型光伏发电系统的设计和施工是一项综合的系统工程，影响的因素很多，为了保证光伏发电系统可靠、合理、安全、经济地运行，在设计时必须尽量掌握现场的数据资料，采用先进的优化设计方法，重视每一个环节，才能建成一个完善的光伏发电系统。

参考文献

[1] 马丁·格林著. 李秀文，等译. 太阳电池——工作原理、工艺和系统应用. 北京：电子工业出版社，1987.

[2] 沈辉、曾祖勤. 太阳能光伏发电技术. 北京：化学工业出版社，2005.

[3] Chapman R.N. Development of sizing nomograms for stand-alone photovoltaic/storage systems[J] . Solar Energy，1989，43（2）：71～76.

[4] Chapman R.N. Sizing handbook for stand-alone photovoltaic/storage systems[J]. Sandia Report SAND87-1087·UC-63，1995.

[5] 陈庭金，等. 太阳电池发电系统设计新方法[J]. 太阳能学报，1987，8（3）：263.

[6] 杨金焕，等. 太阳能发电系统的最佳化设计[J]. 能源工程，2003，5：25～28.

[7] Tsalides Ph，Thanailakis A. A loss-of-load-probability and related parameters in optimum computer-aided design of stand-alone photovoltaic systems [J].Solar cells，1986，18：115～127.

[8] Sandia National Laboratories，Stand-alone photovoltaic systems：A handbook of recommended design practices [M]. SAND87-7023 Updated July 2003：15.

[9] 杨金焕，黄晓橹，陆钧. 一种独立光伏发电系统设计的新方法. 太阳能学报，1995，16（4）：407.

[10] Gordon J M. Optimal sizing of stand-alone PV solar power systems. Solar Cells，1989，43（2）：71.

[11] 陆虎瑜，马胜红. 光伏·风力及互补发电村落系统. 北京：中国电力出版社，2004.

[12] Xiangyang G，Manohar K. Design optimization of a large scale rooftop photovoltaic system. Solar Energy[J]，2005，78：362.

[13] A Mellit. Sizing of photovoltaic systems：a review. Revue des Energies Renouvelables[J].2007，10（4）：463～472.

[14] Luzi Clavadetscher, et al. Cost and performance trends in grid-connected photovoltaic systems and case studies. Report IEA PVPS T2-06：2007. December 2007.

[15] B Marion, et al. Performance parameters for grid-connected PV systems.NREL/CP-520- 37358. February 2005.

[16] 《光伏发电站设计规范》GB50797.

[17] 《家用太阳能光伏电源系统　技术条件和试验方法》GB/T 19064.

[18] Roger Messenger，Jerry Ventre. Photovoltaic systems engineering second edition. © 2004 by CRC Press LLC，ISBN 0-203-50629-4 Master e-book ISBN.

[19] 刘国忠，范忠瑶，牟娟，等. 不同安装倾角对光伏电站发电量的影响研究[J]. 太阳能学报，2015，36（12）：2973-2978.

[20] 宁玉宝，郑建勇，夏俪萌，等. 光伏电站综合出力特性研究与分析][J]. 太阳能学报，2015，36（5）：1197～1205.

练　习　题

8-1　并网光伏电站的发电量主要与哪些因素有关？当建造地点和容量确定后，如何提高光伏电站的发电量？

8-2　为什么太阳电池方阵应尽量朝向赤道倾斜放置？

8-3　如何确定并网和离网光伏发电系统的最佳倾角？同一地点，通常哪个角度较大？

8-4　简述光伏发电系统设计的总体目标和一般流程。

8-5　有一通信用离网光伏发电系统，负载功率为 150W，每天工作 8h，蓄电池组放电深度 DOD 设计为 60%，安全系数取 1.2，为保证连续 5 个阴雨天负载仍能正常工作，需配备多大容量的蓄电池组？

8-6　某太阳能路灯，灯泡负载功率为 50W，工作电压为 12V，每晚开灯 8h，蓄电池放电深度为 50%，输出回路效率为η_2=0.9，该地区最长阴雨天为 3 天，假定阴雨天前蓄电池处于充满状态，为保证阴雨天负载正常工作，蓄电池组容量至少应该为多少 A • h？

8-7　容量为 1MW 的光伏电站，其能效比为 0.8，方阵面上接收到的平均太阳辐照量为 4kW • h/m^2 • d。请问该光伏电站的最大年发电量是多少？

8-8　在西宁地区建造一座 10MW 晶体硅光伏电站，若性能衰减率 r=0.8%，能效比 PR=0.8，寿命周期为 25 年，方阵按最佳倾角安装，试计算其历年发电量及总发电量。

8-9　我国 2016 年电力需求预计为 6.5 万亿千瓦时，如果利用面积为 130 万平方千米的戈壁建造光伏电站来完成这个指标，大约需要多大面积？（设定光伏发电系统的能效比为 80%，当地方阵面上平均太阳辐照量为 8150MJ/m^2 • y，系统占地率为 15m^2/kW）

8-10　上海市部分海堤倾斜面正好朝南，海堤长度约 60km，海面以上海堤斜长 10m，如果全部用耐海水腐蚀的、组件效率为 15%的塑钢框架型太阳电池组件铺设海堤，估计年总发电量为多少千瓦时？设定光伏发电系统的能效比为 75%，海堤斜面上平均太阳辐照量为 4800MJ/m^2 • y，海堤斜面的面积利用率为 95%。

8-11　有一用户购入 150W 光伏组件 20 块和一台 3kW 的并网逆变器，建造光伏用户系统。组件最佳工作电压为 19.2V，开路电压为 23V，逆变器耐压 400V，MPPT 工作范围为 170～300V。试问组件应如何串、并联才能达到安全、高效的设计目标？

8-12　客户要求光伏系统的输出功率为 180W，给 12V 的蓄电池充电。用 125mm×125mm 的电池片封装成组件，每片电池的最佳工作电压为 0.48V，最佳工作电流为 5.45A，封装和连接线路的损耗为 10%。试问：

（1）需要几块组件？如何连接？每块组件由多少电池片组成？

（2）画出简易电气连接图，并标出正、负极。

8-13　广州地区的纬度为 23.10°，方阵前有颗高度为 10m 的大树，应考虑其阴影的长度是多少？

8-14　兰州地区的纬度是北纬 36.03°，方阵高度为 1.6m，面积为 3m×3m，朝向正南以倾角 25° 安装，试求两方阵之间的最小距离是多少？

第 9 章　光伏工程的施工、验收及维护

光伏发电系统是一种涉及多专业领域的现代电源系统。要建造一套合理、可靠而又经济实用的光伏发电系统，除了优化设计，使用高质量的设备、部件和器材以外，精心安装和调试也是十分重要的。如不注意，轻则会影响光伏发电系统的发电效率或造成故障，重则可能发生人身或设备的安全事故，从而造成重大损失。光伏发电系统的质量好坏，在一定程度上取决于安装人员的技术水平和敬业精神，对安装人员的科学知识和专业技能应有相应的要求，要经过严格的审查程序，并取得光伏发电系统安装人员证书，才能进行土建及安装施工作业。

光伏发电工程的施工组织设计按照《光伏发电工程的施工组织设计规范》GB50795 等的规定执行，包括确定施工组织机构与人员配置、施工组织设计方案及施工进度，进行施工准备及施工总平面布置等。光伏发电工程的施工及验收按照《光伏发电站施工规范》GB50794、《光伏发电工程验收规范》GB50796 等的规定执行。

9.1　光伏发电系统的安装

投资建设大中型光伏电站是一项复杂的系统工程，需要准备全面的可行性研究报告或项目实施方案，并且经过批准立项，办理好包括土地使用、环保、建筑、消防等各项行政审批手续，落实并网条件，并且得到电力部门的并网许可，在场地、资金、技术、人力、设备、材料和各项设计资料等都已经完全具备条件的情况下，才能着手进行光伏电站的施工安装。

光伏发电系统的施工包括土建和安装两大类。土建工程包括土方工程、支架基础、场地及地下设施、建（构）筑物等；安装工程包括支架、光伏组件、汇流箱、逆变器和其他设备的安装，以及电气二次系统、防雷与接地、架空线路及电缆的安装等。

9.1.1　系统安装前的准备

大中型光伏发电系统安装前应具备以下条件。

（1）施工单位的资质、特殊作业人员资质、施工机械、施工材料、计量器具等都已通过合格审查，并已取得相关的施工许可文件。

（2）设计文件和施工图纸齐备，且已得到审查通过。

（3）施工组织设计及施工方案已经获得批准。

（4）场地、电力、道路、通信等条件已能满足正常的施工需要。

（5）预留基础、预留孔洞、预埋件、混凝土浇制品、预埋管和设施都已完成，符合设计图纸要求，并已验收合格。

（6）所有需要的设备和材料等都已经运送到现场，并得到妥善保管。

（7）控制室、配电房等附属建筑及设施均已完工。

9.1.2　光伏方阵的安装

1．方阵安装前的准备

（1）现场勘测核对。

在一般情况下，现场勘测核对包括以下内容。

* 在现场安装光伏方阵是否合适，了解测量安装场地的尺寸大小和朝向是否与设计相符。

* 方阵前面是否有建筑物或树木遮挡。

* 方阵在现场如何安装，前、后排子方阵之间间隔的距离是否符合设计要求，预留基础、孔洞、预埋件等位置是否正确。

* 放置平衡系统（BOS）部件的位置是否合适。

* 光伏系统如何与现有的电网连接。

（2）制订施工方案，准备设计施工图等文件资料。

（3）平整场地，浇注基础和预埋件。基础和预埋件与地面之间必须可靠固定。应对地基承载力、基础的强度和稳定性进行验算。

如果方阵安装在屋顶，事先应对建筑物的结构设计、材料、耐久性能、安装部位的构造及强度等要进行复核验算，确定屋顶的承载能力确实可以承受光伏方阵的质量及风压、积雪等额外载荷。对于光伏方阵的支架，应采用从钢筋混凝土基础中伸出的钢制热镀锌连接件或不锈钢地脚螺栓来固定。钢筋混凝土基础的主筋应锚固在主体结构内，当受到结构条件的限制，无法进行锚固时，应采取措施加大基础与主体结构的附着力。

钢构基础和混凝土基础顶部的预埋件，应按设计的防腐级别涂上防腐涂料。在基础浇铸完工后，还应做防水处理，严禁出现漏水、漏雨等现象，应符合国家标准《屋面工程质量验收规范》GB 50207 的要求。

穿过屋面、楼层或墙壁的电缆，其防水套管与建筑主体之间的缝隙必须做好防水密封，建筑物表面要处理平整光洁。

民用建筑光伏发电系统应用技术涉及规划、建筑、结构、电气等专业，实施时还应符合有关标准规范的相关规定，主要有《民用建筑设计通则》GB50352、《住宅建筑规范》GB 50368、《通用用电设备配电设计规范》GB 50055、《供配电系统设计规范》GB50052、《建筑电气装置》GB16895.6、《民用建筑电气设计规范》JGJ/T 16、《民用建筑太阳能光伏系统应用技术规范》JGJ 203、《光伏发电站设计规范》GB50797 等。

（4）在光伏发电系统施工过程中，不应破坏建筑物的结构和附属设施，不得影响建筑物在设计使用年限内承受各种载荷的能力。如因施工需要不得已造成局部破损，应在施工结束时及时修复。

（5）根据光伏方阵的数量、安装尺寸和优化设计得出的方阵倾角，加工方阵支架和框架，其尺寸和材料应符合设计要求。应根据组件的质量、支架大小、当地的风力及积雪等情况来确定方阵的整体结构，要使方阵具有足够的强度、刚度及稳定性。

通常框架和支架采用热镀锌钢材或涂防锈漆的角钢制造，在沿海或海岛上安装的方阵，考虑到要防止盐雾的侵蚀，也可采用不锈钢材料。

（6）光伏组件和框架、支架及固定用的螺栓，连接电缆及套管，配线盒等配件都要在安装前全部运到现场。

（7）安装时所需要的工具装备和备件必须准备齐全，特别是现场在偏远地区时，如考虑不周，往往缺少一件工具或一个螺栓都会造成很大麻烦，甚至影响整个工程的进度。

2．现场安装

地面方阵安装大体有以下步骤。

（1）检查核实所有的基础及基座是否按照设计要求安装到位，间隔距离是否正确。

（2）从运输包装盒中取出组件，并进行检查。在阳光下测量每个组件的 V_{oc}、I_{sc} 等技术参数是否正常。如果安装前不进行检查，将有故障组件安装进方阵，后来发现工作不正常，要寻找出这块有故障的组件是非常困难的，所以应该在安装前对每块组件进行这项简单而有效的测试，至少应按合理比例进行抽查。

（3）在安装前对组件按照其技术参数进行分类，将最佳工作电流相近的串联在一起，最佳工作电压相近的并联在一起。由于大中型光伏电站往往有数万块组件，要进行分类配对并不容易，但至少要确保同一组件串中是由相同种类和功率的组件组成的。

（4）安装时通常将组件正面向下，并排安放在清洁的非粗糙平台上，如需要时可将组件包装盒作为工作台。将组件接线盒的位置根据串并联要求排列，使得连接导线时方便操作。

（5）将安装支架安放在组件上面，使得支架的安装孔向下并且与组件的安装孔对准。

（6）用不锈钢螺栓、弹簧垫圈和螺母将安装支架与所有的组件都牢固固定。

（7）按照组件串并联的设计要求，用电线将组件的正、负极进行连接。要特别注意极性不要接错。电线连接的原则是：尽量粗而短，以减少线路损耗。不过也要注意，特别是在夏天安装时，电线连接不能太紧，要留有余量，以免冬天温度降低时造成接触不良，甚至拉断电线。方阵输出的正、负极及接地线应用不同颜色的线缆连接，以免混淆极性，造成事故。

说明：电线（电缆）颜色的定义通常如下。

① 直流线缆：正极（+）—棕色；负极（-）—蓝色；接地中线—淡蓝色。

② 三相电（三相四线制）：A 相线—黄色；B 相线—绿色；C 相线—红色；N 线（零线、中性线）—淡蓝色；接地线—黄绿色。

③ 单相电：相线—红色；零线—蓝色；地线—黄绿色。

④ 装置和设备的内部布线—黑色。

⑤ 用双芯导线或双根绞线连接的交流电路—红黑色并行，红色为火线，黑色为零线。

电线之间的连接必须可靠，不能随意将两根电线绞在一起。外包层不得使用普通胶布，必须使用符合绝缘标准的橡胶套。最好在电线外面套上绝缘套管。电线的连接应符合《家用和类似用途电器的安全 第 1 部分：通用要求》GB4706.1 和其他标准的要求。

要用带保护皮的不锈钢夹子、绑带、鞍形夹或耐老化的塑料夹，将电线固定在保护管或方阵支架上，以免由于长期风吹摇动而造成接触不良。

接线完毕后，盖上接线盒盖板。

（8）将带组件的安装支架用不锈钢螺栓、弹簧垫圈和螺母固定在基础底座上，需要时可进行焊接固定，但要注意避免组件受力产生扭曲。

钢结构的焊接应符合国家标准《钢结构工程施工质量验收规范》GB 50205 的要求。光伏方阵构件焊接完毕应进行防腐处理，防腐施工应符合国家标准《建筑防腐蚀工程施工及验收规范》GB 50205 和《建筑防腐蚀工程质量检验评定标准》GB 50224 的要求。

（9）检查倾角是否正确后，将 4 个底座与安装支架固定，务必牢固可靠，外观整齐。

（10）根据现场情况，也可以先安装方阵支架，然后将组件安装到支架，再连接电线。

（11）如有多个子方阵，接线可通过分线盒或汇流箱集中后输出。

（12）在山顶、雷击多发地区或重要的光伏发电系统都要安装避雷装置，并使光伏方阵处于保护范围内。光伏发电系统和并网接口设备的防雷和接地，按照《光伏电站防雷技术要求》GB/T 32512、《光伏电站防雷技术规程》DL/T 1364、《光伏（PV）发电系统过电压保护-导则》SJ/T11127 中的规定执行。

（13）对于安装在屋顶的光伏方阵，还应注意以下事项。

① 屋面上安装的与建材一体化的光伏组件，相互间的上下、左右防雨连接结构必须严格施工，严禁漏水、漏雨，外表必须整齐美观。

② 光伏方阵背面的通风层不得被杂物填塞，应保持通风良好。

③ 钢结构支架与框架应与建筑物接地系统可靠连接，电气系统的接地应符合国家标准《电气装置安装工程接地装置施工及验收规范》GB 50169 的要求。

④ 光伏发电系统的零部件应符合《建筑设计防火规范》GB50016 相应的建筑物防火等级对建筑构件和附着物的要求，安装在屋顶的组件最低要求是耐火等级 C（基本防火等级）。

⑤ 在建筑物上安装光伏发电系统，不应降低建筑物的防雷等级，应符合《建筑物防雷设计规范》GB50057 的要求。

3. 安全注意事项

（1）安装人员在施工前必须通过安全教育。施工现场应配备必要的安全设备，并严格执行保障施工人员人身安全的措施。

（2）严禁雨天施工。

（3）屋面坡度在 10° 以上时，应设置踏脚板，以防止人员或物件滑落。

（4）严禁站在光伏组件的玻璃面上作业，以避免玻璃破裂造成损坏或从玻璃上滑落。

（5）光伏方阵的输出两端不能短路。在阳光下安装时，最好用黑色塑料膜等不透光材料盖住光伏组件。

（6）光伏发电系统的产品和部件在存放、搬运、安装等过程中，不得碰撞或受损，特别要注意防止组件表面受到硬物冲击。

（7）吊装光伏组件时，底部要衬垫木板或包装纸箱，以免挂索损伤组件。吊装作业前，应安排好安全围护措施。吊装时注意吊装机械和物品不要碰到周围建筑和其他设施。

（8）在方阵周围安装围栏以防止动物侵入或人为破坏。

9.1.3 控制器和逆变器等电气设备的安装

1. 技术要求

大中型光伏发电系统要设置独立的配电房或控制机房，在机房内放置配电柜、仪表柜、并网逆变器、监控器及蓄电池（限于带有储能装置系统）等。

（1）光伏发电系统的接线和设备配置应符合低压电力系统设计规范和光伏发电系统的设

计规范。光伏发电系统的电气装置安装应符合国家标准《建筑电气安装工程施工质量验收规范》GB 50303 的要求。

直流线路的耐压等级应高于光伏方阵最大输出电压的 1.25 倍；额定载流量应高于短路保护电器整定值，短路保护电器整定值应高于光伏方阵标称短路电流的 1.25 倍；线路损耗应控制在 2%以内。

光伏发电系统与电网间在连接处应有明显的带有标志的可视断开点，应通过变压器等进行电气隔离。

电缆线路施工应符合国家标准《电气装置安装工程电缆线路施工及验收规范》GB 50168 的要求。

（2）与建筑物结合的光伏发电系统属于应用等级 A 的系统，其设计应符合应用等级 A 的要求。

应用等级 A 是指：公众有可能接触或接近的、高于直流 50V 或 240W 以上的系统。适用于应用等级 A 的设备应当是满足安全等级 II 要求的设备，即 II 类设备。

II 类设备是指：防电击保护不仅依靠基本绝缘，而且必须采取附加安全保护措施的设备（如采用双重绝缘或加强绝缘的设备）。这类设备的防电击保护既不依赖保护接地，也不依赖安装条件的保护措施。

（3）逆变器与系统的直流侧和交流侧都应有绝缘隔离的装置。

光伏发电系统与公用电网并网时，应符合国家标准《光伏发电接入配电网设计规范》GB/T50865、《光伏电站接入电力系统设计规范》GB/T50866、《光伏发电系统接入配电网技术规定》GB/T29319、《光伏电站接入电力系统技术规定》GB19964，以及《光伏发电系统并网技术要求》GB/T19939 的相关规定。

光伏发电系统直流侧应考虑必要的触电警示和防止触电安全措施，光伏发电系统与公共电网之间应设置隔离装置，隔离装置应具有明显断开点指示及断零功能。

光伏发电系统在并网处应设置并网专用低压开关柜，并设置专用标识和“警告”、“双电源”等提示性文字和符号。

所有接线箱（包括系统、方阵和组件串等的接线箱）都应设警示标签，注明当接线箱从光伏逆变器断开后，接线箱内的器件仍有可能带电。

（4）绝缘性能。

光伏方阵、汇流箱、逆变器、保护装置的主回路与地（外壳）之间的绝缘电阻应不小于 1MΩ。应能承受 AC2000V，1min 工频交流耐压，无闪络、无击穿现象。

（5）接入公用电网的光伏发电系统应具备极性反接保护功能、短路保护功能、接地保护功能、功率转换和控制设备的过热保护功能、过载保护和报警功能、防孤岛效应保护等功能。

2. 安装位置

如果控制器和逆变器安装在室内，则事先要建好配电间。安装存放处应避开高腐蚀性、高粉尘、高温、高湿性环境，特别应避免金属物体落入其中。配电间的位置要尽量接近光伏方阵和用户，以减少线路损耗。控制器不能直接放在蓄电池上，因为蓄电池产生的腐蚀性气体会对控制器的电子元件产生不良影响。

中小型控制器和逆变器可以根据要求固定在墙壁或摆放在工作台上，大型控制器和逆变器一般直接安放在地面，与墙壁之间要留有一定距离，以便接线和检修，同时也便于通风。注意阳光不要直接照射在控制器和逆变器上。

如控制器和逆变器安装在室外，控制器和逆变器必须具备密封防潮等防护功能。

3. 连接电线

选用合适的绝缘电线及电缆，线径应根据通过电流的大小，依照有关规范或生产厂家提供的数据，选择合适直径的电线。如直径太小，增加线路损耗，还可能使得电线过热，造成能量浪费和效率下降，严重时会使绝缘层熔化，从而产生短路，甚至造成火灾。直径太大，会造成浪费，不同电缆的承载能力可参考表 9-1。

表 9-1　不同电缆的承载能力

截面积（mm^2）	电缆芯线数	多芯电缆直径（mm）	电流传输能力（A）
1	1	1.13	12
1.5	7	0.5	14
2.5	7	0.67	17
2.5	50	0.25	20
4	7	0.85	29
6	7	1.04	37
10	7	1.35	51
16	7	1.70	66

通常组件的串联可直接使用组件背面接线盒引出的电线，因为组件设计时就考虑了引出电线的直径足够承载组件输出的最大电流，然而并联时电线中所通过的电流会成倍增加，因此相应的电线直径要增大。

对于离网光伏发电系统的低压直流部分，特别要考虑电线线损（线路压降）。例如，一个 200W 的负载分别由 220V AC 和 12V DC 电源供电，220V AC 电源所流过的电流是 0.91A，通过截面积 2.5mm^2 的 10m 长电缆产生的压降为 0.13V，影响不大。而 12V DC 电源所流过的电流是 16.7A，通过同样截面积和长度电线所产生的压降为 2.44V，即通过此电线后，电压只有 9.56 V，用电设备已不能正常工作，所以必须采取增大电线的截面积或其他措施。

4. 按次序接线

控制器和逆变器在开箱时，要先检查有无质保卡、出厂检验合格证书和产品说明书，外观有否损坏，内部连线和螺钉是否松动等，如有问题，应及时与生产厂家联系解决。

控制器接线时开关平时应放在“关”的位置。接线时先连接蓄电池，再连接光伏方阵。在有阳光照射时闭合开关，观察是否有正常的充电电流流过。最后将控制器与负载相连接。

将逆变器的输入开关放在“关”的位置，然后接线。接线时注意正、负极性，并要保证接线质量和安全。接完线后首先测量从控制器输入的直流电压是否正常，如果正常，则可在空载情况下，打开逆变器的输出开关，使得逆变器投入工作。

无断弧功能的开关，连接时不允许在有负荷或能够形成低阻回路的情况下，接通或断开，防止因拉弧而造成事故。

9.1.4 蓄电池组的安装

光伏发电系统通常使用的铅酸蓄电池，是以硫酸作为电解液，如果运输、安装或维护不当，则蓄电池具有潜在危险，所以从事蓄电池工作的人员必须先熟悉安装程序。

1. 安装注意事项

在蓄电池旁边工作之前，应除去手上和脖子上的金属装饰物。头戴非金属硬帽，穿着防护服装，包括防酸手套、围裙和保护目镜。

不能站在蓄电池上工作。

在蓄电池旁边应有流动的清洁水源，以防万一皮肤或眼睛溅到酸液时，及时进行冲洗急救。

2. 蓄电池室的设置

蓄电池室应尽量选择在距离光伏方阵较近的场所，对于中大型光伏发电系统，蓄电池室必须与放置控制器和逆变器等电气设备的配电间隔开。

蓄电池室要求干燥、清洁，通风良好，不受阳光直接照射。距离热源不得小于 2m。室内温度应尽量保持为 10～25℃。

蓄电池与地面之间应采取绝缘措施，一般可垫木板或其他绝缘物，以免因蓄电池与地面短路而放电。如果蓄电池数量比较多，则可以安放在专门的蓄电池格架上。

蓄电池不得倒置，不得受任何机械冲击和重压。安放的位置应该方便接线和维护检修。

3. 连接线路

测量每个蓄电池的电压是否正常，在确认电解液体处于正常液面，蓄电池已经充满后，才能连接线路。

按设计要求将蓄电池进行串、并联，注意正、负极不能接错。

在蓄电池极柱连线时必须特别注意，防止短路。如有金属工具或物体掉落在蓄电池极柱之间，会形成放电，产生很大电流和火花，可能损坏设备或造成人身事故。

如有多只蓄电池串联，为了避免误触电和意外短路，一般在串联回路中留出一只与控制器连接的接线头先不接，待全部连接完毕，测量电压正常后方可与控制器连接。

蓄电池极柱与接线夹头之间必须紧密接触，否则由于接触不良会增加电阻，甚至造成断路，也可在各个连接点涂一薄层凡士林油膜，以防止锈蚀。

4. 配制电解液

有些蓄电池在使用前要进行初充电，而干荷蓄电池在加入电解液后即可使用。

配制硫酸电解液时，应将硫酸徐徐注入蒸馏水内，并用玻璃棒不断搅拌均匀，严禁将水注入硫酸内，以免硫酸飞溅伤人。

蓄电池加完电解液后，要将加液孔的盖子拧紧，防止杂物落入蓄电池内。

安装结束时，要测量蓄电池的电压和正、负极性，并且检查接线质量和安全性。开口蓄电池要测量并记录电解液密度。

蓄电池安装完成后，要做好记录并归档。

9.2 光伏发电系统的调试

9.2.1 调试前的准备工作

光伏发电系统的调试分为设备调试和系统调试。调试前，安装工作已经完成并验收合格。室内安装的系统和设备调试前，建筑工程应具备下列条件。

（1）所有装饰工作应完毕并清扫干净。

（2）装有空调或通风装置等特殊设施的，应安装完毕，投入运行。

（3）受电后无法进行或影响运行安全的工作，应全部完成。

光伏发电系统调试时应由有资质的工程师负责，可会同有关单位和设备供应商一起进行。首先检查安装使用条件是否符合设备使用说明书和相关标准、规程的规定。

光伏发电系统调试应选择在晴天，并且待日照和风力达到稳定时进行，最好在中午前后10：00～14：00之间测试。

调试光伏发电系统前，应将光伏方阵表面清理、擦拭干净。

调试前确保所有开关都处于关断状态。

准备好有关测试的仪器、仪表、工具及记录本。

9.2.2 光伏方阵调试

1）一般检查

首先仔细观察光伏区，光伏方阵外观是否平整、美观，组件表面是否清洁，用手触压组件，检查连接是否松动。接线是否固定，接触是否良好等。

检查光伏发电系统使用的材料及部件等是否符合设计要求，安装质量是否符合有关标准和规范。

检查光伏装置配套设备的绝缘是否符合II级安全设备的要求。

检查接地线，测量接地电阻，其值应小于10Ω。

2）光伏组件串检查及测量

一般情况下，组件串中的光伏组件的规格和型号都是一致的，可根据组件生产厂提供的技术参数，查出单块组件的开路电压，将其乘以串联的数目，应该大致等于组件串两端的开路电压。测量是否基本符合要求，如相差太大，则很可能存在组件损坏、极性接反或连接处接触不良等问题。可逐个检查组件的开路电压及连接状况，消除故障。

如光伏组件串联的数目较多，可能开路电压很高，测量时要注意安全。

测量光伏组件串两端的短路电流，应基本符合设计要求，如相差比较大，则可能有的组件性能不良，应予以更换。

所有光伏组件串都检查合格并记录后，方可进入下一阶段调试。

经过测量，所有并联的光伏组件串的开路电压基本都相同，方可进行并联。并联后电压基本不变，总的短路电流应该大体等于各个组件串的短路电流之和。在测量短路电流时，应注意安全，电流太大时可能跳火花，会造成设备或人身事故。

3）光伏组件串测试

（1）测试前应具备以下条件。

① 所有光伏组件应按照设计文件数量和型号组串并接引完毕。

② 汇流箱内各回路电缆应接引完毕，且标示清晰、准确。

③ 汇流箱内的熔断器或开关应在断开位置。

④ 汇流箱及内部防雷模块接地应牢固、可靠，且导通良好。

⑤ 辐照度宜在不低于 700W/m² 的条件下测试。

（2）检测应符合下列要求。

① 汇流箱内测试光伏组件串的极性应正确。

② 相同测试条件下同类光伏组件串之间的开路电压偏差不应大于 2%，且最大偏差不应超过 5V。

③ 在发电情况下，应使用钳形万用表对汇流箱内光伏组件串的电流进行检测。相同测试条件下且辐照度不低于 700W/m² 时，同类光伏组件串之间的电流偏差不应大于 5%。

④ 光伏组件串的电线温度应无超常温等异常情况。

（3）逆变器投入运行前，宜将接入此逆变单元内的所有汇流箱测试完成。逆变器在投入运行后，汇流箱内组串的投、退顺序应符合下列要求。

① 汇流箱的总开关具备灭弧功能时，其投、退应按下列步骤执行：

- 先投入光伏组件串小开关或熔断器，后投入汇流箱总开关。
- 先退出汇流箱总开关，后退出光伏组件串小开关或熔断器。

② 汇流箱总输出采用熔断器，分支回路光伏组件串的开关具备灭弧功能时，其投、退应按下列步骤执行：

- 先投入汇流箱总输出熔断器，后投入光伏组件串小开关。
- 先退出箱内所有光伏组件串小开关，后退出汇流箱总输出熔断器。

③ 汇流箱总输出和分支回路的光伏组件串均采用熔断器时，则投、退熔断器前，均应将逆变器解列。

（4）测量光伏方阵技术参数。

如有多个子方阵，均按照以上方法检查合格后，方可将方阵输出的正、负极接入汇流箱或控制器，测量方阵总的工作电流和电压等参数，并做好记录。

9.2.3　控制器调试

1．资料检查

检查控制器的产品说明书和出厂检验合格证书等是否齐全。

2．性能检测

有条件时应对控制器性能进行全面检测，验证其是否满足《光伏电站电能质量检测技术规程》NB/T32006、《家用太阳能光伏电源系统 技术条件和试验方法》GB/T 19064 规定的具体要求。

对于一般的离网光伏发电系统，控制器的主要功能是防止蓄电池过充/放。在与光伏发电系统连接之前，应先对控制器进行单独测试。可使用合适的直流稳压电源，为控制器的输入端提供稳定的工作电压，并调节电压大小，验证其充满断开、恢复连接及低压断开时的电压是否符合要求。

有些控制器具有输出稳压功能，可在适当范围内改变输入电压，测量输出电压是否保持稳定。

在一些离网光伏发电系统中，有时将公共电网作为备用电源。在遇到过长的连阴雨天，蓄电池充电不足时，由控制器切换到电网充电，充满后断开，由光伏发电系统供电，在调试时需要确认此项功能是否正常。

测量控制器的最大自身耗电是否满足不超过其额定工作电流的 1%。如控制器还具备智能控制、设备保护、数据采集、状态显示、故障报警等功能，也可进行适当的检测。

对于小型光伏发电系统或确证控制器在出厂前已经调试合格，并且在运输和安装过程中并无任何损坏，在现场也可不再进行这些测试。

3. 连接线路

在控制器单独测试完成后，即可按设计要求与蓄电池连接，有的控制器没有防反接功能，要注意极性不能接错。最后将光伏方阵输出的正、负极与控制器相应的输入端相连接，注意极性不能接反。检查方阵的输出电压是否正常，是否有充电电流流过。

做好记录后，直流输入端调试基本结束。

9.2.4 离网逆变器调试

对于离网光伏发电系统，如果有交流负载，则必须配备离网逆变器，在调试前要先检查逆变器的产品说明书和出厂检验合格证书是否齐全。

有条件时应对逆变器进行全面检测，其主要技术指标应符合国标《家用太阳能光伏电源系统　技术条件和试验方法》GB/T 19064 的要求。

测量逆变器输出的工作电压，检测输出波形、频率、效率、负载功率因数等指标是否符合设计要求。

测试逆变器的保护、报警等功能，并做好记录。

9.2.5 并网逆变控制器的调试

并网逆变控制器是并网光伏发电系统的核心部件，事关光伏发电系统能否正常工作和电网的安全运行，调试工作十分重要。并网逆变控制器必须具备产品说明书和出厂检验合格证书。

1. 性能测试

在并网逆变控制器连接到光伏发电系统之前，应对其输出的交流电质量和保护功能进行单独测试。

1）电能质量测试

直接接入公用电网光伏电站应在并网点装设电能质量在线监测装置；接入用户侧电网光伏电站的电能质量监测装置应设置在关口计量点。大中型光伏电站电能质量数据应能够远程传送到电力调度部门，小型光伏电站应能储存一年以上的电能质量数据，必要时可供电网企业调用。

说明：并网点与公共连接点的定义如下：①并网点，是指光伏发电系统与电网（可以是公共电网，也可以是用户电网）的连接点。对于有升压站的光伏电站，是指升压站高压侧母线或节点；对于无升压站的光伏电站，是指光伏电站的输出汇总点。②公共连接点，是指电网中一个以上用户的连接处。

测试电能质量可参照图 9-1 所示的电能质量测试电路图。

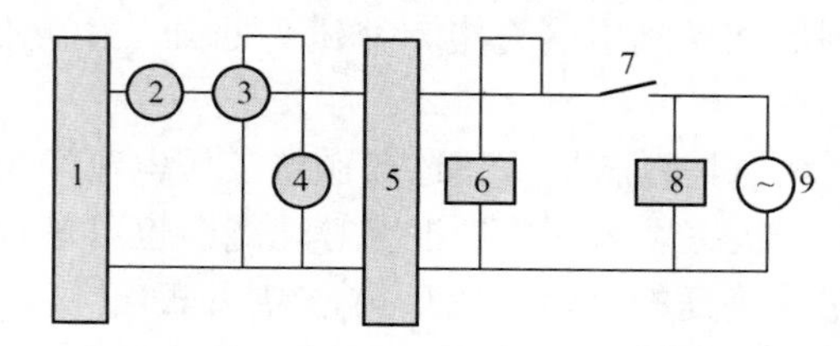

1—光伏方阵；2—直流电流表；3—直流功率表；4—直流电压表；5—并网逆变器；6—电能质量分析仪；7—电网解并列点；8—可变交流负载；9—电压和频率可调的净化交流电源（模拟电网）（可提供的电流容量至少是光伏系统提供电流的 5 倍）

图 9-1　电能质量测试电路图

如果电网电压和频率的偏差可以保持在最高允许偏差的 50%以内，则电压和频率可调的净化交流电源（模拟电网）可以省略，可直接将系统接入电网进行测试。

在连接好线路后，即可进行以下参数的测量。

（1）工作电压和频率。

在光伏发电系统并入电网（或模拟电网）后，现场测量 3 次解并列点处的电压和频率，分别记录测试结果，判断光伏发电系统对电网的影响是否符合《电能质量　供电电压允许偏差》GB/T12325 的要求。

（2）电压波动和闪变。

使光伏发电系统并网（或模拟电网）工作，按照《电能质量　电压波动和闪变》GB12326 的规定，在电网接口处测量电网电压的波动和闪变，记录测试结果，判断光伏发电系统对电网的影响是否符合标准的要求。

（3）谐波和波形畸变。

在光伏发电系统并入电网之前，用电能质量分析仪测量电网（或模拟电网）谐波电流并做记录，在光伏发电系统并入电网之后，用电能质量分析仪测量光伏发电系统的谐波电流，判断是否符合《电能质量　公用电网谐波》GB/T14549 的要求。

（4）功率因数。

并网运行前后，当光伏发电系统输出大于逆变器额定功率的 50%时，调节逆变器的输出和相位，用电能质量分析仪连续测量解并列点处光伏发电系统的输出功率和功率因数，记录测量结果，判断是否符合设备和系统技术条件的要求。

（5）输出电压不平衡度（适用于公共连接点处的三相输出）。

在光伏发电系统并入电网前后，用电能质量分析仪现场测量解并列点处的三相电压不平衡度，分别记录测试结果，判断是否符合《电能质量　三相电压允许不平衡度》GB/T15543 及用户与电力监管部门签订合同的要求。一般不平衡度允许值为 2%，短时不得超过 4%。

（6）输出直流分量检测。

光伏发电系统并网运行时，用电能质量分析仪在不同输出功率（33%，66%，100%）条件下，检测直流电流分量，要求向电网馈送的直流电流分量不应超过其交流额定值的 0.5%。当直流分量大于限定值时，光伏发电系统应自动与电网解列。

2）保护功能测试

可使用净化交流电源进行电网保护功能的检测，主要有以下内容。

（1）过/欠电压保护。

按照《太阳能光伏发电系统并网技术要求》GB/T19939 中表 3 的指标，逐项改变净化交流电源的电压值，测量并网系统保护装置的动作值和动作时间，应符合标准的要求。

按照《光伏电站设计规范》GB50797 的规定，电网电压异常时的响应要符合下列要求。

① 光伏电站并网时输出电压应与电网电压相匹配。

② 大中型光伏电站应具备一定的低电压穿越能力（如图 9-2 所示），当并网点电压在图中电压曲线及以上区域时，光伏电站应保持并网运行。当并网点运行电压高于 110%电网额定电压时，光伏电站的运行状态由光伏电站的性能确定。接入用户内部电网的大中型光伏电站的低电压穿越要求由电力调度部门确定。图中 V_{L2} 为正常运行的最低电压限值，宜取 0.9 倍额定电压。V_{L1} 宜取 0.2 倍额定电压。T_1 为电压跌落到 0 时需要保持并网的时间，T_2 为电压跌落到 V_{L1} 时需要保持并网的时间，T_3 是光伏电站可以从电网切入的时间。T_1、T_2、T_3 的数值需根据保护和重合闸动作时间等实际情况来确定，通常取 T_1=0.15s，T_2=0.625s，T_3=2s。

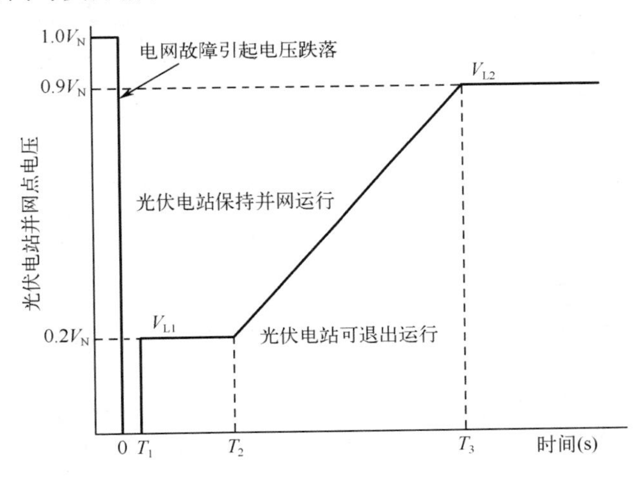

图 9-2　大中型光伏电站低电压穿越能力要求

③ 小型光伏电站并网点电压在不同运行范围时，光伏电站在电网电压异常的响应要求应符合表 9-2 的规定。

表 9-2　光伏电站在电网电压异常的响应要求

并网点电压	最大分闸时间
V< 50%V_N	0.1s
50%V_N≤V<85%V_N	2.0s
85%V_N≤V≤110%V_N	连续运行

续表

并网点电压	最大分闸时间
$110\%V_N<V<135\%V_N$	2.0s
$135\%V_N \le V$	0.05s

注：V_N 为光伏电站并网点的电网标称电压；最大分闸时间是指异常状态发生到逆变器停止向电网送电的时间

（2）过/欠频率保护。

按照《太阳能光伏发电系统并网技术要求》（GB/T19939）的规定，改变净化交流电源的频率（变化速率不能快于 0.5Hz/s），测量并网系统保护装置的动作值和动作时间，应符合标准的要求。

按照《光伏电站设计规范》GB50797 的规定，电网频率异常时的响应应符合下列要求。

① 光伏电站并网时应与电网保持同步运行。

② 大中型光伏电站应具备一定的耐受电网频率异常的能力。大中型光伏电站在电网频率异常时的运行时间要求应符合表 9-3 的规定。当电网频率超出 49.5～50.2Hz 范围时，小型光伏电站应在 0.2s 以内停止向电网送电。

③ 在指定的分闸时间内，系统频率可恢复到正常的电网持续运行状态时，光伏电站不应停止送电。

表 9-3　大中型光伏电站在电网频率异常时的运行时间要求

电 网 频 率	运行时间要求
$f<48$Hz	根据光伏电站逆变器允许运行的最低频率或电网要求而定
48Hz$\le f<$49.5Hz	每次低于 49.5Hz 时要求至少能运行 10min
49.5Hz$\le f \le$50.2Hz	连续运行
50.2Hz$<f<$50.5Hz	每次频率高于 50.2Hz 时，光伏电站应具备能够连续运行 2min 的能力，但同时具备 0.2s 内停止向电网送电的能力，实际运行时间由电网调度机构决定；未经允许，处于停运状态的光伏电站不得并网
$f\ge$50.5Hz	在 0.2s 内停止向电网送电，且不允许停运状态的光伏电站并网

（3）防孤岛效应。

大中型光伏电站的公用电网继电保护装置，应保障公用电网在发生故障时可切除光伏电站，光伏电站可不设置防孤岛保护。小型光伏电站应具备快速检测孤岛且立即断开与电网连接的能力，其防孤岛保护应与电网侧线路保护相配合。在并网线路同时 T 接有其他用电负荷情况下，光伏电站防孤岛效应保护动作时间应小于电网侧线路保护重合闸时间。

光伏发电系统并网运行时，使模拟电网失压，防孤岛效应保护应在 2s 内动作，将光伏发电系统与电网断开。

（4）电网恢复。

在过/欠电压、过/欠频率、防孤岛效应保护检测时，由于模拟电网的指标越限或电网失压，使得光伏发电系统停机或与电网断开后，恢复净化交流电源正常工作范围，具有自动恢复并网功能的并网光伏发电系统应在规定的时段内再并网。

（5）短路保护。

在解并列点处模拟电网短路，测量光伏发电系统的输出电流及解列时间，应符合《太阳能光伏发电系统并网技术要求》GB/T19939 的要求。电网短路时，逆变器的过电流应不大于额定电流的 150%，并在 0.1s 内将光伏发电系统与电网断开。

（6）反向电流保护。

当光伏发电系统设计为非逆流方式（又称为不可逆并网方式）运行时，应试验其反向电流保护功能。反向电流保护参考试验电路如图 9-3 所示。光伏发电系统通过隔离变压器并网运行，由大到小调节加在光伏发电系统侧的变压器交流负载，或调整光伏发电系统的输出功率，直到光伏发电系统侧变压器出现反向电流，记录光伏发电系统中断电力输出或光伏发电系统与电网断开的动作值和动作时间，应符合设计要求。当检测到供电变压器次级处的逆流为逆变器额定输出的 5%时，逆向功率保护应在 0.5～2s 内将光伏发电系统与电网断开。

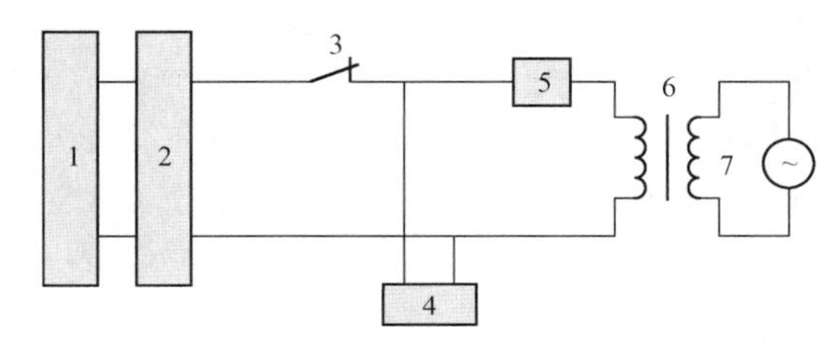

1—光伏方阵；2—并网逆变器；3—电网解并列点；4—可变交流负载；

5—逆向电流检测装置；6—隔离变压器；7—电网或模拟电网

图 9-3　反向电流保护参考试验电路

若确定所使用的并网逆变控制器在出厂前已经进行过以上测试并合格，在运输过程中并无任何损坏，在现场也可不再进行这些测试。

2．线路连接

先将并网逆变控制器与光伏方阵连接，测量直流端的工作电流和电压、输出功率，如符合要求，可将并网逆变控制器与电网连接，测量交流端的电压、功率等技术数据。同时记录太阳辐照强度、环境温度、风速等参数，判断是否与设计要求相符合。

如光伏发电系统各个部分均工作正常，即可投入试运行。定时记录各种运行数据。

正常运行一定时间后，如无异常情况发生，即可进行竣工验收。

9.3　光伏发电工程的验收

光伏发电工程的验收分为单位工程、工程启动、工程试运和移交生产、工程竣工 4 个阶段。本节内容适用于通过 380V 及以上电压等级接入电网的地面和屋顶光伏发电新建、改建和扩建工程的验收，不适用于建筑与光伏一体化和户用光伏发电系统。

光伏发电系统的验收应符合国家标准《光伏发电工程验收规范》GB50796、《光伏发电站施工规范》GB50794 等的规定。

9.3.1 单位工程验收

光伏发电系统的单位工程分为土建工程、安装工程、绿化工程、安全防范工程和消防工程共 5 大类，单位工程由若干个分部工程构成。单位工程验收由建设单位组织（由建设、设计、监理、施工、调试等有关单位负责人及专业技术人员组成），并在分部工程验收合格的基础上进行。分部工程由若干个分项工程构成，分部工程的验收应由总监理工程师组织，并在分项工程验收合格的基础上进行。分项工程的验收由监理工程师组织，并在施工单位自行检查评定合格的基础上进行。

1. 土建工程

土建工程包括光伏组件支架基础、场地及地下设施和建（构）筑物等分部工程：（1）光伏组件支架基础的验收包括混凝土独立（条形）基础、桩基础等。（2）场地及地下设施的验收包括场地平整、道路、电缆沟场区给排水设施等。（3）建（构）筑物的逆变器室、配电室、综合楼、主控楼、升压站、围栏（围墙）等分项工程的验收应符合国家标准《建筑工程施工质量验收统一标准》GB 50300、《钢结构工程施工质量验收规范》GB 50205 和设计的有关规定。

2. 安装工程

安装工程包括支架安装、光伏组件安装、汇流箱安装、逆变器安装、电气设备安装、防雷与接地安装、线路及电缆安装等分部工程：（1）支架包括固定式支架和跟踪式支架。固定式支架的安装应符合国家标准《光伏发电站施工规范》GB50794 和《钢结构工程施工质量验收规范》GB 50205 的有关规定；跟踪式支架的安装应符合国家标准《光伏电站太阳跟踪系统技术要求》GB/T 29320 和《钢结构工程施工质量验收规范》GB 50205 的有关规定。（2）防雷与接地的安装应符合《光伏电站防雷技术要求》GB/T 32512、《光伏电站防雷技术规程》DL/T 1364、《光伏（PV）发电系统过电压保护——导则》SJ/T11127、《电气装置安装工程　接地装置施工及验收规范》GB 50169 和《建筑物防雷设计规范》GB 50057 的有关规定。（3）线路及电缆的安装包括光伏方阵直流电缆、交流电缆及架空线路。

3. 其他单位工程

绿化工程、安全防范工程和消防工程三大类单位工程的要求如下：（1）绿化工程的场区绿化和植被恢复情况符合设计要求。（2）安全防范工程包括报警系统、视频安防监控系统、出入口控制系统等，其验收符合国家标准《安全防范工程技术规范》GB 50348 的规定。（3）消防工程的设计图纸已由当地消防部门审核通过，建（构）筑物构件的燃烧性能和耐火极限应符合国家标准《建筑设计防火规范》GB 50016 的有关规定，安全出口标志灯和火灾应急照明灯具应符合国家标准《消防安全标志》GB 13495 和《消防应急照明和疏散指示系统》GB 17945 的有关规定。

9.3.2 工程启动验收

工程启动具备验收条件后，施工单位应向建设单位提出验收申请，多个相似光伏发电单元可同时提出验收申请。建设单位在接收到验收申请后，根据工程实际情况成立工程启动验收委员会进行工程启动验收。

工程启动验收委员会由建设、监理、调试、生产、设计、政府相关部门和电力主管部门等有关单位组成，施工单位、设备制造单位等参建单位应列席工程启动验收。

9.3.3　工程试运和移交生产验收

工程启动验收完成并具备工程试运和移交生产验收条件后，施工单位向建设单位提出工程试运和移交生产验收申请。建设单位在接到验收申请后，根据工程实际情况成立工程试运和移交生产验收组。

工程试运和移交生产验收组由建设单位组建，由建设、监理、调试、生产运行、设计等有关单位组成。

工程试运和移交生产验收阶段，设备及系统调试宜在天气晴朗，太阳辐射强度不低于 $400W/m^2$ 的条件下进行；光伏发电工程经调试后，工程启动开始无故障连续并网运行不应少于光伏方阵接收总辐射量累计达 $60kW \cdot h/m^2$ 的时间。

9.3.4　工程竣工验收

工程竣工验收在试运和移交生产完成后进行。建设单位在接收到验收申请后，根据工程实际情况成立工程竣工验收委员会。

工程竣工验收委员会由有关主管部门会同环境保护、水利、消防、质量监督等行政部门组成。建设单位、设计、监理、施工和主要设备制造（供应）商等单位应派代表参加竣工验收。

9.4　光伏发电系统的维护及管理

并网光伏发电系统在正式投入运行前，须向电网管理部门办理并网手续，经电网管理部门检查并获得许可，签订“并网协议”后，方可正式运行。以后还应接受电网管理部门的依法管理和随时检查，以确保电网安全。电网管理部门对光伏发电系统的发电计量装置应进行定期校验。

光伏发电系统交付使用前，建设单位应建立光伏发电系统的管理制度。光伏发电系统竣工验收后，施工单位应对建设单位或用户办理交接手续，进行工作原理交底和操作培训，并提交使用操作手册。当光伏发电系统运行发生异常时，应及时与专业维修人员联系，在专业维修人员的指导下进行处理。主要设备和控制装置应由专业人员负责维修。

9.4.1　日常维护

光伏发电系统运行管理人员，应具备必要的专业知识和高度的责任心，以认真负责的态度进行维护管理工作。

每天应进行日常巡检，观察光伏发电系统的运行情况，了解设备仪表显示是否工作在正常范围，计量是否正确有效，并做好运行记录。

1. 方阵观察

观察方阵表面是否清洁，及时清除灰尘和污垢，可用清水冲洗或用干净抹布擦拭，但不得使用化学试剂清洗。检查了解方阵有无接线脱落等情况。

2. 设备巡检

注意所有设备的外观锈蚀、损坏等情况，用手背触碰设备外壳检查有无温度异常，检查外露的导线有无绝缘老化、机械性损坏，箱体内是否有进水等情况。检查有无小动物对设备形成侵扰等其他情况。设备运行有无异常声响，运行环境有无异味，如有应找出原因，并立即采取有效措施，予以解决。

如发现冒烟、有火花或焦煳气味等严重异常情况，应立即进行切断开关等事故应急处理，进行检查，找出故障原因并采取有效措施。恢复正常运行后，还要上报有关人员，同时还应做好记录。

3. 蓄电池维护

观察蓄电池充/放电状态，在维护蓄电池时，维护人员应佩戴防护眼镜和防护用品，使用绝缘器械，防止人身事故和蓄电池短路。经常擦拭蓄电池外部的污垢和灰尘，保持室内清洁。如果蓄电池有密封盖或通气栓塞，必须经常检查和保持通气孔畅通。注意蓄电池电解液面，不要让极板和隔板露出液面。

9.4.2 定期检查

除了日常巡检以外，还需要专业人员进行定期检查，内容如下。

检查、了解运行记录，分析光伏发电系统的运行情况，对光伏发电系统的运行状态做出判断，如发现问题，立即进行专业的维护指导。

外观检查和设备内部的检查主要涉及活动和连接部分、电线，特别是大电流密度的电线、功率器件、容易锈蚀的地方等。

对于逆变器应定期清洁冷却风扇并检查是否正常，定期清除机壳内的灰尘，检查各端子螺钉是否紧固，检查有无过热后留下的痕迹及损坏的器件，检查电线是否老化。

定期检查和保持蓄电池电解液的密度，及时更换已损坏的蓄电池。

有条件时可采用红外探测的方法对光伏方阵、线路和电气设备进行检查，找出异常发热和故障点，并及时解决。

光伏发电系统每年应对照系统图纸完成一次系统绝缘电阻及接地电阻的检查。

光伏发电系统每年应对逆变控制装置进行一次全项目的电能质量和保护功能的检查和试验。

所有记录特别是专业巡检记录应存档妥善保管。

并网光伏发电系统不存在蓄电池和负载问题，关键是并网逆变器，一般同时兼有控制器的功能，现代正规制造厂的产品，都要通过严格的检验和认证，通常质量可以保证。如果发现并网逆变器本身工作不正常，应立即通知生产厂家进行处理。

由于离网光伏发电系统涉及的因素很多，相互关系非常复杂，牵涉到系统设计是否合理，光伏方阵和蓄电池容量配置是否恰当，设备和零部件及材料质量的好坏，加工、安装是否合乎要求，而运行条件又是千变万化，所以对于离网光伏发电系统的运行和维护应该更加精心，及时发现故障，并进行适当处理，才能保证光伏发电系统的长期正常运行。

总之，光伏发电系统的管理和维护是保证系统正常运行的关键，必须对光伏发电系统妥善管理，精心维护，规范操作，认真检查，发现问题及时解决，才能使得光伏发电系统处于长期稳定的正常运行状态，充分发挥光伏发电的社会和经济效益。

参 考 文 献

[1] Bill Brooks, Jim Dunlop. PV Installation professional resource guide. 2016 NABCEP v. 7. http://www.nabcep.org.

[2] NABCEP. Study guide for photovoltaic installer certification[R]. Version 4.2 -2009.4. www. NABCEP.org/_Study_Guide-Revised_Version_3_-_08_05-FINAL.pdf.

[3] Bill Brooks, Jim Dunlop. NABCEP PV installer resource guide 12.11[R]. 2011.12/v. 5.1. http://www.nabcep.org/wp-content/uploads/2011/10/Web-PV-Installer-Resource-Guide-10-17-11.pdf.

[4] Ward Bower, et al. NABCEP PV installer job task analysis[R]. 2011. 10. http://www.nabcep.org.

[5] Ralph Tavino, et al. Maintenance and operation stand-alone of photovoltaic systems[R]. U.S sandia national laboratory photovoltaic systems assistance center 1997-573-127-42154.

[6] V Vernon Risser, et al. Stand-alone photovoltaic systems a handbook of recommended design practices[M]. SAND87-7023.1995.

[7] Gray Davis. A guide to photovoltaic system design and installation[R]. California Energy Commission Consultant Report 500-01-020, June 2001 http://www.energy.ca.gov/reports/2001-09-04_500-01-020.PDF.

[8]《光伏发电站设计规范》GB50797.

[9]《光伏发电站施工规范》GB50794.

[10]《光伏发电工程的施工组织设计规范》 GB50795.

[11]《光伏发电工程验收规范》GB50796.

[12] 民用建筑太阳能应用技术规程（光伏发电系统分册）. 上海市工程建设规范，DG/TJ08—2004B.

[13] 王长贵，王斯成. 太阳能光伏发电实用技术[M]. 北京：化学工业出版社，2005.

练 习 题

9-1　大型光伏系统应具备哪些条件才能开始安装？

9-2　简述光伏系统安装的顺序。

9-3　光伏系统安装时的安全注意事项有哪些？

9-4　太阳能电池方阵的调试一般有哪些步骤？

9-5　光伏系统的调试主要包括哪些？

9-6　并网逆变器控制器调试过程中的性能测试主要包含什么内容？

9-7　光伏系统的日常维护主要包括哪些方面？

第 10 章　光伏系统的应用

由于太阳能是安全可靠、方便灵活的可再生清洁能源，光伏发电系统的应用规模和范围在迅速扩大，正在由补充能源向替代能源过渡，在能源消费领域将起到越来越重要的作用。

10.1　光伏系统的分类

光伏发电系统应用的分类也是在逐渐发展的，开始主要分为空间和地面应用两大类。后来地面系统又分为独立系统、并网系统和混合系统三大类。近年来，又进一步分为微型系统、离网户用系统、离网非户用系统、分布式并网系统、集中式并网系统和混合系统 6 种类型。

10.1.1　微型光伏系统

微型光伏系统在过去几年里经历了重大的发展，配套使用了发光效率很高的光源（主要是 LED）和智能充电控制器及高效的光伏组件。一些小型光伏组件功率只有几瓦，但可以提供基本服务需要，如将蓄电池和手提灯具结合在一起的太阳能便携灯（如图 10-1 所示），可以随身携带，适合白天充电，晚间照明，用来取代煤油灯和蜡烛，还可应用于野外活动、抢险救灾、应急照明等场所。21 世纪可再生能源政策网络（REN21）发布的《2016 年全球可再生能源现状报告》中指出，世界上无电地区有 15%～20%的家庭在使用太阳能照明。全球在 2015 年中销售了离网微型光伏产品 4400 万套，年产值 3 亿美元，最大的市场在撒哈拉以南非洲，销售了 137 万套，其次是南亚 128 万套。2015 年全球销售了约 200 万套便携灯，到 2014 年底，印度已推广了 96 万套，坦桑尼亚 79 万套，肯尼亚 76.5 万套，埃塞俄比亚 66.2 万套。在撒哈拉以南非洲过去 4 年中太阳能便携灯销售的年增长率超过 90%。

除了照明以外，这类微型光伏系统还开发出了多种产品，如草坪灯、太阳能交通警示灯、太阳能道钉、太阳能充电器（如图 10-2 至图 10-5 所示）等。

图 10-1　太阳能便携灯

图 10-2　太阳能草坪灯

图 10-3　太阳能交通警示灯

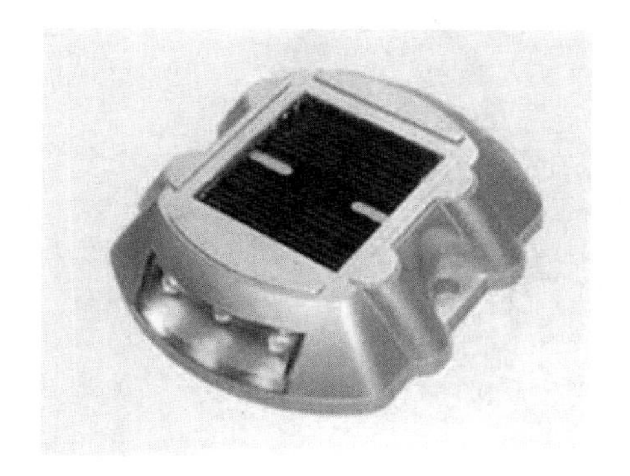

图 10-4　太阳能道钉

图 10-5　太阳能充电器

由于太阳能随处可得，使用方便，有些用电量很少的产品利用光伏发电有其突出优点，如在野外工作或旅行时，可利用太阳能背包（如图 10-6 所示）作为用电器的应急电源。有些在室内使用的物品，如计算器（如图 10-7 所示）、手表（如图 10-8 所示）、玩具（如图 10-9 所示）等可以应用非晶硅太阳电池，不但成本低廉，而且非晶硅太阳电池的弱光响应要比晶体硅太阳电池好，温度系数小，在相同功率的情况下，非晶硅太阳电池发电量更多，所以太阳能计算器和手表等很早就开始推广应用，并取得了很好的使用效果。

图 10-6　太阳能背包

图 10-7　太阳能计算器

图 10-8　太阳能手表

图 10-9　太阳能玩具

10.1.2　离网户用系统

全球还有将近 12 亿人口没有用上电，他们大部分居住在经济不发达的边远地区，很难依靠延伸常规电网来解决用电问题。而这些地区往往太阳能资源十分丰富，应用太阳能发电大有可为。

离网光伏系统原来称为独立光伏系统，是完全依靠太阳电池供电的光伏系统，系统中光伏方阵是唯一的能量来源。离网系统一直是光伏系统最主要的应用领域，目前还在很多没有电网覆盖的地区发挥着重要作用。直到 2000 年，全球并网光伏系统的安装量才超过了离网系统。

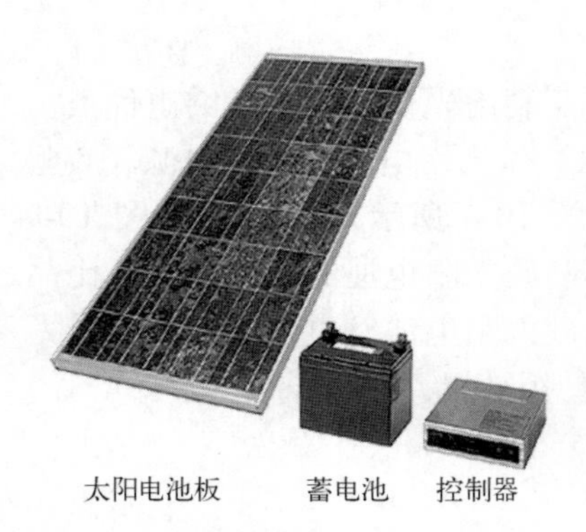

图 10-10　小型户用光伏系统

起初，离网户用系统的太阳电池板功率为 10～500W，主要为远离公共电网的家庭提供基本电力，满足照明、收听广播和收看电视等小功率电器需求。最基本的小型户用光伏系统（如图 10-10 所示）主要由太阳电池组件、蓄电池和控制器及连接导线等组成，系统简单，有的甚至不用控制器。后来逐步发展成可为 2～3 只节能灯、一台 14 吋黑白电视机供电。早期由于系统设计不够合理，元器件质量不过关或维护不当等原因，出现的故障比较多。后来经过逐步改进，已经成为成熟的光伏产品。随着经济增长和生活水平的提高，用户要求户用光伏系统能为更多的家用电器（如彩电、冰箱等）供电，相应地太阳电池板的功率也发展到 500～1000W。

太阳能发电不受地区的限制，是无电地区家庭用电的理想电源。长期以来，亚洲一直是这类离网户用系统最大的市场，过去十年中孟加拉国的年平均增长率达 60%，到 2014 年末，已经安装了 360 万套；印度安装 110 万套；中国和尼泊尔分别为 50 万套；肯尼亚 32 万套。拉丁美洲的圭亚那安装了 13600 套（884kW）。M-KOPA 公司 2012 年以来在东非的肯尼亚、乌干达和坦桑尼亚销售了 30 万套。SunEdison 公司宣布到 2020 年要为 2000 万人提供照明系统。到 2015 年初全球有 600 万套 10～500W 的小型户用光伏电源在工作，这些离网户用光伏系统的推广应用取得了良好的经济和社会效益（如图 10-11 所示）。

图 10-11　农村户用光伏系统

在一些发达国家，有些建在山区或偏远地区的乡间别墅、度假小屋等场所不通市电。据测算，即使在距离电网 1～2km 以外，采用离网光伏户用系统在经济上都是合算的，所以有不少用户采用光伏电源（如图 10-12 所示）。

图 10-12　乡间别墅户用光伏系统

10.1.3　离网非户用系统

最简单的离网光伏系统是直联系统，光伏方阵受光照时发出的电力直接供给负载使用，中间没有储能设备，因此负载只在有光照时才能工作。这类系统有太阳能水泵、太阳能风帽等。

直联光伏系统框图如图 10-13 所示。

光伏方阵 → 负载

图 10-13　直联光伏系统框图

1．光伏水泵

光伏水泵是无电干旱地区理想的抽水工具，它具有不需要连接电网，不消耗燃料，便于移动，安装方便，维护简单，工作寿命长，没有污染等优点，而且越是干旱，太阳光越强，光伏水泵抽水越多，正好满足要求，所以特别适合于解决无电地区的人畜饮水和少量灌溉问题。

（1）光伏水泵的主要部件。

光伏水泵是由光伏方阵在光照下发出的电能驱动电动机，带动水泵来抽水的。由于光伏水泵的特殊工作条件，在多数情况下，晚上或阴雨天可以停止工作，因此不必配备价格高而维护又比较麻烦的蓄电池，通常可以应用储水箱作为储能装置，所以多数光伏水泵都采用光伏方阵与电动机直接耦合的方式。不过，有些光伏水泵系统为了提高效率等原因，也有配备蓄电池的。

电动机是将电能转换成机械能的装置，按所用电能种类的不同，可以分为交流和直流两大类，交流电动机又有同步和异步之分，直流电动机按换向装置又可分为机械换向和电子换向等类型。由于光伏系统发出的是直流电，因此中小型光伏水泵多数采用直流电动机。其中永磁无刷直流电动机具有效率高、维护方便、可在较宽的电压范围内工作等优点，在中小型光伏水泵中应用较普遍。只有大型光伏水泵才将太阳能发出的直流电通过逆变器转换成交流电，供给交流水泵使用。

水泵是将机械能转换为水能的一种流体机械，由于作用原理及用途的不同，可分为离心式、容积式等类型。其中离心式是依靠叶轮的旋转使水受离心作用而得到压力和速度的，其优点是结构简单、性能平稳、启动力矩小，所以中等流量的光伏水泵常采用离心水泵。

由于光伏发电的成本比较高，所以要求配套的电动机、水泵、控制器等各个部件都要有较高的效率，而常规使用的交流水泵，为了降低成本，往往不讲究效率，因此光伏水泵不能直接采用市售的常规交流水泵。光伏水泵通常都要选用优质材料，进行专门设计、制造，才能取得较好的使用效果。

（2）光伏水泵的设计。

在设计光伏水泵时，首先根据用户对于扬程和流量的要求，选择所采用的电动机和水泵的类型，在低扬程、大流量的场合可采用浮动泵和地表抽吸泵；而高扬程、小流量的场合常用容积泵；低扬程、小流量的场合由于所需动力不大，常用人力手动泵。如图 10-14 所示。

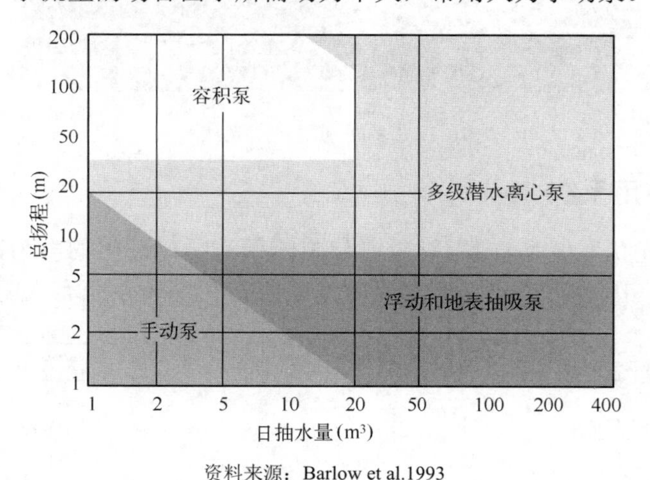

资料来源：Barlow et al.1993

图 10-14　水泵类型的选择

然后要确定光伏水泵所需要的有效功率，再根据电动机和水泵机组的效率，即可计算出所需要输入的轴功率。再由当地的太阳辐射资料，确定所需要配置的太阳电池方阵容量，同时还要考虑是否采用跟踪或固定倾角等因素，以及工作条件、维护情况等影响。

由于光伏水泵在工作时，太阳辐射强度在一天中是不断变化的，方阵输出功率和电压也要变化，因此会影响系统的整体效率。现代光伏水泵的控制器中大多配备有最大功率跟踪（MPPT）功能，能自动调整负载曲线，使太阳电池方阵的工作点经常处于最大功率点附近，这样可以充分利用太阳辐射能，提高整个光伏水泵系统的利用效率。

总之，太阳能水泵除了取决于电动机-水泵机组本身的特性以外，还与太阳电池的工作特性有关，牵涉的因素很多，相互关系复杂，必须做到各部件都有比较高的效率，而且要达到各部件之间性能的最佳匹配。因此要根据当地的气象条件，尽量考虑各种因素的影响，进行系统优化设计，才能取得比较好的效果。

近年来，由于技术的发展，光伏水泵系统性能在不断改进，应用范围也在逐步扩大，如图 10-15 所示，随着光伏发电成本的不断降低，光伏水泵有着广阔的发展前景。

图 10-15　光伏水泵抽水

2. 太阳能风帽

太阳能风帽是另一种直联系统的类型，将太阳电池组件安装在凉帽顶部（如图 10-16 所示），通过导线与小电动机连接。在太阳照射下，太阳电池组件发出的电力可以驱动小电动机，带动风扇转动，在炎热的夏天给室外工作的人员带来一丝凉意。

图 10-16　太阳能风帽

由于太阳能发电要受到气候条件的限制，发电规律一般与负载的用电要求并不一致，因此对于离网光伏系统，通常需要配备储能装置，将光伏方阵发出的多余电力储存起来，以随时满足负载用电的需要。

一般为直流负载供电的离网光伏系统主要由光伏方阵、阻塞二极管、蓄电池、控制器等组成。其直流供电方框图如图 10-17 所示。

为交流负载供电的离网光伏系统，除了以上部件外，还要配备逆变器，其供电方框图如图 10-18 所示。

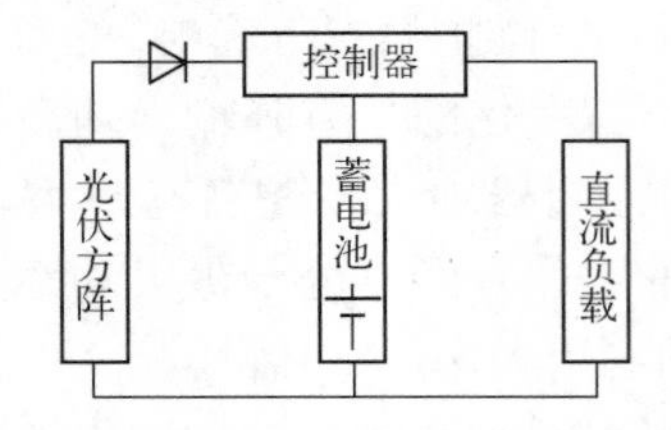

图 10-17　离网光伏系统直流供电方框图

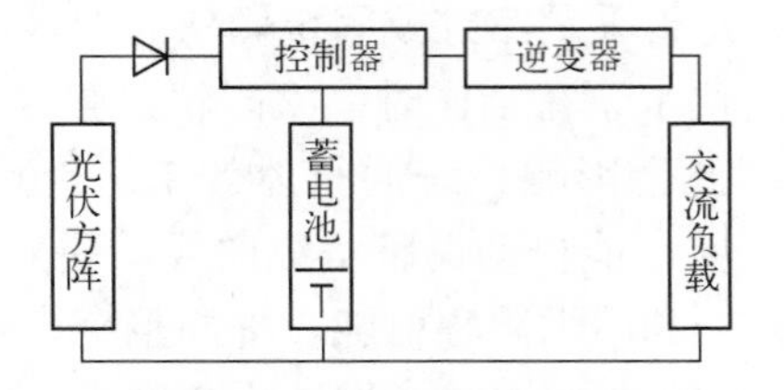

图 10-18　离网光伏系统交流供电方框图

离网非户用光伏系统为无电场所的设备供应电力，可以就地供电，无须延伸电网，节省了投资，也减少了线路损耗，使用方便，安全可靠，维护简单，其应用领域十分广泛。

3．通信电源

在地面远距离通信或信号传输中，每隔一定距离通常需要设置中继或转播站，必须要有可靠的电源才能正常工作，而有些经过的地区常规供电常常不能得到保证。特别是在高山或荒漠地区，更是无法依靠延伸电网的办法来供电。可采用其他类型的独立电源，如汽油或柴油机发电机、风力发电机、闭环汽轮机（CCVT）发电及半导体温差（TEG）发电等都有一定的局限性。而光伏发电随处可得，并且可以无人值守，采用光伏发电是理想的选择，所以在早期的光伏系统应用中，通信电源占有相当大的份额。

此外，还有大量的无线电转播站、电视差转站、电话增音站等，尽管用电量不大，但依靠其他电源很难做到安全可靠供电，而太阳能光伏发电具有独特的优势。现在在交流电网无法可靠供电的地区，太阳能光伏通信电源已经得到普遍的推广应用。图 10-19 所示为微波中继站光伏电源，图 10-20 所示为通信基站光伏电源。

图 10-19　微波中继站光伏电源

图 10-20　通信基站光伏电源

现在，高速公路等处的应急电话机已经广泛采用太阳能电源（如图 10-21 所示）。在有些特殊的场所，如野外的军用通信，在通信机需要充电时，只要在阳光下打开应用柔性衬底的薄膜太阳电池组件就能充电，结束后折叠起来就可带走，携带十分方便（如图 10-22 所示）。

图 10-21　太阳能电话机

图 10-22　军用通信电源

4．离网电源

（1）航标灯。

在沿海或大江大河中，为了保证航行的安全，常常需要设置航标灯。早期使用的是煤油灯，不管是严寒酷暑，还是刮风下雨，航标工人每天都要准时划船去点灯和收灯，工作条件十分艰苦。后来采用干电池作为一次性电源，工作条件有所改善，但是干电池用量很大，成本较高，并且灯光亮度还会逐渐变暗。航标灯的重要性和工作条件的严酷性，正好适合光伏发电安全可靠和可以无人值守的特点。从 20 世纪 70 年代开始就采用太阳能航标灯，利用太阳电池板给蓄电池充电（如图 10-23 所示），作为航标灯电源，还可以按照光线的强弱自动开关，不但保证了灯光亮度，而且大大降低了工人的劳动强度，具有显著的社会和经济效益。1973 年，我国在天津港安装了第一套太阳能航标灯，这是光伏系统在中国最早的地面应用领域。有些大型海岸灯塔，也都采用太阳能供电（如图 10-24 所示），由于功率大，光照强，射程远，可以提高海上航行的安全性。

图 10-23　太阳能航标灯

图 10-24　太阳能灯塔

（2）石油、天然气管道阴极保护电源。

石油、天然气常用管道作长距离输送，金属管道的腐蚀现象普遍存在，每年因此大约要损耗 10%～20%的金属材料。为了有效地保护金属管道，可将被保护金属管道进行外加阴极极化，以减少金属腐蚀，这种方法称为阴极保护法。现在主要采用的外加电流法，是由直流电源、恒电位仪、辅助阳极和参比电极等组成的。直流电源主要是根据阴极保护的要求提供所需要的直流电压和电流，通常是将交流电经过降压整流得到直流电，这样就需要一套降压整流装置，也要消耗部分电能。在无可靠交流电源的地区，以前常用柴油机等供电，这样不但费用昂贵，还需要运输燃料，操作维护也很复杂，需要专业人员管理。光伏发电具有安全可靠、运行维护方便，特别适合无人值守等优点，而且提供的正好是直流电，不需要整流设备。现在光伏系统不仅在石油和天然气输送管线上已经普遍采用（如图 10-25 所示），在码头、桥梁、水闸等金属构件上也有很多采用其作为阴极保护电源，对于防止金属锈蚀发挥了重要作用，取得了明显的经济效益。

图 10-25　管道阴极保护光伏电源

5．防灾救灾电源

为了预防自然灾害，常常需要在野外就地进行测量和观察，因此需要设置观察站，如地震观测站、水文观测站及森林防火观察站等。在观测站中，测量的仪器需要电源，有人管理的台站需要生活用电。设置的地点很多是在高山峻岭或偏僻地区，往往缺乏可靠的电力供应，对于这种无人值守或用电量不大的场所，光伏发电往往就是最佳选择，只要设计和配置得当，光伏发电完全可以满足观测台站的用电需要，图 10-26 为野外监测设备光伏电源，图 10-27 为森林防火观察站光伏电源。

小型气象观测站由于用电量很小，已普遍采用光伏电源供电，如图 10-28 所示。有的气象台站，除了观测仪器用电以外，还有通信联系等都需要电源，如华山气象站早期由于没有电力供应，原来收发报依靠人力手摇发电，劳动强度非常大；1976 年，西安交通大学为华山气象站研制了一套小型光伏系统（如图 10-29 所示），太阳电池容量为 20W，从此收发报摆脱了繁重的体力劳动，光伏电源发挥了显著效益。

图 10-26　野外监测设备光伏电源

图 10-27　森林防火观察站光伏电源

图 10-28　气象观测站光伏电源

图 10-29　华山气象站 20W 光伏电源

6．交通工具电源

1）太阳能飞机

随着科技的进步，太阳电池的效率有了提高，价格也在不断下降，这为开拓新的光伏应用领域创造了条件。利用太阳能作为飞机的动力是人们长期以来的梦想，从理论上说，只要能追上地球自转的速度，永远暴露在阳光照耀下，太阳能飞机就能一直飞行下去，持续时间取决于部件的寿命极限。20 世纪末，人们就开始进行探索，先后研制了几架太阳能飞机。

（1）“太阳神”（Apollo）号（如图 10-30 所示）。

（2）“西风”（Zephyr）号（如图 10-31 所示）。

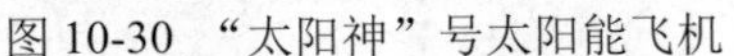

图 10-30　“太阳神”号太阳能飞机

图 10-31　“西风”号太阳能飞机起飞

（3）“阳光动力”（Solar Impulse）号。

早在 2003 年，瑞士探险家贝特兰德 • 皮卡德（Bertrand Piccard）就提出了驾驶太阳能飞机实现环球昼夜飞行的构想。2006 年，研究团队开始研制第一架样机“阳光动力”号，2009 年 11 月载人试飞，2010 年 7 月 7 日成功进行整个昼夜的飞行，飞行时间为 26 小时 10 分 19 秒，创造了太阳能飞机的新纪录。

在总结“阳光动力”号实践的基础上，贝特兰德 • 皮卡德的团队又研制出了“阳光动力 2 号”，安装了 17248 块全新的高效超薄太阳电池，其能量转换效率为 22.7%，这些电池可以产生最大 70kW 的功率。所发的电力输送给 4 台单机功率为 13.5kW 的电动机，带动 4 扇 4m 直径的双叶螺旋桨，给飞机提供动力。螺旋桨稳定转速可提升到 525r/min，巡航速度 90km/h。为了满足昼夜飞行的需求，发动机吊舱中安装了 633kg 重的锂离子电池。“阳光动力 2 号”的机翼宽度为 72m，比波音 747-8 型的翼展还要宽 3.5m；机长 22.4m，接近一个篮球场的长度；机高 6.37m，相当于三层楼；而质量仅有 2.3t，只相当于一辆小型箱型货车的质量。这架太阳能飞机表层薄如蝉翼，得益于机身骨架使用的碳纤维蜂窝夹层材料，这种材料的质量密度仅为 25g/m^2，比纸还要轻 3 倍，其强度完全可以满足飞机的机械要求。

2015 年 3 月 9 日，“阳光动力 2 号”太阳能飞机从阿联酋首都阿布扎比起程，由贝特兰德 • 皮卡德与安德烈 • 博尔施伯格（Andre Borschberg）轮流驾驶，开始历经 17 站的环球飞行，先后分别经停阿曼的马斯喀特、印度的艾哈迈达巴德和瓦腊纳西、缅甸曼德勒，并在中国的重庆和南京停留，之后由于天气原因，降落在日本名古屋，此后经历 118h 不间断飞行，完成了从名古屋至美国夏威夷的 8200km 跨太平洋旅程。当年 7 月 15 日，“阳光动力 2 号”因电池故障暂停环球飞行。2016 年 6 月 23 日，“阳光动力 2 号”太阳能飞机经过 70h 的飞行，顺利降落在西班牙城市塞维利亚。后经停开罗，最后于 2016 年 7 月 26 日回到了阿布扎比，完成了行程 4 万千米的环球飞行（如图 10-32 所示）。尽管“阳光动力 2 号”只能承载一个人的质量，而且其飞行速度也很慢，太阳能飞机短期内还不可能成为真正的交通工具，但这次壮举是人类航空史上一个新的里程碑，充分彰显了能源科技的未来。这对于清洁能源的开发与使用具有重要意义。

2）太阳能游艇

据联合国统计：商船所排放的温室气体约占全球总排放量的 4.5%，利用清洁能源作为水上交通工具的动力，符合节能环保的要求。游艇的速度不快，船顶面积相对比较大，可以安装比较多的太阳电池板，这些都为在船上应用光伏发电系统创造了条件。中国早在 1982 年举行的第 14 届世界博览会上就展出了“金龙号”太阳能游船，引起了广泛关注。近年来，随着环保观念日益深入人心，太阳能游船得到了更多发展。

图 10-32　“阳光动力 2 号”太阳能飞机

目前，世界上最大的完全用太阳能作为动力的豪华游艇是挂瑞士国旗的白色双体船 Tûranor 号（如图 10-33 所示），它是在德国建造的，造价 1800 万欧元。船长 31m，宽 25m，重 95t。上面安装了 800 多块光伏组件，总面积 512m^2，驱动两部 60kW 电动机。储能装置是两个船体中质量达 8.5t 的锂离子电池，可在无光照条件下航行 72h。航速可达 25km/h，最多可搭载 50 名乘客。在 2010 年 9 月 27 日从摩纳哥出发开始环球航行之旅，在其漫长的旅程中，横渡大西洋的巴拿马运河、太平洋、印度洋、苏伊士运河和地中海，其航线接近赤道，以尽可能保证接收到充足的阳光。于 2012 年 5 月 4 日完成环球旅行，期间停靠了 28 个国家的 52 个城市。

图 10-33　目前世界最大的 Tûranor 号太阳能游艇

现在国际市场上已经有多款太阳能游艇出售，2011 年 11 月，我国厦门也建造了一艘长度为 15m，宽为 6m 的游艇，其动力全部来自安装在顶部的光伏方阵，在灿烂阳光下，每平方米能够产生 200W 电力，可带动两台 7.5kW 的电动机，航行最大速度为 9 节。游艇可舒适地承载 40 人（如图 10-34 所示）。

可以预期，随着科技的进步、太阳电池的效率逐渐提高和成本的不断下降，太阳能游艇在交通工具中有可能最早实现推广应用。

图 10-34　厦门太阳能游艇

3）太阳能汽车

汽车是当代最普遍的交通工具，要消耗大量液体燃料，同时还造成了严重的空气污染。随着石油储量的逐渐枯竭，人们开始探索利用清洁的可再生能源作为动力，于是太阳能汽车也就应运而生。20 多年来，各国已经制造出多种太阳能汽车，第一届世界太阳能汽车挑战赛在 1987 年举行，以后每隔 3 年在澳大利亚举办一次，到 1999 年以后，每间隔一年举办一次。此赛事是目前世界上规模最大、距离最长的太阳能汽车大赛，体现了目前太阳能汽车领域发展的最高水平，它的成功举办使清洁能源问题得到更广泛的关注及重视。

2015 年的世界太阳能汽车挑战赛在 10 月 17 日至 25 日举行（如图 10-35 所示），有来自哥伦比亚、南非、伊朗、中国、瑞典、日本、美国等 25 个国家的 45 辆太阳能汽车参赛。从澳大利亚北领地首府达尔文出发，向南行驶，到达南澳大利亚州阿德莱德，全程长 3000km。比赛时间从每天上午 8 点到下午 5 点，比赛中有时气温超过 37.8℃，经过 5 天的艰苦拼搏，来自荷兰代尔夫特技术大学的“Nuna 8”太阳能汽车获得了冠军（如图 10-36 所示），该汽车质量只有 150kg，平均时速为 95～100km/h，这是该团队在这项赛事中第 6 次夺冠。另一辆荷兰“Twente”太阳能汽车获得了亚军，只落后了 8min。

最近有些单位也宣称已经研发了几种太阳能汽车。

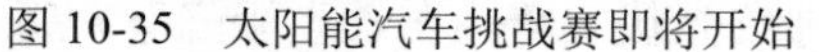

图 10-35　太阳能汽车挑战赛即将开始

图 10-36　“Nuna 8”太阳能汽车到达终点

由于汽车顶部的面积不大，且方向会不断改变，太阳电池只能平铺安装，即使在白天，也经常有部分太阳电池照不到阳光，因此提供的电力有限，且目前高效太阳电池价格十分昂贵，一般很难承受。另外，汽车是一项方便的交通工具，而太阳能汽车的使用和天气有关，如果长期遇到阴雨天，使用会产生问题，所以太阳能汽车要真正进入实际使用阶段，还需相当长时间的发展。

7. 照明电源

太阳能光伏发电随处可用，对于小型用电设备，可以就近供电，不必远距离连接电网。用做照明电源，十分方便，已经开始大量推广应用，是目前光伏系统应用中数量最多的领域。

太阳能照明系统种类很多，目前应用最广泛的太阳能照明电源类型如下。

* 小型照明灯具，如太阳能路灯（如图 10-37 所示）、投射灯、庭院灯、草坪灯、手提灯等。

* 大型照明系统，如机场跑道照明、宾馆室外照明、广告牌照明、公路隧道照明（如图 10-38 所示）等。

* 交通信号灯，如标志灯、警告灯、道钉等。

图 10-37　太阳能路灯

图 10-38　公路隧道照明

太阳能照明系统的特点是：白天负载基本上不消耗电能，在有阳光时将太阳电池发出的电力储存在蓄电池中，晚上供给灯具使用。

目前，应用最多的是太阳能路灯、庭院灯和太阳能交通警示灯等，这类系统一般由太阳电池板、蓄电池和控制器及灯座等组成，通常将所有部件集成在一起，由于是整体运输和安装，不需要架设输电线路或开沟埋设电缆，不破坏环境，安装使用非常方便，特别适合于公园、运动场、博物馆等场所使用。

但是，目前太阳能用于主干道路的照明还不多，主要是由于要满足主干道路的路面照度要求，需要光源的功率比较大，因此要求配备的太阳电池板容量和面积都很大，而太大的太阳电池板很难安装在太阳能路灯的顶部，即使能够安装，也是头重脚轻，难以承受大风等载荷，而且也不美观。现在有些太阳能照明灯具使用效果不佳，主要是设计不当，配置太阳电池和蓄电池的容量不足，或配套部件质量不好，还有的是安装位置不当，如有些太阳电池板不是朝向赤道，或有建筑或树木遮挡阳光，影响了实际使用效果。

10.1.4　分布式并网系统

分布式光伏发电系统特指在用户场地附近建设，运行方式以用户侧自发自用为主、多余电量上网，且以配电系统平衡调节为特征的光伏发电设施。

光伏方阵通常安装在建筑物屋顶及其附属场地，也可以是在用电设施附近的地面或相应的架构上。单个项目的容量通常不超过 20MW，光伏电力一般接入 10kV 以下的配电网，可弥补大电网稳定性的不足，在发生意外时能继续供电，成为集中供电的重要补充。

这类光伏系统有很多优点。

* 太阳电池方阵可以安装在建筑物上，不必占用宝贵的土地资源。

* 可以实现就近供电，不需要长距离输送，减少了线路损耗。一般不需另建配电站，降低了附加的输/配电成本。

* 由于各系统相互独立，可自行控制，避免发生大规模停电事故，安全性高。同时夏天用电量大时，正好发电量大，调峰性能好，操作简单，启停快速，便于实现全自动运行。

* 由于电力可以随时输入电网或由电网供电，光伏发电系统不必配备储能装置，从而不但节省了投资，还可以避免维护和更换蓄电池的麻烦。

* 由于不受蓄电池容量的限制，光伏发电系统所发电力可以全部得到利用。

分布式并网光伏系统起初是在一些发达国家实施的“太阳能屋顶计划”的推动下发展起来的，一般在住宅屋顶上安装 3～5kW 光伏系统（如图 10-39 和图 10-40 所示），与电网相连，光伏电力主要满足家庭用电的需要，有多余电力可输入电网。由于政策的扶植，分布式并网光伏系统发展非常迅速，应用类型也逐渐增加，目前大概有以下一些类型。

图 10-39　户用屋顶光伏系统

图 10-40　上海 3kW 户用光伏系统

1. 光伏与建筑相结合

据统计，现在住宅和商业建筑消耗的能源大约占总能耗的 20.1%，美国提出的目标是新建的建筑物要减少能源消耗 50%，并逐步对现有的 1500 万栋建筑物进行改造，使其减少能耗 30%。其中重要的措施之一就是推广光伏与建筑相结合的屋顶并网光伏系统，同时近代提出的“零能耗建筑”观念，在一定程度上也只有光伏与建筑相结合才能实现。欧盟在 2016 年 12 月发表的“BIPV Position Paper”报告中也指出，建筑物和施工部门所排放的 CO_2 占全球排放量的 30%，要推广 BIPV 来实现到 2030 年温室气体排放量与 1990 年水平相比减少 40%的目标。

光伏与建筑相结合的方式主要有两种。

（1）建筑附加光伏组件（BAPV）（如图 10-41 所示）。

将一般的光伏组件安装在建筑物的屋顶或阳台上，其逆变控制器输出端与公共电网并联，共同向建筑物供电，也可以做成离网系统，完全由光伏系统供电。BAPV 除了产生电能以外不增加任何附加价值，通常是在建筑施工完成后再进行安装的，这是光伏系统与建筑相结合的初级形式。

（2）建筑集成光伏组件（BIPV）（如图 10-42 所示）。

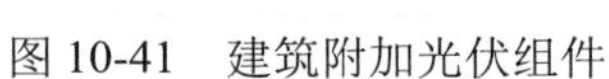

图 10-41　建筑附加光伏组件

图 10-42　建筑集成光伏组件

光伏组件与建筑材料融为一体，采用特殊的材料和工艺手段，使光伏组件可以直接作为建筑材料使用，既能发电，又可作为建材能够进一步降低发电成本。

与一般的平板式光伏组件不同，BIPV 组件既然兼有发电和建材的功能，就必须满足建材性能的要求，如隔热、绝缘、抗风、防雨、透光、美观，还要具有足够的强度和刚度，不易破损，便于施工安装及运输等，此外还要考虑使用寿命是否相当。根据建筑工程的需要，已经生产出多种满足屋顶瓦片、幕墙、遮阳板、窗户等性能要求的太阳电池组件。其外形不单有标准的矩形，还有三角形、菱形、梯形，甚至是不规则形状。也可以根据要求，制作成组件周围是无边框的，或是透光的，接线盒可以不安装在背面而安装在侧面。为了满足建筑工程的要求，已经研制出了多种颜色和不同透明程度的彩色太阳电池组件，可供建筑师选择，使得建筑物色彩与周围环境更加和谐协调。

由于光伏与建筑相结合有着巨大的市场潜力，各国很早就开始了研究开发。早在 1979 年，美国太阳联合设计公司（SDA）在能源部的支持下，研制出面积为 0.9m×1.8m 的大型光伏组件，建造了户用屋顶光伏实验系统，并于 1980 年在 MIT 建造了有名的“Carlisle House”，屋顶安装了 7.5kW 的光伏方阵，并结合被动太阳房及太阳能集热器，除了供电外，还可提供热水和制冷。

20 多年前，日本三洋电气公司研制出瓦片形状的非晶硅太阳电池组件，每一块能输出 2.7W，但由于价格太贵，性能也不太稳定，未能推广应用。后来各国经过不断的开发改进，陆续推出了多种形式的 BIPV 产品。

近年来，各国建造了大批 BIPV 光伏电站，据 PVRESOURCES 统计，到 2016 年 9 月 27 日为止，世界上容量前 10 位的屋顶光伏电站如表 10-1 所示。图 10-43～图 10-46 是一些屋顶光伏电站的照片。

2012 年，位于韩国釜山的三星雷诺汽车制造厂建成了世界最大的屋顶光伏电站，容量为 20MW，总投资 560 亿韩元（合 4930 万美元），每年可发电 2500 万千瓦时，可以满足 8300 户家庭的电力需求，每年可减少 CO_2 排放量 10600t。

表 10-1　世界容量前 10 位的屋顶光伏电站

排　　名	容量（MW）	地　　点	情 况 描 述	完 成 时 间
1	20	韩国 Busan	Renault，Samsung facility	2012
2	13	比利时 Kallo	Loghidden City，Katoen Natie	2010
3	12.5	意大利 Padova	Interporto Padova	2010—2011
4	12	印度 Amritsar	RSSB-EES PV Roof System	2016
5	11.9	法国 Maubeuge	Renault Solar Project	2012
6	11.9	法国 Batilly	Renault Solar Project	2012
7	11.8	西班牙 Figueruelas	GM facility	2008
8	11	西班牙 Martorell	Seat al Sol，SEAT facility	2010—2013
9	10.6	法国 Flins	Renault Solar Project	2012
10	10.5	法国 Sandouville	Renault Solar Project	2012

资料来源：PVRESOURCES

图 10-43　意大利 12. 5MW 屋顶光伏电站

图 10-44　西班牙通用汽车公司屋顶 11.8MW 光伏电站

图 10-45　上海虹桥枢纽站屋顶 6.68MW 光伏电站

图 10-46　上海世博会主题馆 2.825MW 光伏电站

上海汽车资产经营有限公司投资 5 亿元建设总容量为 55MW 的光伏建筑一体化电站，2015 年 12 月，上海大众汽车有限公司宁波分公司宣布经过半年的安装建设，第一期 20MW 已经建成并网发电，预计每年可生产电力约 2200 万千瓦时，可节约标煤约 6600t，减少 CO_2 排放 17000t。

2016 年 5 月，印度宣布投资 13.5 亿卢比，已经在旁遮普邦德拉巴巴建成了容量为 11.5MW 的屋顶太阳能光伏电站（如图 10-47 所示），覆盖屋顶面积超过 42 英亩①。所发电力可供 8000 户家庭使用，在未来 25 年内将减少 CO_2 排放量 40 万吨。

图 10-47　印度 11.5MW 的屋顶太阳能光伏电站

光伏发电和建筑原来是完全互不相关的两个不同的技术领域，要将两者结合在一起，有很多问题需要解决。但是随着科技的进步，BIPV 新产品还将不断涌现，光伏发电系统的大规模应用将促使其价格进一步下降，光伏发电与建筑相结合将成为光伏应用最重要的领域之一，也将为越来越多的建筑师所接受并采用。庞大的建筑市场与蓬勃发展的光伏发电相结合的 BIPV，是光伏发电系统的应用由偏远农村地区进入城市的重要标志，有着十分广阔的发展前景。

2. 光伏声屏障系统

另一种同样兼具两种功能，而又不需占用土地，并且具有重大经济价值的光伏应用领域是光伏声屏障系统。将光伏组件安装在高速道路（如铁路、公路、城市轻轨、高架道路等）两旁，既能降低噪声，又能发电，一举两得，可以进一步降低光伏发电系统的发电成本。

欧美等国在 20 世纪 80 年代末就开始研究和建造光伏声屏障系统。1989 年，TNC Consulting AG 公司在瑞士 Chur 附近的 A13 高速公路旁，建造了世界上第一套光伏声屏障系统（如图 10-48 所示）。德国 A92 高速公路旁的光伏声屏障系统，建造于 2003 年，采用了 1080 块 I-50 组件和 6750 块 I-50CER 组件，总功率为 499kW，逆变器采用 Sunpower 公司的 12 台 SP40000 型，每年能发电 475MW·h。

2010 年，意大利在 Oppeano 附近沿着 S.S.434 Transpolesana 高速公路旁建造的光伏声屏障系统（如图 10-49 所示）长度为 1700m，平均高度 4.80m，面积 8150m^2，容量 833.28kW，年发电量大约 793000kW·h。

据 PVRESOURCES 统计，到 2015 年 12 月 29 日为止，世界上容量超过 180kW 的光伏声屏障系统有 10 座（如表 10-2 所示），其中最大的是德国 A3 高速公路隧道顶上的声屏障，容量为 2.65 MW，使用了 16000 块太阳电池组件，覆盖长度 2.7km（如图 10-50 所示）。2008 年在上海的轨道交通 3 号线上，也建成了中国第一套光伏声屏障系统（如图 10-51 所示），功率为 10kW，长度约 360m。

① 1 英亩约等于 4046.8m^2。

图 10-48　世界第一套光伏声屏障

图 10-49　意大利 833kW 光伏声屏障

表 10-2　世界容量排名前十位的光伏声屏障系统

排　名	容　量	地　点	情况描述	完成时间（年）
1	2.65MW	德国 Aschaffenburg	A3 公路声屏障	2009
2	1MW	德国 Töging am Inn	A94 公路声屏障	2007
2	1MW	德国 Bollberg Thuringia	沿公路声屏障	2015
4	833kW	意大利 Oppeano	S.S. 434 Transpolesana 公路声屏障	2010
5	730kW	意大利 Marano d'Isera	A22 Brenner 公路声屏障	2009
6	600kW	德国 Freising（Munich）	A92 公路声屏障	2003—2009
7	365kW	德国 Freiburg	B31 公路声屏障	2006
8	283kW	德国 Bürstadt	B57 公路声屏障	2010
9	216kW	荷兰 Amstelvee	A9 公路声屏障	1998
10	180kW	德国 Vaterstetten	沿铁路声屏障	2004

资料来源：PVRESOURCES

图 10-50　德国 2.65MW 光伏声屏障

图 10-51　上海轨道交通 3 号线光伏声屏障

当然，声屏障和光伏发电各有特点，应用的条件和要求也不一样，用一般的平板太阳电池组件做声屏障也存在一些障碍，例如：

* 造价要比一般的声屏障高。

* 降低噪声的效果不如专门的吸音材料。

* 按光伏发电的使用要求，太阳电池方阵应该朝向赤道，安装倾角有一定要求，而快速道路两旁安装声屏障又往往方向多变，并且要受到道路宽度的限制，不能按照最佳倾角安装，这些都会影响太阳电池的发电量。

* 由于太阳电池方阵做声屏障时为单块并立安装，沿快速道路长距离排列，连接线很长，会造成较大的线路损耗。

为了降低成本和提高光伏系统的发电量，国外发展了声屏障与光伏组件一体化，采用双面光伏组件，有些还使用交流光伏组件来降低线路损耗等办法。随着科技的不断进步，作为蓬勃发展的光伏发电与潜力巨大的声屏障两者结合的光伏声屏障系统，具有十分广阔的发展前景。

3. 水面光伏电站

由于光伏发电需要占用土地资源，特别是对于国土面积狭小的国家，发展光伏会受到一定限制。同样我国中东部地区土地较稀缺，但可以利用湖泊、水库、鱼塘等闲置的水面建设光伏电站，所以近年来，水面光伏电站发展非常迅速。

水面光伏电站除了节省土地以外，还有不少优点，例如：

* 可以提高发电效率，由于水体对光伏组件有冷却效应，可以抑制组件表面温度的上升。

* 水面上反射辐射量较地面大，可以提高发电量。

* 由于取水方便，可以经常清洗方阵表面，减小光伏电站的污秽损失。

* 安装平面很平坦，可以按最佳倾角安装，基本不存在因遮挡和朝向不一致而带来的失配问题。

据称，水面光伏电站要比安装在地面或屋顶的同等光伏电站发电量提高 10%～15%。

水面光伏方阵的安装大致有两种类型，一种是用缆绳固定位置漂浮在水面上；另一种是在水面不深时，可用打桩机将管桩固定，上面安装方阵。

日本京瓷公司很早就对水面光伏电站进行了研究和开发，2014 年在 Yamakura Dam 建成容量分别是 1.7MW 和 1.2MW 两个水面光伏电站（如图 10-52 所示），第 3 个容量为 2.3MW 的电站也在 2015 年 5 月投产，发电量比原来设计值还高，电力输入东京电力公司。现在正在建设 13.7MW 的大型水面光伏电站，使用 50904 块 270W 的组件，覆盖面积 18 万平方米，年生产电力为 16170MW • h，大约相当于燃烧 1.9 万桶石油，足够 5000 户家庭使用。预计在 2018 年 3 月末完成。

韩国充分发挥了水面光伏电站的特点，建造了“向日葵漂浮式光伏电站”（如图 10-53 所示），应用跟踪和旋转系统，跟踪太阳的运动，原型电站容量为 465kW，覆盖面积 8000m^2，应用了 72 片多晶硅电池组成的组件 1550 块，据称发电量与地面固定安装相比增加 22%。

中国淮南市泥河 20MW 水面光伏电站（如图 10-54 所示）由河北能源工程设计有限公司设计，潘阳光伏发电有限公司建造，为水面漂浮阵列，组件安装倾角为 12°。设计装机容量约 24MW，采用模块化设计、集中并网的设计方案，为了对比多种设备，分别采用容量都是 265W 的多晶硅双玻光伏组件、单晶硅双玻组件和多晶硅单玻抗 PID 组件。逆变器采用 630kW 集中式逆变器和 80kW 组串式逆变器两种形式。水面电站由 6 个 3MW 系统和 4 个 1.5MW 系统组成。

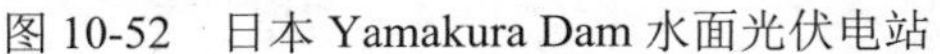

图 10-52　日本 Yamakura Dam 水面光伏电站

图 10-53　韩国向日葵漂浮式光伏电站

湖州祥晖 100MW 水面光伏发电站项目由中利腾晖光伏科技有限公司投资约 10 亿元建造，项目共占 3000 亩鱼塘，使用了 5 万多根桩柱、16 个外延铁塔、1 座升压变电站，升压至 11 万伏，最后接入电网。第一期项目已经成功并网，项目完成后，平均年发电量约 1 亿千瓦时。可节约标煤 3.5 万吨，减少 CO_2 排放大约 9.2 万吨，减少粉尘排放 280t。

目前，世界最大的水面光伏电站是杭州风凌电力科技有限公司等投资 18 亿元，由诺斯曼能源科技（北京）有限公司施工建造的浙江慈溪水面电站，容量为 200MW，覆盖水面面积 4492 亩①，使用了 75 万多块组件，320 台逆变器，160 台变压器，打桩钢管 13 余万根。2016 年 12 月 31 日开始并网发电，预计年发电量 2.2 亿千瓦时，可节约标准煤 6.3 万吨，减少 CO_2 排放 15.93 万吨（如图 10-55 所示）。

图 10-54　淮南 20MW 水面光伏电站

图 10-55　慈溪 200MW 水面光伏电站

4．光伏农业

光伏农业是将光伏发电技术应用于现代农业生产中，也就是通过工程技术的手段，将太阳能发电与温室、畜禽养殖等农业生产活动有机结合的一种新型农业方式。

太阳能光伏大棚是在大棚的向阳面上铺设光伏发电装置的一种新型温室，它既具有发电能力，又能为经济作物提供适宜的生长环境，也可以根据需要使用半透明的太阳电池组件，

① 1 亩约等于 666.7m^2。

从而可以提供温室内植物所需要的阳光和温度。

2012 年，意大利撒丁岛初始投资 8000 万欧元，建成了当时世界上最大的光伏温室，光伏容量为 20MW，使用了 84000 块多晶硅组件，覆盖面积 26 公顷[①]，所发电力除了供应温室的灌溉、加热和照明以外，多余的电力输入电网。温室里 10 公顷的土地，种植一些最精致的玫瑰品种试验作物，其余种植蔬菜等，取得了良好的经济效益。

在西西里岛，在面积为 50m×8m 的 6 个温室上安装了 50kW 的太阳电池组件，总容量为 300kW，温室内种植经济作物（如图 10-56 所示）。

图 10-56　意大利西西里岛光伏温室

山西忻府 50MW 光伏生态农业大棚项目位于山西省忻州市忻府区永丰庄，占地面积 1712 亩[②]，由上海航天汽车机电股份有限公司投资并建设。项目于 2015 年 7 月正式开工，2015 年 12 月 29 日成功并网。年发电量 6700 万千瓦时，每年可减排 CO_2 约 6.4 万吨，减排 SO_2 约 66.8t，减排氮氧化物约 66.8t，减少粉尘排放 6.7t，可节约标准煤 2.1 万吨。

宁夏永宁县闽宁镇原隆村约 1km 的经济林地上，由青岛昌盛日电太阳能科技有限公司投资，河北能源工程设计有限公司设计的光伏农业大棚示范工程（如图 10-57 所示），场区占地约 1245 亩，由 588 座农业科技大棚组成，建设有玻璃温室、联排棚、双膜双网棚、春暖阴阳棚、单排棚、草药棚 6 种棚型，分别种植了食用菌、花卉、蔬菜、草药等。棚顶布置光伏组件，采用 250、135、100W 三种规格，光伏发电总规划容量为 200MW，一期建设 30MW，预计寿命周期将实现发电量 10.13 亿度。

茶叶为喜阴植物，在茶林上方架设光伏方阵，既可为茶林遮挡阳光，又不用另外占用土地。由西双版纳恒鼎新能源发展有限公司投资 4.25 亿元，云南省电力设计院设计的云南勐海县 50MW 茶林光伏电站（如图 10-58 所示）在 2015 年底完成，取得了良好的经济及社会效益。

5．太阳能公路

公路遍布全球，研究表明，公路上只有 10%的时间有车辆行驶，因此很早就有人提出利用公路安装光伏组件来发电。

---

① 1 公顷等于 $10000m^2$。

② 1 亩约等于 $666.7m^2$。

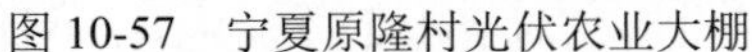

图 10-57　宁夏原隆村光伏农业大棚

图 10-58　云南勐海县 50MW 茶林光伏电站

荷兰政府与私人企业及学术界合作，在 2014 年建造了名为“SolaRoad”的太阳能自行车道（如图 10-59 所示），全长将近 100m，产生的能量可以为 3 户家庭提供电力。荷兰成为全球首个将光伏组件应用于道路铺设的国家。

2015 年 10 月，法国从事交通基础设施建设的 COLAS 公司宣布，经过 5 年研究，该公司与法国国家太阳能研究所联合成功开发了用聚合树脂将厚度仅为 7mm 的小块光伏组件拼接起来并黏合在道路表面，利用这项创新，公路在太阳下就能发出电能，图 10-60 为太阳能公路正在进行载重试验。据法国环境与能源控制署计算，长度为 1km 的太阳能公路能支持一个拥有 5000 个居民的小城镇日常公共照明用电。测算表明，20m^2 的太阳能公路足够为一户法国家庭供应电力，100m^2 的太阳能公路一年可以为一辆电动汽车提供行驶 10 万千米的电力。法国政府计划通过提高汽油税为太阳能公路项目筹款 2.2 亿～4.4 亿美元，计划在 5 年内建造 1000km 长的太阳能公路，利用太阳能为城市提供电力。

图 10-59　荷兰太阳能自行车道在建设中

图 10-60　法国太阳能公路载重试验

美国的 Scott Brushaw 和 Julie 夫妇，早在 2006 年就提出了太阳能公路的概念，认为能用太阳电池板替代传统沥青，从而充分利用太阳光照。同年，他们成立了一家称为 SolarRoadways 的公司，经过多年的研究改进，提出了特殊结构的太阳电池组件。这种外形呈六角形每边长为 30cm 的组件由 6 层构成，由上而下分别是钢化玻璃、LED 发光指示灯层、电路层、用可循环利用材料组成的基础地基层和泄洪与蓄水层。每块组件一天可以发出 7.6W·h 的电能，此外还可由 LED 发光层提供各种路面指示系统，并且可以积累大量的电能，当遇到雪天时可以快速将积雪融化。最后还有一个重要的功能，就是太阳能公路可以作为一个巨大的无线充电设备，给在其上行驶和停泊的电动汽车进行无线磁感应充电。

据称，一条 1 英里①的四车道公路，每天所产生的电能足够支持 500 个家庭使用。如果把全美的公路和停车场都铺上太阳电池面板，将能产出约 1.34 万亿千瓦时的电力，这大约是 2009 年美国电力消费量的 3 倍。

这种组件已经在车库中建成了面积为 3.7m×11m 的试验原型（如图 10-61 所示），并准备在美国 66 号公路上做进一步试验。

图 10-61　美国太阳能公路原型

虽然美国提出的太阳能公路前景诱人，但要大量推广，还存在不少障碍。首先是成本太高，最初每块太阳电池板的成本是 6900 美元，这意味着，在美国铺设 29000 平方英里的太阳能公路，造价大约为 56 万亿美元，这将是个天文数字，同时还有使用寿命、维护成本等问题；此外，还有人提出白天 LED 发光效果并不理想，而且要使路面上的冰雪融化，能否积累到足够的能量还有疑问，给电动汽车进行无线磁感应充电还有待实践。总之，太阳能公路要全面推广，还有很长的路要走，相信随着科技的发展，太阳能公路最终有可能得以实现。

10.1.5　集中式并网系统

这类光伏系统通常都有较大规模，所发的电能全部输入电网，相当于常规的发电站。由于是集中经营管理，可以发挥规模效应，采用先进技术，统一调度，所以发电成本相对较低。

近年来，由于技术的进步和太阳电池价格的降低，加上一些国家实施扶助政策，大型光伏电站开始大量兴建，规模也迅速扩大，形成了兴建大型光伏电站的高潮。1982 年底，世界最大的光伏电站容量是 1MW，2005 年容量最高纪录到 6.3MW，到 2015 年 6 月美国加州洛杉矶羚羊谷地区的“太阳星”项目的容量为 579MW。中国的龙羊峡水电太阳能项目在 2013 年 12 月完成了第 1 期 320MW，2015 年又完成了第 2 期 530MW，以总容量 870MW 创造了新的世界纪录。历年最大光伏电站发展情况如表 10-3 所示。

---

① 1 英里约等于 1609m。

表 10-3　历年最大光伏电站发展情况

年　份	光伏电站名称	国　家	容量（MW）
1982	Lugo	美国	1
1985	Carrisa Plain	美国	5.6
2005	Bavaria Solarpark	德国	6.3
2006	Erlasee Solar Park	德国	11.4
2008	Olmedilla Photovoltaic Park	西班牙	60
2010	Sarnia Photovoltaic Power Plant	加拿大	97
2011	Huanghe Hydropower Golmud Solar Park	美国	200
2012	Agua Caliente Solar Project	美国	290
2014	Topaz Solar Farm	美国	550
2015	Solar Star	美国	579
2015	龙羊峡水电光伏电站	中国	850

根据维基百科统计，截至2015年，全球容量大于100MW的光伏电站共有50座，其中，美国18座，中国8座，印度6座，德国3座，智利、加拿大、法国和日本各2座，乌克兰、菲律宾、巴基斯坦、洪都拉斯、南非、澳大利亚、泰国各1座。全球容量排名前10位的光伏电站如表10-4所示。

表 10-4　全球容量排名前10位的光伏电站

排名	容量（MW）	地　点	名　称	年发电量（GW・h）	建成时间（年）
1	850	中国	龙羊峡水电太阳能电站	824	2015
2	648	印度	Kamuthi Solar Power Project	648	2016
3	579	美国	Solar Star		2015
4	550	美国	Topaz Solar Farm	1301	2014
5	550	美国	Desert Sunlight Solar Farm	1287	2015
6	500	中国	黄河水电格尔木光伏电站		2014
7	458	美国	Copper Mountain Solar Facility	1087	2015
8	345	印度	Charanka Solar Park		2012
9	300	法国	Cestas Solar Farm	380	2015
10	290	美国	Agua Caliente Solar Project	626	2014

由国家电投黄河水电太阳能电力公司建设的龙羊峡水光互补并网光伏电站，总装机容量为850MW，占地面积20.40km^2，使用了光伏组件374万块，汇流箱1万台，集中式逆变器1630台，组串式逆变器1426台，变压器880多台，是目前全球规模最大的并网光伏电站（如图10-62所示）。

龙羊峡光伏电站最大的特色是水电与光伏发电协调运行，龙羊峡水电站装机容量为1280MW，库容为247亿立方米。当太阳光照强时，将850MW光伏电站所产生的电力，通过330kV输电线路送到龙羊峡水电站，经过水光互补协调控制技术，将光伏电能转换为虚拟水电送到电网，水电可停用或者少发，而当天气变化或夜晚时就可以通过电网调度系统自动调节水力发电，以减小天气变化对光伏电站发电的影响，提高光伏发电电能的质量，获得稳定可靠的电源。主要优势如下。

* 节约电力系统旋转备用容量 70%，大约 40 万～60 万千瓦。
* 增强龙羊峡调峰调频能力：晴天 18%，阴天 9%，雨天 5%。
* 提高龙羊峡输电送出能力 22.4%。
* 提升电网电能质量：均衡、优质、安全。

图 10-62　龙羊峡水光互补并网光伏电站

2016 年 9 月印度 Adani 集团宣布，在泰米尔纳德邦由 8500 名安装工人耗时 8 个月，建成了总容量为 648MW 的光伏电站（如图 10-63 所示），电站总投资为 455 亿卢比（合 6.79 亿美元），总共使用了 250 万块光伏组件，576 台逆变器，154 台变压器，6000km 电缆，连接到 400kV 变电站，所发电力可满足 15 万户家庭用电需求。

目前规模第三的美国 Solar Star 光伏电站（如图 10-64 所示），容量为 579MW，地点靠近加州 Rosamond，于 2013 年开始建设，2015 年 6 月建成，占地面积 13km^2，使用了 Sunpower 生产的 170 万块单晶硅太阳电池组件。采用单轴跟踪技术，增加发电量最多可达 25%，所发电力足够满足 25.5 万户家庭使用，与南加州电力公司签订了长期销售协议。每年可减少 CO_2 排放量 57 万吨，相当于 10.8 万辆汽车在路上行驶的排放量。

图 10-63　印度 648MW 光伏电站

图 10-64　美国 Solar Star 光伏电站

可见，世界各地兴建的光伏电站正在迅速向超大型方向发展，这反映了光伏发电的成本在不断下降，已经接近与常规电力相竞争的水平。根据 Energy from the desert（IEA-PVPS Task8：2015）光伏发展路线图的预测，到 21 世纪末，光伏电力将在全世界一次能源供应中占 1/3 的份额。到 2100 年，光伏累计安装量将达到 133TW，其中超大型光伏电站的容量将占全部光伏系统安装量的一半（如图 10-65 所示），超大型光伏电站将在能源消费结构中起到越来越重要的作用。

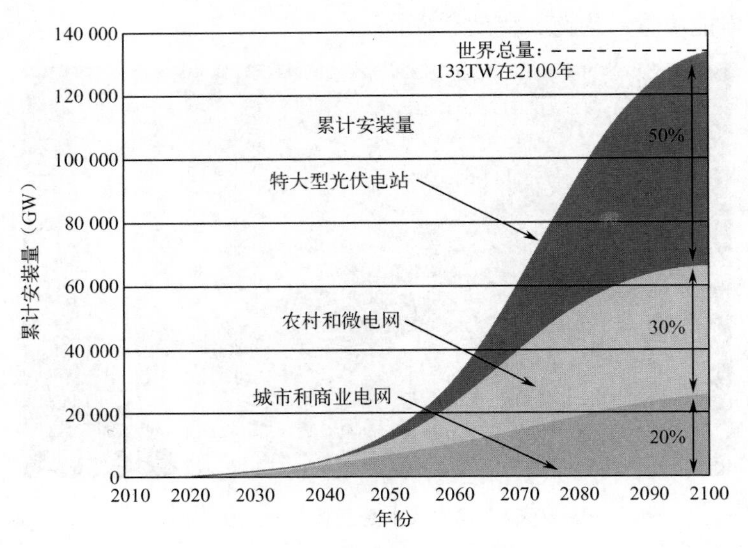

图 10-65　VLS-PV 路线图

10.1.6　混合光伏系统

通常在离网情况下，将一种或几种发电方式同时引入光伏系统中，联合向负载供电的系统称为混合光伏系统。

1．光伏/柴油机混合发电系统

由于目前光伏系统的价格较高，如果完全用光伏发电来满足较大负载用电的需求，离网光伏系统必须在冬天最差的天气条件下也能支持负载运行，这就要配备容量相当大的太阳电池方阵和蓄电池。然而在夏天太阳辐射量大时，多余的电力只能浪费掉。为了解决这个矛盾，可以配置柴油发电机作为备用电源，平时由光伏系统供电，冬天太阳辐射量不足时启动柴油发电机供电，这样往往可以节省投资。当然这需要具备一定条件，如当地的冬天与夏天太阳辐照量相差很大，能够配备柴油机等设备，而且可以保证柴油的可靠供应，还要有操作和维护柴油发电机的技术人员等。

2．风力/光伏混合发电系统

风能和太阳能都具有能量密度低，稳定性差的弱点，并受到地理分布、季节变化、昼夜交替等影响。然而，太阳能与风能在时间上和地域上都有一定的互补性，白天太阳光最强时，风较小；黄昏太阳下山后，光照很弱，由于地表温差变化大而风力加强。夏季，太阳辐照强度大而风小；冬季，太阳辐照强度弱而风大。太阳能发电稳定可靠，但目前成本较高，而风力发电成本较低，但随机性大，供电可靠性差。如将两者结合起来，就能够取长补短，达到既能实现昼夜供电，又能降低成本的目的。当然由于光伏和风力发电各有其特点，在系统设计时要充分掌握气象资料，进行仔细的优化设计，才能取得良好的使用效果。这类系统也常用来为路灯供电（如图 10-66 所示）。

图 10-66　风力/光伏混合系统

风力/光伏互补发电系统通常由风力发电机组、太阳电池方阵、控制器、蓄电池、逆变器及附件等组成，其示意图如图 10-67 所示。

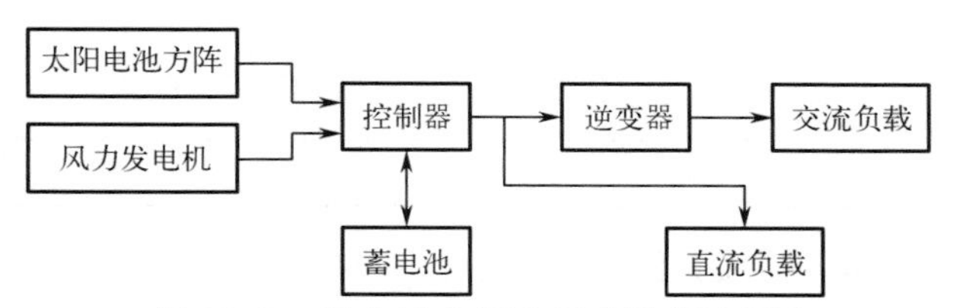

图 10-67　风力/光伏混合系统组成示意图

10.2　空间光伏电站

太阳光经过大气层照射到地面时能量大约损失 1/3，如将太阳电池安置在太空的地球静止轨道上，一年中只有在春分和秋分前后各 45 天里，每天出现一次阴影，时间最长不超过 72min，一年累计不到 4 天，也就是说一年中有 99%的时间可照到阳光。而在地面上，有一半时间是夜晚，而且白天除正午外太阳是斜射的。在太空每天能接收到的太阳能约为 32kW • h/m^2，在地球上平均每天只能接收到 2～12kW • h/m^2，所以如能在太空建立光伏电站，效果将会比地面上好得多。

早在 1968 年，美国工程师格拉泽就创造性地提出，在离地面 3.6 万千米的地球静止轨道上建造空间光伏电站（Solar Power Satellite，SPS）的构想。设想利用铺设在巨大平板上的亿万片太阳电池，在太阳光照射下产生电流，将电流集中起来后转换成无线电微波，发送给地面接收站。地面接收后，将微波恢复为直流电或交流电，就可传送给用户使用。

20 世纪 70 年代末，全球发生石油危机，美国政府组织专家进行空间光伏电站的可行性研究。经过论证提出一个名为“1979 SPS 基准系统”的空间光伏电站方案，设想系统由 60 个发电能力各为 5GW 的空间光伏电站组成，每个长 10km，宽 5km，输出功率共 3 亿千瓦，总质量 300 万吨。太阳电池板的一端连接一个直径为 1km 的微波发射天线，电站的姿态控制系统使太阳电池板始终朝向太阳，指向机构使发射天线总是对准地球。太阳电池板产生的电能通过微波发生器转换成微波，再经过天线向地面发送，微波的工作频率选用 2.45GHz 或 5.8GHz。地面接收天线是一片 13km×10km、占地约 1 万公顷[①]的椭圆形地区，由很多半波偶极子天线组成。再将天线接收到的微波能量变换成交流电。由于地面天线的面积非常大，微波波束到达地面时的功率密度很小，微波束中心大约为 20mW/cm^2，边缘只有 0.1mW/cm^2。所以，微波束对人、畜和庄稼不会造成危害。理想的接收天线做成网格状，用柱子高高架起，网眼可以通过空气、阳光和水。这样天线下面的土地可以照常种植庄稼、放牧牛羊或作其他用途，不会过多占有土地。美国“1979 SPS 基准系统”技术参数如表 10-5 所示。

表 10-5　美国“1979 SPS 基准系统”技术参数

系统组成	卫星数目	60
	发电功率/GW	60×5
	工作寿命/年	30
空间电站	单个卫星质量/10^{7}kg	3～5
	尺寸	10km×5km×0.5km
	材料	碳纤维复合材料
	轨道	离地面 36000km 静止轨道
能量转换系统	太阳电池材料	硅或砷化镓
电力输送系统	发射天线直径/ km	1
	频率/ GHz	2.45
	地面接收天线尺寸	13km×10km（椭圆形）

由于整个系统过于庞大，需要大约 2500 亿美元的投资及 18000 人/年的在轨工作量（相当于 600 名航天员装配工在太空工作 30 年）。1981 年该研究中止。

1995—1997 年，美国航宇局又组织专家开展了新一轮的研究论证，一共分析比较了 29 种不同方案，其中“太阳塔”和“太阳盘”两种方案被一致看好。问题还是在于投资巨大和有些技术问题尚待解决。

1995 年夏天，来自 16 个国家的航天界知名人士在国际空间大学进行了题为“2020 年发展远景”的研究，研究报告中提出了四项基本计划，其中一项是发展 SPS 系统，并预计在 2010—2020 年，太阳能发电卫星将进入实用阶段。

日本在 1987 年成立了 SPS 研究组，1993 年完成了“SPS 2000”卫星的模型设计，后来又推出多种 SPS 方案，其中分布式系绳卫星方案由 100m×95m 的太阳电池单元板和卫星平台组成，在单元板和卫星平台间用 4 根 2～10km 长的系绳悬挂在一起，单元板质量为 42.5t，由 25 块单元板组成子方阵，再由 25 个子方阵组成整个空间光伏电站。这个方案组装和维护很方便，但质量仍偏大。

① 1 公顷=10000m^2。

后来有人提出在月球上就地取材，建造太阳能电站的设想，这样可以大大减少发射成本。欧洲一些国家和中国也在对空间光伏电站进行大量研究。发展空间光伏电站，除了需要大量资金以外，也还有不少技术方面的问题需要解决，但是随着社会的发展和科技的进步，这些问题将会逐步得到解决，光伏空间电站最终一定会发射上天。可以设想，有朝一日，如能真正大量应用空间光伏电站，将有可能一劳永逸地解决人类的电力供应问题。

参 考 文 献

[1] Janet L Sawin, et al. Renewables 2016·global status report[R]. ISBN: 978-3-9818107-0-7. REN21 Secretariat. Paris 2016. www.ren21.net.

[2] Michael Taylor，Eun young So. Solar PV costs and markets in Africa[R]. ISBN: 978-92-95111-47-9. IRENA Bonn, 2016.

[3] Erik H. Lysen. Pico solar PV systems for remote homes[R]. Report IEA-PVPS T9-12:2012 ISBN: 978-3-906042-09-1 January 2013.

[4] Keiichi Komoto, et al. Energy from the desert: very large scale photovoltaic systems for shifting to renewable energy future[R]. IEA PVPS Final Report IEA-PVPS February 2015, ISBN: 978-3-906042-29-9.

[5] William R, Young Jr. History of applying photovpltaics to disaster relief[R]. Florida solar energy center . FSEC-CR-934-96 http://www.fsec.ucf.edu/en/publications/pdf/FSEC-CR-934-96.pdf.

[6] 吴财福，张健轩，陈裕愷. 太阳能光電能供电与照明系统综論（第二版）[M]. 台北：全华科技图书股份有限公司，2007.

[7] 杨金焕，施玉川，费鸿飞. 六百瓦光电水泵的研制[J]. 新能源，1988，9（10）：12～14.

[8] Teresa D. Morales. Design of small photovoltaic (PV) solar-powered water pump systems[J]. U.S. department of agriculture technical note No. 28, October 2010.

[9] Thomas Starrs , Howard Wenger. Buying a photovoltaic solar electric system: a Consumer guide. california energy cordially,ommission renewable energy program[R]. P500-99-008.2000.4.

[10] P. Bellucci, et al. Assessment of the photovoltaic on noise barrier along national roads in Italy[C]. 3rd World Conference on Photovoltaic Energy Conversion. May 2003, Osaka Japan.

[11] 杨金焕，崔容强，等. 太阳能路灯[J]. 太阳能，1987（3）：4～5.

[12] 李安定. 太阳能光伏发电系统工程[M]. 北京：北京工业大学出版社，2001.

[13] 崔容强，赵春江，吴达成. 并网型太阳能光伏发电系统[M]. 北京：化学工业出版社，2007.

[14] Patrina Eiffert, Gregory J Kiss. Building-integrated photovoltaic designs for commercial and institutional structures[M]. A sourcebook for architects. NREL/BK-520-25272.February 2000.

[15] Richard Schmalensee, et al. The future of solar energy[M]. ISBN (978-0-928008-9-8) 2015 massachusetts institute of technology.

[16] Silke Krawietz, Jef Poortmans. BIPV position paper[J]. Secretariat of the european technology and innovation platform photovoltaics , December 2016, www.etip-pv.eu.

[17] Stefan nowak.Trends 2016 in photovoltaic applications[R]. Report IEA PVPS T1-30:2016, ISBN 978-3-906042-45-9 ,http://iea-pvps.org/index.php?id=3.

[18] Filippo Sgro. Efficacy and efficiency of Italian energy policy: The case of PV systems in greenhouse farms[J]. *Energies* 2014, *7*, 3985-4001; doi:10.3390/en7063985.

练 习 题

10-1　简述地面光伏系统应用的 5 种类型并分别举例说明。

10-2　离网光伏发电系统的主要部件及其作用有哪些？

10-3　光伏发电系统与建筑相结合有哪两种形式？请分别加以说明。

10-4　光伏建筑一体化的优点是什么？实施的难点在哪些方面？

10-5　光伏发电混合系统适合在什么情况下采用？目前常用的混合光伏发电系统有哪几类？

10-6　如果完全依靠光伏发电作为动力，你认为哪种交通工具比较容易实现，理由是什么？

10-7　试述太阳能路灯的优缺点。目前不少太阳能路灯使用效果不佳，主要原因是什么？

10-8　你认为建造空间太阳能电站的前景如何？

第 11 章　光伏发电的效益分析

在现代社会，没有电力供应就无法推动科技进步，很难发展生产和改善人们的物质生活水平。在很多常规电网无法延伸到的地区，光伏发电系统的应用范围和规模正在日益扩大，为解决无电地区的生产和生活用电问题发挥了重要作用，取得了重大的社会和经济效益。在一些地区，光伏发电已经达到可与常规电力价格相竞争的水平，这标志着太阳能发电已经进入一个崭新的时代，将在能源消费领域占有越来越大的份额。然而，对于当前如何评价光伏发电的实际效益，仍然有一些问题需要进一步深入探讨。

11.1　光伏发电的经济效益

11.1.1　光伏发电成本

现代发电方式有很多种，为了客观比较各种发电方式的经济效益，最重要的指标之一是发电成本（LCOE）。

发电成本是指生产单位电能（通常为 1kW・h）所需要的费用，可以用下式表示：

$$\text{LCOE}=\frac{C_{\text{total}}}{E_{\text{total}}} \tag{11-1}$$

式中，C_{total} 是投入费用的总和；E_{total} 是实际生产电能的总量。

1．发电成本的计算

（1）计算发电成本的方法。

① 一般都按照美国可再生能源实验室在 1995 年发表的“*A manual for the economic evaluation of energy efficiency and renewable energy technologies*”提出的公式：

$$\text{LCOE}=\frac{\text{TLCC}}{\sum_{n=1}^{N}\left[\frac{E_n}{(1+d)^n}\right]} \tag{11-2}$$

式中，E_n 是在第 n 年的能量输出；d 是贴现率；N 是分析周期；TLCC 是寿命周期总成本的现值，可由下式求得：

$$\text{TLCC}=\sum_{n=0}^{N}\frac{C_n}{(1+d)^n}$$

式中，C_n 是在周期第 n 年的投资成本，包括视情况而定的财务费用、期望残值、非燃料的运行和维护费用、更换费用及消耗能源的费用等；d 是年贴现率。

② 为了适应不同能源技术的需要，RETScreen 的财务分析模型引用了很多金融教科书（如 Brealey 和 Myers（1991）或 Garrison 等（1990））提出的标准金融术语，并做以下假设：

* 开始投资年是第 0 年。

* 计算成本和贷款从第 0 年开始，而通货膨胀率从第 1 年起计算。

* 现金流的时间发生在每一年末。

基于避免净现值为零的观念来确定能源生产的成本，由此极端情况得到

$$\mathrm{NPV}=\sum_{n=0}^{N}\frac{\tilde{C}_n}{(1+r)^n}=0$$

式中，NPV 是净现值；r 是贴现率；n 是第几年；$\tilde{C}_n$ 是税后现金流，由下式确定：

$$\tilde{C}_n=C_n-T_n$$

式中，T_n 是当年税金；C_n 是第 n 年的税前现金流，由下式确定：

$$C_n=C_{\mathrm{in},n}-C_{\mathrm{out},n}$$

式中，$C_{\mathrm{in},n}$ 是现金收入，由下式确定：

$$C_{\mathrm{in},n}=C_{\mathrm{ener}}(1+r_{\mathrm{e}})^n+C_{\mathrm{capa}}(1+r_{\mathrm{i}})^n+C_{\mathrm{RE}}(1+r_{\mathrm{RE}})^n+C_{\mathrm{GHG}}(1+r_{\mathrm{GHG}})^n$$

式中，C_{ener} 是能源（电力）销售年收入；C_{capa} 是容量增加产生的年收入；C_{RE} 是再生能源产品的年收入；r_{RE} 是再生能源增长率；C_{GHG} 是温室气体减排（CDM 指标销售）收入；r_{GHG} 是温室气体减排增长率。

在项目完成的最后一年，由于通货膨胀而引起支出的增长，应加在等式右边。

现金支出 $C_{\mathrm{out},n}$ 由下式确定：

$$C_{\mathrm{out},n}=C_{\mathrm{O\&M}}(1+r_{\mathrm{i}})^n+C_{\mathrm{fuel}}(1+r_{\mathrm{e}})^n+D+C_{\mathrm{per}}(1+r_{\mathrm{i}})^n$$

式中，$C_{\mathrm{O\&M}}$ 是当年的运行和维护成本；r_{i} 是通货膨胀率；C_{fuel} 是当年燃料或电力成本；r_{e} 是能源增长率；C_{per} 是系统支付的定期成本；D 为当年债务偿还数，由下式确定：

$$D=Cf_{\mathrm{d}}\frac{i_{\mathrm{d}}}{1-\dfrac{1}{(1+i_{\mathrm{d}})^{N'}}}$$

式中，C 是项目初始投资成本的总数；f_{d} 是负债率；i_{d} 是有效债务年利率；N' 是负债年数。

以上计算发电成本的方法对于各种发电技术都可应用，但不同的发电方式，影响的因素并不一样，因此涉及具体的内容也不相同。

（2）光伏发电成本的计算。

对于光伏发电成本的计算，主要有以下几种。

① SunPower 公司在 2008 年发表的白皮书，提出光伏并网发电成本的简化计算公式为

$$\mathrm{LCOE}=\frac{C_{\mathrm{pro}}+\sum\limits_{n=1}^{N}\dfrac{\mathrm{AO}}{(1+\mathrm{DR})^n}-\dfrac{\mathrm{RV}}{(1+\mathrm{DR})^n}}{\sum\limits_{n=1}^{N}\dfrac{E_{\mathrm{ini}}(1-\mathrm{SDR})^n}{(1+\mathrm{DR})^n}} \tag{11-3}$$

式中，C_{pro} 是系统初始投资；AO 是每年运行成本；DR 是贴现率；SDR 是系统衰减率；RV 是残值；N 是系统运行的年数。但是在公式中没有充分反映税收、补贴和其他一些有关因素的影响，后来 2010 年又发表了改进的公式：

$$\mathrm{LCOE}=\frac{\mathrm{PCI}-\sum\limits_{n=1}^{N}\dfrac{\mathrm{DEP}+\mathrm{INT}}{(1+\mathrm{DR})^n}\mathrm{TR}+\sum\limits_{n=1}^{N}\dfrac{\mathrm{LP}}{(1+\mathrm{DR})^n}+\sum\limits_{n=1}^{N}\dfrac{\mathrm{AO}}{(1+\mathrm{DR})^n}(1-\mathrm{TR})-\dfrac{\mathrm{RV}}{(1+\mathrm{DR})^n}}{\sum\limits_{n=1}^{N}\dfrac{E_{\mathrm{ini}}(1-\mathrm{SDR})^n}{(1+\mathrm{DR})^n}} \tag{11-4}$$

式中，PCI 是工程造价减去任何投资税收抵扣或补贴；DEP 为折旧费；INT 是已付利息；LP 是支付贷款；TR 是税率。

② K. Branker 等人研究和总结了以前对光伏发电成本的研究，在其 2011 年发表的“*A review of solar photovoltaic levelized cost of electricity*”中，提出 LCOE 现值之和乘以所产生的能量总和应该等于成本净现值，即

$$\sum_{t=0}^{T}\left[\frac{\mathrm{LCOE}_t}{(1+r)^t}\times E_t\right]=\sum_{t=0}^{T}\frac{C_t}{(1+r)^t}$$

因此有

$$\mathrm{LCOE}=\frac{\sum_{t=0}^{T}\frac{C_t}{(1+r)^t}}{\sum_{t=0}^{T}\frac{E_t}{(1+r)^t}}$$

净成本应包括现金流出，如初始投资（通过股本或债务融资），如果是债务融资，则需要支付利息、运营和维护费用（太阳能光伏发电没有燃料成本）。若有政府的激励措施，应计入现金流入。因此，计算净成本还应考虑融资、税收和激励机制，对于初始定义进行扩展修改，如果 LCOE 要与电网价格比较，它必须包括所有的费用（包括运输和连接费用等），所以未来的项目必须进行动态的敏感性分析。在没有考虑激励措施时，光伏系统的发电成本可用下式表示：

$$\mathrm{LCOE}=\frac{\sum_{t=0}^{T}\frac{I_t+O_t+M_t+F_t}{(1+r)^t}}{\sum_{t=0}^{T}\frac{E_t}{(1+r)^t}}=\frac{\sum_{t=0}^{T}\frac{I_t+O_t+M_t+F_t}{(1+r)^t}}{\sum_{t=0}^{T}\frac{S_t(1-d)^t}{(1+r)^t}} \tag{11-5}$$

式中，T 为项目寿命周期（年）；t 为年份；E_t 为 t 年发电量；I_t 为系统 t 年的投资成本；O_t 为 t 年的维护成本；M_t 为 t 年的更换部件成本；F_t 为 t 年的利息支出；r 为 t 年的贴现率；S_t 为 t 年的发电量；d 为衰减率。

③ 欧洲光伏技术平台指导委员会光伏 LCOE 工作组 2015 年 6 月 23 日发布的“*PV LCOE in Europe 2014—2030*”报告中，采用以下公式来计算光伏发电成本：

$$\mathrm{LCOE}=\frac{\mathrm{CAPEX}+\sum_{t=1}^{n}[\mathrm{OPEX}(t)/(1+\mathrm{WACC_{NOM}})^t]}{\sum_{t=1}^{n}[\mathrm{Utilisation}_0\cdot(1-\mathrm{Degradation})^t/(1+\mathrm{WACC_{Real}})^t]} \tag{11-6}$$

式中，t 为时间（年）；n 为系统寿命周期（年）；CAPEX 为 $t=0$ 时系统的总投资费用（€/kW）；OPEX(t)为在 t 年的运行和维护费用（€/kW）；$\mathrm{WACC_{NOM}}$ 为初始投资的名义加权平均成本（每年）；$\mathrm{WACC_{Real}}$ 为初始投资的实际加权平均成本（每年）；$\mathrm{Utilisation_0}$ 为在第 0 年没有衰减的初始利用率（kW·h/kW）；Degradation 为系统标称功率的年衰减率（每年）。

$$\mathrm{WACC_{Real}}=(1+\mathrm{WACC_{NOM}})/(1+\mathrm{Inflation})-1$$

式中，Inflation 为年通胀率。

2．具体影响因素

以上计算光伏发电成本虽然有多种形式，实际上总的原则还是如式（11-1）所示，总投入费用与系统总发电量之比。在实际进行发电成本计算时，由于涉及光伏发电产量和投资收益

等财务分析，严格而言，应按照金融财经专业的要求，进行寿命周期内逐年现金流的分析，影响因素相当复杂。如果只是粗略估算，可做些简化，如不考虑通货膨胀率等因素，大体分成以下两大部分。

（1）投入部分。

主要包括以下几个方面：

$$\sum C_{total}=\sum C_{ini}+\sum C_{O\&M}+\sum C_{rep}+\sum C_{int}-\sum C_{CDM}-\sum C_{sub} \tag{11-7}$$

式中，$\sum C_{total}$是在寿命周期内项目总投资费用。现在普遍认为按照目前晶体硅太阳电池组件的技术水平，使用寿命可以达到25年，因此可将光伏电站的工作寿命周期定为25年，随着技术的进步，以后将会逐步延长。

$\sum C_{ini}$是初始投资费用，包括建造光伏电站过程中，所有设备、配套元器件、土地购置（或租赁）、建造配套设施、土建（基础、配电房、中控室、宿舍、道路等）、运输、施工与安装及入网、设计、管理等其他相关费用。

$\sum C_{O\&M}$是运行、维护费用，包括原材料消耗、运行维护费、修理费、管理人员工资福利及其他费用。

$\sum C_{rep}$是更换设备及零部件费用。系统中有些设备和零部件的工作寿命周期不到25年，因此在系统工作寿命周期结束以前，这些设备和零部件需要更换。例如，一般逆变器的工作寿命是10～15年，因此在中间就需要更换一次。不过现在有些品牌的逆变器工作寿命已经可以达到25年，或者增加一些费用，可以延长质保到25年，这样就可不用考虑这部分费用。

此外还要考虑在寿命周期结束后，拆除、清理等善后工作的费用。

$\sum C_{int}$是信贷费用。建造大型光伏电站，需要很大的投资，一般需要向银行贷款，这就必须逐年向银行支付利息，严格来说还要考虑到贷款利率的变动及通货膨胀等因素。

式（11-7）中最后两项实际上是收入，由于光伏发电是清洁能源，减少了二氧化碳的排放，$\sum C_{CDM}$是进行CDM指标交易所获得的收入；$\sum C_{sub}$是获得的政府补贴和税收抵扣或减免。

（2）产出部分。

并网光伏电站的产出主要是按上网电价出售光伏电能所得的收益。这在很大程度上取决于光伏电站的发电量，显然这与当地的太阳辐照条件和系统的能效比有关，具体计算可根据式（8-4）计算光伏电站年发电量为

$$E=H_tP_0\cdot \mathrm{PR}$$

如考虑太阳电池存在衰减，在寿命周期内的总发电量按式（8-5）计算，即

$$E_{total}=H_tP_0\cdot \mathrm{PR}\sum_{t=0}^{T}(1-d)^t$$

式中，d为组件衰减率。

投入和产出相除，即可得到发电成本LCOE，但这只是在工作寿命期间能够达到收支平衡，收回投资的极限状况，并不是上网电价。光伏电站正式投产，获取利润时，要按照相关规定交纳各项税收，所以确定上网电价时，除了根据发电成本以外，还需要加上利润和税收。

【例11-1】 拟在甘肃省兰州地区投资建造一座20MW光伏电站，资金来源是采取20%权益资金，80%向银行贷款的融资方式，债务年限为20年，年利率为4.9%。假定没有获得来自政府或其他方面的资助。为了简化计算，假设不考虑通货膨胀和利率变动等因素。系统能效

比取 0.80，太阳电池组件的年衰减率为 0.8%。试问其发电成本是多少？

解法 1：先不考虑贴现率，进行大致估算。

（1）基本数据。

① 预期初始投资费用$\sum C_{ini}$列为表 11-1。

表 11-1　20MW 光伏电站初始投资测算表

名　称	单　位	数　量	单价（元）		合价（万元）		其他费用
			设备购置费	安装费	设备购置费	安装费	
太阳电池组件	W	22119020	3.20	0.12	7078	265	
支架	t	1083.63	6500	2053.32	704	223	
逆变器及其他设备	套	20	250000	11487.52	500	23	
直流汇流箱	台	266	4500	521.48	120	14	
变压器及附件					500	102	
光伏电缆工程						581	
升压设备及安装工程					373	51	
控制保护设备及安装					553	74	
其他设备及安装工程					68	160	
发电设备基础工程及建筑					1834		
项目建设用地费							198
项目建设管理费							424
生产准备费							100
勘察设计费							96
其他税费							95
以上合计					9896	3406	913
总计					14215		

可见，初始投资需要约 1.43 亿元，其中太阳电池组件所占比例接近 50%。以上只是大致测算，实际支出情况可能会有所出入。

② 光伏电站使用寿命为 25 年，运行、维护费用按照每年 100 万元计算。

③ 更换设备及零部件费用考虑逆变器需要更换一次，价格 500 万元。

④ 支付银行利息：项目自筹资金为初始投资的 20%，计 2860 万元，其余 1.144 亿元向银行贷款，还贷期 20 年，按年利率 4.9%计算。

⑤ 计算发电量数据。

兰州地区的经度为 103.73°，纬度为 36.03°，水平面上的年平均辐照量是 1401.6kW • h/m^2。如按并网光伏方阵最佳倾角 25° 安装，倾斜面上平均每天的辐照量为 4.077kW • h/m^2/d（如表 8-1 所示），则当地倾斜面上的年平均峰值日照时数是 H_t = 4.077(h/d)×365(d)= 1488.1(h)。

（2）具体计算。

应用式（11-7）可得：

系统的初始现金成本：$\sum C_{ini}$=2860 万元。

维护成本：$\sum C_{O\&M}$=25×100=2500 万元。

更换设备成本：$\sum C_{rep}$=500 万元。

支付银行利息：贷款 11440 万元，年利率 4.9%，还贷期 20 年。运用 excel 的 PMT 公式，求出在固定利率下，贷款每年的等额分期偿还额为 910.2 万元，总共利息为

$$\sum C_{int}=20\times 910.2\text{ 万元}=18204\text{ 万元}$$

因此，光伏电站寿命周期内总投资费用为

$$\sum C_{total}=(2860+2500+500+18204)\text{万元}=24064\text{ 万元}$$

由式（8-5），求出总发电量：

$$E_{total}=H_t P_0\cdot \mathrm{PR}\sum_{n=0}^{N}(1-r)^n=1488.1\times 20\times 0.8\times\sum_{n=0}^{24}(1-0.008)^n=541406.5\mathrm{MW\cdot h}$$

因此可得到：$\mathrm{LCOE}=\dfrac{C_{total}}{E_{total}}=\dfrac{24064\text{万元}}{541406.5\mathrm{MW\cdot h}}=0.44\text{元/kW}\cdot\mathrm{h}$

解法 2：以上计算虽然比较简便，但是没有考虑资金的时间价值问题，资金存放在银行可以有利息，也就是去年的 10 元钱要比今年的 10 元钱价值要高一点，二者之间的差距就体现在贴现率。假设贴现率为 10%，则用 10/(1+10%)=9，这表示今年的 10 元钱只相当于去年的 9 元钱。同理，$10/(1+10\%)^2=8.3$，表示今年的 10 元只相当于前年的 8.3 元，所以应将项目寿命周期内各年的财务净现金流量，按照一个给定的标准贴现率折算到建设期初的现值之和，应该按照式（11-7）来计算，具体如下：

系统的初始现金成本：$\sum I_t$=2860 万元。

假定年贴现率为 3%，由于项目寿命周期 25 年是从建成当年开始起算的，所以积分上、下限以 0～24 计算。

维护成本现值为　$$\sum_0^T\frac{O_t}{(1+r)^t}=\sum_{t=0}^{24}\frac{100}{(1+0.03)^{24}}=1741.6\text{ 万元}$$

在第 12 年更换一次逆变器 500 万元的现值为

$$\sum_0^T\frac{M_t}{(1+r)^t}=\frac{M}{(1+r)^{11}}=\frac{500}{(1+0.03)^{11}}=\frac{500}{1.384}=361.4\text{万元}$$

计算贷款利息：贷款额 1.144 亿元，还贷期 20 年，利率 4.9%，可利用 Excel 的 PMT 公式，求出在固定利率下，贷款每年的等额分期偿还额为 F_t=910.2 万元，再根据 Excel 的 PV 公式求出现值

$$\sum_0^T\frac{F_t}{(1+r)^t}=\sum_{t=0}^{19}\frac{910.2}{(1+0.03)^t}=13947\text{ 万元}$$

由此可得出在寿命周期内光伏电站总投资的现值为

$$\sum C_{total}=2860+1741.6+361.4+13947=18910\text{ 万元}$$

期间光伏电站总发电量的现值为

$$E_{total}=H_t P_0\cdot \mathrm{PR}\sum_{t=0}^{T}\frac{(1-d)^t}{(1+r)^t}=1488.1\times 20\times 0.8\times\sum_{t=0}^{24}\frac{(1-0.008)^t}{(1+0.03)^t}=393120\mathrm{MW\bullet h}$$

因此可得：$\mathrm{LCOE}=\dfrac{C_{total}}{E_{total}}=\dfrac{18910\text{万元}}{393120\mathrm{MW\bullet h}}=0.48\text{元/kW}\bullet\mathrm{h}$

不过，这里还要再次强调，其中没有考虑固定资产的残值等因素，计算得到的只是光伏电站发电成本，而不是上网电价。

11.1.2　光伏发电成本的历史及展望

长期以来，很多人都认为光伏发电成本很高，无法和常规发电相竞争，因此大规模应用光伏电力遥遥无期。其实，这种单纯比较发电价格的方法是不科学的，因为目前常规发电的价格并不反映实际的生产成本，为了减轻消费者的负担，各国政府都对能源工业进行补贴，根据国际能源署（IEA）发表的 2011—2016 年版的“世界能源展望（World Energy Outlooks）”中统计，近年来各国给予能源补贴情况如表 11-2 所示。可见即使最近几年给予可再生能源的补贴有所增加，还是不到化石能源的一半。

表 11-2　近年来各国给予能源补贴情况（十亿美元）

年　份	2007	2008	2009	2010	2011	2012	2013	2014	2015
化石燃料	342	554	300	409	523	544	550	493	325
可再生能源	39	44	60	66	88	101	120	135	150

给予常规发电强大的财政和政策支持已经超过几十年，所以可再生能源（如风能和太阳能）也有理由指望政府给予持续的财政和政策支持，直到能够与常规发电相竞争。根据能源观察集团（Energy Watch Group）估计， 2008 年全球范围内的燃料和电力消费在 55000 亿～75000 亿美元，其中有 8.5%～11.8%，即约 6500 亿美元来自补贴，补贴化石燃料生产约 5500 亿美元，补贴化石燃料生产商约 1000 亿美元。如将一年对常规能源的补贴用于可再生能源，就可安装约 200GW 光伏发电系统。20 世纪末，有些国家（如德国等）为了推动光伏产业的发展，由政府补贴，实行高价收购光伏上网电力的政策，对于容量为 3～5kW 的户用屋顶光伏系统所输入电网的电能，最高时以 0.57 欧元/kW・h 的价格收购，使得用户安装光伏系统成为有利可图的投资，这样促使德国的光伏安装量得到迅速扩大，使德国后来成为世界光伏应用的先驱。

此外，还有很多间接费用并没有包括在常规发电成本中，如对于当地环境的影响和排放温室气体引起全球气候变化的代价，至今还很难量化并计入发电成本中。即使按《京都议定书》所规定的基于市场原则的清洁发展机制（简称 CDM）进行碳交易，CO_2 的市场价格还是偏低，2014 年在欧洲大约只有 9 美元/吨。为了应对气候变化，《巴黎协定》要求把全球平均气温较工业化前水平升高控制在 2℃之内，需要将大气中的温室气体浓度控制在 450ppm 以下，这就要努力减少温室气体的排放量，这个目标称为 2℃情景或 450 情景。还有一种 Hi-Ren 情景是在 2℃情景的基础上，较慢发展核能和 CO_2 捕获和储存（CCS）技术，优先发展光伏、风力发电。IEA 2014 年版“光伏技术路线图”预测，分别在 2℃情景和 Hi-Ren 情景两种情况下，到 2050 年全球 CO_2 的市场价格如表 11-3 所示。

表 11-3　CO_2 市场价格预测（美元/t CO_2）

年　份	2020	2030	2040	2050
2℃情景	46	90	142	160
Hi-Ren 情景	46	115	152	160

根据（WEO 2016）预测，CO_2 的市场价格 2020 年将为 20 美元/吨，2030 年为 100 美元/吨，2040 年将达到 140 美元/吨。即使 CO_2 的市场价格按 10～20 欧元/吨计，全球发电的 CO_2

排放因子平均为 0.6kg/kW • h，则光伏发电的成本应该额外减少 0.006～0.012 欧元/kW • h。

2016 年 11 月，德国 Fraunhofer Institute 发表的报告指出，德国在 1990 年 10～100kW 屋顶光伏系统的价格大约是 14000€/kW，到 2015 年末这种系统的价格约为 1270€/kW。在 25 年中下降了 90%。35 年价格变化的经验曲线（也称为学习曲线）显示，累计组件产量增加 1 倍，其价格就会降低 23%（如图 11-1 所示）。

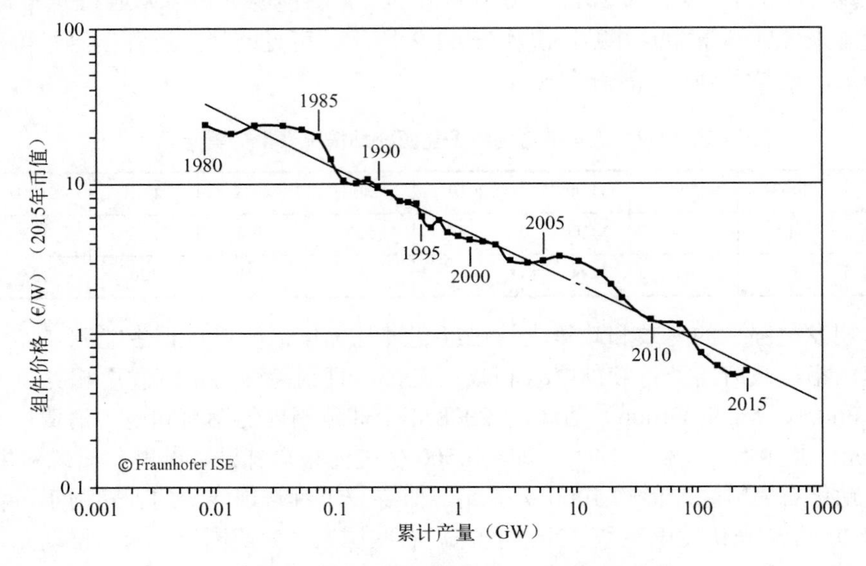

图 11-1　光伏组件价格发展学习曲线

IEA 在光伏技术路线图“Technology Roadmap Solar Photovoltaic Energy 2014 Edition”中提出：为了达到在 2050 年全球平均气温较工业化前水平升高控制在 2℃之内的目标，光伏发电将在电力供应中占到 16%的份额，需要累计安装光伏容量 4600GW，年发电量 6300TW • h，每年减少 CO_2 排放量 4Gt。光伏发电成本在 2020 年将降低 25%，2030 年将降低 45%，到 2050 年将降低 65%，大约为 40～160 美元/MW • h（如表 11-4 所示）。

表 11-4　Hi-Ren 情景下到 2050 年光伏发电成本预测（美元/MW · h）

年　度		2013	2020	2025	2030	2035	2040	2045	2050
新建大型光伏电站	最小	119	96	71	56	48	45	42	40
	平均	177	133	96	81	72	68	59	56
	最大	318	250	180	139	119	109	104	97
屋顶光伏系统	最小	135	108	80	63	55	51	48	45
	平均	201	157	121	102	96	91	82	78
	最大	539	422	301	231	197	180	171	159

由于化石燃料的储量有限，常规发电的价格必然会逐渐上涨，而随着光伏发电市场的迅速扩大，太阳电池组件和平衡系统由于大规模商业化生产，其价格也将逐渐降低，加上科技的进步和发展，相关产品的性能和质量也将不断提高，又会促使光伏发电的成本进一步降低。光伏发电的价格下降速度非常迅速，2016 年光伏电站建设招标要求在 2017—2018 年投产竞标

中，阿联酋项目最低竞标出价为 0.058 美元/kW·h，秘鲁项目为 0.048 美元/kW·h，墨西哥项目中间价为 0.045 美元/kW·h，2016 年 5 月，迪拜 800MW 光伏电站项目最低报价到 0.0299 美元/kW·h。智利 120MW 光伏电站招标，西班牙有家公司以 0.0291 美元/kW·h 的价格中标，最近阿联酋阿布扎比 Sweihan 项目报价更是低到 0.0242 美元/kW·h。而美国在 2015 年平均电价大约为 0.10 美元/kW·h（AEO 2016），可见在很多地区光伏发电已经完全能够与常规发电相竞争，光伏发电价格的下降往往要比预测的更快。

11.2 光伏发电的能量偿还时间

11.2.1 能量偿还时间

光伏发电是无污染的清洁能源，不过在制造光伏发电系统过程中，也需要消耗一定能量，有不少人对于光伏发电系统所产生的能量是否能够补偿制造过程中所消耗的能量表示怀疑，甚至有人认为光伏发电得不偿失。

衡量一种能源系统是否有效的指标之一是能量偿还时间（Energy Pay Back Time，EPBT），其定义是：在该能源系统寿命周期内输入的总能量与系统运行时每年产生的能量之比，两者使用同样单位，都用等效的一次能源或者电能来表达。

$$\text{EPBT}=E_{in}/E_g=(E_{mat}+E_{manuf}+E_{trans}+E_{inst}+E_{EOL})/((E_{agen}/\eta_G)-E_{aoper}) \tag{11-8}$$

式中，E_{in} 是能源系统寿命周期内输入的总能量，包括制造、安装、运行及最后寿命周期结束后拆除系统和处理废物所需要外部输入的全部能量；E_g 是能源系统运行时每年输出的能量；E_{mat} 是生产能源系统材料所消耗的一次能源；E_{manuf} 是制造能源系统所消耗的一次能源；E_{trans} 是能源系统寿命周期内运输材料所消耗的一次能源；E_{inst} 是安装能源系统所消耗的一次能源；E_{EOL} 是能源系统寿命周期终结进行善后处理所消耗的一次能源；E_{agen} 是能源系统年发电量；E_{aoper} 是能源系统年运行和维护消耗一次能源数量；η_G 是消费端平均一次能源转换成电能的效率。由于各个国家使用的燃料和技术等条件不同，一次能源转换成等效年发电量（E_{agen}）的平均转换效率也不一样，在美国取 0.29，在西欧取 0.31。

一次能源定义为呈现在自然资源中的未经任何人为转换的能源（如煤炭、原油、天然气、铀），需要转化和输送来成为可用的能源。EPBT 的单位是年。显然能量偿还时间越短越好。

将某个装置每年产生的能量 E_g 与其寿命周期相乘，得到该装置在其寿命周期内能够产生的能量，如果此能量要小于制造该装置时所消耗的能量，则该装置不能作为能源使用，如常用的蓄电池，尽管在一定条件下，也能够向外提供电能，但是即使不考虑制造过程中所消耗的能量，仅仅充电时输入的能量就要大于放电时输出的能量，所以蓄电池并不是能源。

光伏发电系统能量返还时间取决于一系列复杂的因素，输入的能量与很多因素有关，如太阳电池的类型（如单晶硅、多晶硅、非晶硅还是其他类型电池）、工艺过程、封装材料和方式等，方阵的框架及支撑结构，平衡系统（BOS）的材料（包括箱体、元件等）和工艺，有时还有蓄电池。此外还要加上在安装、运行及最后寿命周期结束，拆除系统和处理废物时所需要的能量，特别是还要考虑人员劳动所付出的能量。

光伏发电系统输出的能量也与很多因素有关，如太阳电池和配套部件的使用寿命及其性能和效率、光伏系统的类型（如离网系统、并网系统）、当地的地理及气象条件、系统的设计是否合理、方阵倾角是否恰当、安装过程有无不当、维护管理的情况等。除此以外，还有一些并不与发电系统本身直接有关的间接因素。

尽管影响的因素错综复杂，但还是可以根据理论研究和实际调查把握主要因素，进行综合分析。

11.2.2 国外情况分析综述

20 世纪 90 年代初，国外开始大量进行光伏系统能量偿还时间的分析研究，下面介绍一些有代表性的研究。

1. Alsema E A

荷兰乌德勒支大学 Alsema E A 教授发表过多篇有关光伏发电系统能量偿还时间的研究报告，是光伏发电效益最著名的研究人员之一，后来很多研究论文都引用他的结论。他在 1998 年 7 月发表的 *Energy Pay-Back Time of Photovoltaic Energy Systems：Present Status Prospects* 论文中，分析比较了各国发表的十多篇公认为合理的参考文献，指出在一些文献中对于制造组件需要的能量不一样，多晶硅为 2400～7600 MJ/m^2，单晶硅为 5300～16500 MJ/m^2，其部分原因是生产过程的参数不同，如硅片的厚度和切片损失等影响。

Alsema 建立了多晶硅、单晶硅、薄膜电池组件和配套部件所需要能量的“最佳估计”方法，其主要设想如下。

① 制造光伏发电系统部件能量的大小采用一般的“等效一次能源”单位，也就是产生这些部件所需要一次能源（或燃料）的数量。

② 假定一次能源转换成电能的效率是 35%，这样 1MJ 一次能源可转换成 0.097kW · h 的电能。

③ 多晶硅、单晶硅和薄膜电池组件的效率假定分别为 13%、14%和 7%。

④ 假设系统接收的太阳辐照量每年为 1700kW · h/m^2，系统能效比为 0.75。

在此基础上，他考察分析了太阳电池组件生产流程，提出了晶体硅组件各个工序的能量消耗估计，如表 11-5 所示。

表 11-5 晶体硅组件各个工序的能量消耗估计

	多晶硅		单晶硅		单位
过程	低	高	低	高	
多晶硅原材料生产	450	500	500	500	MJ/m^2 组件
硅提纯	1800	3800	1900	4100	MJ/m^2 组件
结晶及成型 1		5350		5700	MJ/m^2 组件
结晶及成型 2	750	750	2400	2400	MJ/m^2 组件
硅片	250	250	250	250	MJ/m^2 组件
电池处理	600	600	600	600	MJ/m^2 组件

续表

过　程	多晶硅		单晶硅		单　位
	低	高	低	高	
组件装配	350	350	350	350	MJ/m^2 组件
组件总计（无边框）	4200	11600	6000	13900	MJ/m^2 组件
组件总计（无边框）	35	96	47	109	MJ/W

表 11-5 中假设每平方米组件需要多晶硅原材料 2.0～2.4kg，其中低和高估计主要是由于硅材料生产过程的不同，硅提纯过程耗能 900～1700MJ/kg，切克劳斯基拉单晶过程耗能 500～2400MJ/kg，因此给出了两种估计，低估计是基于提纯的硅纯度较低，并且不考虑初期结晶化过程；高估计是假定硅提纯度比较高，并且包括了 2400 MJ/kg 初期结晶化过程的耗能。假定在形成硅锭过程中，多晶硅的成品率是 64%，单晶硅的成品率是 60%，在切割成厚度为 350μm 过程中，硅片成品率为 60%，在第二阶段单晶成型考虑消耗的能量 1100MJ/kg 比第一阶段单晶成型低，因为最后的硅棒尺寸比较小（6in），并且光伏材料比起电子级材料质量要求较低。如果采用标准的丝网印刷技术和玻璃/tedlar 封装，电池生产过程需要耗能 $600MJ/m^2$，组件封装耗能 $350MJ/m^2$，主要的不确定因素在于 $400MJ/m^2$ 的额外能量用于照明和组件封装车间的环境控制。还考虑到电池和组件生产的成品率分别是 95%和 97%，这样可以得到晶体硅电池组件耗能在 4200～$13900MJ/m^2$ 范围内。

对于无边框的非晶硅电池组件，需要的能量范围在 710～$1980MJ/m^2$，其差别在于不同的基底/封装材料和是否考虑生产设备的制造，还有个不确定的因素是照明和组件封装车间环境控制的额外能量（估计范围是 80～$800MJ/m^2$）。a-Si 组件各个工序所消耗的能量估计如表 11-6 所示。表中假设 a-Si 的组件效率是 6%，如果是用不锈钢薄带基底需要增加 150 MJ/m^2。

表 11-6　a-Si 组件各个工序所消耗的能量估计

	需要的能量（MJ/m^2）	比例（%）
电池材料	50	4
基底材料+囊封	350	29
电池/组件生产过程	400	33
额外能量	250	21
设备制造	150	13
组件总计（无边框）	1200	100
组件总计（无边框）	20 MJ/ W	

关于平衡系统（BOS），有文献分析了意大利 Serre 的 3.3kW 光伏电站，结果显示，一次能源大约在 $1900MJ/m^2$。然而多数与建筑相结合的产品消耗的一次能源大约只有 $600MJ/m^2$。前者数值高的原因是安装在开阔地带，使用了较多的混凝土和钢材，未来并不期望会有比较大的下降。相反，如果在现成的建筑结构上安装光伏发电系统，分析显示对于倾斜屋顶需要的一次能源可能进一步降低到 $400MJ/m^2$，对于立面墙壁只要 $200MJ/m^2$，这可以从降低所用材料的数量或大量采用再生材料（特别是铝）来实现。对于屋顶系统的平衡系统能量偿还时间，目前平均约 $700MJ/m^2$，未来可以降到 $500MJ/m^2$。

电缆并没有考虑在这个分析内，但是在多数系统中影响很小，可以忽略。

在目前系统中，组件边框有明显影响，由于铝边框的用量有很大不同，消耗能量的范围在 300～770MJ/m^2。在很多情况下，未来的光伏应用中可以采用无边框组件。

蓄电池是离网光伏系统重要的部件，一些文献介绍其需要的能量范围在 25～50MJ/kg。低的估计仅仅包括材料所需要输入的能量，并不包含在蓄电池制造过程中所消耗的能量，这些能量估计为 9～16MJ/kg。铅酸蓄电池能量密度大约为 40W · h/kg，可以得到每瓦时容量需要的能量在 0.6～1.2MJ，在分析中取中间值 0.9MJ/W · h。光伏系统各个部件所需要的能量如表 11-7 所示。

表 11-7　光伏系统各个部件所需要的能量

部　件	单　位	1997 年	2007 年
组件边框（铝）	MJ//m^2	300～770	0
方阵支架-平地	MJ//m^2	1900	1800
方阵支架-与屋顶结合	MJ//m^2	500～1000	350～700
方阵支架-与立面结合	MJ//m^2	600～700	200～550
逆变器（3.3kW）	MJ/kW	0.5	0.5
蓄电池（铅-酸）	MJ/kW	0.6～1.2	0.6～1.2

要计算能量偿还时间，除了上述制造各种部件的能量以外，还需要考虑安装、运行及最后寿命周期结束拆除系统和处理废物所需要外部输入的全部能量，不过这些能量相对比较少，平均到每瓦系统基本可以忽略。同时在计算光伏发电系统输出的能量时，还要确定光伏系统的工作条件。计算光伏系统能量偿还时间的工作条件如表 11-8 所示。

表 11-8　计算光伏系统能量偿还时间的工作条件

	并网光伏系统	离网光伏系统
年太阳辐照量（kW · h/m^2）	1700	1900
年系统发电量（kW · h/W）	1.28	1.3
蓄电池大小（Ah@12V）	0	70
系统寿命期间更换蓄电池组数	无	5
其他辅助能源效率（%）	35	25（柴油机）

通过以上分析和计算，最后得出的结论如图 11-2 所示。图中分别显示了屋顶并网安装、地面并网安装和家用离网三种类型的光伏系统，采用多晶硅电池和非晶硅电池在目前（1997 年）和未来（2007 年）的能量偿还时间，对于多晶硅组件系统的能量偿还时间有很大不同，从高估计的 8 年到低估计的 3～4 年，未来屋顶安装的光伏系统可以期望多晶硅组件和非晶硅组件的能量偿还时间分别降低到 1.7 年和 1.2 年。

2. IEA-PVPS 联合报告

国际能源署（IEA-PVPS Task 10）、欧洲光伏技术平台（EPTP）和欧洲光伏工业协会（EPIA）在 2006 年 5 月联合发表报告 *Compared Assessment of Selected Environmental Indicators of*

Photovoltaic Electricity in OECD Cities，在世界范围内调查现有关于光伏系统能量输入的研究，报告提供了清晰而详细的轮廓，全部光伏系统（不仅有组件，还包括配套部件、连接电缆和电子器件等）的能量偿还时间取决于当地的太阳辐照情况，对 26 个经合组织（OECD）国家 41 个主要城市进行了分析计算，详细列举了这些城市的光伏单位功率年发电量、能量返还时间和光伏单位功率每年相当于减少 CO_2 排放量。结论是：对于屋顶安装并网光伏系统的能量偿还时间为 1.6～3.3 年，如朝向赤道垂直安装则为 2.7～4.7 年。最好的是澳大利亚珀斯，最差的是英国爱丁堡。

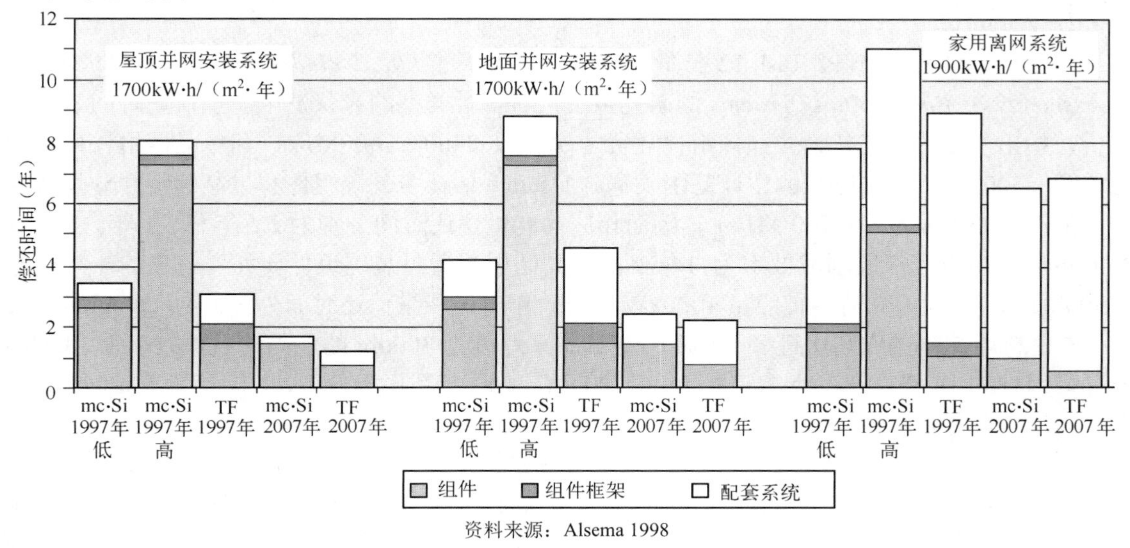

图 11-2　三种类型光伏系统的能量偿还时间

Gaiddon B 等人随后发表了 *Environmental Benefits of PV Systems in OECD Cities* 的文章，对分析的依据和方法进行了阐述，指出上述结论主要针对城市中采用标准多晶硅组件和逆变器并网光伏系统的情况。

由于光伏方阵的朝向及倾角对并网光伏系统的发电量有重大影响，考虑到城市中光伏与建筑一体化应用的具体情况，讨论以下两种常见情况。

① 朝向赤道，方阵安装倾角为 30° 的屋顶并网光伏系统。

② 光伏方阵朝向赤道垂直安装，即倾角为 90° ，如作幕墙使用。

再根据当地的太阳辐照资料，计算单位功率（1kW）多晶硅并网光伏系统每年的发电量。

在整个光伏发电系统的加工、制造及安装过程中，都要消耗能量，根据欧美 9 个现代光伏制造厂统计，对于并网多晶硅光伏发电系统所消耗的电能如表 11-9 所示。

表 11-9　并网多晶硅光伏系统所消耗的电能

部　　件	消耗电能（kW·h/kW）
组件	2205
框架	91
配套部件	229
系统总计	2525

最后分别算出 41 个城市的并网光伏发电系统能量偿还时间，得出 OECD 国家光伏系统能

量偿还时间范围如表 11-10 所示。

表 11-10　OECD 国家光伏系统能量偿还时间范围（年）

	最 大 值	最 小 值
屋顶安装的光伏系统	1.6	3.3
垂直安装的光伏系统	2.7	4.7

3．IEA-PVPS Task 12

国际能源署 IEA-PVPS Task 12 在在 2011 年 2 月发表了 *Life Cycle Inventories and Life Cycle Assessments of Photovoltaic Systems* 的研究报告，对多种类型的光伏发电能量偿还时间进行了分析，指出早期的研究认为多晶硅组件耗费一次能源 2400～7600MJ/m^2 和单晶硅组件耗费一次能源 5300～16500MJ/m^2 的估计范围太宽。Alsema 估计多晶硅组件和单晶硅组件分别耗费一次能源 4200MJ/m^2 和 5700 MJ/m^2，因而相应的能量偿还时间分别为 2.5 年和 3.1 年。Meijer 等人报道，由电子级硅制成效率为 14.5%的多晶硅电池所封装的组件要耗费较多的一次能源（4900MJ/m^2），因而在荷兰辐照量 1000kW • h/m^2/年时，能量偿还时间为 3.5 年。Jungbluth 报道，硅材料用 50%的太阳级硅和 50%的电子级硅，厚度为 300μm 的多晶硅组件效率为 13.2%，单晶硅组件为 14.8%，在瑞士的辐照量为 1100kW •h/m^2/年环境条件下，其能量偿还时间为 3～6 年，具体取决于光伏系统的配置（倾斜、水平或垂直放置）。

后来 Alsema 和 de Wild-Scholten 应用制造业原始材料数据，完成屋顶光伏系统的分析，发现多晶硅组件和单晶硅组件耗费一次能源分别只有 3700MJ/m^2 和 4200MJ/m^2，远低于早先的研究。Fthenakis 和 Alsema 又报道，对于 2004—2005 年产品，应用在南欧辐照为 1700kW • h/m^2/年、能效比为 0.75 的条件下，屋顶光伏系统的能量偿还时间为 2.2～2.7 年，其中平衡系统（BOS）的能量偿还时间为 0.3 年。de Wild-Scholten 最近用比较薄的组件和更有效率的过程估计其能量偿还时间大约为 1.8 年。

对于薄膜电池，在 2001 年 Kato 等人研究 CdTe 电池的寿命循环时，估计对于年产量是 10MW、30MW、100MW 的生产规模，其耗费的一次能源分别为 1523MJ/m^2、1234 MJ/m^2 和 992MJ/m^2。然而，在后来很多大规模制造厂进行商业化生产时，这个数字大大下降。Fthenakis 和 Kim（2006）根据美国 First Solar 公司 25MW 的原型工厂 2005 年实际产品的估计，耗费的一次能源仅仅为 1200MJ/m^2。在美国每年平均辐照量为 1800kW • h/m^2 的条件下，地面安装的 CdTe 光伏系统，能量偿还时间大约为 1.1 年，这估计已经包括 BOS 的能量偿还时间 0.3 年。Raugei 等人根据 2002 年德国 Antec Solar 公司 10MW 生产厂的数据，估计耗费的一次能源大约为 1100MJ/m^2。Fthenakis 最近根据设在德国法兰克福的 First Solar 公司制造厂的数据，估计能量偿还时间只有大约 0.87 年。

图 11-3 显示了目前可得到的在公共领域的能量偿还时间数据，条件是安装在屋顶，太阳辐照量按南欧 1700kW • h/m^2/年计算，系统能效比为 0.75。不过这些数据基本上是 2006 年的，并不代表目前的状况，如单晶和多晶的硅片厚度分别为 270μm 和 240μm，而目前是 200μm，效率也比那时高，所以能量偿还时间现在应该更短。

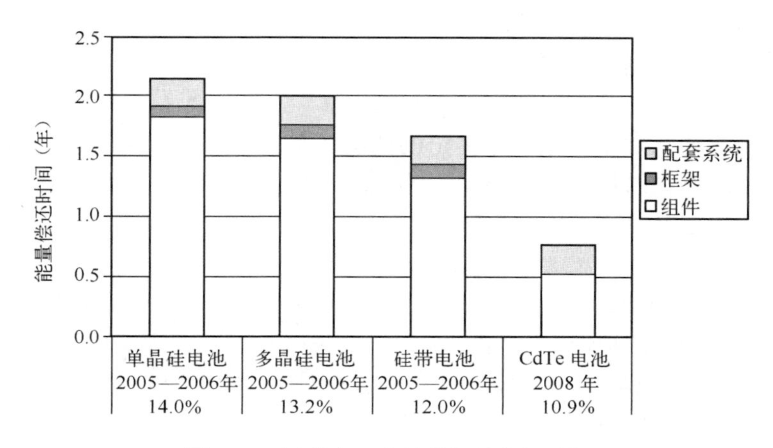

图 11-3　四种太阳电池的能量偿还时间

图 11-4 是根据 Fthenakis 等（2009）和 de Wild Scholten（2009）的报告做出的新估计，单晶和多晶硅片是采用比较新的 REC 太阳能公司的产品，可能并不反映工业生产的平均值，所用单晶硅和多晶硅的硅片厚度分别为 180μm 和 200μm。图 11-3 和图 11-4 上的 CdTe 电池使用的是 First Solar 公司在法兰克福老厂的产品，该公司是最大的 CdTe 电池生产厂家，目前的效率已经做到 11.7%，比图上的要高，因此其能量偿还时间也相应缩短。使用条件也是安装在屋顶，按南欧太阳辐照量每年 1700kW • h/m^2，系统能效比为 0.75，对于单晶硅、多晶硅及 CdTe 电池，其能量偿还时间分别为 1.7 年、1.7 年、0.8 年。

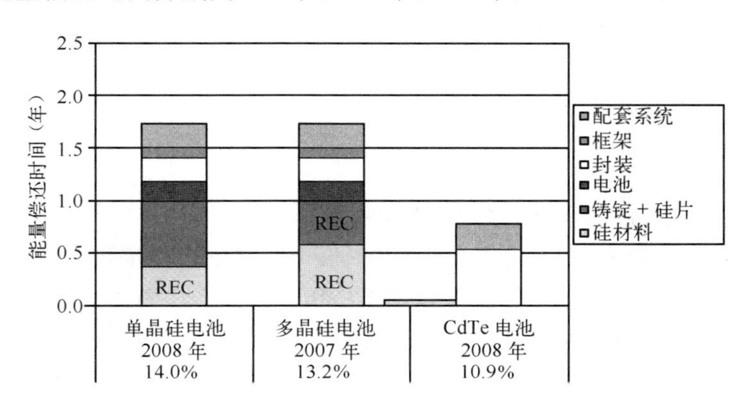

图 11-4　三种较新太阳电池的能量偿还时间

根据 Fraunhofer Institute2016 年 11 月发表的报告，在北欧光伏发电系统的能量偿还时间大约为 2.5 年，在南部为 1.5 年甚至更少，意大利西西里岛多晶硅光伏发电系统能量偿还时间只要 1 年，南欧聚光光伏系统可小于 1 年。

11.2.3　相关参数的计算方法

1. 光伏发电系统运行时每年输出的能量

离网光伏系统所产生的有效发电量除了取决于光伏方阵容量、当地的气象和地理条件及现场的安装、运行情况等因素以外，还要受到蓄电池容量及维持天数的限制，情况比较复杂，所以主要讨论并网光伏发电系统的情况。

并网光伏系统单位功率每年输出的能量通常可以用式（8-4）计算：

$$E_g = H_t P_0 \cdot \text{PR}$$

式中，E_g 为单位功率光伏发电系统每年输出的电能，单位是 kW • h/kW • y；H_t 为倾斜方阵面上全年接收到的太阳总辐照量（kW • h/m^2）除以 1kW/m^2，即每年的峰值日照时数；P_0 为光伏发电系统额定功率 1kW；PR 为系统能效比。

为了简化计算，通常不考虑太阳电池本身效率的衰减。

由于光伏方阵的朝向及倾角对于并网光伏系统的发电量有重大影响，考虑到在城市中光伏与建筑一体化应用的具体情况，IEA-PVPS 联合报告中分析了方阵倾角是 30° 和垂直安装即倾角为 90° 的两种情况。然而，不同城市纬度相差很大，都用方阵倾角是 30° 来比较并不合理，因此稍作修正，讨论以下两种常见的情况。

① 朝向赤道，按照方阵最佳倾角安装的并网光伏系统，方阵最佳倾角是指方阵在该倾角时当地全年所能接收到最大太阳辐照量所对应的倾角。

② 光伏方阵朝向赤道垂直安装，即倾角为 90° 。

参照上面 IEA-PVPS 联合报告中的数据，用 PR = 75%来计算。

2. 光伏系统在寿命期间输入的总能量 E_{in}

在生产过程中，不同类型的太阳电池组件，单位功率所消耗的电能不相同，而且不同的工艺、生产规模等也有影响。以目前常用的几种电池比较，同样功率的单晶硅电池消耗的能量最多，其次是多晶硅电池，非晶硅电池消耗的能量最少。以下都用多晶硅电池来进行比较。

对于多晶硅并网光伏系统，平均单位功率所消耗的电能应用表 11-9 的结果，即每千瓦多晶硅并网光伏系统消耗的电能是 2525kW • h。

3. 计算能量偿还时间

代入公式 EPBT =E_{in}/E_g 即可求出能量偿还时间。

为了评估并网光伏系统的环境效益，对中国 28 个主要城市，按照上述的技术指标进行了分析计算。其中当地水平面上的太阳辐照量是根据国家气象中心发表的 1981—2000 年“中国气象辐射资料年册”的测量数据取平均值，并且依照 Klein.S.A 和 Theilacker.J.C 所提出的计算方法（见第 2 章），算出不同倾斜面上的月平均太阳辐照量并进行比较，得到当地全年能接收到的最大太阳辐照量 H_t，其相应的倾角作为并网光伏方阵最佳倾角，同样可以确定朝向赤道垂直安装时，方阵面上全年接收到的太阳辐照量。其余参数的确定均按上述方法。得出中国主要城市并网光伏系统的能量偿还时间如表 11-11 所示。

表 11-11　中国主要城市并网光伏系统的能量偿还时间

地　区	纬度（°）	最佳倾角（°）	平均每天峰值日照时数（kW • h/m^2 • d）		能量偿还时间 EPBT（年）	
			最佳倾角安装	垂直安装	最佳倾角安装	垂直安装
海口	20.02	10	3.8915	2.0771	2.37	4.46
广州	23.10	18	3.1061	1.8398	2.97	5.02

续表

地　区	纬度 (°)	最佳倾角 (°)	平均每天峰值日照时数 (kW·h/m²·d)		能量偿还时间 EPBT（年）	
			最佳倾角安装	垂直安装	最佳倾角安装	垂直安装
昆明	25.01	25	4.4239	2.6973	2.09	3.42
福州	26.05	16	3.3771	1.8991	2.73	4.86
贵阳	26.35	12	2.6526	1.4715	3.48	6.28
长沙	28.13	15	3.0682	1.7156	3.01	5.38
南昌	28.36	18	3.2762	1.8775	2.82	4.91
重庆	29.35	10	2.4519	1.3345	3.76	6.92
拉萨	29.40	30	5.8634	3.6935	1.57	2.50
杭州	30.14	20	3.183	1.8853	2.90	4.90
武汉	30.37	19	3.1454	1.8536	2.94	4.98
成都	30.40	11	2.4536	1.3863	3.76	6.66
上海	31.17	22	3.5999	2.1761	2.56	4.24
合肥	31.52	22	3.3439	2.0351	2.76	4.53
南京	32.00	23	3.3768	2.0804	2.73	4.44
西安	34.18	21	3.3184	2.0009	2.78	4.61
郑州	34.43	25	3.8807	2.4450	2.38	3.78
兰州	36.03	25	4.0771	2.5495	2.26	3.62
济南	36.36	28	3.8241	2.4754	2.41	3.73
西宁	36.43	31	4.558	3.0242	2.03	3.05
太原	37.47	30	4.1961	2.7699	2.20	3.33
银川	38.29	33	5.0982	3.4324	1.81	2.69
天津	39.06	31	4.0736	2.7473	2.27	3.36
北京	39.56	33	4.2277	2.9121	2.18	3.17
沈阳	41.44	35	4.0826	2.8643	2.26	3.22
乌鲁木齐	43.47	31	4.2081	2.7818	2.19	3.32
长春	43.54	38	4.4700	3.2617	2.07	2.83
哈尔滨	45.45	38	4.2309	3.0740	2.18	3.00

可见在中国主要城市中，朝向赤道，按照方阵最佳倾角安装和垂直安装的并网光伏系统，能量偿还时间最短的是拉萨，分别只有 1.57 年和 2.50 年；最长的是重庆，分别为 3.76 年和 6.92 年。在计算中没有计入运输、安装、运行及最后寿命周期结束拆除系统和处理废弃物所需要外部输入的能量，但是根据分析，这些分摊到太阳电池的单位功率上所需能量不大，对于能量偿还时间影响很小。当然对于单晶硅电池，能量偿还时间会稍有增加，而薄膜电池则有所减少。

不过还要特别指出：这里建造每千瓦多晶硅并网光伏系统消耗的电能 2525kW·h 是在 2006 年以前的生产水平情况下统计出来的，由于科技进步，目前的数据要低得多，因此上面求出的能量偿还时间也要小得多。

【例 11-2】 在敦煌地区建造多晶硅并网光伏系统，假定系统的能效比为 0.75，试问该光伏系统的能量偿还时间是几年？

解：根据表 8-1 可知，敦煌地区并网光伏发电系统的最佳倾角是 35°，其方阵面上的太阳辐照量为 5.566kW • h/m^2 • d，建造单位光伏发电系统所消耗的电能按照 2525kW • h/kW 计算，代入式（11-8）得

$$\text{EPBT}=E_{\text{in}}/E_{\text{g}}=2525/5.566\times365\times1\times0.75=1.66\ 年$$

总之，光伏系统在整个寿命周期（目前为 25 年，以后可望增加到 35 年）内，所产生的能量远大于其制造、运输、安装、运行等全部输入的能量，而且随着技术的发展，光伏发电系统所消耗的能量还将不断下降，能量偿还时间将进一步缩短，光伏发电确实是值得大力推广的有效清洁能源。

11.3　光伏发电减少 CO_2 排放量

《联合国气候变化框架公约》提出全面控制二氧化碳等温室气体排放，以应对全球气候变暖给人类经济和社会带来的不利影响，《巴黎协定》已在 2016 年 11 月 4 日正式生效，协定要求通过世界各国共同努力，减少温室气体排放，与前工业化时期相比将全球平均温度升幅控制在 2℃之内，并继续争取把温度升幅限定在 1.5℃。

气候科学家观测到在过去的一个世纪中，大气中的二氧化碳（CO_2）浓度有大幅增加，过去十年平均年增长 2ppm。同样甲烷（CH_4）和一氧化二氮（N_2O）等也出现了大幅增加。2010 年人为温室气体排放总量为（49±4.5）Gt CO_2 当量，其中 CO_2 占 76%（38±3.8）Gt CO_2 当量；甲烷（CH_4）占 16%（7.8±1.6）Gt CO_2 当量；一氧化二氮（N_2O）占 6.2%（3.1±1.9）Gt CO_2 当量；各种含氟气体占 2.0%（1.0±0.2）Gt CO_2 当量。2013 年全球 CO_2 排放总量为 32.3Gt，比 2012 年增加了 2.2%。由于空气污染造成全球每年有 650 万人死亡。

11.3.1　发电排放的温室气体

在人类活动中，使用能源排放的温室气体最多，根据 2010 年的统计，能源排放占总量的 68%，温室气体的成分中 CO_2 占 90%，甲烷（CH_4）占 9%，一氧化二氮（N_2O）占 1%（如图 11-5 所示）。温室气体的成分主要是 CO_2，所以常常将其他温室气体折算成 CO_2 当量，用减少了多少 CO_2 当量来衡量减排温室气体的效果。为了讨论应用光伏发电减少温室气体的效益，以下只研究发电时排放的温室气体情况。

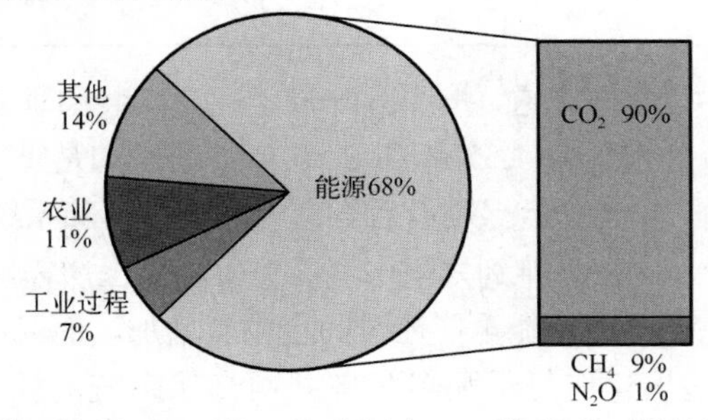

资料来源：*CO_2 Emissions From Fuel Combustion Highlights*（2016 Edition）

图 11-5　2010 年全球温室气体排放比例

目前世界各国的发电厂大部分使用的是化石燃料，燃烧时会产生大量温室气体，造成环境污染。光伏发电是没有任何废弃物的清洁能源，因此在光伏系统输出电能时，可以避免当地电厂发出同等数量电能所产生温室气体的排放。这是光伏发电重要的社会效益之一。

评估光伏发电系统减少 CO_2 排放量的情况，通常有两种指标。

11.3.2　CO_2 排放因子

CO_2 排放因子（CO_2 Emission Factors，EF）是量化每单位活动的气体排放量或清除量的系数，在分析光伏所产生的社会效益时，常常用到下述两种排放因子。

1．燃料 CO_2 排放因子

定义：使用某种燃料发电，产生 1kW・h 电能所排放 CO_2 的数量称为该燃料的 CO_2 排放因子，单位是 g CO_2/（kW・h）。

不同燃料在燃烧时排放 CO_2 的数量不一样，对于水能、太阳能、风能、地热能等清洁能源，发电时可认为 CO_2 排放量为零，核能发电排放量极少，也可以当作排放量为零。

国际能源署（IEA）在 2016 年 10 月发表的 CO_2 *Emissions from Fuel Combustion Database Documentation*（2016 edition）中提出，在 OECD 国家 2010—2014 年不同种类燃料的平均温室气体排放因子如表 11-12 所示。

表 11-12　不同种类燃料的排放因子[g CO_2/（kW・h）]

燃　料	排放因子	燃　料	排放因子
无烟煤*	875	泥炭*	765
炼焦煤*	820	天然气	405
其他烟煤	870	原油*	590
次烟煤	940	炼油厂气体*	450
褐煤	1030	液化石油气*	525
燃气工程煤气*	335	煤油*	625
焦炉煤气*	390	天然气//柴油*	715
高炉煤气*	2425	燃料油	670
其他回收气体*	1590	石油焦*	930
油页岩*	1155	非再生城市垃圾*	1200

注：* 表示该类燃料在 OECD 国家使用率不到 1%，数值不是很可靠，应用需谨慎

可见，各类燃料的 CO_2 排放因子差别很大，燃烧高炉煤气排放的温室气体最多。

2．发电 CO_2 排放因子

也可以借助 CO_2 排放因子的概念来衡量某个国家发电排放温室气体的严重程度，定义为在国家范围内所有发电厂（使用多种燃料）混合发电，平均每发 1kW・h 电能，所排放 CO_2 的数量即为该国的发电 CO_2 排放因子（EF），这就是光伏发电系统在当地每产生 1kW・h 电能，能够减少 CO_2 的排放量。

确定发电 CO_2 排放因子可以根据不同种类燃料所发电能来计算，只要将发电时消耗的每

种燃料的发电量与相应的燃料排放因子相乘，就可得到每种燃料的 CO_2 排放量，相加后就是发电的 CO_2 总排放量，再除以当年各种燃料（包括 CO_2 排放因子为零的水电、核电和可再生能源）的总发电量，就可得到发电 CO_2 排放因子。

在很多国家同时存在热电厂和纯发电厂，按理计算热电厂发电排放的 CO_2 时应该不计供热产生的 CO_2，不过实际上差别并不大。2013 年 OECD 国家纯发电厂与热电厂的 CO_2 排放因子相差只有 3%。

在确定国家的发电排放因子时，不能根据个别发电厂的燃料种类来确定，因为在一个国家范围内，可能使用多种燃料发电，所以应采用混合发电的平均 CO_2 排放因子。同样衡量光伏发电的减排效果，也不能根据一个地区的排放因子来判断，否则如果在某地没有火力发电，只有水力发电等清洁能源，当地发电的 CO_2 排放因子为零，由此判断当地安装光伏系统的减排 CO_2 的效益为零，这显然是不合理的，所以应该在整个国家的范围内来计算。

由于使用的燃料成分不同，所以各个国家的 CO_2 排放因子相差很大，IEA CO_2 *Emissions from Fuel Combustion Highlights*（2016 edition）列出了一些国家和地区历年的发电 CO_2 排放因子，如表 11-13 所示。

表 11-13　一些国家和地区历年的发电 CO_2 排放因子

年份 / 地区	1990	1995	2000	2005	2010	2013	2014	1990—2014 变化率
世界	533	533	533	546	530	526	519	-3%
OECD 国家	509	492	488	478	442	430	421	-17%
非洲	681	699	663	645	625	602	615	-10%
亚洲（不包括中国）	634	672	685	671	687	661	685	8%
中东	742	814	708	688	678	685	678	-9%
中国（包括香港地区）	911	918	893	878	759	710	681	-25%

中国的 CO_2 排放因子比较高，主要原因是发电燃料结构中，燃烧煤炭的比重偏高，根据 *International Energy Outlook 2016* 附表 H12～附表 H17 综合整理得出的 2012 年部分国家各类燃料发电量如表 11-14 所示。可以看出，在中国的总发电量中，燃煤发电的比例超过 3/4，印度和澳大利亚等国也比较大，所以 CO_2 排放因子比较高，对于环境的污染影响也较大。而巴西、加拿大等国水电和可再生能源的比例较高，因此 CO_2 排放因子比较低。当然随着技术的进步、燃料种类的变化、电厂发电效率的提高、清洁能源的推广应用等因素影响，全球总的 CO_2 排放因子会逐渐有所降低。

表 11-14　2012 年部分国家各类燃料发电量及其比例（十亿千瓦时）

	石油		天然气		煤炭		核能		水电及可再生能源		发电总量
	发电量	所占比例（%）	发电量	所占比例（%）	发电量	所占比例（%）	发电量	所占比例（%）	发电量	所占比例（%）	
美国	23	0.6	1228	30.3	1514	37.3	769	19.0	520	12.8	4055
加拿大	7	1.1	63	10.2	60	9.7	89	14.4	397	64.4	616

续表

	石油		天然气		煤炭		核能		水电及可再生能源		发电总量
	发电量	所占比例（%）	发电量	所占比例（%）	发电量	所占比例（%）	发电量	所占比例(%)	发电量	所占比例（%）	
日本	170	17.6	373	38.5	285	29.4	17	1.8	122	12.6	968
韩国	20	4.0	105	21.0	225	44.9	144	28.7	7	1.4	501
澳大利亚/新西兰	4	1.4	55	19.7	164	58.8	0	0	55	19.7	279
俄罗斯	26	2.6	494	48.8	159	15.7	166	16.4	168	16.6	1013
中国	6	0.1	81	1.7	3587	75.2	93	1.9	1004	21.0	4771
印度	21	2.0	88	8.4	753	71.6	30	2.9	160	15.2	1052
巴西	17	3.2	41	7.6	12	2.2	15	2.8	451	83.8	538

资料来源：EIA:International Energy Outlook 2016

世界平均发电 CO_2 排放因子多年来一直是稍小于 0.6kg/（kW • h），所以在很多资料中，平均 CO_2 排放因子取 0.6kg/（kW • h）。

11.3.3　光伏减排 CO_2 潜力

光伏减排 CO_2 潜力（Potential Mitigation，PM）是衡量光伏发电系统减少 CO_2 排放量的又一个重要指标。其定义是：给定的单位功率光伏发电系统输出的电能能够减少 CO_2 的排放数量，也就是安装单位功率（通常用 1kW）的光伏发电系统，在其寿命周期内，所输出电能可相当于减少排放的 CO_2 数量，单位是 g CO_2/kW。

显然，光伏减排 CO_2 潜力除了与当地 CO_2 排放因子有关以外，还取决于光伏系统在当地的发电量。为了简化计算，通常不考虑电池本身效率的衰减，其计算方法是单位功率（1kW）的光伏发电系统在其寿命周期内所输出的电能（kW • h）乘以 CO_2 排放因子（g CO_2/kW • h）。结合式（8-4），得到光伏减排 CO_2 潜力的公式为

$$\mathrm{PM}=H_t \cdot P_0 \cdot \mathrm{PR} \cdot N \cdot \mathrm{EF} \tag{11-9a}$$

式中，N 为寿命周期年数；EI 为 CO_2 排放因子；其余见式（8-4）。

单位功率光伏系统在其寿命周期内所输出的电能，除了与当地气象及地理条件有关外，还与光伏系统的类型（并网还是离网系统）、方阵的安装倾角及系统的能效比等因素有关。为了进行比较，IEA-PVPS Task 10、EPTP、EPIA 2006 年发表的联合报告中，评估了 26 个经合组织（OECD）国家的 41 个主要城市，技术条件是采用并网屋顶光伏系统，方阵朝向赤道，安装倾角分别为 30° 和朝向赤道垂直安装（倾角为 90° ）两种，系统的能效比为 0.75，光伏发电系统的寿命周期为 30 年。结果是光伏减排 CO_2 潜力以澳大利亚的珀斯效果最好，在整个寿命周期内，方阵安装倾角为 30° 时，PM=40tCO_2/kW；在朝向赤道垂直安装时，PM=23.5 tCO_2/kW。这是由于当地的太阳辐照量大，而且当地电厂发电时排放的 CO_2 数量比较多。最低的是挪威的奥斯陆将近为 0，这是因为当地电厂几乎不排放温室气体，并且太阳辐照量低。

对于中国 28 个主要城市，参照 IEA-PVPS 联合报告（2006）的技术条件，同时进行了两

项修正。

① 考虑到光伏发电系统在制造过程中要消耗能量，也要产生温室气体，所以应该扣除能量偿还时间内的 CO_2 排放量。根据表 11-9，从欧美 9 个光伏生产企业的统计，对于 1kW 并网多晶硅光伏发电系统，在制造过程中要消耗电能 2525kW • h，因此光伏减排 CO_2 潜力的计算公式应改为

$$\mathrm{PM} = (H_t \cdot P_0 \cdot \mathrm{PR} \cdot N - 2525) \cdot \mathrm{EF} \qquad (11\text{-}9b)$$

② IEA-PVPS 联合报告中，各地方阵倾角都以 30° 计算并不合理，因为各地的地理及气象条件千差万别，所以分别依据朝向赤道按最佳倾角安装和朝向赤道垂直安装两种并网光伏系统的情况，进行分析计算。其中计算和确定最佳倾角及其相应太阳辐照量的方法与 11.2.3 节相同，同样可以得到朝向赤道垂直安装时方阵面上全年接收到的太阳辐照量。系统能效比以 PR=75%来计算，光伏系统的寿命周期为 30 年。根据表 11-13，2014 年中国的 CO_2 排放因子 EF=681g/（kW • h），代入计算得到结果如表 11-15 所示。

表 11-15　中国部分城市并网光伏系统的减排 CO_2 潜力（t CO_2/kW）

地　区	最佳倾角安装	垂 直 安 装	地　区	最佳倾角安装	垂 直 安 装
海口	20.05	9.91	南京	17.17	9.93
广州	15.65	8.58	西安	16.84	9.48
昆明	23.02	13.37	郑州	19.99	13.67
福州	17.18	8.91	兰州	21.09	12.54
贵阳	13.12	6.52	济南	19.42	12.14
长沙	15.44	8.78	西宁	23.78	15.21
南昌	15.44	8.78	太原	21.75	13.78
重庆	12.00	5.75	银川	26.80	17.49
拉萨	31.08	18.95	天津	21.06	13.66
杭州	16.09	8.83	北京	21.93	14.59
武汉	15.88	8.65	沈阳	21.12	14.31
成都	12.01	6.04	乌鲁木齐	21.82	13.85
上海	18.42	10.46	长春	23.28	16.53
合肥	16.98	9.66	哈尔滨	21.94	15.48

可见同样也是拉萨地区光伏系统的减排 CO_2 潜力最大，按照方阵最佳倾角安装和垂直安装的并网光伏发电系统，在其寿命周期内，每安装 1kW 光伏发电系统可以分别减少 CO_2 排放量 31.08t 和 18.95t。重庆地区最少，分别只有 12.00t 和 5.75t。同时还可以看出，重庆地区对于方阵倾角的影响要比拉萨地区大，垂直安装与按照方阵最佳倾角安装的并网光伏发电系统的发电量之比，拉萨地区是 61.0%，而重庆地区为 47.9%，所以相应的减排 CO_2 潜力也要按比例变化。这是由于在拉萨地区的太阳总辐照量中直射辐照量的比例较大。

【例 11-3】在敦煌建造的多晶硅并网光伏系统按最佳倾角安装，假定系统的能效比为 0.75，寿命周期是 30 年，CO_2 排放因子为 764g/（kW • h），求 1kW 该光伏发电系统能够减少 CO_2 排放量多少吨？

解：根据表 8-1 可知，敦煌地区并网光伏系统的最佳倾角是 35°，其方阵面上的太阳辐照量为 5.566kW·h/m²/d，建造每千瓦光伏系统所消耗的电能按照 2525kW·h 计算，代入式（11-9a）：

$$PM=(H_t \cdot P_0 \cdot PR \cdot N-2525) \cdot EF=(5.566\times365\times1\times0.75\times30-2525)\times0.764=33t$$

综上所述，由于光伏发电是 CO_2 排放量为零的清洁能源，能够避免常规电厂因燃烧矿物燃料发电而引起的环境污染，随着光伏发电的大量推广应用，其减少 CO_2 排放量的效果也将逐渐显现，必将发挥重大的经济和社会效益。在绿色和平组织与欧洲光伏工业协会（EPIA）联合发表的 *Solar Generation 6* 研究报告中，对于 2050 年前光伏减排 CO_2 的前景分保守、适度和先进三种情景进行了预测，结果如表 11-16 所示。

表 11-16　三种情景到 2050 年前光伏减排 CO_2 预测

年　份	2008	2009	2010	2015	2020	2030	2040	2050
保守情景								
减排 CO_2（百万吨/年）	10	15	19	33	57	123	226	337
2003 年来累计避免 CO_2（百万吨）	35	50	69	208	438	1,300	3,031	5,911
适度情景								
减排 CO_2（百万吨/年）	10	15	20	73	254	853	1,693	2,670
2003 年来累计避免 CO_2（百万吨）	61	75	95	327	1,160	6,580	19,153	41,460
先进情景								
减排 CO_2（百万吨/年）	5	15	20	113	540	1,358	2,603	4,047
2003 年来累计避免 CO_2（百万吨）	56	70	90	404	2,014	11,085	30,559	64,890

注：排放因子以 600gCO_2/（kW·h）计

11.4　光伏发电其他效益

1．增加就业岗位

发展光伏产业还可以提供工作岗位，增加就业人员。在光伏系统的设计、组件和配套部件的制造、运输、安装及维护过程中，都需要大量从业人员。在光伏发电系统的研究、生产、销售和安装过程中，所需要的工作人员比例各个国家、公司都不一样。整体而言，在世界范围内平均大约完成建造 1MW 容量的光伏发电系统需要 30 名全职工作人员，以此类推，在 2009 年大约有 22.8 万人从事光伏行业。根据 IEA-PVPS 发表的报告 *Trends 2016 IN Photovoltaic Applications Survey Report of Selected IEA Countries Between 1992 and 2015* 统计，在 IEA-PVPS 部分国家 2015 年直接从事光伏研究、发展、制造和安装的就业岗位如表 11-17 所示。

表 11-17　2015 年 IEA-PVPS 部分国家光伏产业就业岗位

国　家	就 业 岗 位	与 2014 年相比
美国	208859	22%
日本	128900	2%
马来西亚	21717	89%

续表

国　　家	就 业 岗 位	与 2014 年相比
澳大利亚	14620	0%
法国	8300	−12%
加拿大	8100	0%
瑞士	5700	−2%
西班牙	5000	−33%
奥地利	2936	−9%
挪威	966	25%
瑞典	830	15%

近年来由于中国光伏产业的崛起，欧洲从事光伏行业的人数有所减少，据 Solar Power Europe 2015 年 11 月发表的研究报告 *Solar PV Jobs & Value Added in Europe* 统计，欧盟 28 国不同时期光伏产业链中工作岗位比例及人数如表 11-18 所示。

表 11-18　欧盟 28 国不同时期光伏产业链中工作岗位比例及人数

年　　份	2008	2014	2020
组件	8%	2%	2%
电池	4%	1%	1%
多晶硅	4%	1%	1%
硅片	4%	1%	1%
逆变器	6%	2%	2%
部件	7%	7%	6%
工程师、研究员、管理员	50%	36%	33%
安装人员	16%	29%	25%
运营管理	1%	21%	31% *
就业人数	178879	109650	136096

* 编者注：可能有误

国际再生能源署（IRENA）发布的 *Renewable Energy and Jobs - Annual Review 2016* 指出，2015 年全球光伏行业全职就业人数达到 277.2 万人，比前一年增加了 11%。其中，中国为 170 万人；日本为 37.7 万人，比 2014 年增加了 28%；美国为 19.4 万人；印度为 10.3 万人；德国为 3.8 万人；法国为 2.1 万人；其他欧盟国家为 8.4 万人。离网光伏发电系统中，微型系统较难统计，主要是离网户用系统，2015 年孟加拉国增加了 70 万套户用系统，累计安装量为 450 万套，估计光伏就业人数达到了 12.7 万人，其中 1/4 是制造，其余是销售、安装和售后服务。

根据中国“十三五太阳能规划”，预计到 2020 年中国的太阳能产业（包括热利用）可提供约 700 万个就业岗位。

随着光伏产业的迅速发展，还会不断增加就业岗位，对于促进区域经济发展，提高人民生活水平，将发挥积极作用。

2. 节省燃料

常规发电需要燃烧矿物燃料，光伏发电不消耗任何燃料，可以节省自然资源。由于各种燃料燃烧时释放的能量存在差异，国际上为了使用方便，在进行能源数量、质量的比较时，将煤炭、石油、天然气等都按一定比例统一折算成标准煤来表示，规定 1kg 标准煤的低位热值为 29.31MJ，这样就可将不同品种、不同含量的能源按各自不同的热值折算成标准煤。

通常各国的电力统计资料中，都有发电标准煤耗和供电标准煤耗两项数据，前者是指发电厂每发 1kW·h 电能所消耗的标准煤量；后者是指发电厂每供出 1kW·h 电能所消耗的标准煤量。由于要扣除发电厂自用电，所以供电标准煤耗要大于发电标准煤耗。显然衡量光伏节煤情况应该用供电标准煤耗。

根据中国电力企业联合会发布的历年“电力统计基本数据一览表”可知，6000kW 及以上电厂供电标准煤耗如表 11-19 所示。

表 11-19 中国 2010—2015 年 6000kW 及以上电厂供电标准煤耗［g/（kW·h）］

年 度	2010	2011	2012	2013	2014	2015
供电标准煤耗	333	329	325	321	319	315

可见，2015 年在中国光伏每发 1kW·h 电能，就相当于节省了 315g 标准煤。当然随着技术的进步，供电标准煤耗还会逐步减少。

3. 减少输电损失

光伏发电系统只要有太阳就能发电，属于分布式电源，不需要长途输配电设备，减少了线路损失。根据 *SET For 2020* 研究显示，在欧洲仅仅是这一项，光伏就可隐性增值 0.5 欧分/千瓦时。

4. 确保能源的安全供应

光伏发电系统一旦安装，就能在至少 25 年内稳定、可靠地以固定的价格供电，不存在燃料短缺、运输紧张等问题。也不会像常规电厂那样受到国际市场上燃料（如石油、天然气、煤炭）价格波动的影响，而化石燃料由于蕴藏量逐渐减少，其价格将会稳步上升。在欧洲由于这一项，光伏就可隐性增值 0.015～0.031 欧元/千瓦时，具体要看石油、天然气、煤炭的价格波动情况而定。

综上所述，太阳能光伏发电正在蓬勃发展，方兴未艾。当然，光伏发电要真正代替常规发电还有很长的路要走，还存在大量技术和非技术性障碍，在前进的道路上还会有很多起伏波折，但是随着社会发展和技术进步，光伏发电的规模将不断扩大，成本也将逐步降低，会取得越来越显著的经济和社会效益，必将在未来的能源消费结构中起到重要作用。可以预期，到 21 世纪末，太阳能发电将成为电力供应的主要来源，一个光辉灿烂的太阳能新时代终将到来。

参 考 文 献

[1] Walter Short, Daniel J, Packey, Thomas Holt. A manual for the economic evaluation of energy efficiency and renewable energy technologies[R]. March 1995 NREL/TP-462-5173. http://www.nrel.gov/csp/ troughnet/

pdfs/5173.pdf.

[2] Maria Sicilia Salvadores, et al. Projected costs of generating electricity 2010 edition[R]. IEA, OECD NEA. http://www.iea.org/textbase/nppdf/free/2010/projected_costs.pdf.

[3] Seth B. Darling, et al. Assumptions and the levelized cost of energy for photovoltaics[J]. Energy & Environmental Science. 2011, 4（9）：3077-3704.

[4] K Branker, M J M Pathak, J M Pearce. A review of solar photovoltaic levelized cost of electricity[J]. Renewable & Sustainable Energy Reviews 15（2011）：4470-4482. http://dx.doi.org/10.1016/j.rser.2011.07.104.

[5] John Conti. International Energy Outlook 2016[R]. DOE/EIA-0484（2016）May 2016. www.eia.gov/forecasts/ieo.

[6] E A Alsema, P frankl, K Kato. Energy pay-back time of photovoltaic energy systems: Present Status and Prospects[R]. 2nd World Conference on Photovoltaic Solar Energy Conversion,Vienna, July 1998. http://www.projects.science.uu.nl/nws/publica/Publicaties1998/98053.pdf.

[7] Gaiddon B，Jedliczka M, Villeurbanne H. Compared assessment of selected environmental indicators of photovoltaic electrisity in OECD Cities[R]. IEA PVPS Task 10, Activity 4.4 Report IEA-PVPS T10-01:2006, May 2006.

[8] Rolf Frischknecht, et al. Life cycle inventories and life cycle assessments of photovoltaic systems[R]. Report IEA-PVPS 12-04:2015.ISBN 978-3-906042-28-2. October 2011.

[9] Rolf Frischknecht, et al. Life cycle inventories and life cycle assessments of photovoltaic systems[R]. Report IEA-PVPS 12-04:2015, ISBN 978-3-906042-28-2.

[10] Eero Vartiainen, et al. PV LCOE in Europe 2014—2030·final report[R]. 23 June 2015.European PV technology platform steering committee PV LCOE working group .www.eupvplatform.org.

[11] Vartiainen，Gaëtan Masson, Christian Breyer. PV LCOE in Europe 2014—2030·Final Report[R]. 23 July 2015 European photovoltaic technology platform. DOI: 10.13140/RG.2.1.4669.5520. www, eupvplatform.org.

[12] Rolf Frischknecht, et al. Methodology guidelines on life cycle assessment of photovoltaic electricity 3rd edition[R]. IEA-PVPS T12-08:2016 ISBN 978-3-906042-39-8 . January 2016.

[13] Cédric Philibert. Technology roadmap solar photovoltaic energy 2014 edition[M]. International Energy Agency. 2014. www.iea.org/books.

[14] Fatih Birol.World energy outlook 2015[R]. International Energy Agency. 2015 ISBN:978-92-64-24366-8, www.iea.org/t&c.

[15] Céline De Waele, et al. Solar photovoltaics jobs & value added in Europe © 2015 EYGM Limited. http://cire.pl/pliki/1/solar_photovoltaics_jobs.pdf.

[16] Aidan Kennedy. CO_2 emissions from fuel combustion *Highlights*（2015 Edition）[R]. IEA © OECD/IEA, 2015. November 2015 http://www.iea.org/.

[17] Fatih Birol, et al. CO_2 emissions from fuel combustion *Highlights*（2016 edition）[R]. Statistics.October 2016. http://data.iea.org/payment/products/115-co$_2$-emissions-from-fuel-combustion-2016-preliminary-edition.aspx.

[18] Rabia Ferroukhi, et al. Renewable energy and Jobs - Annual Review 2016[R]. IRENA（2016）www.Irena.org.

[19] I Stefan nowak. Trends 2016 in photovoltaic applications survey report of selected IEA countries between 1992 and 2015[R]. ISBN 978-30906042-45-9 Report IEA PVPS T1-30:2016. 31/10/2016. http://www.iea-

pvps.org/index.php?id=256.

[20] John Conti. International energy outlook 2016[R]. DOE/EIA-0484（2016）May 2016. www.eia.gov/forecasts/ieo.

练　习　题

11-1　光伏发电系统成本应如何计算？与上网电价有何区别？

11-2　降低光伏发电成本的途径有哪些？

11-3　有一总投资为 1800 万元的 2MW 的光伏发电站，能效比为 0.75，与光伏方阵面上的年太阳辐照量为 5000MJ/m^2，试计算该电站年发电量和每度电成本是多少（精确到分）？（假定不考虑电池的衰减及贴现率等因素影响）。

11-4　某 10MW 光伏电站的单位造价是 1 万元/千瓦，方阵面上的太阳辐射能量为 1340kW·h/m^2·y，系统的能效比为 75%（不考虑电池的衰减）。按 25 年使用寿命计算，静态发电成本为多少？如果资金来源的 80%为银行贷款，贷款期限为 25 年，年利率为 6%，则发电成本约为多少？

11-5　什么是光伏发电系统的能量偿还时间？如何计算？

11-6　什么是 CO_2 排放指数？如何确定？

11-7　什么是光伏减排 CO_2 潜力？如何计算？

11-8　某地多晶硅并网光伏发电系统方阵面上的太阳辐照量为 3.5kW·h/m^2·d，系统的能效比为 0.8，建造和运行所消耗的电能是 2400kW·h/kW。如果不考虑太阳电池本身转换效率的衰减，则该系统的能量偿还时间是几年？

11-9　某地多晶硅并网光伏系统，寿命周期是 25 年，CO_2 排放指数为 743g/kW·h，其他条件与题 11-8 相同，则该光伏系统的减排 CO_2 潜力是多少？

反侵权盗版声明

举报电话：（010）88254396；（010）88258888

传　　真：（010）88254397

E-mail:　　dbqq@phei.com.cn

通信地址：北京市海淀区万寿路 173 信箱

电子工业出版社总编办公室

邮　　编：100036